Cultiver la biodiversité pour transformer l'agriculture

Cultiver la biodiversité pour transformer l'agriculture

Étienne Hainzelin,
coordinateur

Éditions Quæ

Collection Synthèses

Apprendre à innover dans un monde incertain.
Concevoir les futurs de l'agriculture et de l'alimentation
Émilie Coudel, Hubert Devautour, Christophe-Toussaint Soulard, Guy Faure,
Bernard Hubert, coord.
2012, 248 p.

Odorat et goût. De la neurobiologie des sens chimiques aux applications
Roland Salesse et Rémi Gervais, coordinateurs
2012, 550 p.

Comment l'herbe pousse.
Développement végétatif, structures clonales et spatiales des graminées
Michel Lafarge, Jean-Louis Durand
2011, 184 p.

Grands paysages pédologiques de France
Marcel Jamagne
2011, 598 p.

Production durable de biomasse. La lignocellulose des poacées
Denis Pouzet
2011, 224 p.

Éditions Quæ
RD 10, 78026 Versailles Cedex

© Éditions Quæ, 2013   ISBN : 978-2-7592-1900-1   ISSN : 1777-4624

Table des matières

Remerciements

Cet ouvrage traite d'une problématique très vaste et, si on a parlé de « six regards », la réflexion s'est appuyée sur de multiples interactions entre de nombreux chercheurs, du Cirad en premier lieu mais également des partenaires. C'est ce que le Cirad aime à appeler son « intelligence collective ». Au-delà donc des auteurs qui ont rédigé chacun des chapitres, les connaissances et l'expertise de nombreuses personnes, en particulier au travers des encadrés et des figures, ont permis d'illustrer le propos. Malgré la longue liste de ces contributeurs, nous voudrions remercier chacun d'entre eux pour leur apport particulier.

Raphaël Achard, Martine Antona, Jacques Avelino, Pierre Bonnet, Patrick Caron, Jacques Chantereau, Marie Chave, Danièle Clavel, Harouna Coulibaly, Michel Crétenet, Benoît Daviron, Peninna Deberdt, Jean-Philippe Deguine, Dominique Dessauw, Marc Dorel, Ghislaine Duqué, Sandrine Dury, Pierre-François Duyck, Hervé Etienne, Guy Faure, Philippe Feldmann, Paula Fernandes, Francis Ganry, Claude Garcia, Frédéric Goulet, Michel Griffon, Hervé Guibert, Henri Hocdé, Olivier Husson, Patrick Jagoret, Hélène Joly, Mamoutou Kouressy, Cheppudira Kushalappa, Marie-Dominique Lafond, Marie-Christine Lambert, Claire Lanaud, Jaques Lançon, Christian Lavigne, Fabrice Le Bellec, Christian Leclerc, Maya Leclercq, Delphine Luquet, Delphine Marie-Vivien, Pascale Moity-Maïzi, Béatrice Moppert, Krishna Naudin, Samuel Nibouche, Marc Piraux, Serge Quilici, Louis-Marie Raboin, Jean-François Rami, Bruno Rapidel, Vincent Requillart, Bernard Reynaud, Jean-Michel Risède, Manuel Ruiz, Éric Sabourin, Éric Scopel, Lucien Séguy, Luciano Silveira, Louis-Georges Soler, Mamy Soumaré, Ludovic Temple, Philippe Tixier, Emmanuel Torquebiau, Jean-Marc Touzard, Bernard Triomphe, Gilles Trouche, Gilles Trystram, Philippe Vaast, Michel Vaksmann, Maryon Vallaud, Isabelle Vagneron, Bernard Vercambre, Robin Villemaine, Christopher Viot et Kirsten Vom Brocke.

Le Cirad est un centre de recherche français qui répond, avec les pays du Sud, aux enjeux internationaux de l'agriculture et du développement. Il produit et transmet, en partenariat avec ces pays, de nouvelles connaissances pour accompagner le développement agricole et contribuer au débat sur les grands enjeux mondiaux de l'agriculture, de l'alimentation et des territoires ruraux. Le Cirad dispose d'un réseau mondial de partenaires et de directions régionales, à partir desquelles il mène des activités de coopération avec plus de 90 pays.

Préface

La biodiversité ? C'est la fraction vivante de la nature : nous ne pouvons absolument pas nous en passer ! Comme cela est bien démontré dans l'introduction de cet ouvrage, elle s'en va, elle s'en va de façon redoutablement accélérée depuis quelques dizaines, même centaines d'années, la fameuse époque « anthropocène » proposée par Paul Crutzen en 2000, et ceci dans l'indifférence générale, sous les « coups de boutoir » de l'humanité ! Cette biodiversité s'est bâtie sur la géodiversité, antérieure, en fait là depuis la formation de la Terre il y a quelque 4,6 milliards d'années. La biodiversité est « chevillée » à la planète Terre : ce sont les formes que la vie a été capable de différencier depuis ses origines, à partir de 3,9 milliards d'années dans l'océan ancestral, formes de vie qui se sont « associées », dans tous les sens du terme, pour construire les écosystèmes en relations étroites avec leur environnement. On peut imaginer aujourd'hui que, sur ce laps de temps, le vivant a été capable d'élaborer, apparues puis disparues, certaines encore avec nous, largement plus d'un milliard d'espèces, leur infinité de formes, de tailles, de couleurs, de mœurs, d'adaptations, de fonctions… Nous évaluons à environ 1-1,5 % celles qui nous accompagnent encore aujourd'hui. Les Nations unies avaient déclaré l'année 2010 « Année internationale de la biodiversité », parce qu'un appel fort avait alors été lancé. Mais même après les recommandations de diverses commissions internationales depuis une vingtaine d'années, nous avons été bien incapables de freiner ou de stopper la perte de biodiversité pour 2010, comme cela avait été annoncé, entre autres, au Sommet de la Terre à Johannesburg en août 2002. Aujourd'hui, après la Conférence de Paris de l'Unesco pour l'Année internationale de la biodiversité en janvier 2010 et celle de Rio en juin 2012, nous avons reporté cet objectif à 2020 : projet réaliste ou totale utopie ? En fait, pourquoi réussirions-nous mieux si nous ne changeons pas ?

Il est bien clair que la biodiversité ne saurait être représentée dans sa totalité par le seul inventaire des espèces vivantes peuplant un écosystème particulier. Ceci est la diversité spécifique. Le sens du mot a été diversement explicité mais tourne autour de quelque chose comme «l'information génétique que contient chaque unité élémentaire de diversité, qu'il s'agisse d'un individu, d'une espèce ou d'une population». Ceci détermine son histoire, passée, présente et future, et cette histoire est influencée par des processus qui sont eux-mêmes des composantes de la biodiversité. En fait, on regroupe aujourd'hui diverses approches sous ce terme : l'étude des mécanismes biologiques fondamentaux permettant d'expliquer la diversité des espèces et leurs spécificités et nous obligeant à davantage «décortiquer» les mécanismes de la spéciation et de l'évolution ; les approches plus récentes et prometteuses en matière d'écologie fonctionnelle et de biocomplexité, incluant l'étude des flux de matière et d'énergie et les grands cycles biogéochimiques ; les travaux sur la nature «utile» pour l'humanité dans ses capacités à fournir des aliments, des substances à haute valeur ajoutée pour des médicaments, des produits cosmétiques… des sondes moléculaires, ou encore à offrir des modèles plus simples et originaux pour la recherche fondamentale et finalisée, afin de résoudre des questions agronomiques ou biomédicales ; et enfin la mise en place de stratégies de conservation pour préserver et maintenir un patrimoine naturel constituant un héritage naturellement attendu par/pour les générations futures. Et il faut encore considérablement insister sur le fait qu'inventaires et catalogues sont bien insuffisants pour préciser ce qu'est la biodiversité : beaucoup plus importantes sont les relations établies entre les êtres vivants et avec leur environnement ! La paléobiodiversité (et les paléo-habitats associés) est fondamentale à connaître et à comprendre pour préciser la situation actuelle et la dynamique de cette diversité.

Alors dans tout ceci l'agrobiodiversité ? L'humain actuel a pu se développer à petite échelle en ne faisant que chasser et cueillir, plus récemment pêcher, mais dès le moment où sa démographie a commencé à exploser, au néolithique vers 15 000 à 8 000 ans avant J.-C., tout a changé : d'ailleurs, quelle est la cause, quelle est la conséquence ? Humanité et agriculture sont intimement liées et indissociables : comment expliquer aujourd'hui le succès de l'humanité d'un côté, les graves situations déclenchées par nous-mêmes[1] qui nous guettent de l'autre ?

Étienne Hainzelin et Christine Nouaille écrivent en début d'ouvrage : «… La diversité du vivant a longtemps été le fondement de l'activité agricole et de ses innovations. Depuis la fin du XIXe siècle, en particulier dans les pays industrialisés, l'augmentation des rendements a fait appel à des techniques radicalement nouvelles, niant la réalité biologique de l'agriculture et artificialisant les milieux. Cette agriculture fortement intensifiée à partir des ressources fossiles, pétrole en tête, est aujourd'hui dans une impasse du fait de ses impacts sur les écosystèmes, de l'augmentation spectaculaire du prix des intrants et de l'énergie, des inégalités sociales et des exodes ruraux massifs qui en résultent…» Tout le débat est lancé ! Voici pourquoi, issu d'une communauté de scientifiques expérimentés et de «gens de terrain» au fait de ces réalités, l'ouvrage que vous avez sous les yeux est déterminant ! Le Cirad, qui a une mission de recherche finalisée pour le développement dans les pays du Sud, est un organisme clé pour les thèmes abordés dans cet ouvrage ; son travail, en partenariat avec les scientifiques de ces pays, lui donne des compétences uniques et une

---

1. Toussaint J.-F., Swynghedauw B., Boeuf G. (coordinateurs), 2012. *L'homme peut-il s'adapter à lui-même ?* Versailles, Éditions Quæ, 176 p.

expérience exceptionnelle pour les propos développés dans les six chapitres qui se succèdent dans ce livre.

Sept espèces de pommes de terre et 5 000 variétés cultivées dans les Andes, 92 variétés de riz répertoriées dans les Philippines… Le paysage agricole européen a été profondément modifié par l'arrivée des plantes du Nouveau Monde, tomate, fraise du Chili, pomme de terre, maïs, haricot…, transplantations du cacao, de la banane, de l'hévéa… Parce qu'elle est le moteur du fonctionnement des écosystèmes cultivés, l'agrodiversité est le levier principal d'évolution des agricultures et un enjeu majeur de développement. L'intensification spectaculaire de la production agricole après les années 1950 était fondée sur l'idée qu'elle pouvait être avantageusement réduite à des flux chimiques, et qu'il suffisait de compléter ce que la nature « avait du mal à fournir ». De 1945 à 1985, la consommation de pesticides et d'engrais a ainsi doublé tous les dix ans ! L'usage d'engrais, d'herbicides, d'insecticides et d'antifongiques de synthèse a artificialisé les agrosystèmes en homogénéisant les sols sur le plan trophique, en les accumulant dans les sols et les eaux et en détruisant de nombreuses espèces utiles à leur équilibre. L'un des chapitres de l'ouvrage est intitulé « Repenser l'amélioration des plantes » : ne faut-il pas en effet redéfinir ensemble radicalement ce que l'on met dans le mot « amélioration », par rapport à quelle référence ?

Que représente l'agrodiversité au sein de la biodiversité et quelles sont les relations entre elles ? L'humanité continue intensément à se propager et ses besoins augmentent en permanence, comment demain alimenter neuf milliards d'humains[2] ? Nous ne saurions « tout simplement » prôner (certains ont déjà franchi le pas !) l'idée de faire de la Terre un gigantesque agrosystème ! De toute façon, je doute que l'océan s'y prête ! Comment concilier une mise en valeur des terres agricoles en harmonie avec la planète ? Comment résoudre cette redoutable équation consistant à produire plus, sans affecter la santé des humains, en diminuant fortement et pourquoi pas même en supprimant les intrants, en ne gaspillant pas l'eau, en partageant les ressources et sans indéfiniment augmenter les surfaces agricoles ? Ainsi que le démontre ce livre, en utilisant et en respectant la biodiversité ! Un système très biodivers pourrait au moins produire autant et freine ou interdit l'arrivée des invasives. L'agrodiversité est essentielle et l'intelligence et la technologie de l'humain doivent y être consacrées. Une infinité de peuples agriculteurs, de situations, de coutumes, d'envies, de pratiques, de techniques, d'espèces, de variétés, de changements… dans un contexte dangereux de globalisation, d'arrogance, de perte de l'harmonie et de non-partage : est-ce soutenable ? Déprise agricole peut être synonyme de perte de diversité biologique, le monde agricole est essentiel pour l'humanité !

Ce livre nous donne des éléments forts, des pensées bien analysées, des développements séduisants et encourageants. Remercions-en les auteurs qui, sans cacher l'urgence à prendre des mesures, nous mettent sur la voie de solutions. Dans tous les cas, nous ne sommes pas en train de vouloir « sauver la planète » (en fait elle ne nous considère pas, quelle déception pour notre ego !), mais de faire en sorte que chacun puisse y trouver sa place sans trop de « mal-être » ! Pour cela, développons du travail intelligent, un usage de nos capacités enfin pour autre chose que la cupidité,

---

2. Guillou M., Matheron G., 2011. *Neuf milliards d'hommes à nourrir. Un défi pour demain*, François Bourin éditeur, Paris, 421 p.

de l'humilité, un combat constant pour maintenir l'harmonie et... le partage et le respect de l'autre. Ce sera le prix à payer pour réussir, enfin mériter ce nom de «*sapiens*» dont nous nous sommes affublés! Et agriculture et monde agricole sont indissociables d'une telle volonté, aussi bien au nord qu'au sud, à l'est qu'à l'ouest... dans une infinité de cultures et de diversités...

Gilles BOEUF,
professeur à l'université Pierre et Marie Curie,
président du Muséum national d'histoire naturelle

Introduction

Étienne Hainzelin

Bien que la biodiversité soit un concept d'invention relativement récente, chacun sait aujourd'hui qu'elle représente l'ensemble de la créativité de la vie sur la planète puisqu'elle englobe tous les «organismes vivants de toute origine et les complexes écologiques dont ils font partie; cela comprend la diversité au sein des espèces et entre espèces ainsi que celle des écosystèmes» (CDB, 1992). Chacun comprend en même temps combien elle est précieuse aux hommes et combien elle est menacée. En constante évolution, impossible à inventorier de manière exhaustive, se ramifiant en de multiples niveaux, la biodiversité est donc à la fois une source d'émerveillement et d'inquiétude. Chacun peut tenter de mieux comprendre en contemplant cette extraordinaire imbrication de productions (aliments, combustibles, matériaux, etc.), de services indispensables (purification de l'eau, de l'air, régulation du climat, renouvellement de la fertilité des sols, etc.) ou de richesses culturelles ou esthétiques. Émerveillement car, comme moteur des écosystèmes, cette «pellicule de vie» est la source d'un grand nombre de biens et de services indispensables à leur régulation et à l'existence et au bien-être des hommes. Inquiétude aussi car, année après année, les signaux d'alarme retentissent sur les blessures de cette biodiversité, à tel point qu'on parle d'une extinction massive, largement due aux hommes et à leurs activités. Malgré la profusion sans limite, la générosité incroyable de cette diversité du vivant, on commence à en voir poindre la finitude avec des paysages appauvris, des écosystèmes bancals et incomplets; on se demande si les énormes défis que les hommes se sont créés en générant cette érosion massive ne vont pas se révéler bien au-dessus de leurs propres forces. On n'a probablement pas encore tiré toutes les leçons des risques encourus.

▸▸ La biodiversité depuis toujours au cœur de l'activité agricole

Pourtant, depuis le néolithique, les hommes ont apprivoisé la biodiversité ; ils ont domestiqué des plantes pour mieux s'alimenter, se soigner, se vêtir, et des animaux pour leur force, leur lait, leur viande, leur cuir. Ils ont tiré parti de la diversité du vivant dans une très vaste gamme d'activités et de productions agricoles sous toutes les latitudes, sur tous les continents. De même que la biodiversité a façonné la planète pendant des milliards d'années, les agriculteurs ont façonné depuis douze mille ans les paysages agraires en mobilisant et en organisant une «agrobiodiversité». La planète s'est ainsi progressivement «anthropisée», c'est-à-dire humanisée, sur près de la moitié des terres émergées. L'espace cultivé — c'est-à-dire l'espace où l'homme planifie et pilote directement le couvert végétal — représente aujourd'hui 1,5 milliard d'hectares de cultures annuelles et pérennes, auxquels s'ajoutent 1,4 milliard d'hectares de prairies améliorées et près de 300 millions d'hectares de forêts plantées, soit plus de 20 % des terres émergées.

De tout temps, les paysans ont amélioré leurs techniques, parfois avec de véritables sauts technologiques, comme celui de l'irrigation 5 000 ans avant J.-C. ou des cultures fourragères au XVIII siècle, en impliquant le plus souvent la diversité des espèces dans leurs innovations ; nouvelles combinaisons de cultures dans l'espace et le temps, association polyculture-élevage, acclimatation d'espèces exotiques, usage d'espèces auxiliaires... La dernière révolution agricole, basée sur des variétés sélectionnées, les engrais et les pesticides de synthèse ainsi que sur une mécanisation massive dans certains pays, a abouti à une véritable industrialisation de l'agriculture. Faisant largement appel aux ressources fossiles, elle s'est traduite par une artificialisation poussée des parcelles agricoles, où la biodiversité s'est souvent réduite à un couvert végétal uniforme et synchrone, généralement constitué d'un seul génotype, de quelques espèces majeures, tout le reste du vivant étant systématiquement éliminé comme «facteur limitant». Cette transformation a concerné l'essentiel des terres agricoles des pays développés, mais également une partie des agricultures des pays du Sud, dans la mesure où la révolution verte s'est fondée sur les mêmes principes de simplification et d'artificialisation.

La nature et l'agriculture représentent deux espaces délimités depuis bien longtemps, l'espace cultivé étant régi par des règles différentes de celles de l'espace dit «naturel». Elles mobilisent des disciplines scientifiques distinctes (agronomie *versus* écologie), et disposent ainsi d'une biodiversité qui leur est propre. Encore récemment, on parlait plutôt de «ressources génétiques» et de variétés sélectionnées quand on parlait des espèces et des espaces agricoles, tandis que la biodiversité relevait de l'espace naturel. Le monde était ainsi compartimenté entre un espace destiné à la production, et condamné en quelque sorte à appauvrir sa diversité pour être plus productif, et un espace naturel à préserver. Pendant un temps, l'homme s'est dit qu'en protégeant la nature, il pouvait d'une certaine façon compenser les dégâts et les externalités négatives de l'espace productif. Mais, avec la prise de conscience des limites de la planète, de la pression anthropique, de la dégradation généralisée des écosystèmes, cultivés ou «naturels», il s'est rendu compte que cela ne pouvait suffire ; la connectivité de tous les écosystèmes et l'intensité des menaces pesant sur la biodiversité excluent les solutions consistant à mettre la nature sous cloche, par endroits, tandis que l'essentiel des écosystèmes s'appauvrirait. Nous savons bien aujourd'hui qu'aussi utiles soient-ils, les espaces protégés ne suffiront pas à rétablir les écosystèmes dans leurs multiples fonctionnalités et services ; ce dont il s'agit aujourd'hui, c'est bien de préserver la biodiversité dans l'ensemble des écosystèmes, cultivés ou non, et dans certains cas, de massivement l'enrichir. Cette nécessaire intégration se manifeste par exemple dans la convergence entre les disciplines agronomiques et écologiques, ou par l'émergence du concept d'agrobiodiversité qui englobe, bien au-delà du peuplement végétal cultivé, la totalité des espèces vivantes et leurs interactions, dans et autour de la parcelle cultivée, qu'elles soient animales, végétales ou microbiennes, agressives ou utiles, telluriques ou aériennes, etc.

▸▸ Les enjeux de la transformation de l'agriculture

L'agriculture est la première activité humaine avec 1,3 milliard d'actifs, soit près du quart de la population mondiale et la moitié de la population active. Par le nombre de personnes qui en vivent, par le fait qu'elle produit l'unique biomasse véritablement renouvelable et par son emprise spatiale, l'agriculture est au cœur de bien des grands défis de notre temps. Après être passée pendant des décennies pour une activité archaïque dont il convenait de sortir pour amorcer un développement, on mesure combien elle doit être mobilisée pour contribuer à répondre aux questions centrales d'aujourd'hui : sécurité alimentaire, approvisionnement énergétique, santé humaine, bon fonctionnement des écosystèmes, atténuation du changement climatique, lutte contre la pauvreté, développement rural…

Mais les agricultures du monde participent aussi de la biodiversité et sont, de fait, incroyablement plurielles. Elles peuvent être décrites selon des critères climatiques, historiques ou politiques, ou caractérisées par la taille des exploitations, leur tenure foncière, l'intensité du capital, le type de main-d'œuvre, le niveau de technification, etc. Dès lors qu'on s'intéresse au fonctionnement des parcelles et au rôle que les exploitations attribuent à la biodiversité, l'axe discriminant qui domine est celui qui oppose les agricultures dites modernes — productivistes, industrialisées, connectées aux marchés mondiaux, intensives en capital et utilisant peu de main-d'œuvre — aux agricultures familiales paysannes, souvent taxées d'archaïques — à base de petites exploitations, le plus souvent dynamiques, mais en difficulté faute de compétitivité et d'accès aux marchés. L'éventail est large entre ces deux pôles et comprend bien sûr toutes sortes de situations intermédiaires, mais il existe malgré tout un réel clivage qui transcende largement les écologies et les oppositions Nord-Sud. Ce clivage se rapporte principalement au mode d'intensification qui est directement relié au statut de la biodiversité dans la production. En schématisant, les premières ont choisi la voie de la spécialisation en misant sur une intensification autour d'un nombre très réduit d'espèces, la mécanisation et l'usage massif d'intrants, tandis que les secondes, à l'extrême, n'ont même pas initié de processus d'intensification et restent très « biodiverses ».

Ce qui est éclairant dans cette schématisation, c'est que ces deux agricultures extrêmes sont concernées par la remobilisation de l'agrobiodiversité. Les premières, malgré leurs performances de production, buttent sur les impasses des dynamiques d'intensification qui ont présidé à leur «modernisation» : bilan énergétique, finitude des ressources, externalités environnementales et sociales considérables, plafonnement des rendements et diminution du capital écosystémique ; elles doivent se transformer radicalement pour devenir plus durables. Les secondes, qui doivent absolument augmenter leur productivité, sont amenées à inventer de nouvelles voies d'intensification qui soient économiquement viables, qui répondent aux défis du revenu et de l'emploi, qui préservent le patrimoine biologique comme une assurance d'adaptation future, et qui n'accentuent pas les dépendances aux technologies exogènes.

De plus, alors même que les agricultures sont appelées globalement à augmenter leur production pour assurer la sécurité alimentaire, elles sont également attendues pour fournir des services écologiques à l'ensemble de la société, qui sont bien mieux reconnus depuis les analyses du Millenium Ecosystem Assessment (MEA, 2005). Parce qu'ils occupent, avec l'élevage et la sylviculture, une place importante et structurante dans les territoires, ces services, même non rémunérés, deviennent une de leurs missions à part entière (Griffon, 2007). Les agricultures doivent donc renforcer leur production de biens et de services, tout en se préparant à mieux affronter les risques et les incertitudes, par exemple liés au changement climatique.

▸▸ Intensifier les processus écologiques pour transformer les performances agricoles

Il n'est donc plus possible aujourd'hui d'apprécier la performance d'un système de production agricole à l'unique mesure de son rendement ou de son bilan économique. Les nécessités de la durabilité exigent qu'on intègre à l'analyse l'ensemble des productions, des services et des externalités et qu'on les confronte à des critères économiques, environnementaux et sociaux sur des échelles de temps et d'espace suffisantes, ce qui n'est pas toujours facile car tous ces éléments ne sont pas quantifiables.

C'est cette appréciation élargie des performances qui a amené la mise au point de multiples voies alternatives pour transformer les agricultures, parfois mises en œuvre à grande échelle dans différentes régions du monde. La plupart d'entre elles font appel à l'intensification des processus écologiques dans l'espace cultivé pour permettre une alimentation hydrique et minérale des cultures, maximiser l'activité photosynthétique, contrôler les populations de bioagresseurs, activer en boucle les cycles nutritifs en limitant l'usage d'intrants coûteux, éviter au maximum les pertes dans le système parcellaire, etc. Ces systèmes sont fondés tout particulièrement sur une activation de la biologie des sols, siège de très nombreuses régulations utiles à la production, largement négligée et méconnue. Cette intensification, en fonction des services considérés, sera gérée au niveau de la parcelle ou à un niveau supérieur comme celui du paysage. L'apport de fertilisants de synthèse ou l'emploi de pesticides seront subsidiaires par rapport aux apports et aux régulations propres de l'écosystème ; ils ne seront plus centraux dans l'intervention du producteur (IAASTD, 2009).

On pourrait penser que l'exigence de fournir des services écologiques, en plus de la production, handicape le système, qu'un compromis est obligatoire entre production récoltée et génération de ces services ; il est étonnant de constater que c'est loin d'être toujours le cas. Comme l'a montré l'expertise collective sur la biodiversité et l'agriculture (Le Roux *et al.*, 2008), les processus de production bénéficient dans la durée d'un enrichissement de la biodiversité dans la parcelle et autour de la parcelle. Les nombreux exemples développés dans cet ouvrage — réintroduction des arbres dans les parcelles céréalières, systèmes agroforestiers à base de caféiers ou de cacaoyers, prairies diversifiées, vergers avec plantes de couverture — montrent que, par divers mécanismes, on peut augmenter le rendement à l'unité de surface des différentes spéculations, en plus d'améliorer les services écologiques fournis.

▸▸ L'agrobiodiversité, principal levier de cette intensification écologique

La diversité du vivant sert l'activité agricole depuis ses débuts mais, depuis la dernière révolution agricole où elle était surtout considérée en vue de l'amélioration variétale, on a eu tendance à oublier à quel point, dans les écosystèmes cultivés, elle est le moteur de tous les processus de production et de régulation. Il va falloir mieux connaître et comprendre, remobiliser, enrichir et planifier, en un mot *cultiver* cette biodiversité pour intensifier le fonctionnement écologique de l'agroécosystème. La mobilisation de l'agrobiodiversité, et son pilotage par le producteur, amènera une profonde transformation des agricultures et de ses acteurs tant au Nord qu'au Sud pour plusieurs raisons.

Tout d'abord, le contexte local, avec ses atouts et ses contraintes, redevient fondamental pour élaborer une stratégie d'intensification. Il ne sera plus possible de mettre au point des solutions passe-partout, des «paquets technologiques» : il sera nécessaire d'ajuster des solutions sur mesure, «intensives en connaissances», qui tiendront compte du milieu, de la biodiversité présente, de sa vitalité fonctionnelle, des ressources mobilisables, mais également du projet et de la stratégie du producteur (Griffon, 2007).

Cette nouvelle importance du contexte local redonne largement la main au producteur pour définir *in fine,* à l'échelle de chacune de ses parcelles, la combinatoire de technologies, d'interventions techniques, d'espèces et de variétés, etc. C'est donc une formidable incitation pour les producteurs à innover et à développer une gestion patrimoniale de leur exploitation, tant sur le plan des ressources que des savoirs.

Le rôle des scientifiques est également transformé par cette évolution puisqu'ils vont devoir faire face à une diversité de situations et à une complexité sans précédent. Les agronomes vont devoir mieux comprendre les processus à l'œuvre dans des biodiversités complexes et être capables de discerner ce qui caractérise des connaissances génériques de ce qui relève d'interactions contextuelles locales. Les améliorateurs, après avoir travaillé durant des décennies sur des prototypes de monoculture, visant la production à tout prix, vont devoir valoriser les énormes avancées dans la connaissance intime du vivant pour «ouvrir le jeu» et imaginer des idéotypes entièrement nouveaux. Les biologistes vont devoir eux aussi décrypter la complexité des communautés vivantes, et contribuer à ouvrir l'éventail des technologies utiles. Cependant, pour être réellement utile aux producteurs innovateurs, agronomes, améliorateurs et biologistes vont devoir bien plus s'appuyer sur les savoirs locaux et construire avec eux de nouveaux systèmes d'innovation.

Aux échelles régionales ou nationales, les associations de producteurs, l'organisation des marchés et des échanges, l'établissement des normes, l'orientation des politiques publiques sectorielles devront également prendre en compte cette nouvelle mesure de la performance agricole et intégrer des outils de régulation et d'incitation à la durabilité. Ceci est particulièrement vrai dans les pays africains, qui vont devoir encore affronter de forts accroissements démographiques et générer des emplois agricoles en grand nombre.

Cette nouvelle prise en compte de l'agrobiodiversité interpelle donc d'abord les producteurs, les paysans, qui vont devoir définir leur trajectoire d'évolution, mais également les biologistes (génétique, amélioration, pathologie, physiologie, écologie, etc.), les agronomes (intensification écologique, systèmes de cultures, pratiques agricoles, analyse de la performance, etc.) et les chercheurs en sciences humaines et sociales (politiques publiques, actions collectives, etc.). Elle suppose une transformation de notre regard sur les relations entre les sociétés humaines, d'une part, et la nature et ses ressources de l'autre, l'agriculture étant le premier lieu de renouvellement de ce regard. Cet ouvrage montre à quel point cette transformation n'est pas limitée à la parcelle et à sa culture, mais qu'elle touche en fait aux liens profonds entre les communautés paysannes et leur patrimoine vivant, dans leur façon de conserver cette agrobiodiversité et d'innover pour en tirer profit. On est donc loin d'une question purement technique puisque les modèles de l'appropriation du vivant, des systèmes d'innovation de même que l'organisation des marchés, de la distribution et de la consommation imposent des choix et des modèles de production.

⇥ L'intensification écologique, une des priorités stratégiques du Cirad

Nous le savons, les signaux sont nombreux, il y a urgence. Les échéances sont toutes proches pour infléchir les tendances de dégradation de l'agrobiodiversité, qui sont irréversibles. Il nous faut choisir d'agir rapidement pour transformer l'agriculture, et cela fait de la biodiversité un véritable enjeu de développement. Il faut reconnaître que, jusqu'ici, c'est plus les organisations de producteurs, les associations techniques que les chercheurs qui ont exploré ces voies de transformation. Le Cirad, institution de recherche présente dans le monde tropical depuis plusieurs décennies, a pour finalité le développement rural des pays du Sud. Dans sa stratégie scientifique, et selon le diagnostic qu'il fait des agricultures du Sud, le Cirad a choisi depuis plusieurs années de concentrer une large partie de ses moyens à l'intensification écologique. La remobilisation de la biodiversité au sein des agricultures du Sud est une voie fondamentale de cette intensification, qui nécessite un investissement important en recherche. Ce livre rend compte des réflexions et des travaux en cours, mais aussi d'une vision partagée avec les partenaires du Sud, y compris au sein de processus participatifs avec des partenaires de la production.

▶ Un ouvrage en six regards

La question que nous nous posons dans cet ouvrage est vaste. Notre ambition est sans doute démesurée et les contributions rassemblées ici ne prétendent pas couvrir toute la complexité d'un si vaste sujet. Elles constituent plutôt un effort de synthèse sur des éléments de solution, selon le regard de quelques spécialistes, agronomes, généticiens, pathologistes, entomologistes, écologues, économistes et spécialistes de l'innovation. Elles montrent aussi les nouvelles connaissances qu'il nous faut réunir dans ce domaine et surtout l'énorme défi que constitue leur intégration. Les auteurs ont focalisé leurs réflexions sur les agricultures familiales du Sud et leurs systèmes de culture ; la place du végétal y est donc prépondérante, mais on pourrait promouvoir une démarche identique pour l'aquaculture, la foresterie ou l'élevage. Les auteurs de chaque chapitre déclinent, chacun selon son angle de vue particulier, la question du rôle de la biodiversité dans la transformation de toutes les agricultures : celles qui ont probablement « dépassé les bornes » de la durabilité à force d'artificialisation, comme celles qui n'ont pas d'autre choix que d'augmenter leur productivité et leur capacité à générer du développement et, entre ces deux extrêmes, toutes les agricultures en marche.

Dans le **premier chapitre**, Étienne Hainzelin et Christine Nouaille rappellent l'émergence récente du concept de biodiversité et montrent que la diversité du vivant a été de tout temps mêlée à l'histoire des hommes et en particulier de son agriculture. Ils évoquent la difficulté d'inventorier, et par là même de réellement quantifier l'érosion de cette diversité du vivant, en particulier celle liée à l'agriculture, l'agrobiodiversité. Ils montrent par quels mécanismes cette érosion est non seulement avérée mais violente et rapide. Parce qu'elle est le moteur du fonctionnement des écosystèmes cultivés, l'agrobiodiversité est le levier principal d'évolution des agricultures et un enjeu majeur de développement.

Dans le **chapitre 2**, Florent Maraux, Éric Malézieux et Christian Gary se penchent sur le fonctionnement de la parcelle et des exploitations. Après une analyse des principales impasses connues des modes d'intensification conventionnels de l'agriculture basés sur la simplification des systèmes et le recours massif aux intrants chimiques, ils proposent un inventaire des systèmes de production existant aujourd'hui fondés sur une plus large agrobiodiversité, que ce soit à l'intérieur des parcelles ou au sein des paysages. Ces systèmes, qui assurent une multiplicité de fonctions, sont susceptibles de générer des avantages tant au niveau de la production de matière que des services écosystémiques. Cependant, malgré une capacité d'adaptation et des performances globales souvent accrues, ils présentent aussi des limites et des contraintes. En explicitant les différents phénomènes qui les génèrent, ils montrent sur quelles bases rationnelles l'agrobiodiversité peut être mobilisée pour « complexifier » les écosystèmes cultivés et gérer au mieux les compromis entre les différents services fournis, en gardant en ligne de mire l'exigence de performance. Ils revisitent ainsi le rôle des agronomes dans le processus de transformation et d'évolution d'une agriculture basée sur une valorisation rationnelle de la biodiversité, en relation étroite avec les producteurs, et insistent sur les innovations à mettre en place au niveau territorial.

Pour répondre aux enjeux techniques de cette transformation et mobiliser intelligemment le matériel végétal cultivé, il faut sans doute repenser profondément l'amélioration des plantes. Nour Ahmadi, Benoît Bertrand et Jean-Christophe Glaszmann, dans le **troisième chapitre**, replacent cette question dans le cadre de l'accumulation sans précédent des connaissances du fonctionnement intime du vivant et revisitent le rôle de l'amélioration génétique dans l'évolution des agroécosystèmes. Pour mettre en œuvre une intensification écologique, il faut générer de nouveaux types de variétés qui optimisent les interactions biologiques, plus efficients pour valoriser les ressources, y compris dans les environnements contraints, plus résistants aux bioagresseurs, etc. Mais ces nouvelles variétés devront également être pensées pour s'insérer dans des communautés bien plus biodiverses, en tirant parti de chaque contexte local, ce qui renforce l'éventail et la complexité des solutions variétales possibles (mélanges de génotypes, populations complexes, nouvelles espèces, etc.). Dans tous les cas, la définition de ces nouveaux idéotypes suppose un effort considérable d'intégration entre les différents regards sur la production de la parcelle et des systèmes d'innovation et de diffusion variétale fondamentalement nouveaux, faisant une large place à la participation des producteurs.

Mais le fonctionnement d'une parcelle agricole ne se limite pas au fonctionnement du couvert végétal ; Alain Ratnadass, Éric Blanchart et Philippe Lecomte explorent dans le **chapitre 4** comment le peuplement des plantes cultivées interagit continuellement avec les autres communautés vivantes complexes présentes sur la parcelle ou autour de celle-ci. Tout d'abord avec les communautés de bioagresseurs de toute nature (maladie, parasite, prédateur, mauvaises herbes, etc.), ils montrent que les interactions écologiques au sein de l'agrobiodiversité peuvent être finement pilotées et mises au service de la protection de la production, et l'illustrent par de nombreux exemples. Ensuite ils abordent les interactions avec les communautés vivantes des sols, qui représentent sans doute une « nouvelle frontière de connaissance », tant elles sont peu connues malgré leur rôle essentiel. Trop souvent réduite aux ennemis telluriques des cultures, l'incroyable diversité vivante du sol, par son fonctionnement mécanique et trophique, est un facteur déterminant à mobiliser pour renforcer les performances du couvert végétal. Enfin, les interactions entre agriculture et animaux d'élevage, réduites à néant ou presque avec l'agriculture moderne, représentent de véritables gisements pour améliorer les performances tant au niveau des parcelles que des exploitations et des paysages. Le pilotage de ces interactions peut aboutir à des améliorations nettes en matière de production et de résilience mais, *in fine,* cela suppose d'améliorer la compréhension des mécanismes en jeu.

À la lumière des questions qui se posent non seulement sur les espèces cultivées et leurs ancêtres, mais aussi sur toutes les espèces et les gènes utiles de l'agrobiodiversité, la question de l'évolution des régimes d'appropriation du vivant est critique, car ils peuvent constituer des verrous aux innovations. Selim Louafi, Didier Bazile et Jean-Louis Noyer analysent dans le **chapitre 5** l'évolution du statut des ressources génétiques des espèces agricoles, entre bien privé et bien public, dans le cadre de la Convention sur la diversité biologique ; ils évoquent les insuffisances patentes de ces différents régimes et ébauchent des réponses possibles. Par ailleurs, la conservation de l'agrobiodiversité, intimement liée à la question de l'appropriation, ne se pose plus aujourd'hui en termes de nombre d'échantillons, de taille de chambre froide, d'expédition ou de collecte. Les auteurs montrent à quel point les agriculteurs sont des acteurs clés de cette indispensable conservation dynamique *in situ,* qui permet à la diversité de continuer à évoluer et qui représente un complément indispensable à la conservation *ex situ.*

Estelle Biénabe décrit enfin dans le **chapitre 6** le jeu des différents acteurs et les formes de gouvernance pour accompagner les transformations de l'agriculture, tant d'ordre social et institutionnel que d'ordre technique. Elle montre que la promotion de systèmes agricoles plus «biodivers» renvoie implicitement à des systèmes d'innovation très différents; l'agronomie «de l'écologisation», à l'inverse de l'agronomie «de l'artificialisation», suppose une déconcentration de l'innovation, un poids moindre des technologies, un lien différent avec l'industrie, un rôle plus actif des producteurs et une place différente de la recherche. Dans ces transformations, le clivage est profond entre un modèle productiviste, intensif, agro-industriel, critiqué pour ses impacts environnementaux et sociaux, et les modèles alternatifs, très biodivers et mettant en œuvre un large éventail de pratiques inscrites dans le local. Les modèles s'affrontent et l'auteur décrit les rapports de force et les processus de régulation, tant par la norme publique que par le marché et les consommateurs. L'enjeu de la transformation des agricultures dépassant largement la question des biens marchands, elle analyse les articulations nécessaires entre action publique et régulation par le marché.

▶▶ Références bibliographiques

CDB (Convention sur la diversité biologique), 1992. Nations unies, p. 3, <www.cbd.int/doc/legal/cbd-fr.pdf> (consulté le 29 novembre 2012).

GRIFFON M., 2007. Pour des agricultures écologiquement intensives. *In : Les défis de l'agriculture au xxie siècle*, Leçons inaugurales du Groupe ESA, Angers.

IAASTD, 2009. *Agriculture at a Crossroads, Global Report* (B.D. MacIntyre, H.R. Herren, J. Wakhungu, R.T. Watson, eds), International Assessment of Agricultural Knowledge, Science and Technology for Development, Island Press, Washington DC, 606 p.

LE ROUX X., BARBAULT R., BAUDRY J., BUREL F., DOUSSAN I., GARNIER E., HERZOG F., LAVOREL S., LIFRAN R., ROGER-ESTRADE J., SARTHOU J.-P., TROMMETTER M., 2008. *Agriculture et biodiversité. Valoriser les synergies.* Expertise scientifique collective Inra, Éditions Quæ, 178 p.

MEA (Millenium Ecosystem Assessment), 2005. *Ecosystems and Human Well-Being: Synthesis*, <http://www.maweb.org/documents/document.356.aspx.pdf> (consulté le 12 décembre 2012).

Chapitre 1

La diversité du vivant, moteur du fonctionnement écologique

Étienne HAINZELIN et Christine NOUAILLE

La diversité du vivant a longtemps été le fondement de l'activité agricole et de ses innovations. Depuis la fin du XIXe siècle, en particulier dans les pays industrialisés, l'augmentation des rendements a fait appel à des techniques radicalement nouvelles, niant la réalité biologique de l'agriculture et artificialisant les milieux. Cette agriculture fortement intensifiée à partir des ressources fossiles, pétrole en tête, est aujourd'hui dans une impasse du fait de ses impacts sur les écosystèmes, de l'augmentation spectaculaire du prix des intrants et de l'énergie, des inégalités sociales et des exodes ruraux massifs qui en résultent. Face à cette crise énergétique, économique et environnementale, et afin d'assurer la sécurité alimentaire des populations les plus exposées, les scientifiques, les politiques et les ONG se sont penchés, notamment depuis deux décennies, sur les alternatives possibles pour les pays en développement. Ainsi se développe la conviction que ces pays doivent acquérir la capacité d'assurer durablement leur sécurité alimentaire. L'intensification de leurs productions est donc indispensable, mais sur des bases nouvelles. Ces nouvelles approches, souvent regroupées sous le terme très englobant d'agroécologie, reposent à la fois sur les avancées les plus modernes des sciences agronomiques et sur les savoir-faire des populations rurales.

À ce jour, les voies d'intensification écologique, qui font largement appel à la diversité biologique, sont prometteuses tant en matière de rendements et d'efficacité économique qu'en matière de durabilité, et notamment dans des zones fragilisées (Pretty *et al.*, 2011).

Alors que les écosystèmes voient leur fonctionnement altéré, que les grands cycles biologiques ne permettent plus de fournir les services et les ressources renouvelables suffisantes pour satisfaire nos besoins, et que l'érosion de la biodiversité atteint un rythme alarmant, nous proposons dans cet ouvrage des pistes pour produire plus de biodiversité, en faisant plus que préserver nos ressources, en les cultivant : l'intensification écologique doit produire de la biodiversité, depuis la production industrielle jusqu'aux petites agricultures familiales.

L'objet de ce chapitre est de montrer que l'évolution de la biodiversité cultivée, l'agrobiodiversité, est indissociable de l'histoire de l'agriculture et de celle des sciences biologiques.

▶ Diversité et unité du vivant : les révolutions successives des sciences biologiques

Si l'intérêt pour la diversité du vivant — et la pensée écologique — remonte à l'Antiquité, le terme « biodiversité », lui, a été créé très récemment. L'écologie scientifique s'est réellement développée avec les autres disciplines biologiques dans la seconde moitié du XXe siècle. La prise de conscience que la quasi-totalité des ressources que nous utilisons dépendent directement de l'activité des organismes vivants depuis les origines de la vie, et que les activités humaines ont un impact majeur sur leur renouvellement, a pris une dimension internationale avec le Sommet de Rio en 1992.

Le concept de diversité revisité au cours des avancées de la science

Par rapport aux autres sciences, la biologie est une science récente. La chimie a marqué la préhistoire : grâce au feu, découvert il y a près de huit cent mille ans, l'industrie des métaux a été maîtrisée très tôt (or et argent, 7 000 av. J.-C. ; bronze, 5 000 av. J.-C. ; fer, 2 500 av. J.-C.). Les premiers astronomes-physiciens, sur les berges du Tigre et de l'Euphrate, ont décrit il y a cinq mille ans les règles de phénomènes astronomiques cycliques (diurnes, lunaires, annuels). Les mathématiciens grecs rivalisaient d'abstraction en établissant des théorèmes qu'on ne sait toujours pas démontrer aujourd'hui… Mais il a fallu attendre 1854 pour que G.A. Thuret décrive pour la première fois la fécondation des gamètes, alors que, depuis douze mille ans, les agriculteurs utilisaient la reproduction sexuée en pratiquant une sélection empirique.

Aristote (384-322 av. J.-C.) est considéré comme le fondateur de l'écologie et de la botanique, et c'est à son élève Théophraste que l'on doit la première *Histoire des plantes* (320 av. J.-C). Mais ce n'est qu'au XVIIe siècle que les naturalistes ont commencé à inventorier et classer les espèces, et c'est Linné (1707-1778) qui a imaginé le système binomial de nomenclature qui désigne chaque plante par un nom générique et spécifique.

Au XIXe siècle, pour les naturalistes, les espèces étaient fixées une fois pour toutes. Charles Darwin (1809-1890) a donc introduit une révolution en 1871 lorsqu'il a publié *La filiation de l'être humain et la sélection du sexe,* où il jetait les bases de la théorie de l'évolution. Pendant ce temps, Gregor Mendel (1822-1884) avait découvert les lois de l'hérédité. Publiés après sa mort, ses travaux furent redécouverts au début du XXe siècle, révélant, avec la génétique mendélienne, une loi commune à tous les organismes vivants. En 1918, Ronald Fisher utilisa les lois de l'hérédité pour établir la base théorique de la biologie évolutive qui a généré de nombreuses applications à l'amélioration des plantes.

La révolution de la biologie moléculaire, qui commence avec la découverte de l'ADN, et donc de la profonde unité de tout le monde vivant, par James D. Watson et Francis Crick en 1953, contribua enfin au développement considérable de la génétique d'aujourd'hui (encadré 1.1). Paradoxalement, cette révolution a conduit à revoir et à élargir le concept de la diversité du vivant au-delà de la stricte diversité spécifique.

À partir des années 1970, grâce aux nouveaux moyens scientifiques et technologiques, les découvertes scientifiques s'accélèrent. Les connaissances sur l'évolution font un bond en avant et mettent en évidence le rôle clé des organismes vivants dans l'histoire de notre planète, et de l'homme.

Encadré 1.1. Le génome, programme du vivant ou boîte à outils ?

Le génome a souvent été comparé au programme d'un ordinateur.

La mise au point de techniques d'amplification pour la multiplication cellulaire et l'analyse des gènes* a ouvert des perspectives considérables d'analyse des génomes. Avec les techniques du génie génétique et de multiplication clonale, il devenait possible de construire et de multiplier des génotypes sur mesure. Ces techniques ont permis de mettre au point de nouveaux traitements médicaux (diabète, vaccins, antibiotiques, etc.). En agriculture, les semenciers et l'industrie agrochimique ont transféré des caractères spécifiques dans des variétés par transfert de gènes : résistances à des herbicides, différentes formes de la toxine Bt. Mais les applications aux plantes du génie génétique concernent surtout l'aide à la sélection génétique par l'usage de marqueurs moléculaires. Car les variétés transgéniques, outre les controverses qu'elles soulèvent, n'expriment pas toujours les gènes qui leur sont transférés... Pourquoi donc la transgenèse ne conduit-elle pas à plus d'applications, et jusqu'à quel point la comparaison de la cellule avec un ordinateur n'a-t-elle pas desservi la biologie ? C'est la question que pose le philosophe et médecin Henri Atlan, en 2011, dans son ouvrage *Le vivant post-génomique. Ou qu'est-ce que l'auto-organisation ?*, question soulevée par un nombre croissant de biologistes et reprise par Thomas Heams, biologiste moléculaire, dans la tribune du *Monde* du 22 septembre 2012 : « [comparer l'ADN à un programme d'ordinateur] engendra un formidable programme de recherche depuis les années 1950, celui de la biologie moléculaire et de ses milliers de gènes, d'abord étudiés un par un, pour culminer avec les grands programmes de séquençage, dont celui du génome humain, au tournant du millénaire », question qui se prolonge dans la vogue actuelle de la biologie de synthèse. Aujourd'hui, « la génétique croule sous les données ». On s'en remet (encore) aux ordinateurs pour essayer de les mettre en cohérence dans une biologie des systèmes qui peine à émerger : « Hormis quelques travaux pionniers, des synthèses multiéchelles (de la molécule à l'organisme) se font attendre » (Heams, 2012).

Ainsi, en accordant une importance majeure au rôle programmateur de l'ADN, les scientifiques ne font-ils pas fausse route ?

Des études récentes militent vers un changement de paradigme : le génome, loin d'être un programme « écrit à l'avance », serait plutôt une boîte à outils que chaque cellule utiliserait avec plus ou moins de degrés de liberté (Cohen *et al.*, 2009 ; Ruault *et*

...

> ...
>
> *al.*, 2008). Cette nouvelle vision «post-génomique», qui privilégie «l'auto-organisation du vivant» (Atlan, 1999; 2011), cohérente avec la théorie darwinienne de l'évolution, ouvrirait une alternative à la course technologique au décryptage : «Rendre sa juste place au désordre cellulaire dans l'explication biologique, c'est se dispenser de chercher des programmes inexistants [...]. Espérerait-on comprendre le climat par un atlas de tous les nuages et de toutes les gouttes de pluies sur Terre?» (Heams, 2012).
>
> * L'invention de la PCR, *polymerase chain reaction*, valut le prix Nobel de chimie à K. Mullis en 1993.

Ainsi, à l'échelle des temps géologiques, c'est la vie des cyanobactéries qui a créé une atmosphère respirable, accumulant patiemment l'oxygène pendant plusieurs milliards d'années, et provoquant une révolution évolutive en ouvrant la porte aux organismes aérobies. C'est la diversité du vivant qui a façonné la planète en permettant l'accumulation des minerais métalliques par oxydation, les immenses formations sédimentaires de calcaires et de marnes, les récifs de corail. C'est enfin la diversité du vivant qui est à l'origine des gisements de charbon, de pétrole, de gaz naturels et de phosphates, véritables concentrés chimiques ou énergétiques.

Aujourd'hui, la biodiversité est considérée dans sa dimension temporelle, en tant que processus dynamique. Elle est un système en évolution constante, du point de vue de l'espèce autant que de l'individu. La demi-vie moyenne d'une espèce est estimée à un million d'années et 99 % des espèces qui ont vécu sur Terre sont aujourd'hui éteintes.

Elle est aussi considérée dans sa composante spatiale : elle n'est pas distribuée de façon régulière sur Terre (encadré 1.2). La flore et la faune diffèrent selon de nombreux critères comme le climat, l'altitude, les sols ou les interventions de l'homme ou d'autres espèces. À l'échelle locale ou régionale, elle évolue au sein des

> **Encadré 1.2. Les zones de mégabiodiversité, ou *hotspots*.**
>
> Le nombre d'espèces vivantes qui peuplent la Terre est estimé aujourd'hui à plus de 8,7 millions. Celles-ci ne sont pas réparties de façon homogène : ainsi, le primatologue américain Mittermeir a découvert en 1988 que quatre pays «de mégadiversité» comptaient, à eux seuls, les deux tiers des espèces de primates (Mittermeier et Goettsch Mittermeier, 2005). Ces quatre pays étaient le Brésil, l'Indonésie, Madagascar et la République démocratique du Congo. Avec ses collègues de Conservation International, Mittermeir a élargi ses recherches aux autres espèces. Dix-sept pays ont ainsi été reconnus en 1997 comme mégadivers, du fait qu'ils hébergent au moins trois mille espèces de plantes vasculaires endémiques.
>
> Les «points chauds» *(hotspots)* de la biodiversité, qui concentrent le plus grand nombre d'espèces végétales et animales, le plus souvent endémiques, se concentrent principalement dans la zone intertropicale : bassin amazonien, bassin du Congo, Madagascar, îles de Mélanésie et de l'Insulinde, contreforts des Andes amazoniennes, récifs coralliens, forêts des îles de Bornéo et de Nouvelle-Guinée.
>
> La notion de mégabiodiversité s'applique à ces *hotspots*, à l'échelle de pays ou de nations. Elle tient compte des frontières politiques. Six pays couvrent en partie la région amazonienne : Bolivie, Brésil, Colombie, Équateur, Venezuela, Pérou. La Guyane
>
> ...

> ...
>
> fait de la France leur voisin... Costa Rica et Mexique en Amérique, Chine, Inde, Indonésie, Malaisie, Népal, Philippines en Asie, Kenya, République démocratique du Congo, Madagascar et Afrique du Sud en Afrique se sont joints à eux à Cancun en 2002 pour constituer le «Groupe des pays mégadivers de même esprit» pour peser dans les négociations.
>
> La France, avec ses départements d'outre-mer, en fait partie. Il est également attesté que les pays de mégadiversité biologique sont également des pays où les formes culturelles (langues, arts, etc.) sont les plus nombreuses...

écosystèmes, associations entre un environnement biophysique donné, le biotope, et des populations d'organismes vivants, la biocénose, en perpétuelle coévolution.

Le développement des connaissances sur la dynamique des interactions entre espèces ou populations d'espèces au sein des écosystèmes et sur les multiples fonctions de production, de régulation, de services qu'elles assurent montre que la diversité du vivant est le moteur du fonctionnement écologique.

La biodiversité sur la scène internationale

Le terme «biodiversité» est né en 1986; il correspond à la montée en force des préoccupations autour de l'extinction d'espèces. Il rejoint également la perception croissante de ce rôle moteur au niveau du fonctionnement de la planète.

En juin 1992, le Sommet de Rio de Janeiro a porté ces préoccupations sur la scène internationale. La diversité biologique était alors considérée comme la «variabilité des organismes vivants de toute origine y compris, entre autres, les écosystèmes terrestres, marins et autres écosystèmes aquatiques et les complexes écologiques dont ils font partie; cela comprend la diversité au sein des espèces et entre espèces ainsi que celle des écosystèmes» (Convention sur la diversité biologique, CDB, 1992). La Convention sur la diversité biologique (CDB) a été proposée pour signature lors du Sommet de Rio. Aujourd'hui, elle est signée par 193 pays qui s'engagent à sa conservation, à son utilisation durable et au partage juste et équitable des avantages découlant de l'exploitation des ressources génétiques. Un vaste chantier a ainsi été engagé mettant en valeur ces trois niveaux de compréhension de la diversité du vivant au regard de leur importance sociale, économique, culturelle ou scientifique :
– les écosystèmes et habitats comportant une forte diversité, de nombreuses espèces endémiques ou menacées ou des étendues sauvages; qui sont nécessaires pour les espèces migratrices; qui sont représentatifs, uniques ou associés à des processus biologiques essentiels;
– les espèces et communautés menacées; les espèces sauvages apparentées à des espèces domestiques ou cultivées, d'intérêt médicinal, agricole ou économique; les espèces ayant un intérêt pour la recherche, telles que les espèces témoins;
– les génomes et les gènes revêtant une importance sociale, scientifique ou économique.

En 1996, la Conférence des parties de Buenos Aires a reconnu «la nature particulière de la diversité biologique agricole, ses caractéristiques, et les problèmes exigeant des solutions distinctives». L'homme et son activité agricole, en effet, sont au cœur de ces écosystèmes.

Le concept d'agrobiodiversité a ainsi vu le jour. Défini comme « l'ensemble des composantes de la diversité biologique en rapport avec la production de biens dans les systèmes agricoles », il recouvre les ressources génétiques des plantes, animaux et microorganismes (biodiversité programmée), les gènes, les espèces et les écosystèmes nécessaires pour maintenir les fonctions, les structures et les processus clés des systèmes agricoles (biodiversité associée), et notamment les pollinisateurs, parasites, symbiotes, pestes, ravageurs et compétiteurs. L'agrobiodiversité a une dimension socio-économique et culturelle essentielle, puisqu'elle est largement influencée par les activités humaines et les pratiques de gestion. Sont pris en compte les savoirs locaux et traditionnels, les facteurs culturels, les processus de participation et le tourisme (Conférence des parties, 2000).

Le concept de diversité biologique agricole replace les interactions entre les organismes et leurs relations fonctionnelles au cœur de la démarche agronomique, en considérant la parcelle cultivée comme un système dynamique et en intégrant les espaces cultivés dans le paysage. L'agrobiodiversité, ce n'est pas seulement les ressources génétiques des espèces végétales ou animales domestiquées, stocks de gènes à garder disponibles pour leur amélioration et leur adaptation futures, c'est aussi la diversité de toutes les espèces « auxiliaires » des cultures, aériennes ou telluriques, dans et autour de la parcelle. Dans l'agroécosystème, l'homme est présent par ses interventions, ses actions de production, ses pratiques culturales. Il programme une partie de la diversité, celle qu'il cultive ou qu'il élève (plantes et animaux). Mais il doit prendre en compte, désormais, l'« autre » partie, les espèces qui partagent cet espace avec les cultures, qu'elles soient « utiles » ou « nuisibles », dans une démarche intégrée. Par ailleurs, l'espace n'étant pas compartimenté, des flux existent entre agrobiodiversité et biodiversité « naturelle », et les interfaces et les interactions sont nombreuses.

Comment gérer, de fait, cette diversité-là ? Comment enrichir, optimiser, orienter, en un mot « cultiver » cette diversité ? Un pas de plus a été réalisé avec le Millenium Ecosystem Assessment (MEA, 2005), travail monumental de plus de 1 300 experts du monde entier qui, en réalisant un état des ressources et des espaces de la planète, ont permis de rendre compte de l'importance des cultures et des usages locaux dans l'entretien de la biodiversité, et des multiples services qu'elle apporte.

▸▸ Une histoire intimement liée à celle de l'homme

Il est établi aujourd'hui que l'agriculture est née simultanément dans plusieurs centres, sur tous les continents, il y a environ douze mille ans. Elle a marqué le passage d'une utilisation des ressources naturelles animales et végétales par l'homme — chasse et cueillette, sur de vastes espaces — à la domestication des espèces utiles, c'est-à-dire leur multiplication et leur culture sur des parcelles défrichées et délimitées. Étaient semés, ou bouturés, les descendants de plantes qui présentaient différents caractères favorables aux usages (alimentation, pharmacopée, fibres, transmission, cycles de production, récolte, stockage…). Elle correspond aussi à la sédentarisation d'une partie des populations humaines et à une nouvelle division du travail entre les agriculteurs et les autres. Elle les a probablement amenés à prendre conscience de la nécessité de gérer des ressources sur un espace limité, et donc à innover dans les techniques de production dans ces toutes premières étapes d'« intensification ».

Aux origines de l'agrobiodiversité

Des anthropologues ont attiré l'attention sur le rôle des populations traditionnelles dans la conservation de la diversité agricole. Les femmes notamment jouent un rôle très important par leur connaissance fine des plantes et la multitude de critères selon lesquels elles les choisissent et les échangent : comportement selon le sol, l'altitude, l'ensoleillement et la pluviosité, rendement et aptitudes à la transformation, résistance aux maladies et ravageurs, qualités organoleptiques, parfum, valeurs affectives, sociales et esthétiques, etc.

C'est ainsi que dans les régions d'origine ou de diversification de certaines espèces, on trouve une variété stupéfiante de cultivars : sept espèces reconnues et 5 000 variétés de pommes de terre encore cultivées dans les Andes (FAO, 2008a), 92 noms de variétés de riz répertoriées chez les Hanunóo aux Philippines (Conklin, 1957)...

Cette façon de sélectionner selon des critères très variés permet des brassages génétiques constants, y compris avec des parents sauvages, à la source de l'adaptation des plantes cultivées et de leur renouvellement.

La diversité génétique des espèces est la ressource dans laquelle ont puisé les communautés paysannes pendant plus de six cents générations : d'abord pour les domestiquer, puis pour organiser la production en « systèmes de culture et d'élevage », enfin pour augmenter leurs performances, avec un travail de plus en plus ciblé en matière de sélection de variétés ou de races. En spécialisant les productions, les agriculteurs, puis les agronomes, les scientifiques et enfin les industriels des semences se sont organisés pour maintenir un « stock génétique » des plantes cultivées et des animaux d'élevage.

Les grands voyages d'exploration et la redistribution des espèces cultivées du XVe au XIXe siècle

Même si les espèces et les variétés ont voyagé de tout temps, ces mouvements se sont accélérés de façon inédite au XVe siècle. L'histoire des plantes cultivées actuelles a ainsi commencé en 1453 avec les grandes navigations, lorsque la chute de Constantinople a poussé les Européens à aller chercher par la mer, hors de Turquie, certaines denrées dont ils avaient besoin (Volper, 2011).

Avec la découverte des Amériques, la palette des végétaux utiles en Europe s'est considérablement élargie : à partir du XVIe siècle, la tomate, le maïs, les haricots, la pomme de terre ont été introduits en Europe. Anglais, Français, Hollandais, Espagnols, Portugais et Danois ont multiplié leurs efforts pour parvenir à « acclimater » ces nouvelles espèces qui ont profondément modifié le paysage agricole européen. Mais les nombreuses espèces récoltées n'étaient pas toujours cultivables sous nos climats, et les territoires conquis sous les tropiques ont été sollicités pour les produire. Ainsi la canne à sucre, originaire de Nouvelle-Guinée et cultivée dans le Pacifique, va conquérir le Nouveau Monde. Cette espèce est emblématique de l'époque coloniale. En effet, les métropoles, pour satisfaire leur engouement pour le sucre, ont bouleversé le commerce international, imposant d'effroyables négoces à leurs nouveaux territoires : le «commerce triangulaire» (Europe, Afrique et Nouveau Monde). Le même schéma s'est reproduit pour les grandes productions tropicales stratégiques — coton, café, cacao, hévéa, palmier à huile, etc. —, qui ont donné lieu à une compétition commerciale forcenée.

La révolution industrielle européenne au XIXe siècle a accéléré la pression sur les cultures, augmentant les besoins en matières premières et en nouveaux marchés. L'Europe s'est tournée vers l'Afrique et l'Asie du Sud-Est et, dès le début du XXe siècle, les Européens avaient engagé de grands travaux pour l'exploitation du potentiel agricole de leurs colonies.

Les jardins botaniques, et notamment le Muséum national d'histoire naturelle à Paris, puis le jardin colonial de Nogent-sur-Marne, ou les jardins botaniques royaux de Kew au Royaume-Uni, joueront un rôle dans l'acclimatation des espèces. Les entreprises coloniales à capitaux métropolitains se développeront à partir de 1925. Les expositions coloniales attireront les investisseurs, qui feront désormais appel à des professionnels, les agronomes tropicaux. Ainsi naît l'agronomie tropicale avec l'intensification de la production, sur la base des concepts scientifiques de l'époque, c'est-à-dire testés dans les pays tempérés industrialisés. Même après les indépendances, les agricultures resteront profondément et durablement marquées par ces évolutions.

Durant tout ce temps, les semences voyagent et s'échangent (encadré 1.3). La génétique se développe comme une composante majeure de l'intensification de l'agriculture, notamment pour améliorer la productivité et lutter contre les multiples maladies et ravageurs des cultures.

Révolutions agricoles et ressources génétiques en Europe au XXe siècle

Depuis le néolithique, l'agriculture a connu quelques grandes révolutions techniques (Mazoyer et Roudart, 2002) : systèmes d'irrigation, utilisation des crues de fleuves dans l'Antiquité, mise au point de systèmes complexes d'assolement comme la rotation triennale avec jachère au Moyen Âge, culture attelée lourde, puis développement de l'alimentation animale, de la mécanisation et de la fumure organique à partir du XVIIe siècle. Ce modèle dominant perdurera en France jusqu'au début du XXe siècle, voire jusqu'à la Seconde Guerre mondiale, alors que les États-Unis ont amorcé la révolution agronomique moderne dès les années 1930.

Il faut cependant remarquer qu'en France, la famille de marchands grainiers Vilmorin-Andrieux éditait un catalogue descriptif et comparatif des froments dès 1850 et effectuait des croisements entre blés et *Aegilops*, jouant ainsi un rôle pionnier dans l'amélioration des plantes. Henry de Vilmorin (1843-1899) a ainsi systématisé l'amélioration des blés par des croisements raisonnés dès 1873 et commercialisé en 1883 la première variété de blé issue d'une sélection généalogique.

Encadré 1.3. Origines de quelques cultures tropicales emblématiques.

Le **cacao,** découvert par Christophe Colomb au Nicaragua, a été introduit en Europe par Cortez en 1528 à son roi, Charles V d'Espagne. Apanage d'une élite, sa consommation ne se vulgarise qu'au xxe siècle. Les premiers producteurs aujourd'hui sont la Côte d'Ivoire, le Ghana, la Malaisie.

Le **café,** d'origine éthiopienne, est connu et apprécié dès 1615 en Europe — soit cinq ans après le thé — où il se diffuse largement. Sa culture fait l'objet d'une véritable épopée et il est aujourd'hui produit par neuf pays principaux dont le Brésil, la Colombie, l'Indonésie, le Vietnam (l'Éthiopie est le 6e)…

L'hévéa et son latex sont connus des Européens depuis la découverte de l'Amérique. Ce n'est pourtant qu'au xviiie siècle que l'on s'y intéresse de plus près, avec les premières applications industrielles et les premières transformations à partir de 1790. Mais c'est l'industrie automobile, à la fin du xixe siècle, en particulier grâce à la mise au point du processus de vulcanisation, qui fera exploser la production mondiale. Originaire d'Amazonie, il est aujourd'hui produit en Asie, où la Thaïlande, la Malaisie et l'Indonésie fournissent les trois quarts de la production. L'hévéaculture fournit 44 % de la production mondiale d'élastomère, sur 10 millions d'hectares entretenus par des millions de petits planteurs. Les 10 millions de tonnes de caoutchouc naturel qu'ils produisent sont utilisées à 80 % par l'industrie automobile.

La **banane,** découverte en Inde par Alexandre le Grand, existait aussi en Chine à l'époque. En 650, des conquérants islamistes l'importèrent en Palestine et sur l'île de Madagascar. De là, les négociants la transportèrent dans toute l'Afrique. En 1402, les marins portugais en peuplent les îles Canaries. En 1516, un moine portugais en apporta dans l'île de Santo Domingo. Il ne fallut pas longtemps avant qu'elle ne devienne populaire dans toute la Caraïbe et en Amérique centrale : au xviiie siècle déjà, plus de trois millions de bananiers étaient recensés en Martinique. La banane est la troisième culture fruitière tropicale ; environ 15 % de la production est exportée, 85 % est consommée sur place, notamment dans les pays les plus pauvres d'Afrique, d'Amérique latine et d'Asie. On en connaît près de mille variétés. Base de l'alimentation de nombreux pays tropicaux, la banane consommée localement joue un rôle majeur en matière de sécurité alimentaire.

Le **palmier à huile** est originaire d'Afrique de l'Ouest, où sa consommation alimentaire pourrait remonter à plus de 5 000 ans. En 1959-1960, le gouvernement de Côte d'Ivoire a lancé un vaste programme de développement de plantations industrielles et villageoises de palmiers à huile sélectionnés. Mais la production africaine, florissante au début, a été dépassée par l'explosion de la production asiatique sur un marché où dominent aujourd'hui la Malaisie, l'Indonésie, le Nigeria, la Thaïlande… Première plante oléagineuse au monde, le palmier à huile est une culture stratégique pour de nombreux pays tropicaux. Avec une production de 42 millions de tonnes en 2008, il représente plus du tiers de la production mondiale en huiles végétales. Son expansion rapide, tout comme celle de l'hévéa, souvent aux dépens de la forêt primaire, soulève de nouvelles questions de recherche.

La dernière phase de modernisation et d'industrialisation de l'agriculture a permis d'augmenter considérablement les rendements et de diminuer les coûts de production dans les pays industrialisés. Dans l'entre-deux-guerres, l'objectif était de mieux insérer la production agricole dans l'économie de marché et d'améliorer les conditions de vie des agriculteurs. La motorisation avec des puissances croissantes, le développement de l'agrochimie et de l'industrie agroalimentaire et les progrès de la génétique ont permis cette évolution, qui a conduit à une hausse extraordinaire de la productivité du travail, mais aussi de la consommation énergétique. L'agriculture, en se modernisant, est devenue dépendante des ressources énergétiques fossiles.

Le développement de l'industrie des pesticides a profité des recherches en chimie organique des deux guerres. Les recherches militaires avaient déjà perfectionné des gaz de combat qui, après les hostilités, furent utilisés contre les insectes. Dans les années 1950, des insecticides comme le DDD et le DDT étaient utilisés en grandes quantités en médecine préventive (démoustications contre le paludisme) et en agriculture (élimination du doryphore). L'usage de ces produits a connu ensuite un très fort développement, les rendant quasiment indispensables à la plupart des pratiques agricoles. Cette intensification spectaculaire était fondée sur l'idée que la production agricole pouvait être avantageusement réduite à des flux chimiques, et qu'il suffisait de compléter ce que la nature avait du mal à fournir. De 1945 à 1985, la consommation de pesticides et d'engrais a ainsi doublé tous les dix ans. Les pesticides ont constitué un puissant moyen d'augmenter les rendements en agriculture et permis d'assurer une abondance alimentaire, tout en limitant la déforestation. Mais l'usage d'engrais, d'herbicides, d'insecticides et d'antifongiques de synthèse a artificialisé les agroécosystèmes en homogénéisant les sols sur le plan trophique, en s'accumulant dans les sols et les eaux et en détruisant, avec les nuisibles, de nombreuses espèces utiles à leur équilibre.

La génétique a largement contribué au développement de cette agriculture intensive. Les généticiens se sont appuyés sur la richesse et la diversité des variétés cultivées dans le monde pour rechercher des caractères susceptibles de fournir des rendements toujours croissants dans un contexte nutritif non limitant et de lutter contre les différents ennemis des cultures. En 1933, le premier maïs hybride issu d'un croisement a été commercialisé aux États-Unis ; il continue de représenter ces variétés à haut rendement qui permettent des gains de plus de 1 % par an sur de longues périodes.

Pour améliorer les espèces cultivées, les généticiens étudient leur histoire, leurs origines et le rôle des agriculteurs dans leur sélection. Des prospections sont organisées, des collections privées et publiques de ressources génétiques se créent, les semenciers s'organisent pour échanger leurs échantillons.

L'intensification de l'agriculture a eu rapidement pour effet de réduire considérablement le nombre d'espèces et de variétés cultivées. Aussi les scientifiques se sont-ils rapidement préoccupés de préserver leurs ressources génétiques. La première collection de matériel issu de prospections fut créée par Vavilov (1887-1943), généticien russe, à la suite d'expéditions botaniques et agronomiques destinées à appuyer sa théorie sur l'origine des plantes cultivées. Celle-ci comptait 250 000 accessions en 1940, dont 30 000 pour le blé, elle en compte 400 000 aujourd'hui. Il existe désormais de nombreuses banques de gènes dans le monde, dont le Svalbard Global Seed Vault, en Norvège, est probablement la plus célèbre. À côté de ces grandes banques organisées, quelques petits trésors sont enrichis par des producteurs éclairés (encadré 1.4).

Vavilov a développé le concept de « centres d'origine » et de « zones de domestication » d'une espèce donnée, où les brassages génétiques sont les plus riches. Ces concepts, toujours en vigueur aujourd'hui, ont été enrichis et affinés par de nombreuses études sur la phylogénie des différentes espèces cultivées, avec l'aide des outils de la biologie moléculaire. L'histoire des « complexes d'espèces », le rôle de l'homme et des populations dans leur sélection et leur diffusion ont toujours été étudiés par les généticiens, avec l'aide d'ethnobotanistes, auxquels se joignent aujourd'hui des linguistes et des anthropologues.

La « biodiversité programmée » des agroécosystèmes est donc conservée dans des banques de gènes depuis que la génétique existe, même si les concepts sur les modes de conservation et de sauvegarde de la diversité génétique « utile » évoluent.

La révolution verte

Après la Seconde Guerre mondiale, les colonies ont pris le chemin de l'indépendance et du développement. Mais si les pays industrialisés avaient adopté l'agriculture intensive, son transfert à la situation des pays en développement n'était pas si simple, du fait notamment de sa dépendance vis-à-vis des intrants.

La révolution verte est donc née d'une volonté politique de transformation des agricultures des pays en développement (FAO, 1996 ; Griffon, 2006 ; 2011). Calquée sur le modèle des pays industrialisés, elle visait principalement l'intensification et l'utilisation de variétés de céréales à hauts potentiels de rendement. Elle a notamment été orchestrée par les centres internationaux de recherche agronomique et les grandes fondations liées aux universités américaines.

La révolution verte se fondait sur l'utilisation de trois facteurs : les variétés à haut rendement, les intrants — engrais et produits phytosanitaires — et l'irrigation dans les zones présentant un risque de stress hydrique. Cette profonde transformation de l'agriculture a entraîné un coût énergétique accru, mais pas dans les mêmes proportions que dans les pays industrialisés, car la motorisation est restée *in fine* limitée. Elle était également fondée sur un soutien massif des politiques publiques, tant pour les investissements en infrastructures que pour la garantie des prix et l'encadrement technique des filières. Les prémices peuvent en être tracées au Mexique, en 1943, où le gouvernement, avec le soutien de la fondation Rockefeller, parvint à une augmentation spectaculaire de sa production de blé. Autosuffisant en 1951, le pays devint exportateur l'année suivante, alors que dans le même temps sa population augmentait fortement.

Norman Borlaug, qui obtint les variétés de blé à haut rendement à l'Office of Special Studies (OSS), à Mexico, et les transféra ensuite en Asie, est considéré comme le « père » de la révolution verte. Ses travaux lui valurent le prix Nobel de la paix en 1970. La fondation Rockefeller s'attacha à diffuser l'idée de révolution verte en implantant de nouveaux centres de recherche internationaux dans le monde : le CIMMYT (Centro Internacional de Mejoramiento de Maiz y Trigo) succéda à l'OSS au Mexique en 1963, et l'IRRI (International Rice Research Institute), créé aux Philippines en 1960, contribua à répandre l'emploi de variétés de riz à haut rendement en Asie.

La révolution verte, avec ses succès incontestables en Asie, moins évidents sur les autres continents, a longtemps semblé être le modèle de développement le plus efficace dans les pays en développement. L'Inde en est l'exemple le plus cité, qui a multiplié par dix sa production de blé et par trois sa production de riz. Des régions de famine chronique sont devenues exportatrices, mais dans des conditions dont la durabilité reste contestée, du fait des exigences en eau, en engrais et en pesticides des variétés utilisées.

Les externalités de la révolution verte sont aussi progressivement apparues : sociales, avec un exode rural massif ; environnementales, avec l'appauvrissement de nombreux sols, l'usage abusif de pesticides et les pollutions induites, et l'homogénéisation des variétés cultivées. Cette homogénéisation a entraîné une large déperdition du savoir traditionnel et de la biodiversité agricole, notamment dans les cultivars locaux. Des craintes ont émergé sur les capacités de résistance des variétés à l'apparition de nouveaux agents pathogènes.

Le spectre de l'érosion génétique a ainsi atteint les variétés des pays du Sud. Pour répondre à ces préoccupations, des banques de semences, à l'image de l'Institut international de ressources phytogénétiques (International Plant Genetic Resources Institute, IPGRI), devenu Bioversity International, ont été constituées.

De fait, de nombreux pays en développement n'ont que peu bénéficié des avantages ou des richesses espérés par l'agriculture moderne. Les raisons les plus citées en sont des sols et climats souvent défavorables, l'insuffisance d'eau, de capital financier, de formation adaptée. S'y ajoutent, dans un certain nombre de pays, des conditions politiques, économiques et juridiques défavorables, mais aussi les déséquilibres induits par la protection de certains marchés, et notamment les subventions massives accordées à l'agriculture industrielle des pays riches. Dans le cas de l'Afrique, la dynamique d'intensification a été brutalement stoppée par la période d'ajustement structurel des années 1980.

▸▸ Les risques documentés de l'érosion de l'agrobiodiversité

De nombreuses études tentent d'évaluer les effets des pressions sur la biodiversité en général. Mais la biodiversité, on l'a dit, est un processus dynamique, où l'agriculture occupe une place particulière. Dans le cadre de cet ouvrage, nous nous intéressons plus particulièrement à la biodiversité des agroécosystèmes.

Quantifier la diversité est particulièrement difficile selon que l'on s'attache au niveau allélique, spécifique ou écosystémique (Le Roux *et al.,* 2008). En documenter la variation est donc tout aussi difficile et controversé : les chiffres cités ci-dessous sont en grande partie issus de l'Évaluation des écosystèmes pour le millénaire (MEA, 2005) et de la FAO. Celle-ci est chargée depuis 1999 d'évaluer périodiquement l'état des ressources phytogénétiques pour l'alimentation et l'agriculture dans le monde et de proposer des plans d'action à la communauté internationale, guidée par la Commission internationale des ressources génétiques pour l'alimentation et l'agriculture. Il existe depuis 1996 un plan d'action mondial, adopté par 170 pays.

Selon le Deuxième rapport sur l'état des ressources phytogénétiques pour l'alimentation et l'agriculture dans le monde (Commission des ressources génétiques pour l'alimentation et l'agriculture, 2010), la principale cause de l'érosion de la diversité génétique est le remplacement des variétés locales par des variétés modernes, qui s'est fortement accentué ces cinquante dernières années. D'autres causes, comme la dégradation de l'environnement, l'urbanisation, le défrichage par la déforestation et les feux de brousse, sont également mises en avant.

La nécessité d'indicateurs fiables, tant dans leur pertinence que dans leur définition et la capacité de les renseigner, fait l'objet de programmes de recherches et de négociations internationales.

L'agriculture, paysage majeur de la planète

Aujourd'hui, sur l'ensemble de la surface terrestre (environ 51 milliards d'hectares avec les océans), on estime qu'environ 12 milliards d'hectares (terrestres et aquatiques) sont bioproductifs, au sens où ils créent chaque année une certaine quantité de matière organique grâce à la photosynthèse. Les surfaces émergées couvrent 14,9 milliards d'hectares, dont 70 % sont affectés directement par l'activité humaine. Dans les déserts et la majeure partie des océans, la photosynthèse existe aussi mais est trop diffuse pour que ses produits soient exploités par l'homme (Ecological Footprint Atlas, 2009).

Dix pour cent de la surface émergée, soit 1,5 milliard d'hectares, sont des terres cultivées, dont le tiers destiné à l'alimentation du bétail ; à ces surfaces cultivées s'ajoutent 3,4 milliards d'hectares de pâturages (dont 1,4 milliard de prairies améliorées et 2 milliards de pâturages naturels et de parcours pastoraux) ; 4 milliards sont occupés par des couverts forestiers (dont 1,4 milliard par des forêts primaires). Tout au long des siècles, les agriculteurs ont donc façonné une très large partie de la planète.

Le nombre d'agriculteurs dans le monde est estimé à 1,3 milliard[1], soit le quart de la population mondiale et la moitié de la population active. Une grande majorité de ces agriculteurs se trouvent dans les pays en développement, alors que dans les pays développés, ils ne représentent plus que 2 à 3 % de la population. La Banque mondiale (2008) considère que dans les pays les moins avancés, les deux tiers des emplois restent directement liés à l'activité agricole. La plupart de ces pays se trouvent en Afrique subsaharienne, où l'agriculture emploie 65 % de la population active et contribue pour près du tiers à la croissance du PIB.

Un patrimoine mondial menacé

Selon la FAO (2010), environ 7 000 *espèces de végétaux* ont été cultivées pour la consommation au cours de l'histoire humaine, mais d'autres sources les estiment plus nombreuses (par ailleurs, chez les végétaux, on parle plutôt de complexes d'espèces).

---

1. La plupart des chiffres cités sont issus de l'Évaluation des écosystèmes pour le millénaire. Voir aussi : Convention sur la diversité biologique, 2008. Biodiversité et agriculture — Protéger la biodiversité et assurer la sécurité alimentaire, <www.cbd.int> (consulté le 29 novembre 2012).

Pendant près de douze mille ans, la grande diversité des variétés entretenues ou domestiquées par l'homme a fourni nourriture, fibres, matériau, énergie, et assuré la survie et le développement des populations humaines en dépit des ravageurs, des maladies, des fluctuations climatiques, sécheresses ou autres accidents. Aujourd'hui, seules une trentaine d'espèces satisfont 95 % des besoins alimentaires humains et animaux. Quatre d'entre elles — le riz, le blé, le maïs et la pomme de terre — satisfont plus de 60 % des besoins alimentaires énergétiques. L'appauvrissement de la diversité au sein des espèces cultivées est aussi général, comme l'illustre le cas de la pomme (encadré 1.4).

Les *espèces animales* domestiquées pour l'agriculture et la production alimentaire sont estimées au nombre de trente-cinq. Leur diversité intraspécifique se manifeste dans les très nombreuses races autochtones, bien adaptées aux conditions locales grâce à leur résistance au stress climatique, aux maladies et parasites, ou leur adaptation à des agroécosystèmes spécifiques. Or selon l'*État des ressources zoogénétiques pour l'alimentation et l'agriculture dans le monde* (2008), 20 % des races d'élevage, soit 1 500 des 7 600 races de la planète, pourraient disparaître définitivement dans un avenir proche par inadaptation, endogamie, trop faibles effectifs…

Encadré 1.4. De l'industrialisation et de l'érosion par la norme à la diversification par les producteurs : l'exemple de la pomme en France.

Connue et appréciée dès l'Antiquité, la pomme a connu au XIXe siècle un essor spectaculaire dans lequel la France a joué un rôle majeur*. À cette époque, le pépiniériste André Leroy décrivait 527 variétés bien différenciées dans son catalogue. Le travail de nombreux sélectionneurs a fait le reste : aujourd'hui, on en dénombre près de six mille variétés dans le monde.

Entre les deux guerres, l'urbanisation a provoqué la disparition de nombreux vergers autour des villes et d'une multitude de petits producteurs. Les producteurs plus éloignés ont alors été amenés à produire plus de fruits, supportant mieux le voyage et se conservant plus longtemps. Un grand nombre de variétés tombèrent ainsi dans l'oubli.

Après la Seconde Guerre mondiale, des primes d'arrachage furent offertes aux agriculteurs qui détruisaient leurs pommiers pour l'agriculture intensive. En 1960, le catalogue officiel des espèces et variétés fut créé par le Comité technique permanent de la sélection. Il instituait la liste des variétés autorisées à la commercialisation. Une seule pomme française y était classée I et pouvait entrer dans le circuit classique de la distribution moderne. Les autres variétés (11 000 à travers le monde) n'étaient plus cultivées que ponctuellement, par de rares petits producteurs qui disparurent petit à petit sous la pression économique.

Devant un tel gâchis patrimonial, des associations pomologiques ont été créées par des passionnés vers la fin des années 1970. L'une d'elles, l'Association pomologique de Haute Normandie**, a effectué un recensement en France : elle y dénombre 37 vergers conservatoires comprenant 987 variétés de fruits ; 200 de ces variétés sont utilisées, dont une centaine comme « fruits à couteau ».

* Voir <http://www.lapomme.org> (consulté le 29 novembre 2012).
** Association pomologique de Haute Normandie, <http://www.aphn.net/> (consulté le 29 novembre 2012).

Bien que la *biodiversité aquatique* joue un rôle vital dans les moyens de subsistance, elle est menacée par la pêche, la surexploitation des ressources, les pratiques destructrices, l'introduction d'espèces exotiques, la destruction et la dégradation des habitats. En 2008, les prises de pêche concernaient, selon les estimations, 1 731 espèces ou groupes d'espèces aquatiques (poissons à nageoires, crustacés, mollusques...), dont une grande partie est appelée à disparaître avant le milieu du XXIe siècle. La FAO estime qu'une espèce de poisson sur trois est menacée d'extinction, alors que les chalutiers vont toujours plus loin et sont toujours mieux équipés. Seule la pisciculture permettra de compenser la baisse annoncée des quantités pêchées. L'*aquaculture* fait partie des secteurs de production alimentaire qui connaissent la croissance la plus rapide : plus de 360 espèces de poissons, d'invertébrés et de plantes sont élevées dans le monde, la plupart seulement depuis le début du XXe siècle.

Deux compartiments des agroécosystèmes sont particulièrement vulnérables aux effets de l'agriculture intensive : il s'agit des sols et des habitats des espèces auxiliaires de cultures. C'est cette biodiversité, dont on réalise aujourd'hui l'importance, qui est mise en avant dans la prise en compte de l'agrobiodiversité. Parce qu'elle est mal connue et que la compréhension de son fonctionnement est très limitée, il est particulièrement difficile d'estimer son érosion.

La *biodiversité des sols* reflète la variabilité entre des organismes vivants — des microorganismes (bactéries, champignons, protozoaires et nématodes) à la macrofaune, plus familière (vers de terre, termites...), en passant par la mésofaune (acariens et insectes, collemboles...). Les racines des végétaux peuvent aussi être considérées comme des organismes édaphiques au vu de leurs relations symbiotiques et de leurs interactions avec d'autres composantes du sol. Ces divers organismes interagissent les uns avec les autres ainsi qu'avec plusieurs plantes et animaux pour assurer les fonctionnalités écologiques du sol grâce aux échanges trophiques, aux flux d'information, etc. ; ils contribuent de ce fait à la fourniture de services écosystémiques essentiels à la vie.

Les *microbes et les invertébrés* forment le groupe d'espèces le plus nombreux de la planète (World Conservation Monitoring Centre, WCMC, 1992). Leur inventaire semble inatteignable, tant il est difficile de quantifier le nombre d'espèces ; on parle maintenant de 10 millions à 50 millions d'espèces non décrites. La production alimentaire et agricole dépend de multiples interactions avec cette biodiversité « cachée », dont le rôle fonctionnel a été négligé par l'agriculture intensive. Les abeilles, papillons et autres insectes pollinisent les fruits et légumes. Les microorganismes forment des symbioses avec des racines de plantes cultivées et certains champignons, ou avec les organismes animaux dont ils peuplent les intestins et régulent des fonctions d'assimilation et de santé. Ils permettent aux ruminants d'élevage — bovins, ovins et caprins — d'assimiler la cellulose. Ils participent à la conservation et à l'enrichissement en protéines des aliments, notamment par la fermentation. Microorganismes et invertébrés sont indispensables à la dégradation de la nécromasse et au recyclage de la matière organique dans les sols. Ils peuvent être employés en tant qu'agents de lutte biologique. Ils sont au cœur des mécanismes de fonctionnement intimes des écosystèmes.

Des écosystèmes et des habitats sous pression

Les *forêts naturelles* sont sources de revenus pour de nombreux pays parmi les plus pauvres, représentant plus de 10 % du PIB de certains d'entre eux. Un milliard de personnes en vivent directement. Elles sont aussi les plus importantes réserves de diversité biologique terrestre. Malgré ce rôle économique crucial, le recul et la dégradation des forêts tropicales se poursuivent au rythme de plus de 10 millions d'hectares par an. La perte de diversité forestière réduit l'éventail des possibilités de valorisation future des médicaments, des denrées alimentaires, des matières premières ; elle compromet le bien-être des populations car elle affecte le moteur même de leur mode de vie. Le recours aux plantations forestières peut satisfaire certains de ces besoins (bois d'œuvre, bois énergie) en épargnant les forêts naturelles, mais il ne peut recréer la biodiversité complexe des écosystèmes forestiers naturels.

Au niveau des *agroécosystèmes*, l'industrialisation de l'agriculture se traduit généralement par une dissociation des cultures et de l'élevage, par la spécialisation des exploitations ainsi que par une homogénéisation des paysages. Cet aspect très important est développé plus loin (voir « Effets de l'évolution des paysages »).

Enfin, à l'échelle des paysages, les phénomènes d'*invasion biologique* (encadré 1.5), liés à la mondialisation des échanges, sont aujourd'hui considérés par l'ONU comme une des grandes causes de régression de la biodiversité, avec la pollution, la fragmentation écologique des écosystèmes, la chasse, la pêche et la surexploitation de certaines espèces. La réduction des effectifs des populations menacées a notamment un effet très important sur leur diversité intraspécifique.

Encadré 1.5. Espèces envahissantes et biodiversité dans les milieux insulaires : l'exemple des Antilles.

Avec un climat favorisant des événements climatiques extrêmes comme les cyclones, auxquels s'ajoute le volcanisme, après une période de défrichement massif et de surexploitation des forêts durant la période coloniale, puis une période de production agricole intensive grande consommatrice de pesticides, la biodiversité antillaise a été soumise à rude épreuve (Sastre *et al.*, 2007). Or les Antilles, comme les autres îles tropicales, présentent une biodiversité exceptionnelle. Mais du fait de leur insularité et de la forte pression démographique et de développement à laquelle ils sont soumis, ces écosystèmes sont particulièrement menacés.

La destruction des habitats naturels a ainsi conduit à la disparition de la majeure partie des forêts sèches au profit de l'urbanisation et de l'agriculture. La surexploitation des ressources est aussi en cause. Ainsi, la chasse des perroquets des Petites Antilles a abouti à leur extinction totale de Guadeloupe et de Martinique, alors que les deux îles possédaient le plus grand nombre de ces espèces emblématiques. Les forêts de montagne, un de leurs habitats privilégiés, subsistent pourtant.

Les espèces exotiques envahissantes sont une autre menace, aussi bien dans les écosystèmes naturels que cultivés :

– les rongeurs (rat noir, surmulot, souris grise) modèlent notamment les productions agricoles depuis plusieurs siècles ;

...

> – plus récemment, la fourmi « manioc » a envahi toute la Guadeloupe en quelques dizaines d'années, causant des dégâts importants aux cultures et aux jardins. Les méthodes de lutte utilisaient des pesticides connus pour leur toxicité et leur persistance ;
> – l'escargot géant d'Afrique (Achatine) a impressionné les populations par la vitesse de sa colonisation dans les années 1990 et par les dégâts qu'il a provoqués. Cependant, comme dans d'autres îles océaniques, un équilibre relatif s'est établi, avec une forte diminution globale des populations et des dégâts désormais localisés et/ou épisodiques ;
> – de nombreuses espèces végétales ont été introduites, dont certaines sont devenues un problème pour les cultures ;
> – des parasites émergents mettent en danger les cultures ou les élevages : *Ralstonia solanacearum*, bactérie de la tomate ; cercosporiose noire, champignon du bananier ; tique sénégalaise, vectrice de la cowdriose, etc.
>
> Par ailleurs, certaines pratiques agricoles mettent encore en danger la biodiversité : utilisation excessive d'engrais, de pesticides, des ressources limitées en eau, défrichement, etc.
>
> L'agriculture dite biologique est une voie intéressante de diversification, déjà pratiquée en partie dans les jardins créoles. Les filières horticoles (fruits et légumes) et certaines grandes cultures comme la canne à sucre s'organisent progressivement dans cette voie en adoptant les pratiques de l'agroécologie parfois labellisées « agriculture biologique ». La plupart des filières, et notamment celle de la banane, en relation étroite avec la recherche, ont adopté des programmes de production durable, utilisant notamment les fonctions de l'agrobiodiversité prise dans son ensemble*. Ces voies sont explorées dans les autres chapitres de cet ouvrage.
>
> * Dans le cadre du plan « Banane durable », lancé en 2008 par le ministère de l'Agriculture à l'initiative de l'Union des groupements de producteurs de bananes (UGPBAN) et des Groupements bananiers, l'Institut technique tropical (IT²), le Cemagref et le Cirad mettent au point des solutions pour lutter contre les maladies du bananier et développer les outils de la production durable de bananes aux Antilles.
>
> *Pour en savoir plus :* Feldmann *et al.*, 2007.

Effets de la « modernisation » de l'agriculture sur la biodiversité

Effets des pratiques agricoles

Selon une expertise collective de l'Inra (Le Roux *et al.,* 2008), il n'existe pas de statistiques ou d'indicateurs suffisants (sinon parcellaires, ou effectués sur des durées trop courtes) pour évaluer les coûts environnementaux des pratiques agricoles, notamment sur les interactions entre organismes. Ce collectif d'experts s'est appuyé sur quelque deux mille références bibliographiques pour analyser l'état des connaissances sur les relations entre agriculture et biodiversité. Elles concernent principalement les cultures tempérées.

Pour estimer les effets de l'agriculture sur les agroécosystèmes, les experts en viennent à considérer différents niveaux de mécanismes : l'ensemble des pratiques agricoles à l'échelle de la parcelle ; l'impact de l'agriculture sur l'agroécosystème (surface cultivée, bord de champ, bosquets, fossés, etc.) ; la cohabitation entre agro-écosystèmes et écosystèmes naturels à l'échelle du paysage, voire de la région. En ce qui concerne les effets, ils distinguent trois catégories de biodiversité : la diversité alpha, richesse en espèces de la parcelle ; la diversité bêta, qui reflète les modifications de la diversité alpha entre habitats à l'échelle de l'agroécosystème ; la biodiversité gamma, considérée à l'échelle du paysage, de la région ou du pays.

Les études *à l'échelle des parcelles* font apparaître un certain nombre de facteurs généraux qui ont un impact sur la biodiversité.

En *cultures annuelles,* les flux de matière (intrants, récoltes) sont très importants et les perturbations intenses (destructions par les pesticides, exportation massive de la biomasse, modification du sol par le labour, de la biocénose par les pesticides ou par des effets trophiques indirects). Il en résulte un déclin de la richesse et de l'abondance de nombreuses espèces : microorganismes, faune et flore du sol, insectes, amphibiens oiseaux. Le labour profond, par exemple, affecte la macrofaune, et notamment les vers de terre… Selon leurs modalités et leur fréquence d'application, les traitements des insectes ravageurs par des produits phytosanitaires de synthèse peuvent avoir des effets dramatiques sur les cycles de vie des arthropodes. Les fongicides sont encore plus toxiques pour les organismes du sol. Les herbicides ont un effet sur le nombre d'espèces végétales, mais aussi sur les espèces qui leur sont fonctionnellement associées. Enfin, le développement d'espèces résistantes aux molécules utilisées provoque des déséquilibres importants dans l'écosystème. L'emploi des plantes transgéniques porteuses de la toxine Bt présente le même type de risque, auquel s'ajoute, à plus long terme, celui du transfert de gènes dans d'autres espèces. Enfin, la fertilisation par des produits de synthèse, dont les effets sont fortement positifs sur la croissance des végétaux et des organismes du sol, modifie de façon importante la physicochimie de l'environnement édaphique et affecte les chaînes trophiques. Elle est également responsable de la disparition d'espèces adaptées à des milieux plus pauvres ou fragiles et modifie de façon importante les écosystèmes aquatiques et terrestres (eutrophisation, etc.).

La plupart de ces effets peuvent être estimés en observant les effets d'un arrêt des traitements mais, au passage, il y aura eu des pertes irréversibles de biodiversité… Une partie de la diversité peut aussi être retrouvée dans le cadre de modes de production différents : agriculture biologique, écoagriculture, agriculture de conservation, etc. Les rotations, bien conduites, en perturbant le cycle des pathogènes, peuvent permettre de réduire l'usage des pesticides.

Les *prairies permanentes,* qui ne reçoivent généralement pas de pesticides, mais peuvent être fortement fertilisées et intensément exploitées, ont une biodiversité bien supérieure à celle des parcelles cultivées en monoculture. Cependant, généralement, un pâturage intense a un effet négatif sur la richesse de la flore, des arthropodes et de la faune du sol. Un pâturage modéré a un effet bénéfique sur la richesse de nombreux groupes d'espèces. Enfin, les prairies de fauche sont généralement plus riches en espèces végétales que les prairies pâturées. Mais d'autres facteurs sont à étudier, comme l'impact des différentes espèces d'herbivores, ou des produits qu'elles excrètent…

En *cultures pérennes,* l'emploi répété de produits phytosanitaires pour lutter contre des bioagresseurs toujours présents est le principal facteur qui affecte la biodiversité. Il a un effet négatif important, par exemple, sur la diversité entomologique fonctionnelle. Il est clair que la présence de plusieurs strates exploitables de végétation et l'utilisation de plantes de couverture sont propices au maintien de réseaux trophiques d'espèces. L'agroforesterie est ainsi une voie possible de diversification.

L'*abandon des pratiques agricoles* sur des parcelles auparavant exploitées dépend de leur état initial : les parcelles cultivées évoluent positivement pour tous les groupes d'organismes les premières années; en revanche, dans le cas des prairies permanentes, l'abandon mène systématiquement à une diminution de la richesse spécifique végétale. Dans tous les cas, lorsque les temps d'abandon s'allongent, la richesse spécifique tend à baisser, surtout quand s'installent des espèces ligneuses. En termes fonctionnels, les espèces végétales à vie courte, dispersées par le vent, capables d'acquérir les ressources, sont remplacées par des espèces ligneuses à vie longue et dispersées par les oiseaux, et la faune du sol, notamment les vers de terre, évolue avec elles.

L'*agriculture biologique* a un effet positif sur la biodiversité : la richesse des espèces végétales, des microorganismes du sol, des vertébrés et des arthropodes augmente, l'abondance des invertébrés prédateurs aussi. Mais la structuration du paysage agit aussi sur la richesse spécifique et doit accompagner les pratiques pour parvenir à une restauration d'espèces rares.

L'*utilisation de plantes transgéniques* s'inscrit dans la démarche d'intensification technologique de l'agriculture. En 2011, selon les estimations de l'International Service for the Acquisition of Agri-Biotech Applications (ISAAA) (James, 2011), qui promeut les OGM notamment dans les pays du Sud, 160 millions d'hectares étaient cultivés en variétés transgéniques dans 60 pays, soit 8 % de plus qu'en 2010, poursuivant ainsi leur forte augmentation. Il s'agit essentiellement de maïs, de coton, de soja et de pomme de terre, et la principale caractéristique diffusée est la tolérance à un herbicide (59 % des surfaces). Les chiffres de l'ISAAA sont contestés par l'ONG les Amis de la Terre, qui estime par ailleurs en 2007 que «près de 90 % de toutes les variétés OGM commercialisées au monde contiennent des traits génétiques de Monsanto»[2] (la plupart des brevets génériques sur les OGM sont américains).

L'impact de ces cultures sur la biodiversité tient d'abord à leur large diffusion. Aujourd'hui, aux États-Unis, 85 % du maïs cultivé, 91 % du soja, 88 % du coton et près de 95 % de la betterave sont génétiquement modifiés. Comme toutes les variétés commerciales élites, ce sont des matériels à base génétique étroite, et leur expansion, basée sur un marketing agressif, se fait surtout aux dépens de la diversité cultivée.

L'impact des gènes transférés sur la diversité des insectes et des plantes, dans et autour des parcelles cultivées, a été abondamment étudié tant pour les OGM résistants aux herbicides que pour les OGM Bt. Leur transfert possible à des parcelles cultivées sans OGM est cependant suffisamment avéré, au moins chez des plantes

---

2. Les Amis de la Terre, 2007. *Qui tire profit des cultures GM? Monsanto et la «révolution biotechnologique» de l'agriculture menée par les multinationales,* 20 p., <http://www.foei.org/fr/publications/pdfs/gmocrops2006execsummaryfr.pdf> (consulté le 29 novembre 2012).

allogames comme le maïs et le colza, pour que le comité scientifique du Haut Conseil sur les biotechnologies en France ait publié un avis[3] à propos de la coexistence des filières de plantes génétiquement modifiées (PGM) et non GM. Au-delà des plaidoyers, des controverses et des procès de propriété intellectuelle, il n'y a pas de lien univoque évident entre l'usage des plantes transgéniques et la biodiversité, tant les résultats dépendent des contextes climatiques, des espèces cultivées, du changement des pratiques en matière de pesticides, des espèces cibles analysées, etc. Les risques liés à la dissémination des transgènes dans des plantes sauvages, et donc à la modification de la biodiversité sauvage, ne sont pas négligeables, mais le dommage potentiel de ces transferts reste controversé.

Effets de la pression sur les terres et de la dégradation des ressources naturelles

Depuis cinquante ans environ, dans les régions tropicales et subtropicales, l'extension des surfaces cultivées s'est faite au détriment de zones à forte biodiversité. La pression démographique, l'épuisement des sols cultivés ou la nécessité d'augmenter des productions industrielles en sont les principales causes. Intensifier la production dans ces pays sans compromettre la fertilité des sols ni les forêts tropicales est un enjeu majeur.

Les atteintes à l'environnement et la dégradation des sols rendent impropres aux cultures 5 à 10 millions d'hectares de terres chaque année, l'industrialisation et l'urbanisation 19,5 millions de plus[4] (De Schutter, 2010). Restaurer ces surfaces est un enjeu majeur dans certaines régions où il n'est pas possible d'étendre les surfaces disponibles pour les cultures.

Le manque d'eau dans certaines zones est important : les prélèvements d'eau dans les lacs et les rivières, dont 70 % sont utilisés en agriculture, ont doublé depuis 1960. La déforestation elle-même entraîne une diminution des précipitations régionales. Or les cultures irriguées produisent en moyenne deux fois plus que les terres pluviales : il faudra trouver des moyens pour améliorer la capacité des systèmes existants, et notamment des plantes, à utiliser l'eau en limitant les aspects négatifs de l'irrigation, en particulier sur les écosystèmes naturels et leur diversité.

Effets de l'évolution des paysages

Généralement, l'intensification de l'agriculture a entraîné une homogénéisation de la structuration des paysages. On dispose cependant de peu d'éléments concernant la biodiversité dans la littérature : l'hétérogénéité est mesurée en pourcentages d'éléments semi-naturels, le niveau de fragmentation ou de connectivité entre habitats est parfois évalué, mais la taille moyenne des différentes surfaces ou la diversité des productions sont rarement prises en compte. Cependant, il est clair que

---

3. Haut Conseil des biotechnologies, comité scientifique, 2011. Avis en réponse à la saisine 100506-coexistence sur la définition des conditions techniques relatives à la mise en culture, la récolte, le stockage et le transport des végétaux génétiquement modifiés, 46 p., <http://www.hautconseildesbiotechnologies.fr/IMG/pdf/120117_Coexistence_Avis_CS_HCB.pdf> (consulté le 29 novembre 2012).
4. FAO, *Land Policy and Planning*, <http://www.fao.org/nr/land/land-policy-and-planning/en/> (consulté le 29 novembre 2012).

les espaces cultivés ouverts aux dépens des espaces semi-naturels ont entraîné une baisse de la biodiversité inter et intraspécifique. Le MEA a ainsi reconnu la diversité et la « rugosité » des paysages comme un des services fournis par les écosystèmes.

On peut enfin signaler que les pratiques culturales et la structuration des paysages n'ont pas les mêmes effets sur les espèces selon leur mobilité : les plus sensibles à la fragmentation des paysages seront les espèces mobiles, alors que les espèces sessiles ou peu mobiles sont surtout sensibles aux pratiques culturales sur la parcelle et leurs migrations se feront sur des pas de temps bien plus longs.

Dans l'objectif d'une intensification écologique de l'agriculture, des études approfondies comparent différentes options de structuration du paysage : faut-il séparer dans l'espace des surfaces consacrées à une agriculture hautement intensive et productive, pauvre en biodiversité, et des espaces naturels protégés connectés entre eux *(land sparing),* ou au contraire maintenir une biodiversité dans les cultures *(land sharing)* ? Ainsi, pour le maintien de la biodiversité végétale et des espèces en faibles effectifs (Phalan *et al.*, 2011), la première solution est préconisée dans les systèmes d'agriculture intensive (Franklin et Mortensen, 2011), à condition que des politiques publiques incitatives soient mises en place pour préserver des espaces dédiés à la biodiversité et leur connectivité.

Dans les pays du Sud, ce type de choix est étroitement lié aux politiques de développement : comment en effet rétribuer le manque à gagner des populations face aux pressions et aux propositions de groupements économiques puissants (exemples de l'hévéa et du palmier à huile) ? Les solutions envisagées passent par les paiements pour services environnementaux (PSE), qui ne sont pas sans poser d'autres problèmes comme le mode de calcul, l'appréciation des évolutions, etc.

La seconde solution, *land sharing,* est la base de nombreux programmes de développement visant le développement durable de l'agriculture, notamment dans les zones où l'entretien de la biodiversité agricole est un réel savoir-faire et où le maintien des populations dans les zones rurales est une priorité pour la sécurité alimentaire (De Schutter, 2010).

Effets du changement climatique

À long terme, le changement climatique — en particulier le réchauffement de la planète — pourrait affecter l'agriculture et la biodiversité de plusieurs façons. Il se traduit notamment par une augmentation de la fréquence d'événements météorologiques extrêmes (inondations et sécheresses, par exemple). La variabilité des précipitations rend plus difficile la planification des opérations agricoles, et la réduction des précipitations menace de nombreuses régions qui vivent de l'agriculture pluviale. Certaines régions du monde sont particulièrement exposées à cette variabilité, le Sahel, le nord-est du Brésil, le centre de l'Asie et le Mexique, par exemple. Le réchauffement se traduit déjà par une modification des calendriers agricoles, comme l'avancée des dates de récolte. Il se traduit également par une augmentation de la production nette primaire en zones tempérées et par une diminution en régions chaudes et de montagne (Feldmann, 2008b).

Par ailleurs, il n'est pas impossible que les zones climatiques et agroécologiques se déplacent, obligeant les agriculteurs à s'adapter et perturbant la végétation naturelle et la faune. Certaines espèces se déplacent déjà, à des rythmes différents, les ravageurs et les maladies à transmission vectorielle se diffusent ainsi dans des zones où ils étaient inconnus auparavant.

La montée du niveau des mers entraîne la salinisation de l'eau, rendant certaines terres côtières impropres aux cultures, notamment dans les petites îles de faible altitude. La diversité biologique de certains environnements très fragiles, comme les mangroves, est menacée.

Si l'agriculture souffre des impacts du changement climatique, elle est aussi responsable de 14 % des émissions mondiales de gaz à effet de serre. Mais elle peut représenter une part importante de la solution en réduisant et/ou en éliminant une quantité notable des émissions mondiales (voir plus loin « Pour faire face à de nouveaux risques liés aux changements globaux, en particulier climatiques »). Les agricultures traditionnelles portent en elles une capacité de résilience utile, fondamentalement basée sur l'agrobiodiversité, pour améliorer la gestion des ressources naturelles comme l'eau, les sols et les ressources génétiques en s'appuyant sur des pratiques telles que l'agriculture de conservation, la gestion intégrée ou l'agroforesterie.

▸▸ Pourquoi vouloir « cultiver » la biodiversité ?

La biodiversité est à la base de la sécurité alimentaire de l'humanité. Nous avons tenté de montrer à quel point elle fait partie de l'histoire de l'homme et lui a fourni tous les biens utiles à son alimentation et à sa subsistance (habillement, pharmacopée, habitat, énergie, etc.).

Pour renforcer les services écosystémiques et la sécurité alimentaire

Notre planète va devoir accueillir et nourrir trois milliards d'habitants de plus au cours des cinquante prochaines années, dont plus de 85 % dans les pays en développement, dans un contexte contrasté de pauvreté et d'accès aux ressources. Avec cette augmentation de population, les sociétés sont amenées à accroître leurs prélèvements sur les richesses naturelles. Ainsi, le *Global Footprint Network* annonçait le 27 septembre 2012 que le quota des ressources produites par la planète en 2012 avait déjà été consommé par la population mondiale. Selon les scientifiques, l'empreinte écologique mondiale a dépassé la capacité biologique de la Terre à produire nos ressources et à absorber nos déchets depuis le milieu des années 1980. Les pays les plus consommateurs sont bien sûr les États-Unis et les Européens, mais des pays émergents comme la Chine, l'Inde et le Brésil, au moins en consommation totale, les rejoignent rapidement.

L'augmentation de la production agricole mondiale est malgré tout impérative, même en tirant le meilleur parti des ressources actuelles, en limitant les gaspillages et en développant des modes de vie plus sobres en matière et en énergie. Comment préserver, confronter et mobiliser tous les savoir-faire, les technologies, les cultures, les modes de vie, pour *transformer l'agriculture* et rendre cette augmentation possible, tout en maintenant les impacts sur les écosystèmes dans des limites acceptables ? Quelles seront les connaissances utiles sur les interactions fonctionnelles entre espèces en matière d'efficacité dans l'usage de l'eau, le contrôle des maladies et ravageurs, la conservation du sol, la fertilisation ? Comment organiser les paysages agricoles pour favoriser les interactions entre espèces ?

L'agriculture, grâce à la photosynthèse, est une des rares activités humaines qui produit de la biomasse renouvelable, mais son intensification génère des externalités qui peuvent être extrêmement lourdes. Le choix des voies d'intensification de la production agricole, le poids de la dépendance aux ressources fossiles, aux intrants de synthèse, déterminent pour une large part ces externalités. Pour être capable à la fois d'intensifier la production, de préserver notre planète et de la transmettre aux générations futures, il est impératif de mieux connaître le fonctionnement des écosystèmes et des interactions qui permettront de tirer un meilleur parti de la biodiversité.

L'intensification écologique de l'agriculture peut apporter des réponses durables face aux impacts environnementaux et à la finitude des ressources. Mais le chemin à parcourir est d'autant plus complexe que notre planète se détériore. Aujourd'hui, l'érosion de la biodiversité naturelle s'accélère. Le rythme d'extinction des espèces serait de cent à mille fois supérieur à ce qu'il a été en moyenne sur des centaines de millions d'années (MEA, 2005). D'ici à 2025, 10 % des plantes à fleurs auront disparu, et avec elles, toute une population d'espèces qui leur sont associées et de services : pharmacopée (40 % à 70 % des médicaments proviennent des substances naturelles, et notamment des plantes), fibres, ressources génétiques des espèces cultivées, faune et flore auxiliaires, eau douce, grands cycles biogéochimiques, valeurs culturelles…

Par ailleurs, on sait que toute alimentation, pour être équilibrée, ne doit pas seulement suffire en quantité mais qu'elle doit être diversifiée. L'extraordinaire variété d'espèces comestibles, de savoir-faire culinaires, de nutriments sous toutes les formes, base des régimes alimentaires du monde, est d'une certaine façon menacée par l'homogénéisation et l'industrialisation des productions ; les goûts des consommateurs et les régimes alimentaires en subissent de profondes mutations. Pourtant, à l'échelle d'une famille ou d'un village à faibles revenus, la diversité des savoir-faire en matière de production agricole et de préparation alimentaire est aussi une richesse à préserver.

Il faut agir vite et ne pas se tromper : dans ce sens la nature peut servir de guide. Les chercheurs en écologie et les agronomes doivent construire des méthodes et des approches innovantes avec les agriculteurs et les populations locales. Cet enjeu est indissociable du développement agricole des pays du Sud.

Pour pallier la finitude des ressources

La finitude des sols

D'après les travaux de l'IIASA (International Institute for Applied Systems Analysis) et de la FAO, il reste 2,9 milliards d'hectares de terres cultivables dans le monde, dont 90 % sont situées en Afrique subsaharienne et en Amérique latine.

Selon un scénario qui consisterait en une agriculture plus soucieuse de ses externalités (scénario Agrimonde 1 dans la prospective Agrimonde, Paillard *et al.*, 2010), il serait possible d'augmenter les surfaces cultivées de 25 % à 40 % d'ici à 2050 sans trop atteindre les forêts pour satisfaire les exigences de production. La conquête de nouveaux espaces de terres cultivables à haut potentiel concerne principalement l'Afrique subsaharienne et l'Amérique du Sud, alors que d'autres régions du globe seront contraintes de cultiver des terres à moindre potentiel, comme les régions de l'ex-URSS, voire marginales, pour l'Asie ou l'Afrique du Nord et le Moyen-Orient. Dans certains cas, il faudra faire appel à la remédiation. Mais comment contrôler la ruée sur les terres, notamment lorsqu'il s'agit de cultures industrielles exigeant de rayer des pans entiers de forêts naturelles et qui sont présentées aux populations comme une importante source de revenus ? (encadré 1.6).

La finitude des ressources naturelles minérales

La fin des gisements de phosphore, dont une large partie est biogène — c'est-à-dire provenant d'une accumulation détritique d'organismes vivants aux ères géologiques —, est prévue entre 2110 et 2350 selon les estimations. Cet engrais minéral indispensable aux hauts rendements agricoles n'a pas de substitut. De façon similaire, l'azote apporté aux cultures provient de la transformation de ressources fossiles, gaz naturel en premier lieu, qui par nature sont finies. Or l'alimentation de la population mondiale va nécessiter de grandes quantités de ces fertilisants... Quelles seront à terme les alternatives ?

Encadré 1.6. L'hévéa au Laos, en Thaïlande et en Côte d'Ivoire.

L'hévéa est une véritable usine naturelle : les qualités technologiques du latex qu'il produit n'ont pas d'équivalent chimique. Actuellement, les nouveaux besoins croissants de la Chine conduisent à une extension des plantations d'hévéa au détriment de la forêt naturelle et de sa biodiversité (Abel, 2007). Ainsi, au Laos, où les plantations couvrent 14 000 hectares aujourd'hui, les autorités ont planifié 200 000 hectares supplémentaires en trois ans, exploités en majorité par des groupes chinois privés. Vingt-sept sociétés chinoises exploitent le latex au Laos. Elles offrent les jeunes plants, la technologie et les engrais chimiques, forment les paysans, construisent les usines de raffinage et les routes vers la Chine pour acheminer le caoutchouc. En échange, elles détiennent 40 % à 80 % de la récolte pendant trente ans. C'est ainsi que dans la province de Bokéo, au nord du Laos, non loin de la frontière chinoise, une forêt tropicale primaire d'une grande richesse écologique, l'une des mieux préservées au monde, a été entièrement détruite pour faire place à ces plantations. Les agriculteurs locaux acceptent d'aménager les plantations car on les laisse planter du riz entre les arbres pendant deux ans.

D'autres approches sont possibles. Ainsi en Thaïlande*, l'hévéa a été implanté dans le nord-est du pays, contribuant au mouvement de reboisement lancé en 1990. Dans cette région défavorisée, où des décennies de culture de canne à sucre et de manioc ont contribué à la dégradation des sols, l'implantation de l'hévéa est plutôt vue comme une opportunité de ressource à la fois économique**, pour les agriculteurs, et écologique, pour conserver, voire restaurer les qualités physiques et chimiques du sol. Mais la pluviométrie est insuffisante pour les besoins de l'hévéa. Des études approfondies des effets de ce reboisement sur la fertilité des sols, sur la production, sur l'hydrogéologie et des essais d'agroforesterie sont en cours.

...

...

Pour savoir comment orienter ces grandes plantations monospécifiques vers des systèmes plus diversifiés, comme l'agroforesterie, les méthodes d'approche doivent encore être améliorées. En Côte d'Ivoire (Snoeck, 2013), une étude a été menée sur dix-sept années pour comparer la production d'hévéa en monocultures et en cultures associées avec d'autres arbres ; elle montre que l'association de l'hévéa avec des caféiers ou des cacaoyers est tout à fait comparable à celle des monocultures, voire plus rentable à moyen terme (dix ans), outre le fait qu'elle permet un meilleur usage des surfaces cultivées, une meilleure répartition des périodes de travail et des revenus dans l'année, une plus large palette de produits pour le producteur, et donc une plus grande résistance aux variations du marché.

* Voir <http://www.thailande.ird.fr/recherche-et-missions/projets-de-recherche/ecosystemes-et-ressources-naturelles/evaluation-de-l-impact-agro-environnemental-des-plantations-d-hevea> (consulté le 29 novembre 2012).
** Programme IRD (France), universités de Khon Kaen (KKU) et de Mahidol (MU), Land Development Department (LDD), Rubber Research Institute of Thailand (RRIT) (Thaïlande).

La finitude des ressources en eau

Même dite renouvelable, la ressource hydrique l'est de moins en moins. Les prélèvements d'eau des lacs et des rivières, dont 70 % sont utilisés en agriculture mondialement, ont doublé depuis 1960. Certaines régions sont moins bien loties que d'autres, comme au Maghreb et au Proche-Orient, où ce sont les nappes phréatiques non renouvelables qui sont mises à contribution aujourd'hui. En outre, la qualité des eaux issues de l'agriculture pose question.

Lutter contre la désertification, mettre en place des systèmes adaptés à des sécheresses prolongées est un enjeu majeur au Maghreb, où commencent à être instaurés des systèmes de collecte et d'usage économe de l'eau. L'enjeu est d'éviter l'épuisement des nappes phréatiques fossiles, non renouvelables. Un autre aspect est la potabilité de l'eau. Il sera nécessaire de développer des écosystèmes pouvant jouer un rôle épuratif ou de résistance à la salinité.

La finitude des ressources énergétiques

La biomasse est une source d'énergie importante dans les pays du Sud sous forme de bois de feu ou de charbon de bois. Elle est naturellement abondante dans les zones tropicales humides, mais elle est devenue insuffisante aux alentours des grandes zones urbaines. Cultivée ou recyclée, elle peut ainsi contribuer à satisfaire les besoins des populations, voire leur rapporter des revenus par l'émergence de nouvelles filières, sous certaines conditions.

Pour faire face à de nouveaux risques liés aux changements globaux, en particulier climatiques

En 2007, le Giec, groupe d'experts intergouvernemental sur l'évolution du climat, a estimé que l'agriculture pouvait, dans certaines conditions, contribuer massivement au captage de gaz à effets de serre, et ce notamment grâce à l'activité biologique des sols. Le stock global de carbone organique dans le sol est en effet au moins le double de celui de l'atmosphère. Il existe de grandes variations selon les zones écologiques — la quantité de carbone emmagasinée varie de près de 4 kg/m^3 en zone aride à 8 kg/m^3 dans les zones tropicales ; elle peut atteindre 24 kg/m^3 dans certaines régions polaires (Batjes, 1999) —, mais on connaît des pratiques agricoles susceptibles d'accroître ces stocks. Les quantités en jeu peuvent être phénoménales : une variation très faible du stock contenu dans les trente premiers centimètres des sols pourrait ainsi soit annuler le puits terrestre, soit permettre d'absorber l'accroissement annuel (Bernoux, 2011). Cette contribution à l'atténuation du changement climatique ne peut cependant être pleinement efficace qu'avec des pratiques respectueuses de la vie des sols.

Par ailleurs, seule la production chlorophyllienne est capable de capter le carbone atmosphérique et de transformer l'énergie inépuisable du soleil en biomasse utilisable. La production de biomasse en grande quantité pour différents usages (alimentation, énergie, matériaux, fertilité du sol, services environnementaux) doit être explorée sous tous ses angles.

Concernant l'adaptation au changement climatique, la biodiversité des agroécosystèmes a un impact avéré sur leur résilience face aux aléas : lutte contre l'érosion et les pertes de fertilité des sols, équilibres des faunes et flores auxiliaires, grands cycles biogéochimiques, ressources de réactivité par rapport aux chocs, etc.

La biodiversité doit pouvoir aussi être explorée pour développer des techniques innovantes de lutte contre les fléaux environnementaux qui la menacent : invasions biologiques, pollution, etc.

Certaines *variétés ou espèces* cultivées d'une région climatique peuvent répondre aux besoins futurs d'une autre région (sécheresse, pluviométrie, saisons, etc.). Certaines espèces sauvages peuvent être domestiquées… Là encore, la capacité d'adaptation des producteurs et des populations est le moteur des innovations.

▶▶ Comment mieux comprendre l'extraordinaire complexité du vivant et des agroécosystèmes ?

Pour concevoir et évaluer les effets des démarches d'intensification écologique, différentes approches sont possibles. Elles doivent être confrontées à différentes échelles d'espace (notamment celles de la parcelle, de l'exploitation et du paysage) et de temps.

L'étude des relations fonctionnelles au sein d'un compartiment donné de diversité est une dimension très importante : elle permet d'analyser les cycles des nutriments, la conversion de l'azote, les antagonismes trophiques entre espèces, la chimie et la biochimie régulant les populations et les processus, la structure du sol, les interactions entre auxiliaires et pathogènes ou ravageurs des cultures. Certains aspects de ces relations sont étudiés de longue date, mais d'autres commencent seulement à être documentés. Ainsi, par exemple :
— *la génétique évolutive*, depuis le début du xxe siècle, étudie *les flux de gènes entre populations d'une même espèce* dans le temps et l'espace (histoire des espèces culti-

vées, origines, domestication, diversification), en relation avec l'histoire humaine ; elle accompagne l'amélioration génétique des espèces cultivées et de leurs agents pathogènes, avec l'aide de disciplines comme l'ethnobotanique, mais aussi l'anthropologie et aujourd'hui la linguistique ;

– *l'écologie fonctionnelle*, depuis les années 1960, traite des fonctions des organismes et des écosystèmes en interaction avec leur environnement ; elle étudie par exemple *les relations qui relient entre eux les individus d'un mélange* d'espèces différentes dans un environnement donné (groupes fonctionnels d'espèces), en relation avec différents modes d'exploitation ; elle s'est développée notamment pour étudier les dynamiques des forêts naturelles et des prairies ; en revanche, les *fonctions des organismes du sol* sont encore très mal connues, et le domaine des mélanges de cultures est peu abordé : cycles des nutriments, conversion de l'azote, chimie et biochimie régulant les populations et les processus, interactions (mutualisme, commensalisme, compétition, pathogenèse) ;

– *l'écophysiologie* aborde les réponses comportementales et physiologiques des organismes à leur environnement (température, altitude, oxygène, disponibilité en nourriture…), les *flux de matière et d'énergie* entre les différents compartiments d'une parcelle, depuis la roche mère jusqu'à l'atmosphère et au climat au moyen d'un peuplement végétal et animal (plantation, prairie, culture annuelle, agroforesterie, couvert naturel).

Des approches scientifiques encore plus intégratives sont développées :
– à la convergence de l'agronomie et de l'écologie scientifique, *l'agroécologie* est née dans les années 1990 ; elle est considérée comme une démarche qui combine développement agricole, méthodes participatives et protection ou régénération de l'environnement naturel ; elle est à la base d'une agriculture multifonctionnelle et durable, qui valorise les agroécosystèmes, optimise la production et minimise les intrants ;

– différentes formes alternatives d'agriculture sont explorées, dont les impacts sur l'augmentation de la biodiversité et de la production doivent pouvoir être évalués avec un peu de recul : agriculture biologique, agriculture à haute valeur environnementale (HVE), agriculture de conservation, écoagriculture, etc. ;

– *l'étude des paysages*, et notamment de leur structuration entre espaces cultivés et zones protégées «semi-naturelles», est un nouveau questionnement de recherche qui vise à comprendre quelles sont les formes de structurations du paysage les plus propices à l'agrobiodiversité ;

– *les associations avec la société civile et ses amateurs éclairés* existent (Demeulenaere et Goulet, 2012), où les communautés humaines mettent en commun leurs observations sur la biodiversité et leurs savoir-faire pour l'évaluer, en comprendre les fonctions, les gérer, les restaurer. Ainsi, la botanique participative[5] met à contribution les citoyens pour des observations dans le temps et l'espace, qui sont intégrées dans des bases de données consultables sur Internet. Il existe des réseaux d'échanges de semences, comme le réseau des semences paysannes en France[6], etc. (encadré 1.7).

---

5. Réseau Tela Botanica, <http://www.tela-botanica.org/>, initiative Pl@ntnet, <http://www.plantnet-project.org/> (consultés le 29 novembre 2012).
6. Réseau des semences paysannes, <http://www.semencespaysannes.org/> (consulté le 29 novembre 2012).

Les connaissances et les méthodes développées dans toutes ces disciplines sont cruciales pour remettre la biodiversité au cœur des stratégies d'agronomie, de lutte intégrée, d'amélioration variétale ou de mélanges variétaux et de gestion des agroécosystèmes. Mais elles ne pourront être mises en application que dans des processus d'innovation intégrant en premier lieu les communautés rurales.

Encadré 1.7. Pl@ntNet et Tela Botanica, outils pour une recherche collaborative.

Connecter spécialistes et amateurs de botanique est l'un des objectifs de Pl@ntNet*, un réseau collaboratif de plus de 300 personnes organisées autour d'une plateforme logicielle. L'idée de Pl@ntNet est simple : assister les observateurs pour identifier les plantes qu'ils rencontrent sur le terrain, partager ces observations grâce à des outils simples et permettre aux gestionnaires et aux scientifiques de valoriser ces observations par leurs études. Celles-ci sont très diversifiées : il peut s'agir d'identifier les espèces d'arbres de la flore métropolitaine ; d'estimer la répartition de plantes des forêts tropicales à partir de données d'occurrences hétérogènes ; de mieux connaître les différentes variétés de cépages de vignes françaises ; d'identifier et de surveiller les plantes envahissantes des milieux naturels, ou les adventices des cultures ; de mieux connaître la flore endémique de la Réunion, etc.

Ces études bénéficient des douze années d'expérience en animation de projets de sciences citoyennes du réseau collaboratif Tela Botanica. Cette association rassemble aujourd'hui plus de 18 000 membres dans le monde, dont 15 500 en France et 1 150 au Maghreb notamment. Le réseau Tela Botanica permet d'accéder à plus de 200 000 observations de terrains, sur près de 6 715 espèces de plantes !

Une partie de la plateforme Pl@ntNet s'appuie sur la mobilisation des contributeurs pour développer des logiciels collaboratifs de gestion et de partage de données, et ainsi en évaluer les fonctionnalités. Ainsi :

– Pl@ntNet-Identify est un moteur de recherche visuel qui compare des photos soumises en requêtes à un ensemble d'images enregistrées et déterminées ;

– Pl@ntNet-Datamanager permet de gérer une très large variété de données botaniques, sur un système entièrement paramétrable, de manière individuelle ou collective, en ligne ou hors-ligne ;

– IDAO, qui utilise une interface graphique, permet à ses utilisateurs de réaliser le portrait-robot d'une plante recherchée de manière entièrement graphique, ce qui permet de s'affranchir des contraintes de langue et de vocabulaire spécialisé. Il en existe des applications sur différentes flores du monde (Afrique de l'Ouest, la Réunion, Inde, Asie du Sud-Est…) ;

– le Carnet en ligne permet à chacun de saisir et de gérer ses observations de terrain sur un système en ligne, de les illustrer avec des images et de les partager avec la communauté.

Des communautés peuvent se constituer grâce à Pl@ntnet autour de projets communs contribuant à la promotion de la science citoyenne, puissant vecteur d'accumulation de données nouvelles sur la biodiversité végétale.

* Le projet Pl@ntNet (2009-2013) est une initiative qui rassemble l'UMR AMAP, Botanique et bio-informatique de l'architecture des plantes (Cirad-Cnrs-Inra-IRD-UM2), l'Inria (équipe Imedia) et l'association Tela Botanica. Il est financé par Agropolis Fondation.

▸▸ L'agrobiodiversité, enjeu de développement ?

Par ces quelques repères, nous avons essayé de montrer toute l'importance qu'a eue l'agrobiodiversité dans l'histoire de l'agriculture et sur le développement économique. L'histoire des plantes tropicales reflète les enjeux, les rapports de force, la colonisation et les conflits violents qui ont agité les grandes puissances. Le commerce international des grandes espèces cultivées revêt encore un enjeu économique très important pour les pays qui les produisent : c'est souvent la raison pour laquelle des pans entiers de forêt primaire sont encore défrichés pour implanter des plantations et des cultures très rentables, à l'exemple de l'hévéa et du palmier à huile. Conscientes de ces problèmes, les sociétés qui gèrent les grandes plantations conçoivent aujourd'hui de bonnes pratiques, des certifications, et investissent parfois dans la conservation d'écosystèmes, mais l'expansion de ces espaces cultivés, appauvris en biodiversité, apparaît inéluctable.

Depuis le Sommet de Rio, le droit d'accès aux ressources génétiques, auparavant considérées par les Occidentaux comme un bien public, a évolué. Le rôle des petits producteurs des pays du Sud dans l'entretien et la diversification des variétés traditionnelles a été reconnu. Parallèlement, le développement des biotechnologies et les investissements privés massifs ont conduit à la reconnaissance de la brevetabilité du vivant par la CDB. Ces deux visions reflètent l'affrontement actuel entre intérêts publics et intérêts privés (Bonneuil et Fenzi, 2011).

L'agriculture familiale est considérée comme un « antimodèle » de l'industrialisation agricole par la myriade d'expériences en cours et le métissage continuel entre science et savoirs traditionnels en fonction de l'évolution du contexte. Ainsi, les pratiques agroécologiques, soutenues par la recherche, utilisent les synergies biologiques bénéfiques entre les composantes d'un agroécosystème donné : recyclage des éléments nutritifs et de l'énergie sur place, intégration des cultures et de l'élevage, diversification et association des espèces et des ressources génétiques dans l'espace et dans le temps, accent mis sur les interactions et la productivité à l'échelle de l'ensemble du système agricole. La biodiversité donne la possibilité au petit producteur d'ajuster et d'optimiser sa matière et ses ressources, y compris de tirer parti de terrains marginaux et difficiles (Altieri *et al.*, 2011).

Les voies durables d'intensification agricole sont multiples. Elles relèvent du savoirfaire des agriculteurs, mais aussi de leur capacité d'innovation et de l'environnement institutionnel et politique : à la suite de bilans des actions menées, des études agronomiques et économiques montrent que le rendement en production des systèmes diversifiés peut dépasser celui des monocultures intensives conventionnelles, notamment dans les régions où la faim sévit. En termes de jours de travail ou de bilan énergétique (énergie apportée/énergie retirée), certaines études montrent que les systèmes paysans sont les plus efficaces (Altieri *et al.*, 2011). Ainsi l'étude des résultats de 286 projets d'agriculture durable dans 57 pays pauvres révèle une augmentation de la production de 80 %, avec une moyenne de 116 % dans les projets mis en œuvre en Afrique (Pretty *et al.*, 2006). Les récents projets ont permis de doubler les récoltes sur une période de trois à dix ans dans plus de vingt pays africains. Mais ces voies d'intensification doivent également être évaluées sur d'autres critères que la production ; le revenu des producteurs, la dépendance aux technologies ou aux inputs de synthèse, la gestion du risque, la résilience sont autant de critères essentiels dans un contexte de plus en plus incertain.

La recherche est parfois en retard sur ces innovations. Les organisations de producteurs, les ONG, les pouvoirs publics et les réseaux de production et de consommation jouent un rôle de plus en plus important dans la création et la diffusion des connaissances, des savoir-faire et des innovations. En Afrique de l'Ouest, les organisations de producteurs n'hésitent pas à interroger les experts dans ce domaine et l'information circule au cours des réunions qu'elles organisent, par la radio, le téléphone, les fermes-écoles. Au Burkina Faso, des groupes de jeunes spécialisés dans les méthodes traditionnelles de réhabilitation des terres se déplacent de village en village pour répondre aux demandes des agriculteurs, qui vont jusqu'à acheter des terres dégradées pour les remettre en culture (Pretty *et al.*, 2011).

▸▸ Conclusion

Ces exemples montrent l'extraordinaire diversité des agroécosystèmes. Si on saisit certaines grandes tendances d'évolution, on ne sait pas prédire leurs effets sur tel ou tel contexte local ni sur la façon dont ces systèmes vont s'adapter. Ils montrent aussi à quel point l'agrobiodiversité est un enjeu incontournable pour la sécurité alimentaire à l'échelle de notre planète.

En tant que moteur de tous les mécanismes à l'œuvre dans les écosystèmes cultivés, la biodiversité est une ressource clé à la disposition des agriculteurs des pays du Sud pour améliorer leur production et leur revenu. Différents choix sont possibles, qui dépendent de la diversité des agricultures et des sociétés. Ils sont mis en œuvre à l'échelle de la parcelle, mais se jouent surtout à celles des paysages, des marchés et des incitations politiques.

Les changements globaux actuels montrent aussi aux sociétés des pays développés qu'elles sont dépendantes de l'avenir des pays du Sud et de leur capacité à gérer cette richesse. L'humanisation des paysages s'accélère, l'érosion de nos ressources également. Il faudra donc de plus en plus cultiver la biodiversité pour intensifier et transformer les agricultures et les rendre capables de relever le défi de l'alimentation et des besoins de l'humanité.

▸▸ Références bibliographiques

ABEL S., 2007. Le Laos soumis à la dictature de l'hévéa chinois. *Libération,* 22 mai 2007, <http://www.liberation.fr/economie/0101102825-le-laos-soumis-a-la-dictature-de-l-hevea-chinois> (consulté le 29 novembre 2012).

ALTIERI M.A., FUNES-MONZOTE F.R., PETERSEN P., 2011. Agroecologically efficient agricultural systems for smallholder farmers: contribution to food sovereignty. *Agronomy for a Sustainable Development*, 32 (1), 1-13.

ATLAN H., 1999. *La fin du «tout génétique»? Vers de nouveaux paradigmes en biologie*, Inra, Sciences en question, Éditions Quæ, 91 p.

ATLAN H., 2011. *Le vivant post-génomique. Ou qu'est-ce que l'auto-organisation ?* Odile Jacob, Paris.

BANQUE MONDIALE, 2008. Rapport sur le développement dans le monde. L'agriculture au service du développement. Abrégé, 30 p.

BATJES N., 1999. Management options for reducing CO2 concentration in the atmosphere by increasing carbon sequestration in the soil. NRP Report n° 410 200 031.

BERNOUX M., 2011. Le stockage de carbone dans les sols : quels processus ? Comment le mesurer ? *Séminaire «Sols et politiques publiques»*, 20 octobre 2011, Lyon, <http://www.gessol.fr/content/sol-et-politiques-publiques> (consulté le 29 novembre 2012).

BONNEUIL C., FENZI M., 2011. Des ressources génétiques à la biodiversité cultivée. La carrière d'un problème public mondial. *SAC Revue d'anthropologie des connaissances,* 5 (2), 206-233.

COHEN I.R., ATLAN H., EFRONI S., 2009. Genetics as explanation: limits to the human genome project. *Encyclopedia of Life Sciences*, [en ligne], décembre 2009. DOI: 10.1002/9780470015902. a0005881.pub2.

COMMISSION DES RESSOURCES GÉNÉTIQUES POUR L'ALIMENTATION ET L'AGRICULTURE, 2010. Deuxième rapport sur l'état des ressources phytogénétiques pour l'alimentation et l'agriculture dans le monde, FAO, Rome, <http://www.fao.org/docrep/014/i1500f/i1500f00.htm> (consulté le 29 novembre 2012).

CONFÉRENCE DES PARTIES, 1996. COP3 Decision 3/11 : *Conservation et utilisation durable de la diversité biologique agricole,* 4-15 novembre, Buenos Aires, Argentine, <http://www.cbd.int/decision/cop/?id=7107> (consulté le 29 novembre 2012).

CONFÉRENCE DES PARTIES, 2000. COP5 Decision V/5 : *Agricultural Biological Diversity: Review of Phase I of the Program of Work and Adoption of a Multi-year Work Program,* 15-26 mai, Nairobi, Kenya, <http://www.cbd.int/decision/cop/?id=7147> (consulté le 29 novembre 2012).

CONKLIN H.C., 1957. *Hanunóo Agriculture: A Report on an Integral System of Shifting Cultivation in the Philippine*, Rome, FAO.

CDB (Convention sur la diversité biologique), 1992. Nations unies, p. 3, <www.cbd.int/doc/legal/cbd-fr.pdf> (consulté le 29 novembre 2012).

DEMEULENAERE E., GOULET F., 2012. Du singulier au collectif. Agriculteurs et objets de la nature dans les réseaux d'agricultures alternatives. ENS Cachan, *Terrains et travaux,* 1 (20), 121-138, <http://www.cairn.info/revue-terrains-et-travaux-2012-1-page-121.htm> (consulté le 29 novembre 2012).

DE SCHUTTER O., 2010. Promotion et protection de tous les droits de l'homme, civils, politiques, économiques, sociaux et culturels, y compris le droit au développement. Rapport soumis au Conseil des droits de l'homme des Nations unies, seizième session, 20 décembre 2010 (rapporteur spécial sur le droit à l'alimentation).

DODSON M., 2002. *An Appendix to Companion Planting: Basic Concepts and Resources. Ancient Companions.* ATTRA: National Center for Appropriate Technology, <http://www.attra.org/attra-pub/complant.html#appCultivation> (consulté le 29 novembre 2012).

ECOLOGICAL FOOTPRINT ATLAS, 2009. *Global Footprint Network, Rerearch and Standards Department,* <http://www.footprintnetwork.org/> (consulté le 29 novembre 2012).

FAO (Organisation des Nations unies pour l'alimentation et l'agriculture), 1996. Les leçons de la révolution verte — vers une nouvelle révolution verte. Documents d'information technique. Sommet mondial de l'alimentation, 13-17 novembre, Rome, Italie.

FAO, 2008a. Éclairage sur un trésor enfoui. Année internationale de la pomme de terre 2008. Compte rendu de fin d'année, 148 p. (p. 14).

FAO, 2008b. L'État des ressources zoogénétiques pour l'alimentation et l'agriculture dans le monde. Commission des ressources génétiques pour l'alimentation et l'agriculture, <http://www.fao.org/docrep/011/a1250f/a1250f00.htm> (consulté le 29 novembre 2012).

FAO, 2010. Biodiversity. La biodiversité pour un monde libéré de la faim, <http://www.fao.org/biodiversity/composantes/fr/> (consulté le 29 novembre 2012).

FELDMANN P., 2008a. Interactions between human activities and biodiversity in the heart of Overseas sustainable development: stakes for research in managed ecosystems. *In : L'Union européenne et l'outre-mer. Stratégies face au changement climatique et à l'érosion de la biodiversité*, IUCN/région Réunion/ONERC/État français, la Réunion.

Feldmann P., 2008b. Biodiversité et agriculture : services écologiques et impacts des changements globaux. *In : Cycle de conférences 2008. Relever le défi de la biodiversité : l'agriculture durable* (Ifore, éd.), Ifore-MNHN, Paris, France.

Feldmann P., Côte F., Fernandes P., Jannoyer M., Langlais C., 2007. Biodiversité et agriculture aux Antilles. *Antilles Agriculture.*

François J.-L., Tissier J., Legoupil J.-C., Maraux F., 2011. *Agriculture de conservation et intensification écologique des exploitations familiales tropicales. Quel partenariat entre recherche et développement ?* Cirad-AFD, septembre 2011, 4 p.

Franklin J., Mortensen D.A., 2011. A comparison of land-sharing and land-sparing strategies for plant richness conservation in agricultural landscapes. *Ecological Applications,* 22 (2), 459-471.

Giec, 2007. Changements climatiques : conséquences, adaptation et vulnérabilité. Contribution du groupe de travail II. Quatrième rapport d'évaluation du Giec, Cambridge Univ. Press, chapitre 9.

Griffon M., 2006. *Nourrir la planète : pour une révolution doublement verte,* Odile Jacob, 456 p.

Griffon M., 2011. *Pour des agricultures écologiquement intensives,* Poche Essai, L'Aube, 144 p.

Heams T., 2012. Mettons du désordre dans nos idées. *Le Monde, tribune Science et Techno,* 22 septembre, p. 8.

James C., 2011. Brief 43: Global Status of Commercialized Biotech/GM Crops: 2011. ISAAA Brief n° 43. ISAAA, Ithaca, NY, <http://www.isaaa.org/resources/publications/briefs/43/> (consulté le 29 novembre 2012).

Le Roux X., Barbault R., Baudry J., Burel F., Doussan I., Garnier E., Herzog F., Lavorel S., Lifran R., Roger-Estrade J., Sarthou J.-P., Trommetter M., 2008. *Agriculture et biodiversité. Valoriser les synergies,* Expertise scientifique collective Inra, Éditions Quæ, 178 p.

Mazoyer M., Roudart L., 2002. *Histoire des agricultures du monde : du néolithique à la crise contemporaine,* Seuil, 705 p.

MEA (Millenium Ecosystems Assessment), 2005. *Ecosystems and Human Well-Being: Biodiversity Synthesis,* MA, <http://www.millenniumassessment.org/documents/document.354.aspx.pdf> ; voir aussi <http://www.maweb.org> (consulté le 29 novembre 2012).

Mittermeier R.A., Goettsch Mittermeier C., 2005. *Megadiversity: Earths Biologically Wealthiest Nations,* Cemex, 501 p.

Paillard S., Treyer S., Dorin B., 2010. *Agrimonde. Scénarios et défis pour nourrir le monde en 2050,* Éditions Quæ, 296 p.

Phalan B., Onial M., Balmford A., Green R.E., 2011. Reconciling food production and biodiversity conservation: land sharing and land sparing compared. *Science,* 333 (6047), 1289-1291, DOI: 10.1126/science.1208742.

Pretty J.N., Toulmin C., Williams S., 2011. Sustainable intensification in African agriculture. *International Journal of Agricultural Sustainability,* 9 (1), 5-24.

Pretty J.N., Noble A.D., Bossio D., Dixon J., Hine R.E., Penning de Vries F.W.T., Morison J.I.L., 2006. Resource-conserving agriculture increases yields in developing countries. *Environmental Science and Technology,* 40 (4), 1114-1119. DOI: 10.1021/es051670d.

Ruault M., Dubarry M., Taddei A., 2008. Re-positioning genes to the nuclear envelope in mammalian cells: impact on transcription. *Trends in Genetics,* 24, 574-581.

Sastre C., Breuil A., Bernard J.-F., Feldmann P., Fournet J., 2007. Les causes de régression de la flore. *In : Plantes, milieux et paysages des Antilles françaises : écologie, biologie, identification, protection et usages,* Mèze, Biotope, 615-620.

Snoeck D., Lacote R., Kéli J., Doumbia A., Chapuset T., Jagoret P., Gohet E., 2013. Association of hevea with other tree crops can be more profitable than hevea monocrop during first 12 years. *Industrial Crops and Products,* 43, 578-586, <http://www.sciencedirect.com/science/article/pii/S0926669012004311> (consulté le 5 décembre2012).

Volper S., 2011. *Du cacao à la vanille, une histoire des plantes coloniales,* Éditions Quæ, 144 p.

WCMC (World Conservation Monitoring Centre), 1992. *Global Biodiversity Assessment,* United Nations, Chapman and Hall.

Chapitre 2

De l'artificialisation à l'écologisation des systèmes de culture

Florent MARAUX, Éric MALÉZIEUX et Christian GARY

En 2050, l'agriculture devra nourrir neuf milliards d'habitants sur Terre, soit deux milliards d'habitants supplémentaires, dans un contexte de changement climatique défavorable à l'augmentation de la productivité dans la plupart des régions déjà en déficit de production, en urbanisation croissante, en raréfaction des terres cultivables et des ressources en eau, en énergie, en phosphore, bientôt en amendements basiques, utilisables pour l'agriculture (Kristjanson *et al.*, 2009 ; Godfray *et al.*, 2010 ; Brussaard *et al.*, 2010). Au-delà de cet objectif de satisfaction des besoins alimentaires et non alimentaires, la production d'un ensemble de services écosystémiques est maintenant attendue des écosystèmes cultivés. Ces services bénéficient à l'agriculture elle-même et conditionnent sa durabilité, en termes de support (maintenance des composantes physiques et biologiques de la fertilité des sols, recyclage de l'eau et des éléments nutritifs) et de régulation (équilibre entre communautés de bioagresseurs et d'auxiliaires, pollinisation). Ils bénéficient également à d'autres secteurs de la société, en termes de conservation des ressources en eau et de sa qualité, de la biodiversité et du cadre de vie, et en termes de contribution à la maîtrise et/ou à l'atténuation du changement climatique.

▸▸ Les impasses de l'artificialisation des systèmes de culture

Les étapes de l'évolution de l'agriculture sont maintenant bien connues, et peuvent être caractérisées par des marqueurs (productivité physique, efficacité biologique, division du travail, productivité du travail, accès et intégration au marché, reconnaissance d'autres services rendus par l'agriculture). On peut aussi se risquer à des indicateurs environnementaux comme le bilan carbone, les pollutions ou des analyses du cycle de vie *a posteriori* qui peuvent caractériser les systèmes agraires (van der Werf *et al.*, 2011).

Ces évolutions sont moins étudiées et balisées dans les régions tropicales, et les étapes qui les jalonnent peuvent être décalées dans le temps, du fait des différences de dynamiques des civilisations, de nature et d'accès aux ressources, d'organisation sociale. Mazoyer et Roudart (1997) proposent une revue générale de ces évolutions dans laquelle sont mis en résonnance les aspects techniques, sociaux, environnementaux, pour offrir une série d'instantanés ainsi que des schémas d'évolution des agricultures du monde. Bien que réducteurs (c'est la loi du genre pour les indicateurs), le rendement en calories par hectare et par jour (du point de vue physique) et le nombre d'hectares contrôlé par unité de travail humain sont très illustratifs des évolutions des performances des systèmes agraires que l'humanité a su mettre en place (Paillard *et al.*, 2010). Les mécanismes de ces évolutions combinent maîtrise technique et organisation sociale, comme l'illustre la question de la maîtrise de l'eau dans la basse vallée du Nil, qui montre des paliers de productivité qui, en retour, autorisent des augmentations de population, d'accumulation, de division/spécialisation du travail.

L'évolution des innovations successives dans les systèmes hydrauliques d'exhaure de l'eau dans la vallée du Nil permet chaque fois de résoudre un problème dans le système, décrit brièvement comme suit : l'eau apportée par la crue du Nil permet d'irriguer une surface donnée, qui elle-même est fonction de la topographie, de canaux, et aussi des méthodes (autres que gravitaires) permettant de remonter l'eau pour accéder à des surfaces plus conséquentes. En même temps, un cercle (qui peut devenir infernal) se met en place dans lequel les aménagements et innovations évoquées engendrent des effets pervers (surcreusement des lits des rivières secondaires ou des canaux, remontées concomitantes des limons, etc.) qui génèrent des altérations dans l'efficience du système, et qui donc appellent à de nouvelles innovations.

Ainsi les auteurs expliquent-ils l'histoire des agricultures comme une succession de crises et de résolutions de crises, qu'accompagnent, provoquent ou résolvent des avancées de la démographie (Mazoyer et Roudart, 1997 ; Griffon, 2006).

Concernant les pays tempérés, la documentation est meilleure, et la théorisation formelle, comme l'illustration en termes de « révolutions agricoles » est plus aisée. On a ainsi admis que la productivité des systèmes a connu trois phases depuis le Moyen Âge :
– phase I : une lente, très lente progression de la productivité des systèmes depuis le Haut Moyen Âge jusqu'au début du XIXe siècle ;
– phase II : une accélération rapide et continue de la productivité jusqu'à la Seconde Guerre mondiale ;
– phase III : une accélération très rapide de la productivité (exemple du blé en France : + 0,1 t/an en tendance depuis la guerre[1]).

---

1. Ces dernières années, la courbe s'infléchit et l'augmentation tendancielle des rendements marque cependant le pas (Brisson *et al.*, 2010).

Le système de maintien de la fertilité par jachère biennale ou triennale permet une reconstitution ou un maintien de la fertilité, mais avec un bilan entrée/sortie qui bride et plafonne le système.

Pendant la phase I (Moyen Âge), la technologie évolue peu, on est en système de jachère biennale ou triennale, la production évolue essentiellement par la disponibilité de main-d'œuvre (variable dans le temps selon les migrations, les invasions, les épidémies, les guerres), et le gain de productivité est essentiellement généré par un progrès génétique lent, issu de la sélection faite localement par les agriculteurs (Bloch, 1976 ; Feyt, 2007). On retient aussi le palier fondamental de l'introduction des cultures fourragères entre les xvie et xviiie siècles (Mazoyer et Roudart, 1997), qui a préparé la première révolution agricole[2].

Pendant la phase II, première révolution agricole, la mise en culture de la jachère par des cultures fourragères incluant des légumineuses autorise à la fois une augmentation des terres mises en culture et une augmentation de la fertilité de ces terres, et, concomitamment, une augmentation forte de la production céréalière en France couplée à une réduction marquée des surfaces dédiées aux céréales. La quantité d'animaux augmente (dans l'absolu, et ramenée aux surfaces agricoles), les restitutions aussi (en qualité et en quantité), l'injection massive d'azote dans les systèmes par les légumineuses et le retour des déjections animales font bouger les lignes et les seuils de la fertilité, et la productivité physique et la production s'en ressentent.

Pendant cette phase, les auteurs s'accordent à dire que les grands bilans environnementaux (carbone, minéraux) sont équilibrés et accompagnent les évolutions démographiques, des hommes comme du bétail (Mazoyer et Roudart, 1997). On note cependant que, sur la question de l'eau, la mise en œuvre de grands ouvrages à l'échelle planétaire modifie profondément les règles du jeu, et les espaces irrigués pèsent de plus en plus lourd dans la production mondiale, notamment en Asie (Molle et Maraux, 2008). Ainsi faut-il relativiser les conclusions sur le développement «environnementalement harmonieux» et concomitant de la productivité, de la démographie et de la fertilité des terres.

Pendant la phase III, caractérisée par l'artificialisation de la production agricole (mécanisation, contribution massive de la chimie à l'agriculture), les lignes sont très perturbées, les seuils se déplacent vers le haut, et les limites à l'augmentation de la productivité ne semblent plus exister. Dans un ouvrage écrit dès 1984 (Gay, 1984), soit avant les bouleversements introduits par la génétique moderne, la très sérieuse AGPM[3] dresse un tableau étonnant des performances à attendre du maïs (rendements supérieurs à 20 tonnes de grain/hectare). En 2011, certains annoncent déjà 30 tonnes/hectare… (Crovetto Lamarca, 2007-2008). Selon leurs promoteurs, de telles performances sont générées par le progrès génétique, le progrès dans la défense des cultures, le travail (ou parfois le non-travail) du sol, la fertilisation chimique qui peut compenser (et même dépasser) les besoins et exportations du système.

---

2. La première révolution agricole des temps modernes ne doit cependant pas faire oublier des événements intermédiaires, comme l'introduction de la culture attelée sous ses différentes formes ou la maîtrise de l'eau, qui ont permis dans les espaces concernés des bonds de productivité et une réorganisation sociale simultanée.

3. Association générale des producteurs de maïs.

Au Sud, les principes généraux restent identiques, mais les dynamiques et les jalons diffèrent. Ainsi, l'accès à l'eau, sa maîtrise et la mise en œuvre de l'irrigation sont déterminants dans les régions arides (Proche-Orient notamment, généralement donné comme le plus probable berceau de notre civilisation) ou montagneuses (notamment en Asie).

Autre différence entre le Nord et le Sud : la phase «révolution fourragère, mise en culture de la jachère, traction animale», décisive et abondamment décrite dans l'évolution des agricultures du Nord, semble moins marquée et universelle dans les pays du Sud, dont les hausses de productivité ne passent pas nécessairement par cette étape. La seconde révolution agricole (nommée «phase III» plus haut) est exportée directement, et souvent sans ménagement après la Seconde Guerre mondiale, et bouscule les manières de produire sans s'adosser sur une phase préalable qui la mettrait en continuité avec les modes de production antérieurs, réputés durables.

Au Nord comme au Sud, par des voies souvent distinctes, la seconde révolution agricole, et l'artificialisation qui la caractérise, fait donc converger les manières de produire en agriculture vers un modèle unique dans lequel (Doré et Maraux, 2010) :
– on met en place, puis on gère un peuplement végétal monospécifique, en s'aidant du travail du sol et d'interventions culturales ;
– on compense les exportations de minéraux qui accompagnent les produits récoltés par des apports massifs d'engrais produits industriellement ;
– on contrôle les bioagresseurs (mauvaises herbes, insectes, maladies) par des produits issus de l'industrie chimique.

Face à cette situation, il convient de s'interroger sur la durabilité de ces manières de produire, comme le font de nombreux auteurs qui appellent à une transformation radicale de l'agriculture, à l'exemple de Conway et Griffon préconisant une révolution «doublement verte» (encadré 2.1). Nous n'aborderons ici que les aspects de durabilité environnementale, sachant que ces modes de production ont eu également des effets énormes sur les aspects humains ; en modifiant profondément les systèmes agraires, en augmentant fortement la productivité du travail, ils ont favorisé les migrations vers les villes et permis de nouveaux cycles de croissance économique ou, sur certains continents, gonflé des mégapoles sans réelle perspective d'emploi. La question de la durabilité met en jeu des échelles imbriquées d'espace et de temps, des processus naturels et des processus introduits ou accélérés par l'artificialisation, et ne trouve pas forcément de réponse unique.

Avant de traiter la question, nous apportons quelques précisions sur la durabilité, en la déclinant sous l'angle de la fertilité et sous l'angle biotique.

Encadré 2.1. La révolution doublement verte.

Pour passer de trois milliards d'habitants dans les années 1950 à six milliards au seuil du XXIe siècle, l'agriculture a dû profondément se transformer, en particulier dans le monde tropical, avec la révolution verte. Pour accueillir sur la planète les trois milliards qui vont arriver dans les cinquante prochaines années, on ne peut appliquer les mêmes méthodes, car elles ne sont viables ni écologiquement ni économiquement. Il faut inventer une nouvelle révolution verte pour l'agriculture, qui pollue le moins possible

...

...

et permette de réduire la pauvreté. Elle sera donc « doublement verte », car alliant la productivité et la durabilité écologique, économique et sociale.

Jamais sans doute la recherche agricole n'aura autant à faire ni d'importance que dans les cinquante prochaines années. Jusqu'au début du XXe, ce sont surtout les longs apprentissages accumulés pendant des siècles qui ont permis aux sociétés humaines d'exploiter les écosystèmes et les ressources naturelles et de nourrir près de trois milliards d'habitants. Durant les cinquante dernières années, la population a crû de trois milliards supplémentaires et la recherche a mis au point un ensemble technologique qui a permis de faire face aux nouveaux besoins. Cet ensemble — ce modèle qui a pris le nom de révolution verte vers 1970 — a été très utile mais il est aujourd'hui périmé ; ses limites sont atteintes et il recèle des dangers. Pour accueillir une population supplémentaire de trois milliards pendant les cinquante prochaines années, il faut donc changer de modèle. C'est ce modèle alternatif, celui de la révolution doublement verte, que nous évoquons ici.

Le raisonnement est fondé sur deux nécessités :
– l'accroissement de la population entraîne une exploitation de plus en plus importante de la biosphère, la mince sphère de vie comprenant les êtres vivants et leur milieu terrestre et aquatique, dont les sociétés tirent alimentation, énergie, produits industriels et artisanaux pour l'habillement, le cadre bâti, la santé et de très nombreux usages. L'utilisation de la biosphère telle qu'elle est faite dans de nombreux lieux aujourd'hui mène à des crises environnementales majeures. Il faut donc inventer des technologies nouvelles assurant la viabilité des écosystèmes de la biosphère, tout en répondant à l'accroissement des besoins humains alors que l'espace productif est limité ;
– la pauvreté ne se réduit que lentement à l'échelle historique. Elle est héréditaire. Et les pauvres, pour les trois quarts d'entre eux, vivent en milieu rural. Ainsi, l'avenir de la biosphère dépend largement du comportement des paysans, et ceux-ci comptent parmi ceux qui ont le moins de capital. Ils ne peuvent souvent éviter d'utiliser des techniques de production qui consomment les ressources naturelles sans les renouveler, fertilité, bois de feu, faune sauvage, atteignant ainsi l'environnement. Il faut donc que les nouvelles technologies s'inscrivent aussi dans un modèle résolument destiné à réduire la pauvreté des ruraux.

Tiré de Griffon, 2002.

Pour en savoir plus : Conway, 1997 ; Conway *et al.*, 1994 ; Griffon, 1995.

Gestion de la fertilité

Au Nord, on s'accorde à dire que la première révolution agricole se fait sous les auspices de la hausse générale de la fertilité : la restitution de fumier et la fixation d'azote atmosphérique par les cultures fourragères accroissent la fertilité chimique (biodisponibilité d'éléments minéraux). Par ailleurs, l'augmentation parallèle du rapport surfaces fourragères/surfaces agricoles entraîne le système dans un cercle vertueux sous l'angle de la matière organique stockée dans les sols : les prairies, permanentes comme temporaires, ont en effet la propriété de stocker de la matière organique (rythme moyen de 0,5 tonne par hectare et par an, rythme qui baisse avec le temps et avec l'augmentation du niveau absolu) (Gastal et Lemaire, 2002). Il n'y a donc pas de doute à avoir sur la propension des systèmes issus de la première révolution agricole à entretenir ou améliorer la fertilité dans les pays du Nord.

Dans les pays du Sud, il est difficile de passer en revue la grande diversité des systèmes. Arrêtons-nous sur les systèmes à base de jachère (Floret et Pontanier, 2000).

En Afrique tropicale, un système traditionnel de l'utilisation des sols consiste en une phase de culture (de cinq à quinze ans) suivie d'un abandon cultural (la jachère) dès qu'une baisse des rendements et de la fertilité se fait sentir ou qu'un envahissement par des mauvaises herbes ou des parasites est observé. La phase de jachère (de dix à trente ans selon le climat) qui suit la culture permet la remontée de la fertilité grâce à un retour à la savane arbustive ou arborée. Ce système culture-jachère a bien fonctionné jusqu'à une date récente. Actuellement, l'augmentation de la population et la tendance à la sédentarisation ont induit une forte augmentation des surfaces cultivées et, proportionnellement, une diminution des surfaces en jachère.

L'augmentation de la densité de la population détermine une réduction, voire une disparition de la jachère, qui s'accompagne d'une diminution de la fertilité et en particulier d'un appauvrissement du sol en matière organique, pilier essentiel de la fertilité dans ces milieux. Les ressources organiques habituellement utilisées pour restaurer la fertilité organique (résidus de culture, poudrette et fumier) sont souvent peu disponibles du fait d'une forte compétition.

Il est donc devenu nécessaire de mettre au point une gestion adaptée de la jachère naturelle, ou des méthodes de substitution, ou des compensations par une ferti-lisation chimique aux effets à long terme incertains. La jachère, et notamment la jachère arborée (comme le parc à karité par exemple, voir encadré 2.2), offre un schéma potentiellement équilibré en matière de fertilité, qu'il est facile de dégrader (par raccourcissement des cycles), mais qui, au-delà, présente un plafond en matière de productivité. Nous y reviendrons.

Encadré 2.2. Les systèmes sahéliens de jachère.

Francis GANRY

En Afrique soudano-sahélienne, à ce jour, en dehors des zones cotonnières, les prévi-sions de perte du capital de fertilité des terres sont alarmantes (Ganry *et al.*, 2011). Certes, dans les zones cotonnières, on assiste au développement de la culture attelée, donc de la production de fumier, mais ce sont les fourrages qui font défaut et qui requièrent le développement de la *jachère améliorée* et son exploitation sélective par la pâture des animaux (Sanogo, 1997).

La seule voie réaliste qui s'impose est l'intensification biologique fondée sur la gestion intégrée : phosphatage des terres (le phosphate est la première carence des sols de la zone soudano-sahélienne), élevage (besoin de fourrage signalé ci-dessus), arbres (ex. : parc arboré), mise en valeur des bas-fonds (ex. : par *Sesbania* en sols hydro-morphes), aménagement des parcelles (ex. : par ados).

En Afrique soudano-sahélienne, les arbres font partie des paysages agraires avec leurs utilités multiples, leurs productions essentielles (fourragères et alimentaires, médi-cinales) et leurs effets sur le microclimat et sur la fertilité des sols. Dans les régions soudano-sahéliennes et nord-guinéennes, les parcs arborés sont constitués d'espèces sélectionnées plus ou moins spontanément (*Faidherbia aldiba, Vitellaria paradoxa, Lannea microcarpa, Cordyla pinnata, Parkia biglobosa, Ficus* sp.).

Au Sénégal, sous *F. albida*, le taux de matière organique des sols (MOS) et celui de l'azote total peuvent atteindre respectivement 1,5 % et 0,08 % et descendre sous culture à 0,5 % et 0,03 % (Oliver *et al.*, dans Peltier, 1996). Au Burkina Faso, Depommier (dans Peltier, 1996) montre que l'arbre améliore la fertilité des sols jusqu'en périphérie du houppier, relevant de 50 % les taux de MOS et de phosphore, potassium, calcium et magnésium. Cet effet augmente avec la dimension de l'arbre et

...

...

> diminue dans les sols plus fertiles, mais, sur tous les sites, on note un effet favorable du bétail sous l'arbre en saison sèche.
>
> Le parc à karité (*Vitellaria paradoxa*) est fréquent dans toutes les régions de savane soudaniennes et nord-guinéennes à l'est du fleuve Sénégal, jusqu'en Ouganda. La fertilisation par la litière des arbres est importante, en comparaison des autres apports de fertilisants dans le système agricole peu intensif. En bas de pente, avec 24 arbres/ha, les arbres ont restitué en 2002, par leurs feuilles, 35 kg de CaO/ha, 8 kg de MgO/ha, 4,5 kg de K_2O/ha, 9 kg de N/ha et 1,2 kg de P_2O_5/ha. Ces restitutions proviennent de la mise en jeu des minéraux extraits des horizons profonds (inaccessibles aux cultures annuelles). Sous les arbres, les teneurs en MOS sont sensiblement augmentées (Albrecht et Kandji, 2003). Grâce aux techniques isotopiques, on a pu montrer que sous le houppier, 70 % du C de la MOS de l'horizon 0-20 cm provient de l'arbre. Cette proportion diminue progressivement jusqu'à 40 % à la distance de 2,5 fois le rayon du houppier (Traoré, 2003).
>
> De plus, ces arbres ont des fonctions alimentaires (source de matière grasse), cosmétiques et pharmaceutiques. Les parcs à karité constituent un type de végétation caractéristique du Mali et du Burkina Faso.
>
> L'aménagement antiérosif du bassin versant par la pratique des ados* a un impact favorable d'une part sur la production des cultures (maintien et/ou augmentation des rendements des cultures), et d'autre part sur le maintien et la régénération des arbres (levées de jeunes plants et leur croissance ainsi que l'alimentation des arbres préexistants) (Traoré, 2003).
>
> * Bourrelet de terre en courbe de niveau et matérialisé de façon permanente par un ados de terre, rapidement couvert de végétation, soit naturelle soit plantée (*Andropogon*, etc.).

Dans les zones de savanes d'Afrique de l'Ouest, les régions cotonnières notamment, le raccourcissement ou l'abandon de la jachère et la sédentarisation de l'agriculture en général marquent clairement l'arrivée brutale de la seconde révolution agricole (Dufumier, 2004). Les observations de longue durée sur ces systèmes (encadré 2.3), couplées avec la modélisation (Kintche *et al.*, 2011), montrent qu'on peut maintenir (voire entretenir) un cercle vertueux dans le couple matière organique/fertilité minérale si on met en place des systèmes de culture appropriés, dans lesquels on apporte au sol une dose de fumier et une fertilisation minérale compensant la minéralisation de la matière organique et les exportations de minéraux qui accompagnent les récoltes, mais que ces systèmes entraînent immédiatement les sols dans la voie de la dégradation si on ne peut maintenir ces conditions. Au cours des trente dernières années, avec la mise en place de politiques d'ajustement structurel, qui a connu une forte accélération ces dix dernières années, la hausse des prix des engrais a entraîné une moindre consommation, de moindres apports et une rupture de l'équilibre précaire entretenu par le modèle intensif monospécifique.

Autre situation anachronique qui interpelle sur la gestion durable de la fertilité, la question de la spécialisation des productions (agricoles d'un côté, élevage de l'autre) dans les grandes plaines agricoles (Amérique du Nord, Brésil, Australie). Autant la première révolution agricole avait généré un cercle vertueux de fertilité en imbriquant les activités d'agriculture et d'élevage, autant la seconde crée des paradoxes, peut-être des impasses : dans les grandes zones d'élevage, les déjections animales sont considérées comme des nuisances, pendant que le taux de matière organique des sols agricoles baisse inexorablement dans les régions céréalières.

Encadré 2.3. Le modèle de liaison carbone/stock/biodisponibilité de minéraux.

Hervé Guibert et Michel Crétenet

Les essais de longue durée qui comparent des systèmes de culture dans les zones cotonnières d'Afrique subsaharienne mettent clairement en évidence une relation étroite entre le rendement des cultures en rotation et les teneurs en carbone du sol (SOC). Cette relation peut recevoir deux interprétations complémentaires selon que l'on s'intéresse au « temps court », celui de la campagne agricole, ou au « temps long », celui de la décennie :

– à l'échelle de la campagne agricole, les sols les plus fertiles permettent les plus forts rendements et correspondent aux sols ayant les taux de SOC les plus élevés : le SOC peut être considéré de ce fait comme un bon indicateur de la fertilité du sol ;

– à l'échelle de la décennie, il s'établit un équilibre des flux de C entre les différents compartiments du système sol-plante-atmosphère, et les systèmes de culture qui sont plus productifs le doivent à des flux de C plus importants ; cet accroissement des flux est généré par une activité photosynthétique plus efficiente, il induit une accumulation de C dans les sols et une meilleure couverture du sol qui réduit la minéralisation du SOC. De ce fait, l'entretien du statut organique des sols peut être assuré par l'intensification des systèmes de culture (figure 2.1).

Par ailleurs, ces essais font apparaître une différence de réponse des cultures à la fertilisation minérale avant et après une période de dégradation du statut organique du sol, laquelle correspond à un phénomène d'hystérésis dans la restauration de la fertilité des sols en lien étroit avec l'importance relative d'un compartiment « inerte » du SOC.

Figure 2.1. Parcelle paysanne cotonnière à Ngong (Nord Cameroun, 11 octobre 2012) avec deux précédents culturaux.

À gauche : précédent défriche d'*Acacia senegal*, parcelle régénérée, sol entièrement couvert la majeure partie de la saison (température plus faible du sol, minéralisation du carbone du sol moindre), fortes productions de biomasses aérienne et racinaire (restitutions de C au sol plus importantes).

À droite : précédent culture continue, parcelle dégradée, proportion de sol restant nue la majeure partie de la saison (température plus élevée du sol, minéralisation du carbone du sol plus intense), productions de biomasses aérienne et racinaire faibles (moindres restitutions de C au sol).

Pour en savoir plus : Crétenet et Tittonell, 2010.

Sols acides

L'acidité des sols est connue par ses effets négatifs sur la croissance des plantes : effets biologiques comme le blocage du phosphore induit par l'acidité ou, directement, toxicité aluminique libérée par le contexte acide.

L'acidification des sols est un processus malheureusement inexorable, intimement lié à l'activité biologique induite par la photosynthèse. Elle touche les forêts naturelles comme les espaces cultivés. Lorsque les sols ne sont pas géologiquement acides (sols formés sur une roche mère sédimentaire), une bonne réserve d'alcalinité et l'acidification naturelle ne posent pas de problème. En revanche, sur les sols formés sur des massifs cristallins, le problème est sérieux. Les sols en question représentent plus de 30 % des sols cultivés dans le monde[4], répartis équitablement sur tous les continents.

Prise indépendamment des grands cycles biogéochimiques (qui, aux pas de temps géologiques, redistribuent sur la planète les ressources alcalines qui contrecarrent les processus d'acidification), on pourrait craindre qu'elle ne conduise la planète à une stérilité acide. Quels sont donc les processus qui gouvernent ce phénomène, et comment l'activité agricole y contribue-t-elle ? On sait finalement assez peu de choses sur la vitesse du phénomène, trop peu en tout cas pour prédire des échéances alarmantes. Pourtant, on sait (Calba *et al.*, 1999) que l'acidification d'un horizon donné d'un sol provient du bilan des nitrates et de l'ammonium (cycle de l'azote), de l'accumulation ou de l'exportation des acides organiques (cycle du carbone), des apports directs d'acides ou de bases et de la lixiviation des ions H^+, OH^- et HCO_3^- en dehors de l'horizon cultivé. À ce stade, cette approximation est correcte lorsque les phénomènes liés à l'altération des minéraux et à la précipitation des sels peuvent être négligés[5].

On sait mesurer directement les termes du cycle de l'azote dans le sol, des acides organiques exportés dans les plantes ou accumulés dans la matière organique, les apports atmosphériques. À ces phénomènes qui tournent en boucle dans l'horizon cultivé, il faut ajouter celui moins connu (et maîtrisé) de l'acidification par lixiviation des nitrates ou d'autres ions : en effet, même pour des sols soumis à des pluviométries inférieures à 1 000 mm annuels, l'acidification qui résulte de la lixiviation des nitrates peut être très importante, du même ordre de grandeur que celle des phénomènes décrits plus haut.

Mais on sait vivre à court terme avec ce processus. On dispose de formules fiables permettant de corriger l'acidité instantanée des sols (situation initiale) et de corriger les dynamiques d'acidification. En grandes cultures comme au Brésil par exemple, des quantités gigantesques de calcaire/gypse sont transportées et épandues annuellement pour corriger le phénomène. À cet égard, les projections dans le temps amènent à une impasse (épuisement des gisements de bases économiquement exploitables) similaire à celle qui se présente, tous systèmes confondus, pour les phosphates dans le monde.

---

4. <http://www.fao.org/geonetwork/> (consulté le 12 décembre 2012).

5. On ne parlera pas ici d'initiatives de recherche en cours qui, justement, travaillent sur la stimulation par des voies biologiques de l'altération des roches mères afin d'introduire massivement dans les cycles biogéochimiques des éléments susceptibles de contrecarrer les phénomènes décrits.

En résumé, sous l'angle de l'acidification, on sait cultiver un tiers des sols de la planète en situation monospécifique, et maintenir un niveau d'acidité acceptable et n'atteignant pas les seuils de toxicité. Mais on le fait à grands renforts d'importation de produits biogéniques basiques, dont les stocks locaux ne sont pas inépuisables. Vu que l'humanité n'a pas le temps d'attendre que les cycles géologiques redistribuent les matières, on est donc bien, sur la durée, en situation d'impasse. D'autres manières de cultiver permettent sinon de contrer, du moins de ralentir la dynamique et les effets de l'acidification des sols. En système conventionnel, il s'agit d'utiliser des engrais azotés moins acidifiants que d'autres, ou de vivre avec l'acidité en cultivant des variétés tolérantes[6]. Mais, mieux que tout cela, il s'agit, on le verra, d'utiliser les services de la biodiversité dans la régulation des équilibres biogéochimiques, notamment en augmentant le stockage de matière organique dans les sols.

Dégradation des sols sous irrigation

Le phénomène de dégradation des terres est perçu depuis très longtemps par l'homme comme un danger majeur pour sa survie. Plus de mille ans avant notre ère, les agriculteurs de la Basse Mésopotamie ont ainsi vu certaines de leurs terres, fertiles, devenir progressivement stériles par suite de leur salinisation sous irrigation (Cheverry, 2010). Actuellement, avec 275 millions d'hectares irrigués, le phénomène est massif, la salinisation des zones irriguées est la cause d'une réduction de 1 à 2 % par an de la superficie des terres cultivées sous irrigation. Il vient du simple fait que des eaux d'irrigation, même faiblement concentrées, déposent sur les terres agricoles des éléments chimiques qu'elles transportent en solution, qui s'accumulent et salinisent/sodisent ces sols sans qu'on sache vraiment comment y remédier durablement (Marlet *et al.*, 1998). À ces phénomènes visibles et connus s'ajoutent des phénomènes moins apparents, car mettant en jeu des concentrations infinitésimales (mais avec des effets très directs sur la santé humaine) comme l'arsenic (en Asie) ou le mercure[7] et le fluor (en Amérique). Pour contrer ces phénomènes, la limitation des apports d'eau ou le drainage de surface n'apportent que des solutions transitoires, voire masquent des phénomènes qui peuvent devenir dominants à des échéances rapprochées. On évoquera plus loin les perspectives offertes par la bioremédiation ou l'utilisation de plantes de service pour lutter contre ces phénomènes, mais en attendant, force est de constater l'impasse.

Bioagresseurs

Même au sein d'une population de ravageurs, il y a toujours des différences individuelles en ce qui concerne la réaction aux insecticides. Si l'on applique une quantité d'insecticide inférieure à la dose recommandée, une partie de la population va certes

---

6. Attention, certains se demandent si le fait de cultiver des variétés tolérantes à l'acidité ne contribue pas à rendre les sols encore plus acides…

7. Des travaux récents ont montré qu'en Amazonie brésilienne les apports de mercure attribuables aux activités d'orpaillage et à la déforestation des trente dernières années représenteraient moins de 3 % des teneurs cumulées dans les sols superficiels (Roulet *et al.*, 1999).

mourir, mais l'autre survivra. Si l'on applique un insecticide de façon incorrecte, on contribue à l'élimination des individus faibles (ou sensibles), tout en favorisant involontairement les individus plus résistants. Dans les cas où le phénomène se répète, c'est l'ensemble de la population qui, en vertu des lois de la sélection naturelle et de la survie des mieux adaptés, commence à développer des résistances[8].

Les modes de culture issus de modes de production intensifs favorisent évidemment tous les excès, et conduisent à des impasses qui peuvent être lointaines. Dans ses principes, la question sera traitée au chapitre 4, mais nous l'illustrons de possibles et dramatiques effets dans l'encadré 2.4.

Encadré 2.4. La quasi-disparition de la culture du coton au Nicaragua.

Le développement de la monoculture du coton en Amérique centrale et au Nicaragua en particulier s'est produit à la faveur de facteurs favorables et simultanés : boom sur le prix des matières premières, conditions politiques favorables aux expropriations massives de communautés paysannes, appuis nord-américains au développement d'infrastructures (Wheelock, 1980). Sur le plan agronomique, des conditions exceptionnelles de climat et de sol ont permis à ce pays d'atteindre les meilleurs rendements du monde en culture pluviale (Maraux, 1994) ; tout ce qui était mécanisable dans la partie occidentale du pays a donc été mis en culture, et le coton a fait la fortune de quelques dizaines d'*algodoneros*. Le principal problème à la conduite de la culture consistait à contrôler *Anthonomus grandis* Boheman, un coléoptère provoquant des dommages radicaux. Celui-ci avait déjà été identifié comme ennemi national dès 1938, et des mesures d'élimination avaient été promulguées comme lois*.

Dans l'après-guerre, combattu impitoyablement par des applications de méthyl parathion, moyennant des doses croissantes et des traitements aériens toujours plus fréquents (on est arrivé à vingt applications par campagne…), le système est resté longtemps rentable. Mais, dès 1987 (Laboucheix, 1987), on s'interrogeait : «C'est devenu une des préoccupations majeures des cultivateurs de coton au Nicaragua qui sont conduits à utiliser des doses croissantes de méthyl parathion. La mise en œuvre récente de stratégies de lutte spécifiques contre le *picudo* n'a pas donné les résultats espérés, et la possibilité d'une résistance d'*Anthonomus grandis* au méthyl parathion est envisagée. L'évaluation de l'efficacité du méthyl parathion par la méthode de la DL50 montre que les populations étudiées sont de dix à trente fois moins sensibles que les souches testées aux États-Unis et en El Salvador.»

Cinq ans plus tard, plus un hectare de coton n'était cultivé au Nicaragua, pour cause de *picudo*. Cette *disaster story* a été relatée par le président de la commission en ouverture du colloque de clôture du programme français Écophyto 2018**.

* Aprobado el 7 de Julio, de 1936, le décret de mesures pour éliminer le *picudo* (*Anthonomus grandis*).

** Ces derniers temps, après un «délai de carence» de vingt ans, avec d'infinies précautions, le Nicaragua tente de relancer la culture du coton sur des bases agroécologiques.

---

8. On parle de résistance à un produit lorsqu'on se trouve dans l'incapacité de combattre une infestation de ravageurs au moyen des produits et quantités recommandés.

Modèle intensif avec cultures transgéniques, une impasse?

Face aux désastres tels que celui décrit dans l'encadré 2.4, la voie du contrôle des ravageurs par voie de transgenèse dans des systèmes de monoculture intensifs mérite qu'on s'y arrête. Rappelons qu'il s'agit d'introduire dans les végétaux par voie génétique, mais hors croisement naturel, des gènes de résistance à un ravageur. Cette piste mérite d'être interpellée, car elle peut offrir la possibilité de maintenir l'aptitude à produire avec un certain niveau de rendement tout en maintenant le niveau de la fertilité.

Même si le sujet ne manque pas de faire controverse et d'alimenter les débats de société, on a maintenant un certain recul pour analyser les effets de la mise en culture de ces variétés. Dans un premier temps, il semble indéniable que des effets soient atteints immédiatement sur les cibles (diminution des besoins de traiter) (Fok, 2011 ; Tabashnik *et al.*, 2009). Mais si on allonge les pas de temps de l'observation, et/ou si on introduit les aspects économiques, les bilans semblent plus mitigés. Ainsi Benbrook (2012) montre-t-il dans un bilan portant sur seize ans d'utilisation des OGM que, du fait des effets collatéraux (et non dirigés) des pratiques culturales en vigueur sur les cultures OGM, l'usage global des pesticides en agriculture aux États-Unis ne cesse d'augmenter. Ceci serait dû notamment au fait que de nouveaux ravageurs, secondaires jusqu'alors, deviennent dominants.

La nécessité d'inventer d'autres voies d'intensification

Nous nous sommes attachés à analyser des faits et des mécanismes qui alertent sur les conséquences avérées ou attendues des modes de production hérités de l'après-guerre. Même si le système fonctionne encore dans de larges parties du monde, il fonctionne grâce à des interventions, apports, transferts de matière, artefacts, etc., qui, à l'évidence, ne sont pas durables. Pire, il est permis de s'interroger sur la réversibilité de certaines des transformations du milieu physique, chimique ou biologique qui se sont opérées avec le modèle des «cultures monospécifiques intensives» héritées de la seconde révolution agricole.

L'agriculture fait face à l'ensemble de ces nouveaux défis, à un moment où les recettes utilisées depuis la Seconde Guerre mondiale pour augmenter la productivité se trouvent devant des impasses : l'amélioration génétique d'un nombre limité d'espèces (y compris par la voie des OGM) et le recours massif aux intrants chimiques pour assurer de fortes productivités ont conduit à des impacts sur l'environnement (et la santé humaine) aujourd'hui considérés comme insupportables dans de nombreuses situations. Érosion génétique des espèces cultivées, pollutions chimiques et organiques, impact sur la biodiversité naturelle ont marqué les régions d'agriculture intensive et continuent aujourd'hui à constituer un risque environnemental majeur dans les régions les plus fragiles (FAO, 2009). La combinaison de la perte des habitats naturels et de l'intensification de l'agriculture, associée au remplacement des espèces traditionnelles par un nombre limité d'espèces productives à hauts rendements constituent une menace pour la biodiversité, qu'elle soit naturelle ou domestiquée (Jackson *et al.*, 2005 ; Sachs *et al.*, 2009). Ces solutions n'ont de surcroît pas permis d'assurer la sécurité alimentaire et le développement économique dans les régions les plus pauvres, en particulier en Afrique. De nombreuses régions du monde — d'Afrique en particulier — souffrent de déficiences nutritionnelles (*hidden hunger*) caractérisées par de fortes carences en minéraux et en vitamines dues à une alimentation quasi exclusivement basée sur quelques espèces à forte teneur en calories.

Les cultures intensives, de céréales en particulier, ont permis l'obtention de gains énormes de productivité au cours des vingt dernières années, à travers les progrès de la révolution verte. Ces cultures — souvent des monocultures — constituent aujourd'hui l'un des piliers du commerce agricole mondial et de la sécurité alimentaire. Celle-ci repose pourtant souvent sur un lourd bilan environnemental et une efficacité décroissante des intrants au fur et à mesure que l'on intensifie.

Dans un article retentissant et très souvent cité, Tilman *et al.* (2002) ont mis en relation l'évolution de l'utilisation d'intrants (engrais azotés et phosphorés, pesticides divers) avec celle de la production de céréales. En première approximation, ces évolutions sont linéaires et croissantes pour les intrants comme pour les rendements en céréales entre 1960 et 1980, mais la tendance est beaucoup moins nette pour la période 1980-2000, pendant laquelle on observe une diminution de l'efficience de l'azote. Une production coûteuse en ressources non renouvelables par utilisation croissante d'intrants a abouti à une situation où les termes de l'échange se sont dégradés et où de plus en plus d'intrants sont nécessaires pour une production équivalente, voire inférieure. Cet infléchissement masque le fait que dans certaines régions, en Asie notamment (riziculture intensive) mais aussi en Europe, on observe une stagnation des rendements (Brisson *et al.*, 2010). Ainsi, dit autrement, plus les rendements de céréales augmentent, plus l'efficacité marginale de l'azote supplémentaire décroît[9].

La contamination de l'environnement par les engrais et les pesticides, la perte de cultivars locaux, ou au moins de leur diversité génétique, la dépendance vis-à-vis des énergies fossiles et d'autres ressources minérales (phosphates naturels, calcaire), l'érosion des sols ont souvent accompagné une augmentation relative de la productivité, et un bilan social parfois négatif. À la même époque, ce schéma a également orienté le développement de l'agriculture tropicale de plantation, basé sur l'exportation de denrées brutes ou transformées. C'est le modèle intensif des grandes plantations de plantes pérennes cultivées en monoculture, comme le palmier à huile et l'hévéa, ou semi-pérennes, comme le bananier et l'ananas. La révolution verte, fidèle à ce schéma reposant sur l'emploi de variétés nouvelles performantes et le recours à l'emploi massif d'intrants, a permis dans les années 1970 les augmentations de productivité nécessaires pour nourrir une population mondiale en forte croissance. La prise de conscience des limites de la course à la productivité est apparue dès les années 1970 en Europe. En Afrique, les échecs rencontrés par la révolution verte en

---

9. Il est cependant important de remarquer qu'en Afrique tropicale, où le bilan minéral (exportations par les productions agricoles *versus* apports externes de fertilisants) est déficitaire, l'efficacité marginale de la fertilisation reste directe et indiscutable (Déclaration d'Abuja, IFDC 2006, <http://www.ifdc.org/ About/Alliances/Abuja_Declaration>). Cette réalité place l'Afrique en situation d'exception au regard des appels mondiaux à la réduction des intrants, et les politiques publiques nationales et internationales vers l'Afrique sont souvent, à juste titre, en situation d'encourager, voire de subventionner l'utilisation de fertilisants chimiques.

zone semi-aride, les difficultés à partager entre un nombre croissant d'utilisateurs les rares ressources en eau, la pollution des eaux par les intrants chimiques, la salinisation ou l'acidification des sols ont, dans de nombreux cas, montré les limites de ces systèmes basés sur ce type d'intensification (Conway, 1997). L'agriculture «moderne» intensive, du type de celle des pays du Nord, grande consommatrice d'énergie, d'engrais minéraux et de pesticides et aujourd'hui remise en cause, ne touche pourtant qu'une frange marginale des populations des pays du Sud. Environ 80 % des agriculteurs d'Afrique, 40 à 60 % de ceux d'Amérique latine et d'Asie travaillent aujourd'hui uniquement avec des outils manuels, et seulement 15 à 30 % d'entre eux disposent de la traction animale (Mazoyer et Roudart, 1997). C'est dire l'importance, encore aujourd'hui, des systèmes de culture traditionnels, dont certains, comme les systèmes de culture sur abattis-brûlis[10], sont répandus depuis l'époque néolithique et encore largement pratiqués. Aujourd'hui, le rapport de la productivité du travail entre l'agriculture la plus intensive et celle la plus extensive est de 1 à 500, alors qu'il n'était que de 1 à 10 au début du XXe siècle (Mazoyer et Roudart, 1997).

Face à ce constat, de nouvelles voies conceptuelles pour construire des agroécosystèmes durables sont recherchées. La diversification des cultures au sein des exploitations agricoles est une problématique ancienne mais toujours d'actualité, redevenue essentielle pour aborder la durabilité écologique, économique et sociale des agrosystèmes (Connor, 2001). Les paysans du Sud (plus d'un milliard) restent aujourd'hui encore à l'écart des technologies modernes de l'agriculture. Paradoxalement, leurs systèmes traditionnels, basés sur une gestion intégrée des ressources naturelles locales et, dans de nombreux cas, sur une gestion raisonnée de la biodiversité, pourraient-ils constituer des modèles pour les systèmes de culture de demain? C'est l'hypothèse avancée aujourd'hui par certains agronomes (Ewel, 1999; Altieri, 2002; Jackson, 2002). Ainsi, dès les années 1980, de nouveaux modèles sont proposés, basés sur des formes plus ou moins radicales «d'agriculture biologique» (Cauderon, 1981). Les concepts d'agriculture multifonctionnelle et de services écosystémiques mettent en exergue les différentes fonctions de l'agriculture et, en particulier, les fonctions environnementales qu'elle peut jouer (Bonnal *et al.*, 2012). Le débat récent sur la biodiversité a renforcé et donné une dimension supplémentaire à la nécessité de trouver d'autres voies.

▸▸ Les opportunités et les limites de systèmes de culture qui valorisent la biodiversité

Ainsi, les difficultés des systèmes de culture artificialisés conduisent à réexaminer les propriétés et les performances de systèmes de culture, souvent traditionnels ou marginaux, basés sur la diversification des espèces, cultivées ou non, végétales et animales, dans les espaces agricoles. Cette diversité peut être gérée dans l'espace

---

10. Systèmes de culture caractéristiques des zones tropicales humides basés sur l'installation de cultures après abattis et brûlis d'une forêt, le plus souvent secondaire. La période de rotation complète qui comprend la période de culture suivie du rétablissement de la friche boisée varie d'une dizaine à une cinquantaine d'années.

et dans le temps, au sein des parcelles ou bien au sein des exploitations agricoles et des paysages. Elle est réputée permettre la fourniture d'une plus large gamme de services écosystémiques et favoriser la résilience des systèmes de culture face aux aléas (Malézieux *et al.*, 2009).

Ces systèmes plurispécifiques et multifonctionnels sont très présents dans les pays du Sud, où une majorité des agriculteurs exploite de petites surfaces en associant différentes espèces végétales et animales pour satisfaire aux besoins alimentaires, en énergie et en matériaux, de leur famille et pour le marché (Boyce, 2004 ; Devendra et Thomas, 2002 ; Kumar et Nair, 2004 ; Morton, 2007). La valorisation d'une certaine biodiversité ne garantit cependant pas le développement, voire la pérennité de ces systèmes de culture, ce qui révèle un certain nombre de limites.

Diversité intraparcellaire, productivité et fourniture de services écosystémiques

De nombreux modèles de systèmes de culture plurispécifiques

Dès lors que plusieurs espèces sont délibérément installées dans un même espace, on parle de biodiversité planifiée (Swift *et al.*, 2004). Cela prend une large gamme de formes en fonction du nombre d'espèces concernées, de leurs types respectifs (espèces annuelles/pérennes, herbacées/ligneuses, graminées/légumineuses, etc.), de leur densité et de leur arrangement spatial et temporel (Malézieux *et al.*, 2009). Les cultures annuelles peuvent faire l'objet d'associations de variétés ou d'espèces, mélangées, en rangs alternés, ou bien en succession. Ces espèces peuvent avoir une fonction de production ou bien de service (protection du sol, piégeage de l'azote, fonction de répulsion de bioagresseurs ou d'attraction d'auxiliaires, etc.). Les cultures pérennes peuvent être herbacées et associées entre elles (par exemple pour de la production fourragère) ; elles peuvent être ligneuses et associées entre elles ou avec des cultures herbacées dans des systèmes agroforestiers. Ces derniers présentent des structures très variées, depuis les systèmes sylvo-arables alternant des rangées d'arbres et des bandes de cultures annuelles, jusqu'aux agroforêts tropicales associant un grand nombre d'espèces. Enfin les systèmes sylvopastoraux associent arbres et espèces fourragères pâturées par des animaux d'élevage[11].

La diversité des espèces cultivées va généralement de pair avec une biodiversité associée (Swift *et al.*, 2004). Dans une parcelle cultivée monospécifique, il n'y a de place pour une végétation spontanée qu'à sa périphérie, dès lors qu'elle n'est pas désherbée. Dans une parcelle plurispécifique, il existe de nombreuses zones de transition d'un type de culture à l'autre qui favorisent un surcroît de biodiversité végétale, avec l'installation de végétations annexes susceptibles d'avoir des fonctions spécifiques non planifiées. Cette biodiversité végétale dans son ensemble génère une diversité d'habitats pour différentes communautés d'arthropodes et de vertébrés (Vandermeer *et al.*, 1998). Cela est particulièrement vérifié quand elle comporte des espèces ligneuses (arbres, haies) (Söderström *et al.*, 2001). De la même manière,

---

11. Les aspects systèmes de culture-élevage seront abordés au chapitre 4.

il existe une corrélation globale entre biodiversité aérienne et biodiversité souterraine, même si les mécanismes et la qualité de cette relation sont très dépendants du contexte (Hooper *et al.*, 2000 ; Wardle *et al.*, 2004).

Plurispécificité et productivité des systèmes de culture

Une corrélation négative (*trade-off*) entre diversité végétale et productivité est généralement observée quand on ne considère qu'une espèce productive (par exemple Deheuvels *et al.*, 2012, comparant différentes structures d'agroforêts à base de cacaoyers). Mais le calcul d'une productivité combinée des systèmes plurispécifiques (l'indicateur le plus courant est une surface équivalente assolée, ou *land equivalent ratio*, LER) permet de mettre en évidence une production globale généralement supérieure à celle de témoins monospécifiques (Dupraz et Liagre, 2008 ; Snoek *et al.*, 2013). Le LER correspond à la surface nécessaire pour obtenir, en monocultures, la même production qu'une unité de production de l'association végétale. S'il est supérieur à 1, alors l'association de cultures utilise l'espace de manière plus efficiente que ses composantes en monoculture.

Les processus en cause peuvent être de différents ordres. Ils peuvent relever de la complémentarité spatiale de l'exploitation de la ressource lumineuse, ou des ressources du sol si différentes espèces explorent des compartiments différents du sol, des espèces ligneuses accédant par exemple à des horizons profonds inaccessibles aux espèces herbacées (Celette *et al.*, 2008) ou bien à une nappe phréatique. Ils peuvent relever d'une complémentarité temporelle quand des décalages phénologiques permettent aux différentes espèces d'accéder aux ressources lumineuses ou aux ressources du sol à des périodes différentes de l'année. Ils peuvent relever de la facilitation si, par exemple, la présence de légumineuses améliore la disponibilité en ressources azotées pour l'ensemble des composantes de l'association (Rivest *et al.*, 2010).

Plurispécificité et services écosystémiques des systèmes de culture

Au-delà de la production agricole, différents types de services écosystémiques pour l'agriculture et pour la société sont susceptibles d'être favorisés par la plurispécificité. Chaque fois que la production aérienne globale est stimulée, le développement global de l'ensemble des appareils racinaires l'est également, avec des conséquences sur les propriétés physiques, chimiques et biologiques des sols. Ainsi les intercultures favorisent-elles le piégeage de l'azote qui serait lixivié dans un sol nu (Maltas *et al.*, 2009). La teneur en matière organique et l'activité biologique des sols sont favorisées par les plantes de couverture (Lienhard *et al.*, 2012 ; Steenwerth et Belina, 2008). La séquestration du carbone est stimulée dans les tissus des espèces pérennes, dans les sols des systèmes agroforestiers (Albrecht et Kandji, 2003) et dans les sols en présence de cultures intercalaires (Metay *et al.*, 2007). Néanmoins, la teneur en carbone et en matière organique des sols dépend moins de la diversité des espèces en soi que de la quantité et de la composition des tissus végétaux restitués au sol (Russell, 2002).

Dès lors que l'arrangement spatial et temporel des cultures permet une bonne couverture du sol par les plantes ou par leurs résidus déposés sur le sol pendant les périodes pluvieuses, l'érosion est limitée (Meylan, 2012). La couverture du sol ainsi qu'une amélioration de la porosité du sol associée à une forte densité racinaire et/ou au développement de la macrofaune du sol favorisent l'infiltration et réduisent le ruissellement et l'entraînement par les eaux de surface de particules ou de polluants qui pourraient se trouver à la surface du sol (Gaudin *et al.*, 2010).

La régulation des communautés d'adventices, de microorganismes pathogènes et d'arthropodes et nématodes ravageurs, fait également partie des bénéfices attendus de la plurispécificité des systèmes de culture (Jose, 2009 ; Malézieux *et al.*, 2009). La meilleure efficience d'utilisation des ressources lumineuses et du sol par les cultures associées laisse moins de ressources disponibles pour les adventices. Des exemples d'allélopathie au détriment des adventices sont également signalés (Liebman et Dick, 1993). En revanche, une augmentation de la biodiversité végétale semble aller de pair avec une augmentation de la biodiversité des communautés des micro et macroorganismes souterrains et aériens (Stamps et Linit, 1998).

Cela se fait-il dans le sens d'un équilibre entre communautés plus favorable aux agriculteurs, c'est-à-dire avec un renforcement des espèces auxiliaires ? Plusieurs mécanismes peuvent y contribuer. Certains ont trait à la structure du peuplement plurispécifique (effet de dilution de l'espèce hôte recherchée par un ravageur, effet barrière des autres espèces), d'autres aux modifications des conditions de développement des bioagresseurs (modifications de leur habitat, émissions de composés attractifs ou répulsifs par certaines espèces végétales, évolution de leurs réseaux trophiques, etc.) (Djigal *et al.*, 2012 ; encadré 2.5).

Encadré 2.5. L'intérêt de l'insertion de plants de maïs dans les agroécosystèmes à base de Cucurbitacées à la Réunion.

Jean-Philippe DEGUINE, Serge QUILICI et Bernard REYNAUD

Les mouches des Cucurbitacées (*Diptera, Tephritidae*) sont des bioagresseurs majeurs en zone tropicale. À la Réunion, elles sont considérées comme les principaux ravageurs de cultures horticoles. La lutte chimique, qui a été la règle pendant de nombreuses années avec un usage massif d'insecticides, a montré ses limites : inefficacité, coût élevé, risques pour l'environnement et la santé humaine. Aujourd'hui, les études portent sur une gestion agroécologique des populations des mouches. Cette gestion agroécologique repose sur l'insertion de plants de maïs dans l'agroécosystème maraîcher.

En effet, les plants de maïs, de par leur attractivité vis-à-vis des mouches des Cucurbitacées (Atiama-Nurbel *et al.*, 2012), jouent le rôle de plantes pièges en y concentrant les populations de mouches. Il est ensuite possible de les gérer, par exemple en utilisant des appâts adulticides (Deguine *et al.*, 2012a). Dans cette situation, plus aucun insecticide n'est épandu sur les Cucurbitacées cultivées et les pertes de production sont minimes. Cette technique d'utilisation de plants de maïs en tant que plantes pièges des mouches des légumes est maintenant adoptée avec succès en milieu producteur (Deguine *et al.*, 2012b).

...

> ...
>
> En outre, la présence de plantes pièges de maïs dans l'agroécosytème (bordures autour des parcelles, *patchs*, ou bandes dans les parcelles) fournit une méthode complémentaire d'évaluation des populations de mouches et d'étude de leurs communautés. Le dénombrement *in situ* des mouches sur le maïs permet en effet d'avoir une estimation fidèle des populations de mouches réellement présentes dans l'agroécosystème, contrairement aux méthodes classiques de piégeage sexuel à l'aide de paraphéromones ou de mise en émergence de fruits récoltés sur le terrain. Il est ainsi possible de caractériser certains paramètres des communautés, comme l'abondance relative ou le sex-ratio des différentes espèces de mouches (Deguine *et al.*, 2012c).
>
> Enfin, en plus de concentrer les mouches des légumes, les plants de maïs abritent d'autres insectes, en particulier des Diptères utiles comme les syrphes, qui sont à la fois des pollinisateurs, des prédateurs et des indicateurs d'un bon fonctionnement de l'agroécosystème (Duhautois, 2010).

Cependant, les réponses des différentes communautés de bioagresseurs à une évolution des systèmes de culture peuvent aller dans des directions opposées et il existe des effets de seuil. Par exemple, la présence d'arbres d'ombrage dans les plantations de café en Amérique centrale semble réduire les attaques de rouille (*Hemileia vastatrix*), mais favoriser la maladie de la tache américaine (*Mycena citricolor*) et le scolyte du café (*Hypothenemus hampei*) (Avelino *et al.*, 2011). Seule une analyse intégrée des conséquences écosystémiques de la diversification végétale sur les autres communautés vivantes peut permettre d'anticiper les menaces ou bénéfices qui en résultent pour la production agricole (Duyck *et al.*, 2011 ; Staver *et al.*, 2001).

Diversité au sein des paysages et des exploitations agricoles

Le recours à la biodiversité et les services qui en sont attendus ne se raisonnent pas seulement à l'échelle des parcelles agricoles. La biodiversité qui résulte de l'arrangement de différents agrosystèmes et écosystèmes dans un paysage, sur un territoire ou sur une exploitation agricole joue évidemment un rôle en relation avec des processus qui s'observent à ces échelles supraparcellaires (par exemple la circulation des organismes et de leurs formes de dissémination, les transferts hydriques superficiels et souterrains et les transferts de sédiments ou de polluants associés, etc.) et avec les services correspondants (biodiversité et qualité des paysages, pollinisation, protection des cultures, qualité de l'eau, maîtrise de l'érosion et des inondations, etc.).

Les dimensions du paysage et de l'exploitation agricole offrent des marges de manœuvre supplémentaires, à travers la distribution spatiale et temporelle des activités et pratiques agricoles et la création et l'entretien d'infrastructures paysagères (haies, zones écologiques réservoirs, corridors écologiques, réseaux hydrologiques, etc.). Le changement d'échelle de la parcelle au paysage donne une nouvelle dimension aux relations entre biodiversité et services écosystémiques. Ainsi, il semble que la biodiversité des plantes et des arthropodes dépende plus de la diversité des habitats au sein des exploitations agricoles que du type de pratiques agricoles (conventionnel *vs* biologique, intensif *vs* extensif) (Weibull *et al.*, 2003). En zone tropicale, Schroth et Harvey (2007) observent que la conservation de la biodiversité végétale et animale est mieux assurée dans des paysages composés par une mosaïque d'agroforêts complexes et de forêts natives, qui préserve une forte diversité d'habitats et une connectivité élevée. Dans une revue bibliographique d'un ensemble de travaux conduits dans des régions tempérées de production céréalière, Rusch *et al.* (2010) relèvent que des paysages comprenant une forte proportion d'habitats semi-naturels favorisent les populations d'auxiliaires dans 83 % des cas, alors que dans 50 % des cas le type de système de culture n'a pas d'effet.

En matière de conservation de la biodiversité, la complexité de la structure du paysage pourrait compenser les effets négatifs de systèmes de culture localement intensifs ; autrement dit, les effets du type de système de culture sont plus marqués dans des paysages à structure simple que dans des paysages à structure complexe (Tscharntke *et al.*, 2005). Par exemple, si le niveau d'intensification moyen de l'agriculture dans un paysage limite à la fois la diversité d'espèces pollinisatrices et la diversité spécifique des abeilles (Batáry *et al.*, 2010), Ricketts (2004) observe que la présence de fragments de forêts tropicales favorise la pollinisation des plantations de café voisines, en abritant une diversité d'espèces d'abeilles. Autre exemple : une structure de paysage complexe peut masquer des différences de comportement attendues entre parcelles de monoculture et parcelles agroforestières en matière de lutte biologique (Smits *et al.*, 2012).

Ces observations conduisent à penser qu'un agriculteur dispose, pour gérer la biodiversité et les services écosystémiques associés, de plusieurs des leviers évoqués plus haut, aux échelles de ses parcelles, du territoire de son exploitation agricole et de territoires plus vastes gérés à travers des organisations collectives. D'un point de vue économique, la combinaison d'espèces présentant des cycles de production différents (aux échelles de l'année et/ou de la durée de production d'espèces pérennes) permet d'accélérer le retour sur investissement après leur installation et de réaliser différentes productions pour s'assurer et combiner des sources de revenu régulières et périodiques, comme le montrent Snoek *et al.* (2013) avec l'association des cultures d'hévéa avec des cultures de caféiers et de cacaoyers. D'une manière plus générale, dans les petites exploitations agricoles du Sud, la diversité des activités répond à un ensemble de préoccupations : distribution saisonnière des productions, des travaux et des revenus, gestion *ex ante* et *ex post* des aléas, difficultés d'accès au crédit, etc. (Ellis, 2000). Cette diversité est également réputée donner plus de résilience aux exploitations agricoles dans un contexte de changement climatique (Lin, 2011). Enfin, d'un point de vue nutritionnel, il semble que, dans le cadre d'une agriculture de subsistance, un lien puisse être établi entre la diversité spécifique des espèces cultivées dans un territoire et la diversité de la diète et la santé de la population (Johns et Eyzaguirre, 2006).

Les limites des systèmes plurispécifiques

Les nombreux bénéfices, identifiés ou hypothétiques, de systèmes de culture tirant parti de la biodiversité sont-ils suffisants pour mobiliser les agriculteurs pour leur préservation, voire pour leur diffusion ? Différents auteurs ont analysé des situations d'abandon des systèmes de culture plurispécifiques pour des systèmes de monoculture. Feintrenie *et al.* (2010) montrent que la profitabilité des cultures de rente (café, cacao, hévéa) et les opportunités qu'elles offrent en matière de revenu, de modernisation des infrastructures et de rupture de l'isolement conduisent les agriculteurs de différentes régions indonésiennes à abandonner l'agroforesterie, malgré l'attachement culturel dont ils témoignent pour cette forme traditionnelle de production. Ruf (2011) observe la même évolution au Ghana où la culture du cacao évolue vers la monoculture. Il identifie plusieurs déterminants : le progrès technique (nouveaux hybrides mieux valorisés en monoculture), les règles foncières et la faible valorisation des arbres à bois, l'arrivée de main-d'œuvre bon marché associée à des migrations.

De la même manière, l'introduction de systèmes de culture valorisant la biodiversité conduit quelquefois à des échecs. Affholder *et al.* (2010) analysent la non-adoption du semis direct sur couverture végétale (encadré 2.6) par des agriculteurs vietnamiens comme résultant de l'augmentation des besoins en main-d'œuvre qu'il nécessite. Ils évaluent le paiement pour services environnementaux (PSE) qui serait susceptible de faire sauter cet obstacle à des montants élevés car peu éloignés de la marge brute. En Afrique subsaharienne, Giller *et al.* (2009 ; 2011) identifient également ment un ensemble d'obstacles techniques, économiques, fonciers et institutionnels qui expliquent le faible développement de l'agriculture de conservation, malgré une promotion très soutenue par différentes agences de développement et ONG.

Dans un certain nombre de configurations spatiales ou temporelles, la plurispécificité des systèmes de culture ne favorise pas la mécanisation et limite donc la productivité du travail. C'est le cas par exemple des agroforêts complexes qui ne permettent pas le passage d'engins agricoles. Il faudrait pour cela introduire les schémas de plantation des différentes espèces en bandes alternées qui ont été adoptés dans les systèmes agroforestiers des régions tempérées. En revanche, la gestion de la biodiversité à travers les successions culturales génère moins d'obstacles à la mécanisation. L'abandon du labour pour le semis direct sur couvert végétal réduit la puissance nécessaire pour les engins de traction et stimule la création de nouveaux engins agricoles (Friedrich *et al.*, 2009).

Ainsi l'entretien ou l'introduction de systèmes de culture construits sur la valorisation de la biodiversité ne sont possibles que si, d'une part, leur viabilité économique et leur «vivabilité» sociale sont assurées, et si, d'autre part, les connaissances des agriculteurs eux-mêmes sont mobilisées dans l'évaluation de ces systèmes et la conception de leurs formes d'évolution (Cerdán *et al.*, 2012).

Il convient de s'interroger sur le phénomène massif de développement d'une agriculture sans labour qui est en train de devenir la règle dans les grandes plaines mécanisées d'Amérique du Nord, d'Amérique du Sud (Brésil, Argentine, Paraguay) et d'Australie. Cette manière de produire a commencé aux États-Unis en réaction aux problèmes manifestes d'érosion éolienne (*dust walls* qui ont effrayé les agriculteurs, mais aussi les villes), et a connu ses premiers développements sous le vocable de «labour chimique», avec le développement d'herbicides de contact (dont le très populaire Paraquat) capables de réaliser chimiquement, avec peu d'interventions, une des fonctions du labour qu'est le désherbage. À partir de cette pratique, de nombreux développements technologiques ont vu le jour, incorporant notamment l'usage de plantes destinées à protéger le sol (plantes de service). Les agriculteurs investis dans ces méthodes (qui couvrent maintenant près de 115 millions d'hectares) s'interrogent sur le fait de savoir s'ils ne sont pas les pionniers d'une nouvelle révolution agricole en cours.

Encadré 2.6. Un exemple d'agriculture de conservation : le semis direct sur couverture végétale pour protéger les sols et préserver la production agricole.

Les régions tropicales humides sont caractérisées par des sols fragiles soumis à un climat agressif qui peut conduire à une dégradation de la fertilité des sols et de la productivité des cultures. L'agriculture de conservation est une réponse technique à cette menace qui repose sur trois leviers : la réduction du labour, la protection du sol par des plantes de couverture ou des résidus organiques et la diversification des successions ou associations culturales. En quelques décennies, elle a connu un développement considérable, en particulier en Amérique du Nord et du Sud (Scopel *et al.*, 2012). Le semis direct sur couverture végétale relève de cette approche ; il consiste à installer une plante de couverture entre deux cultures commerciales, la seconde étant semée directement après désherbage de la plante de couverture. Il a fait l'objet d'évaluations agroécologiques et socio-économiques dans différentes régions du monde.

Une large gamme de services écosystémiques rendus par le semis direct sur couverture végétale a pu être observée dans différents contextes. La plupart sont en lien avec la protection et l'amélioration du fonctionnement physique et biologique des sols. La présence de végétation ou d'un mulch en interculture dissipe l'énergie des pluies, favorise l'infiltration de l'eau et réduit donc l'érosion du sol. Le non-labour favorise le développement d'une macrofaune qui entretient, voire augmente la porosité du sol (Blanchart *et al.*, 2007). Le cycle du carbone dans

Figure 2.2. (a) Semis direct dans une grande exploitation agricole brésilienne.
(b) Coton installé sur un mulch de *Bracharia*.
(c) Semis direct manuel dans une petite exploitation brésilienne.
(d) Maïs avec une culture-relais de pois d'angole (source : Scopel *et al.*, 2012).

...

les sols est activé, avec des émissions de CO_2 plus élevées mais également une meilleure séquestration du carbone dès lors que la productivité en biomasse de la couverture végétale est élevée (Metay *et al.*, 2007). La meilleure infiltration de l'eau et une évaporation du sol réduite par la présence de mulch favorisent l'entretien d'une réserve en eau (eau verte) susceptible de tamponner les effets sur les cultures d'épisodes de sécheresse (Scopel *et al.*, 2005). Une humidité du sol plus élevée stimule l'activité biologique et la dégradation de la matière organique. La plante de couverture intercalaire capture les reliquats d'azote après la culture précédente et les restitue à la culture suivante à travers la minéralisation de ses résidus (Maltas *et al.*, 2009). Enfin, après l'introduction d'une couverture végétale intercalaire stimulant la production de biomasse et l'accumulation de matière organique dans les sols, on observe une augmentation tant de la diversité que de l'abondance des communautés bactériennes et fongiques dans les sols (Lienhard *et al.*, 2012).

Si le semis direct sur couverture végétale favorise généralement la productivité des systèmes de cultures annuelles, on constate qu'il s'est davantage développé dans les grandes exploitations agricoles mécanisées (en particulier au Brésil, figure 2.2) que dans les petites exploitations familiales (Scopel *et al.*, 2012). Dans les premières, il permet de réduire les coûts de production, en remplaçant un labour par un traitement herbicide pour détruire la couverture végétale. Dans les secondes, le travail additionnel rendu nécessaire par l'installation de la plante de couverture et le coût des herbicides peuvent constituer des obstacles majeurs à l'adoption de la technique (Affholder *et al.*, 2010). Une approche intégrée de l'introduction de l'innovation, articulant en particulier culture et élevage, et une démarche participative associant les agriculteurs et les dispositifs de recherche et développement sont les conditions d'une adoption durable de cette innovation.

▸▸ Vers de nouveaux systèmes de culture « écologiquement innovants »

Le monde fait aujourd'hui face à un défi majeur, celui d'assurer la transition vers une agriculture multifonctionnelle qui permettra d'assurer la production de nourriture pour neuf milliards d'êtres humains tout en protégeant les ressources naturelles et en assurant la santé et le bien-être des habitants (Millenium Ecosystem Assessment, MEA, 2005 ; IAASTD, 2008). Outre le fait qu'il soit largement admis aujourd'hui que la conservation de la biodiversité doit être prise en compte de manière significative dans le développement de toutes les activités humaines, la biodiversité peut également être considérée comme une ressource centrale pour de nouvelles formes d'agriculture à inventer pour demain. C'est l'hypothèse que nous soutenons, qui s'appuie sur les fondements originels de l'agriculture et qui est à la base du concept d'intensification écologique (figure 2.3).

Agrobiodiversité et conception de systèmes de culture innovants

L'agrobiodiversité constitue un élément essentiel pour une agriculture multifonctionnelle, et joue un rôle majeur à des niveaux d'organisation variés pour fournir

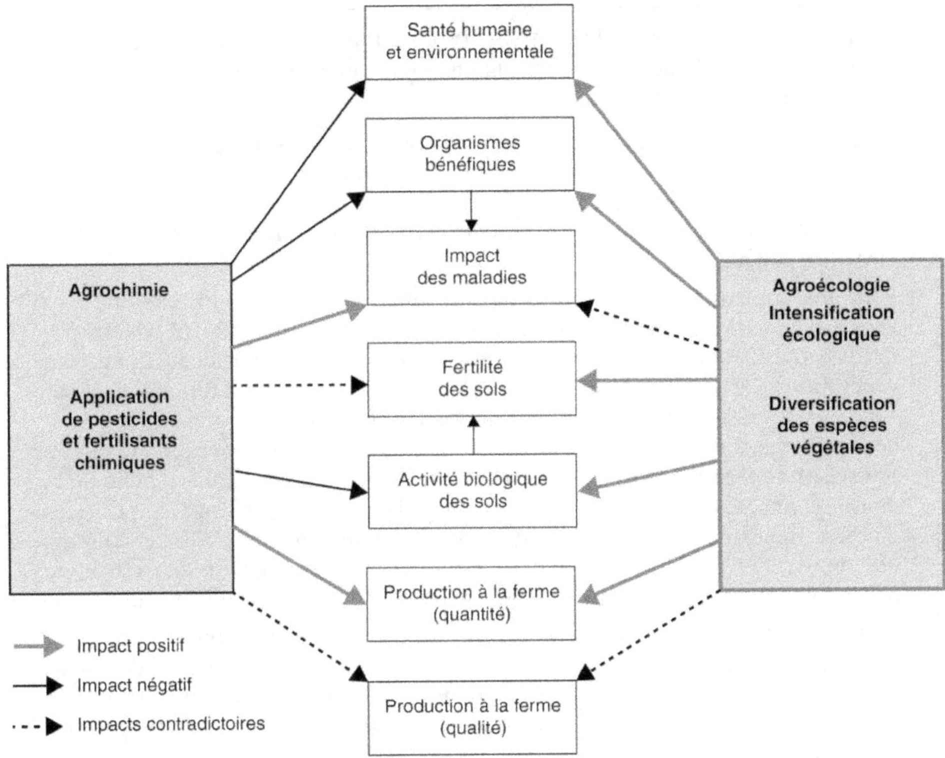

Figure 2.3. La diversification végétale comme l'un des deux piliers de l'approche agroécologique, dont participe l'intensification écologique. Les flèches grises indiquent les impacts positifs sur des critères indiqués dans les cases centrales, les flèches noires, des impacts négatifs et les flèches en pointillés, des impacts mitigés (d'après Ratnadass, 2011).

les services écosystémiques (MEA, 2005). Elle est à la base de l'accroissement de la productivité, du contrôle des parasites et ravageurs, des fonctions de recyclage de l'eau et des éléments minéraux, et assure de nombreuses fonctions culturelles (Tscharntke *et al.*, 2005 ; Jackson *et al.*, 2007 ; Jarvis *et al.*, 2011). Il est devenu évident aujourd'hui que le maintien de la diversité intra et interspécifique dans les agrosystèmes constitue la clé pour la construction de systèmes plus résilients (encadré 2.7). La forme que doit revêtir cette biodiversité et le niveau d'organisation à partir duquel elle doit s'exprimer constituent toutefois l'enjeu d'un débat scientifique intense et non encore résolu (Wood et Lenné, 1999 ; Lenné et Wood, 2011).

L'utilisation de la diversité biologique se décline en agriculture par des pratiques très variées principalement basées sur le mélange d'espèces cultivées (cultures associées, successions de cultures, cultures en relais, agroforesterie). Elle peut être mise en œuvre à l'échelle de la parcelle, mais aussi à l'échelle du territoire cultivé où peuvent s'exprimer des propriétés spécifiques (liées notamment aux mosaïques paysagères). L'utilisation de la diversité biologique à des fins productives à l'échelle d'un territoire reçoit de plus en plus d'attention non seulement dans les pays du Sud, où ces pratiques constituent une base des agricultures traditionnelles et souvent une des conditions de leur durabilité, mais aussi en Europe, que ce soit dans le cadre de la

Encadré 2.7. Un exemple d'intensification écologique par un système traditionnel, la restauration des sols de savane par les systèmes agroforestiers au Cameroun.

La cacaoculture est souvent considérée comme un des principaux facteurs de déforestation en milieu tropical. Dans de nombreux pays, elle repose en effet sur un modèle technique peu durable de monoculture intensive reposant sur le déplacement des zones de production aux dépens des zones forestières (Rice et Greenberg, 2000).

Pourtant, à partir d'enquêtes sur de grands effectifs (plus de mille exploitations agricoles) dans le centre-sud du Cameroun, Jagoret *et al.* (2011 ; 2012) ont observé des cacaoyères agroforestières anciennes, entretenues souvent depuis plusieurs générations (70 % ont plus de quarante ans), qui démontrent la durabilité de ces systèmes de culture plurispécifiques tant sur les plans agroécologiques que socio-économiques. En effet, ces cacaoyères font l'objet d'une régénération continue par recépage ou remplacement des plants morts qui conduit à une stabilité de la densité de cacaoyers et de leur rendement. Elles comportent vingt-cinq espèces d'arbres en moyenne, maintenues ou introduites délibérément par les agriculteurs qui en attendent des services divers et bien identifiés (production de fruits et de bois, ombrage et régulation des bioagresseurs, entretien de la fertilité, etc.).

Le nombre de traitements phytosanitaires est réduit et aucune fertilisation n'est appliquée. Malgré cela, les propriétés biologiques (densité et diversité de champignons mycorhiziens) et chimiques (teneur en carbone et éléments majeurs) de leurs sols restent proches de celles observées dans des forêts secondaires voisines (Snoeck *et al.*, 2010). Un modèle de cacaoculture durable basé sur des systèmes de culture agroforestiers est donc possible ; il représente une alternative crédible à la simplification des systèmes de culture cacaoyers pour les agriculteurs des régions étudiées (Jagoret *et al.*, 2009).

La cacaoculture n'est donc pas fatalement un facteur de déforestation. Les agro-forêts à base de cacao apparaissent même comme un instrument de restauration des sols de savane et d'introduction de la production cacaoyère dans des zones pédoclimatiques suboptimales (Jagoret *et al.*, 2012). Des palmiers à huile ou des cultures vivrières sont d'abord installés sur des prairies d'*Imperata cylindrica* pour éliminer cette graminée. Ensuite sont plantés en mélange des cacaoyers et des arbres fruitiers, tout en préservant des arbres forestiers spécifiques. La densité des arbres fruitiers et forestiers est progressivement réduite, alors que celle des cacaoyers est conservée (figure 2.4).

En comparant, dans la même région du centre Cameroun, des cacaoyères agro-forestières installées sur des zones de savane et d'autres installées sur des gale-ries forestières, Jagoret *et al.* (2012) observent, après quelques dizaines d'années, des niveaux de rendement comparables et proches de ceux observés au sud-Cameroun dans des cacaoyères installées dans des forêts secondaires. La teneur en matière organique est passée de 1,7 % dans les sols de savane à 3,1 % dans les agroforêts installées sur ces sols, alors qu'aucun fertilisant, minéral ou organique, n'a été apporté.

Les performances productives des cacaoyères agroforestières installées sur des zones de savane démontrent que les handicaps initiaux liés à une faible ferti-lité des sols et à un régime pluviométrique irrégulier ont pu être surmontés.

...

...

Cela démontre la réussite d'un processus d'intensification écologique mis en œuvre par des agriculteurs, et cela ouvre des perspectives pour l'adaptation des systèmes de culture à un changement climatique qui pourrait aller dans le sens d'une réduction de la pluviométrie dans la région (Tingem *et al.*, 2009).

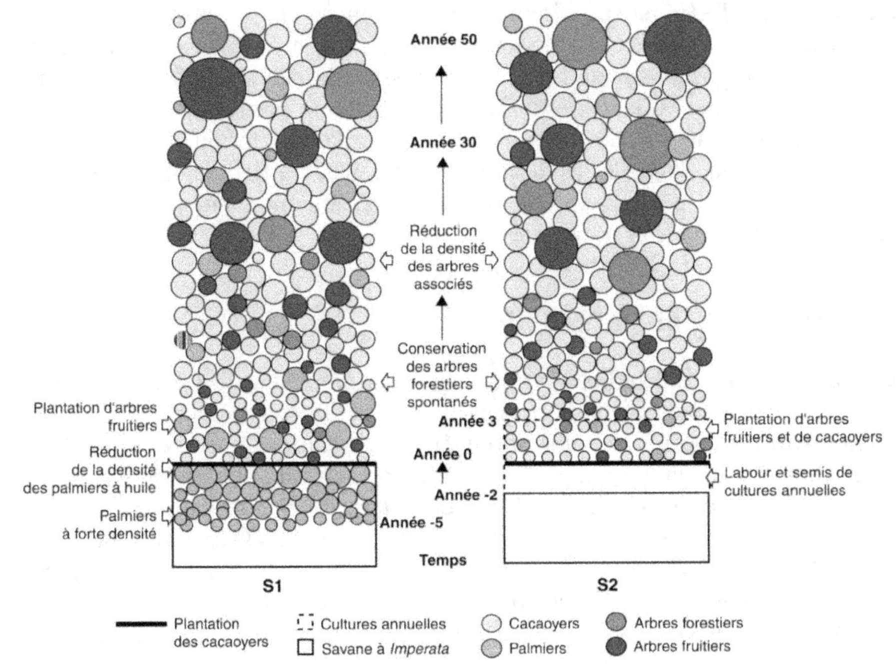

Figure 2.4. Dynamique d'installation d'une agroforêt à base de cacaoyers à partir d'une savane, à partir de la plantation de palmiers à huile (S1) ou de cultures vivrières (S2) (source : Jagoret *et al.*, 2012).

nouvelle PAC (Politique agricole commune) (réduction de la dimension des parcelles, présence d'éléments naturels obligatoires dans la SAU) ou dans le cadre de stratégies intégrées de défense contre les ravageurs basées sur une biodiversité accrue.

Reprenant les principes de l'agroécologie (Altieri, 2004), de nouvelles formes d'agricultures écologiquement intensives restent aujourd'hui à inventer, basées sur l'utilisation combinée et raisonnée des principes de l'écologie et des acquis de l'agronomie, et reposant largement sur les interactions entre espèces végétales et animales au sein des agrosystèmes. Aux deux échelles qui nous intéressent préférentiellement (la parcelle et le territoire[12]), dans des conditions de ressources limitées et variables dans le temps et l'espace, l'optimum se situerait dans les systèmes riches en interfaces (Passioura, 1999).

Parmi les nouvelles directions, une nouvelle stratégie, qui repose sur le principe d'imitation des écosystèmes naturels, se base principalement sur l'utilisation d'un

---

12. La parcelle constitue notre domaine d'étude privilégié, mais l'organisation des systèmes de culture dans l'espace et leurs interactions constitue un objet d'étude complémentaire pour l'avenir.

niveau élevé de biodiversité, comme c'est souvent le cas dans les écosystèmes naturels (Malézieux, 2012). Par exemple, l'écosystème prairial naturel peut apparaître comme un modèle à imiter car il protège le sol de l'érosion, recycle l'azote grâce aux microorganismes fixateurs, contrôle la pullulation et l'expansion des mauvaises herbes, ravageurs et maladies (Piper, 1999). Le modèle prairial s'oppose ainsi au modèle «intensif» (monospécifique) pour un nombre important de critères comme la robustesse, la résilience, la biodiversité, la perte en nutriments, la dépendance énergétique. Reposant sur un mélange complexe d'espèces herbacées pérennes en C3 et C4 et d'espèces fixatrices d'azote, l'écosystème prairial ainsi décrit dans sa structure et ses fonctions devient un modèle pour la conception d'agroécosystèmes durables (Jackson, 2002). Mais de la prairie naturelle à la parcelle productrice de grain, fût-elle plurispécifique, quel continuum écologique concevoir pour créer un agrosystème durable… et productif ?

Diversité biologique et fonctionnement des agroécosystèmes

Le rôle de la diversité biologique dans le fonctionnement des écosystèmes a fait et fait toujours l'objet de nombreux travaux dans la communauté des écologues. Certains travaux récents ont ainsi montré des corrélations positives entre la biodiversité et la productivité primaire, la rétention des nutriments, la résilience après un stress, dans les écosystèmes naturels (Hector *et al.*, 1999 ; Loreau *et al.*, 2001), mais aussi dans les écosystèmes cultivés (Altieri, 1999). Depuis Darwin, l'hypothèse que la stabilité et la durabilité des écosystèmes reposent sur leur diversité biologique a fait l'objet de nombreuses études (et débats) chez les écologues. Plus récemment, Tilman *et al.* (1996) ont ainsi évalué la durabilité de nombreux écosystèmes prairiaux caractérisés par des niveaux de diversité biologique (nombre d'espèces végétales présentes) différents. Dans ce cas, le fait que des indicateurs de durabilité, comme le niveau de recyclage des éléments minéraux mais aussi la productivité, augmentent avec la diversité biologique confirme l'opinion générale mais ouvre surtout des perspectives intéressantes pour la gestion des prairies. En réalité, l'hypothèse générale qu'une communauté complexe soit plus stable qu'une communauté composée d'un nombre limité d'espèces reste largement à confirmer, et cette confirmation semble dépendre d'un grand nombre de facteurs.

L'analyse du rôle de la diversité biologique dans les performances et la stabilité des systèmes se heurte toutefois à la difficulté de prévoir le comportement d'un nombre d'espèces élevé dans un nombre de situations très variées. Une manière de contourner cette difficulté consiste à réduire la diversité d'espèces à une diversité de fonctions et de structures.

Par exemple, en écologie forestière, la résilience après ouverture, l'exploitation de sols dégradés, la constitution d'une structure pluristratifiée ou plus généralement la constitution d'un milieu favorable à la vie de certaines espèces, la constitution de réserves minérales, le pompage de l'eau profonde, sont étudiés et mis en relation avec la diversité biologique. Vandermeer *et al.* (1998) formulent ainsi différentes hypothèses quant au rôle de la biodiversité dans le fonctionnement des écosystèmes : à partir d'un certain seuil, le nombre d'espèces présentes n'a plus d'effet sur le fonctionnement des écosystèmes, l'ensemble des fonctions étant assurées, permettant ainsi un fonctionnement stable du système. Pour Loreau *et al.* (2001), il y a un intérêt croissant en écologie à considérer les différentes espèces d'un écosystème sous l'angle de leur «fonction» dans cet écosystème, à la fois vis-à-vis des questions concernant l'évolution de cette végétation, et vis-à-vis des relations entre cette évolution et les changements environnementaux. Cet intérêt s'est traduit par la définition de *traits fonctionnels* (*plant trait* en anglais) à même de traduire cette classification fonctionnelle des espèces. Dans un écosystème donné, des traits fonctionnels sont ainsi définis pour chaque espèce ou groupe d'espèces dans la perspective générale de relier la composition de l'écosystème à son fonctionnement. Cette démarche a fait l'objet d'un effort de standardisation dans la communauté scientifique des écologues au niveau international (Cornelissen *et al.*, 2003). Il s'agit ici de comprendre les réponses de la végétation à des variations de l'environnement (climat, usage des terres, régimes divers de perturbation, etc.) ou, à l'inverse, de prévoir l'impact de la végétation sur ces différents paramètres (Lavorel et Garnier, 2002). Un des objectifs consiste à vérifier que les espèces qui présentent une certaine homogénéité, du point de vue de ces traits, sont «interchangeables» (quel est le degré de redondance présent dans les écosystèmes?), et à qualifier et quantifier le comportement de ces espèces (recherche de seuils d'irréversibilité). La définition de *groupes fonctionnels* (Gitay et Noble, 1997) correspond à cet objectif : il s'agit de regrouper les espèces qui utilisent les mêmes ressources (guildes), et celles qui répondent de manière similaire à une perturbation donnée (types). Ces groupes sont-ils nombreux (nouvelle approche de la diversité), sont-ce les mêmes et jusqu'à quel point en fonction des questions posées? Quel est leur degré de fragilité? Peut-on les utiliser de manière opérationnelle (allant de la reconstitution de terrains dégradés à la modélisation des grands flux à l'échelle de la biosphère), à quelles échelles? Il s'agit aussi de vérifier la nature des liens existant entre diversité spécifique, fonctionnelle et intraspécifique. Vitousek et Hopper (1993) ont établi les diverses relations possibles entre la fonction d'un écosystème (comme sa productivité) et le nombre d'espèces qui constituent cet écosystème. Dans certains cas, la très grande diversité spécifique des écosystèmes constitue un obstacle à la compréhension du fonctionnement de cet écosystème et à sa modélisation. Le regroupement des espèces en des groupes fonctionnels constitue alors une démarche possible pour permettre la modélisation de l'écosystème et prédire ainsi son évolution. C'est en particulier la démarche adoptée pour comprendre et simuler le fonctionnement des forêts tropicales humides caractérisées par un nombre élevé d'espèces (Gourlet-Fleury *et al.*, 2005).

Quelques exemples d'utilisation des concepts par les agronomes

Ces concepts font l'objet d'une attention particulière aujourd'hui pour les agronomes. La complexification des systèmes monospécifiques par l'adjonction de plantes de service constitue une orientation en voie de passer de la théorie à la pratique et à l'innovation chez les agriculteurs. Les exemples sont désormais nombreux sur bananier, vigne, vergers ou encore en maraîchage (figure 2.5 et encadrés 2.8 et 2.9). L'analyse des traits fonctionnels des plantes de service est devenue un outil majeur pour concevoir des systèmes mixant plante productive et plante de service.

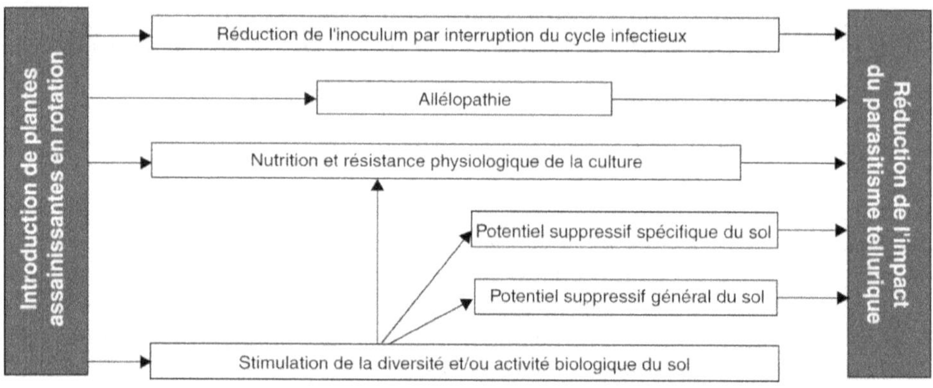

Figure 2.5. Principaux processus mobilisables, lors de l'introduction dans une rotation, d'espèces à potentiel assainissant sur les parasites telluriques (adapté de Ratnadass *et al.*, 2012).

Encadré 2.8. Maîtriser le parasitisme tellurique en culture maraîchère par l'introduction de plantes assainissantes.

Paula FERNANDES, Peninna DEBERDT et Marie CHAVE

Le développement de monocultures dans le monde et l'emploi associé d'intrants chimiques, tout en réduisant la diversité des peuplements végétaux, se sont souvent accompagnés d'une réduction de la biodiversité microbienne des sols cultivés. Cette érosion biologique a été associée à un accroissement de populations de parasites telluriques (Altieri et Nicholls, 1999). Dans le monde, le flétrissement bactérien causé par *Ralstonia solanacearum* est ainsi responsable de pertes économiques considérables en cultures maraîchères. En Martinique, où l'infestation des sols par la bactérie compromet la culture de la tomate, l'introduction dans les systèmes de culture de plantes dotées de propriétés assainissantes constitue une voie de recherche privilégiée. Outre les effets biocides recherchés, l'introduction de plantes de service vise à combiner les avantages des rotations culturales, de la gestion des résidus et de l'apport de matière organique (figure 2.5). L'accroissement de la biodiversité microbienne du sol consécutif à l'introduction des plantes de service est également susceptible d'induire une réduction de la pression parasitaire par d'autres processus connexes et d'augmenter la mycorhization de la plante cultivée, permettant ainsi une meilleure biorégulation des agents pathogènes telluriques.

Différents groupes de plantes ont fait l'objet d'une attention particulière en raison de leurs propriétés nématicides ou de leur effet suppressif permettant de réduire la pression d'inoculum dans le sol *via* l'émission de molécules biocides (Composées, Fabacées, Poacées, Alliacées, Brassicacées). Un schéma pluriannuel de sélection multicritères a permis de sélectionner quatre plantes parmi vingt espèces candidates retenues pour leur comportement agronomique multilocal, leur statut-hôte, la toxicité de leurs résidus aqueux, leur capacité à réduire l'infestation de *R. solanacearum* dans le sol en milieu contrôlé. Trois d'entre elles démontrent un potentiel à réduire l'incidence du flétrissement bactérien de la

...

...

tomate dans le cadre de rotations culturales. Trois facteurs entrent en jeu : la production d'exsudats biocides, l'accroissement de la diversité microbienne du sol permettant une meilleure régulation biologique de *R. solanacearum* et l'effet protecteur *via* la stimulation de la symbiose mycorhizienne pour la tomate. La prochaine étape vise à tester la viabilité de ces nouveaux systèmes sur un dispositif de parcelles paysannes sur sol infesté, mettant à l'épreuve ainsi l'innovation en conditions réelles — au sein des exploitations agricoles productrices, en tenant compte de leurs contraintes organisationnelles et sur différents types de sol.

Pour en savoir plus : Deberdt *et al.*, 2012.

Encadré 2.9. L'introduction de plantes de couverture en bananeraies et vergers aux Antilles : rechercher de multiples services.

Fabrice LE BELLEC, Christian LAVIGNE, Pierre-François DUYCK, Raphaël ACHARD, Philippe TIXIER et Marc DOREL

En zone tropicale humide, le contrôle des adventices est un élément déterminant de la productivité, qui reste difficile à maîtriser en l'absence d'herbicide, *a fortiori* dans les zones peu mécanisables ou lorsque la main-d'œuvre est rare ou chère. C'est particulièrement le cas aux Antilles dans les vergers et bananeraies, des systèmes gros consommateurs d'herbicides dans des écosystèmes fragiles. L'introduction de plantes de couverture dans les vergers et les bananeraies constitue une voie privilégiée par le Cirad, en partenariat avec les groupements de producteurs pour limiter l'emploi des pesticides et optimiser plusieurs services écosystémiques. En modifiant les cycles de l'eau et des nutriments ainsi que les interactions entre communautés d'insectes et microorganismes, les plantes de couverture sont en effet également susceptibles de fournir de multiples services écosystémiques *via* les modifications du milieu engendrées au niveau de la structure physique et de l'état chimique du sol.

En Martinique, en vergers d'agrumes, une grille d'évaluation multicritères a été établie pour sélectionner une plante de couverture «optimale». Les premiers critères incluent des paramètres agroclimatiques et des graines issues de la flore locale afin d'éviter l'importation de graines exotiques. À partir de plus de deux cents espèces ainsi présélectionnées et de l'adjonction de critères incluant le contrôle des adventices, la capacité à limiter le ruissellement et l'érosion, la compétition pour l'eau et les nutriments, la capacité à contrôler les ravageurs et à privilégier une faune auxiliaire, des groupes fonctionnels de plantes candidates ont été définis. Ces groupes, confrontés aux caractéristiques agroécologiques des différentes zones et aux objectifs spécifiques des groupes de producteurs, ont permis de sélectionner un nombre limité de plantes candidates. En Guadeloupe, une approche participative, associant bases de données scientifiques, dires d'experts, mesures expérimentales et objectifs des producteurs, a conduit à la sélection de plantes fixatrices d'azote (*Fabacea, Neotonia wightii, Stylosanthes hamata*) caractérisées par de fortes potentialités hôtes vis-à-vis d'auxiliaires. En Martinique, des graminées *Urochloa mozambicensis* et *Paspalum* ont été privilégiées en raison de leur pouvoir recouvrant et de leur plus faible biomasse. La grille multicritères établie constitue la base d'une démarche générique de sélection de plantes de service en vergers.

...

> …
>
> Sur bananiers, une démarche parallèle a montré le rôle important de la plante de couverture dans le contrôle de la régulation des principaux ravageurs comme le charançon et les nématodes. Sur vergers et en bananeraies, des modes de gestion intégrée des plantes de service restent encore à inventer pour maximiser les services écosystémiques susceptibles d'être fournis. L'emploi de couverts mixtes, associant des plantes aux propriétés différentes, constitue une solution d'avenir, même s'ils restent difficiles à maîtriser.
>
> *Pour en savoir plus :* Jannoyer *et al.*, 2011.

Quels systèmes concevoir pour répondre aux différents enjeux économiques, écologiques et sociaux d'aujourd'hui ?

La recherche de nouveaux systèmes de culture passe par la définition de nouveaux compromis entre différents services écosystémiques. Parmi ceux-ci, la fonction de production reste bien entendu essentielle. Aux deux extrêmes, des systèmes de culture que l'on classerait selon un indice d'agrobiodiversité, monocultures intensives et systèmes plurispécifiques complexes sans intrants, s'opposent fortement.

Bien que souvent restés à l'écart des « technologies modernes » de l'agriculture, les paysans du Sud (plus d'un milliard) mettent en œuvre des pratiques traditionnelles, basées sur une gestion « intégrée » des ressources naturelles locales et de la diversité biologique qui pourraient constituer des modèles pour les systèmes de culture de demain. C'est l'hypothèse avancée aujourd'hui par certains agronomes (Ewel, 1999 ; Altieri, 2002 ; Jackson, 2002 ; Malézieux, 2012).

Par ailleurs, les différentes formes dites « alternatives » de systèmes agricoles, comme les systèmes de type « biologique » ou « organique », sont le plus souvent basées sur une utilisation rationnelle de la biodiversité. Mais ces systèmes, à l'instar des systèmes traditionnels, sont-ils en mesure de produire autant que les systèmes intensifs, grands consommateurs d'intrants chimiques ?

Pour faire face aux nouvelles questions environnementales et sociétales, l'agronomie a été amenée à revoir ses paradigmes dominants (Doré *et al.*, 2011). Deux questions essentielles nous paraissent ainsi centrales pour l'agronomie aujourd'hui : quelle biodiversité réintroduire dans les monocultures intensives pour limiter leurs « diservices » écosystémiques avérés ? Quelle biodiversité planifier dans les systèmes complexes traditionnels pour améliorer leur productivité et maintenir leurs services écosystémiques ?

Par ailleurs, deux aspects, que nous traiterons successivement, nous paraissent devoir faire l'objet d'une attention particulière : d'une part, l'importance des sources d'agrobiodiversité locales pour la conception de systèmes de culture et, d'autre part, les relations entre biodiversité et maîtrise des bioagresseurs, une fonction essentielle de la productivité des agrosystèmes.

Agrobiodiversité, santé humaine et ressources locales

L'importance de la production locale de nourriture — basée sur des espèces souvent considérées comme mineures — fait désormais l'objet d'un regain d'intérêt, reconnu sur le plan international (6th Report of UN Standing Committee for Nutrition). L'alimentation de nombreuses sociétés humaines repose encore aujourd'hui sur les ressources locales, à partir d'espèces végétales et animales qui n'ont fait l'objet que d'attentions mineures de la part de la communauté scientifique. Le rôle de ces espèces dans l'équilibre nutritionnel et la santé humaine, mais également dans les équilibres écosystémiques, reste mal connu et peu valorisé, et mérite à l'évidence une attention plus forte de la communauté scientifique. À l'inverse, dans les régions industrialisées, l'intérêt pour la production locale de nourriture revêt un intérêt croissant, principalement pour minimiser la dépense énergétique associée au transport des denrées, mais aussi pour recréer un lien social direct entre producteurs et consommateurs. La capacité à produire localement des denrées diversifiées prend alors un sens nouveau.

L'importance des espèces et variétés locales pour l'équilibre et la résilience des agricultures traditionnelles a fait l'objet d'un regain d'intérêt récent. Si les années 1970 et 1980 avaient prédit le remplacement rapide des variétés dites rustiques par des variétés améliorées adaptées à l'intensification, force est de constater qu'il n'en a rien été dans de nombreuses situations. L'adaptation des variétés traditionnelles aux conditions marginales ou spécifiques des écosystèmes dans lesquels elles ont été développées, leur capacité d'adaptation à des écosystèmes hétérogènes, à la variabilité du climat et des sols, leur confère un intérêt particulier dans un contexte de changement rapide (des marchés, des conditions de l'environnement). Dans la région du Sahel, aux conditions d'aridité élevées, pas moins de huit cents espèces contribuent à l'équilibre nutritionnel des sociétés rurales (Grivetti et Ogle, 2000). On peut même faire l'hypothèse que la possession d'une importante diversité d'espèces et de variétés rustiques par les communautés rurales pauvres constitue leur première richesse face aux aléas du changement climatique. L'utilisation d'une diversité d'espèces locales dans des agrosystèmes eux-mêmes diversifiés constitue une assurance de production de nourriture dans un environnement incertain. Elle contribue à la résilience du système et à la propriété de *sustainagility*, la capacité du système à définir des réponses adaptées à des aléas imprédictibles (Jackson *et al.*, 2010).

Leur conservation dépend néanmoins étroitement de leur rôle et de leurs conditions d'utilisation dans les agrosystèmes. En dépit du fait que la maintenance et l'usage des espèces et variétés traditionnelles dépende étroitement du lieu, de la culture ou des espèces concernées, Jarvis *et al.* (2011) ont proposé un cadre général d'analyse permettant d'aborder l'usage et la conservation des variétés traditionnelles dans les systèmes de production.

Biodiversité et maîtrise des bioagresseurs

La recherche d'une non-dépendance des systèmes vis-à-vis des pesticides constitue un autre point essentiel d'amélioration des systèmes aujourd'hui et nous conduit à orienter nos objectifs prioritaires de recherche vers le rôle de la diversité biologique dans les systèmes de culture vis-à-vis de la maîtrise des bioagresseurs (voir chapitre 4). Le rôle de la diversité biologique fonctionnelle à l'échelle des systèmes de culture, et à l'échelle du territoire qui les contient, constitue un élément central de nombreuses recherches actuelles, en raison de sa capacité de régulation biologique des populations de bioagresseurs et, plus largement, de sa capacité potentielle à maintenir des systèmes durables (production de biomasse, régulation des flux, etc.). Par ailleurs, la réduction de l'emploi d'éléments chimiques associés aux pratiques «bio» joue un rôle essentiel sur la biodiversité associée. Une méta-analyse sur le sujet montre ainsi un effet positif sur la richesse spécifique et l'abondance des espèces (Bengtsson *et al.*, 2005).

Bien au-delà de l'adaptation d'itinéraires techniques, la conception de systèmes de culture avec peu ou pas de pesticides (ou, d'une manière générale, d'intrants chimiques) oblige à modifier profondément la structure des systèmes de culture et leur organisation dans l'espace. La dynamique des populations de ravageurs oblige également à considérer la dynamique temporelle des systèmes de culture dans cet espace et l'évolution au cours du temps des habitats et des biocénoses dans ces systèmes. En matière de conception, on peut distinguer plusieurs niveaux de questions. À la question générique : Quelle diversité biologique introduire dans les systèmes de culture pour maîtriser les bioagresseurs et optimiser la ou les productions et la qualité ?, s'ajoutent des questions plus spécifiques : Quelles associations de plantes (cultivées, cultivées et utiles) choisir ? Quelles successions/rotations de cultures organiser dans le temps ? Quels milieux interstitiels (bordures, etc.) choisir ? Quelles mosaïques de cultures et de milieux associés (bandes enherbées, etc.) privilégier dans le paysage ?

On le voit, il devient impossible d'aborder la conception de systèmes de culture sans aborder les niveaux d'organisation supérieurs dans lesquels les systèmes de culture s'intègrent.

Les échelles d'étude : de la parcelle au paysage

Les écosystèmes se déclinent à différentes échelles, qui peuvent aller du microcosme de terre placé en laboratoire à l'océan. Si la parcelle constitue le niveau d'organisation privilégié pour l'agronome, son intégration dans le «paysage» constitue une nécessité pour aborder la fourniture de services écosystémiques : qualité de l'eau, contrôle des ravageurs, recyclage des éléments minéraux sont autant de processus étroitement liés à l'échelle du paysage.

Biodiversité et modèles de développement : ségrégatif *versus* intégratif

Les fonctions environnementales constituent désormais des fonctions reconnues et nécessaires pour l'agriculture. La création d'espace pour la vie sauvage dans les territoires agricoles est ainsi devenue un objectif en soi dans de nombreuses situations (McNeely et Sherr, 2003). Différentes stratégies peuvent être poursuivies dans cet objectif comme la création de réserves de diversité biologique qui bénéficient aux communautés locales, le développement d'un réseau d'habitats dans les aires non cultivées, la limitation de l'extension des aires cultivées par un accroissement de la productivité. Mais ces stratégies, qui peuvent constituer des obstacles au développement économique, en particulier dans les pays du Sud, peuvent être complétées par l'augmentation de la valeur écologique (en matière d'habitat) des aires cultivées. Celle-ci passe prioritairement (McNeely et Sherr, 2003) par la diminution de la pollution d'origine agricole, la modification des pratiques de gestion du sol, de l'eau et des ressources végétales, la recherche de systèmes de culture «imitant» les écosystèmes naturels. Les différents enjeux qui viennent d'être exposés, qui associent et interpellent étroitement les différentes composantes du développement durable, remettent largement en cause les modes de production agricoles issus de la révolution verte, mettant en évidence la nécessité de redécouvrir le fonctionnement de certains systèmes traditionnels et de concevoir de nouveaux systèmes de culture. La biodiversité a ainsi constitué ces dernières années un enjeu primordial — et conflictuel — pour définir de nouveaux modèles de développement. Elle a été au cœur de la définition des deux modèles opposés de la ségrégation et de l'intégration, deux options majeures aujourd'hui de l'aménagement des territoires. La ségrégation, qui consiste à réserver les terres les plus fertiles à l'agriculture, à y spécialiser les activités et à y produire de manière intensive, constitue une voie souvent défendue aujourd'hui dans des contextes conflictuels. Elle implique la nécessité de gérer les externalités, environnementales en particulier, par des actions compensatoires, et à réserver les autres territoires à l'urbain, au récréatif ou à la stricte conservation environnementale. L'intégration consiste au contraire à penser l'agriculture comme un outil d'aménagement du territoire, en organisant la diversité de ses formes de manière à satisfaire un large éventail de fonctions, et en prévenant les effets nuisibles ou indésirables. Ce débat est concomitant de celui sur la conservation : «sanctuariser» la nature (ségrégation) *versus* gérer la nature (intégration). Il définit également l'organisation de la production alimentaire — l'option ségrégation consiste à alimenter le monde à partir de zones hautement mécanisées et intensifiées, voire miser sur les programmes de distribution alimentaire et gérer l'exode rural, alors que l'option d'intégration consiste à considérer le secteur agricole comme un facteur de développement local. Issu de la communauté anglophone, ce débat irrigue aujourd'hui la communauté scientifique francophone (Griffon, 2006 ; Prospective Agrimonde dans Chaumet *et al.*, 2009).

L'option ségrégative, bien que souvent observée aujourd'hui, s'oppose fortement aux orientations d'une agriculture fonctionnelle que nous préconisons. L'option intégrative vise à revisiter les formes de la production agricole, tant dans leur dimension technologique qu'organisationnelle, en les inscrivant dans un espace qui n'opposerait plus la «nature» et le «cultivé», mais les enchevêtrerait dans une mosaïque fondée sur l'interpénétration et les complémentarités des différentes fonctions écologiques de l'une et de l'autre. Elle reposerait sur de nouveaux modèles agronomiques, mais également sur de nouveaux modèles sociaux et économiques de production et d'organisation des filières de transformation et de commercialisation, qui laisseraient une plus grande place à la diversité et à la multifonctionnalité, concourant plutôt à réduire les crises liées à l'exclusion et à la paupérisation qu'à les accentuer (Hubert et Caron, 2009).

Cette option nous invite à revisiter le travail de l'agronome dans une perspective plus large, celle du territoire. Le territoire, ou le paysage, devient à la fois objet et cadre de la recherche et de ses questionnements. Il devient le support de propriétés émergentes souvent issues de l'hétérogénéité qui le caractérise. Cette nouvelle orientation oblige à intégrer la notion d'organisation hiérarchique, qui va consister à prendre en compte les systèmes analysés (systèmes de culture, systèmes d'exploitation, paysages) comme une suite d'emboîtements de systèmes et de processus interagissant localement, à des niveaux d'organisation variés. Selon un point de vue écologique, le paysage est le lieu d'un partage de ressources et d'occupation de niches et d'habitats par des espèces végétales et animales. L'écologie du paysage offre un cadre conceptuel et méthodologique pour aborder le rôle de la structure des paysages sur leur fonctionnement biologique et physique. Comment organiser la structuration spatiale et temporelle des espèces pour optimiser le fonctionnement du système, c'est-à-dire maximiser les services choisis ?

La réponse à une telle question oblige à rapprocher les concepts de l'agronomie de ceux de l'écologie du paysage.

La recherche de solutions localisées

Le choix de valoriser la biodiversité pour optimiser la production de services à des échelles variées éloigne la possibilité de trouver des recettes simples et largement opératoires, selon la démarche privilégiée dans le processus d'intensification agro-industrielle qu'a connu l'agriculture (utilisation large des engrais et pesticides pour maîtriser les facteurs limitants locaux). Une nouvelle démarche doit nécessairement être mise en œuvre, qui vise à rechercher des solutions locales, en partenariat étroit avec les producteurs et l'ensemble des acteurs dans le contexte agronomique mais aussi économique et social local. Des approches de conception participative de modification des systèmes de culture sont ainsi nécessaires, qui intègrent l'échelle du paysage. Dans le cas du café par exemple, l'intensification a largement conduit à l'élimination des arbres d'ombrage qui remplissaient d'autres fonctions, pour les remplacer par des engrais et pesticides (Perfecto *et al.*, 1996). Une démarche a été mise en œuvre au Costa Rica par le Cirad (encadré 2.10).

Encadré 2.10. Conception participative de systèmes agroforestiers offrant de meilleurs compromis entre services écosystémiques : le café au Costa Rica.

La conception de systèmes de culture doit considérer la diversité des services écosystémiques qui sont attendus par les agriculteurs et par l'ensemble des acteurs concernés. C'est ainsi que, par exemple, des producteurs de café costariciens installés dans un bassin versant caractérisé par une pluviométrie abondante et de fortes pentes doivent non seulement tirer de leurs parcelles la production de café qui assurera leur revenu et l'approvisionnement de leur coopérative, mais également limiter les glissements de terrain et l'érosion des sols qui, en aval, menacent d'envasement un barrage hydroélectrique.

En matière de conception de systèmes de culture, deux grandes options méthodologiques ont été explorées. L'une mobilise des approches participatives pour associer chercheurs et acteurs dans la construction d'une représentation partagée du problème, la conception de prototypes et leur évaluation expérimentale (Rapidel *et al.*, 2009). Elle prend en compte les attentes de l'ensemble des acteurs mais elle risque de n'explorer qu'un nombre limité de solutions à valeur locale. L'autre s'appuie sur des modèles de simulation pour

...

---

explorer et évaluer un ensemble de scénarios, voire optimiser la configuration du système de culture (Bergez *et al.*, 2010). Cette exploration est relativement théorique mais elle ouvre le champ des possibles, et les modèles permettent de faire le lien entre processus et performances.

Ces deux approches ont été récemment combinées pour que la conception participative de systèmes de culture innovants avec les agriculteurs s'appuie sur des expérimentations virtuelles pour l'évaluation de leurs performances (Meylan, 2012). Cette combinaison était appropriée pour traiter le cas d'étude des systèmes agroforestiers à base de caféiers, pour lequel les acteurs et les services écosystémiques attendus étaient bien identifiés et pour lequel on disposait d'un modèle de simulation prenant en charge les interactions complexes entre caféiers, arbres d'ombrage et environnement (van Oijen *et al.*, 2010).

Dans une première étape, la diversité des pratiques culturales au sein du bassin versant a été analysée à partir d'enquêtes pour aboutir à quatre types de stratégies : des systèmes peu intensifs à bas niveaux d'intrants, des systèmes intensifs en travail, des systèmes à forte densité d'arbres d'ombrage, des systèmes avec un recours intensif en intrants. Chacun de ces types a été replacé dans un modèle conceptuel permettant, d'une part, d'expliciter les liens entre pratiques culturales, états du système (sol, culture, arbres d'ombrage, bioagresseurs) et performances productives et environnementales et, d'autre part, d'identifier les contraintes et opportunités de chaque type de stratégie (figure 2.6).

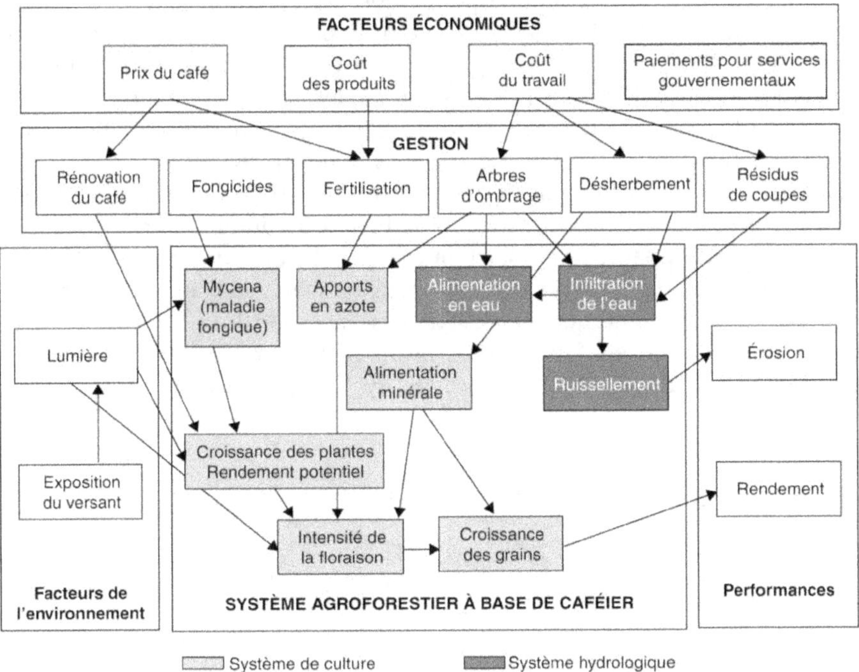

Figure 2.6. Modèle conceptuel des relations entre pratiques culturales, fonctionnement du système agroforestier et services écosystémiques (production de café, maîtrise de l'érosion).

...

Dans une seconde étape, le modèle numérique a été mobilisé dans une série d'ateliers participatifs avec les agriculteurs. Il permettait d'explorer, pour chacune des quatre stratégies, des scénarios de changement de pratiques agricoles et d'évaluer les progrès réalisés dans la production des services écosystémiques attendus. L'intérêt du couplage entre prototypage et simulation numérique a pu être évalué à travers la capacité des agriculteurs à s'approprier les sorties de simulation pour enrichir la discussion des scénarios de changement (les agriculteurs apprécient le fait que le modèle produise des informations difficiles d'accès comme la dynamique des ressources dans le sol) et à travers leur disposition à les expérimenter dans leurs parcelles.

▶▶ Conclusion

Privilégiant la fonction de production végétale et animale, et surtout son efficience économique, le schéma productiviste s'est longtemps imposé au détriment d'autres fonctions écosystémiques, d'abord invisibles, puis, dans le meilleur des cas, considérées comme secondaires. L'agronomie, répondant à la demande dominante, a longtemps contribué à appuyer ce schéma productiviste dominant, largement suivi en Europe, en Amérique du Nord ou dans les pays de l'Est.

Outre leur capacité à nourrir une population croissante et exigeante en qualité et leur capacité à produire et à fournir de multiples services, les agroécosystèmes doivent aujourd'hui apprendre à répondre positivement à de multiples changements, graduels ou non, concernant les climats comme les sociétés humaines. L'agrobiodiversité constitue un potentiel indispensable et une ressource majeure pour servir de base à la conception de nouveaux systèmes de culture répondant à ces exigences, et reconnus comme écologiquement innovants. La recherche, tout spécialement les agronomes et les généticiens/améliorateurs, doit stimuler ce potentiel, le faire fructifier en développant, avec les acteurs concernés, et en premier lieu les agriculteurs, des méthodes innovantes basées sur une connaissance nouvelle, combinaison des connaissances scientifiques et des connaissances locales. « Cultiver la biodiversité » est devenu un objectif majeur des agronomes pour concevoir des systèmes de culture répondant aux différents services écosystémiques visés.

▶▶ Références bibliographiques

AFFHOLDER F., JOURDAIN D., QUANG D.D., TUONG T.P., MORIZE M., RICOME A., 2010. Constraints to farmers' adoption of direct-seeding mulch-based cropping systems: a farm scale modeling approach applied to the mountainous slopes of Vietnam. *Agric. Syst.*, 103, 51-62.

ALBRECHT A., KANDJI S.T., 2003. Carbon sequestration in tropical agroforestry systems. *Agriculture Ecosystems and Environment*, 99, 15-27.

ALTIERI M.A., 1999. The ecological role of biodiversity in agroecosystems. *Agriculture, Ecosystems and Environment*, 74, 19-31.

ALTIERI M.A., 2002. Agroecology: the science of natural resource management for poor farmers in marginal environments. *Agriculture, Ecosystems and Environment*, 93, 1-24.

ALTIERI M.A., 2004. Linking ecologists and traditional farmers in the search for sustainable agriculture. *Frontiers in Ecology and the Environment*, 2 (1), 35-42, DOI: 10.1890/1540-9295(2004)002 [0035:LEATFI] 2.0.CO;2.

ALTIERI M.A., NICHOLLS C.I., 1999. Biodiversity, ecosystem function and insect pest management in agricultural systems. *In: Biodiversity in Agroecosystems* (W.W. Collins, C.O. Qualset, eds), CRC Press, Boca Raton.

ATIAMA-NURBEL T., DEGUINE J.-P., QUILICI S., 2012. Maize more attractive than Napier grass as non-host plants for *Bactrocera cucurbitae* and *Dacus demmerezi*. *Arthropod-Plant Interaction*. DOI: 10.1007/s11829-012-9185-4.

AVELINO J., TEN HOOPEN G.M., DECLERCK F., 2011. Ecological mechanisms for pest and disease control in coffee and cacao agroecosystems of the neotropics. *In: Ecosystem Services from Agriculture and Agroforestry* (B. Rapidel, F. DeClerck, J.F. Le Coq, J. Beer, eds), Earthcan London, 91-118.

BATÁRY P., BÁLDI A., SÁROSPATAKI M., KOHLER F., VERHULST J., KNOP E., HERZOG F., KLEIJN D., 2010. Effect of conservation management on bees and insect-pollinated grassland plant communities in three European countries. *Agriculture, Ecosystems and Environment*, 136, 35-39.

BENBROOK C.M., 2012. Impacts of genetically engineered crops on pesticide use in the US. The first sixteen years. *Environmental Sciences Europe*, 24, 24.

BENGTSSON J., AHNSTRÖM J., WEIBULL A.C., 2005. The effects of organic agriculture on biodiversity and abundance: a meta-analysis. *Journal of Applied Ecology*, 42, 261-269.

BERGEZ J.-E., COLBACH N., CRESPO O., GARCIA F., JEUFFROY M.-H., JUSTES E., LOYCE C., MUNIER-JOLAIN N., SADOK W., 2010. Designing crop management systems by simulation. *Eur. J. Agron.*, 32, 3-9.

BLANCHART E., BERNOUX M., SARDA X., SIQUEIRA NETO M., CERRI C.C., PICCOLO M., DOUZET J.M., SCOPEL E., FELLER C., 2007. Effect of direct seeding mulch-based systems on soil carbon storage and macrofauna in central Brazil. *Agric. Conspec. Sci.*, 72, 81-87.

BLOCH M., 1976. *Les caractères originaux de l'histoire rurale française*, Paris, coll. Économies-Sociétés-Civilisations, Armand Colin.

BONNAL P., BONIN M., AZNAR O., 2012. Les évolutions inversées de la multifonctionnalité de l'agriculture et des services environnementaux. *Vertigo*, 12 (3).

BOYCE J.K., 2004. A future for small farms? Biodiversity and sustainable agriculture. *In: Human Development in the Era of Globalization: Essays in Honor of Keith B. Griffin* (J.K. Boyce, S. Cullenberg, P.K. Pattanaik, R. Pollin, eds), Northampton, Edward Elgar, 83-104.

BRISSON N., GATE P., GOUACHE D., CHARMET D., OURY F.X., HUARD F., 2010. Why are wheat yields stagnating in Europe? A comprehensive data analysis for France. *Field Crops Research*, 119 (1), 201-212.

BRUSSAARD L., CARON P., CAMPBELL B., LIPPER L., MAINKA S., RABBINGE R., BABIN D., PULLEMAN M., 2010. Reconciling biodiversity conservation and food security: scientific challenges for a new agriculture. *Current Opinion in Environmental Sustainability*, 2, 34-42.

CALBA H., CAZEVIEILLE P., JAILLARD B., 1999. Modelling of the dynamics of Al and protons in the rhizosphere of maize cultivated in acid substrate. *Plant and Soil*, 209, 57-69.

CAUDERON A., 1981. Sur les approches écologiques de l'agriculture. *Agronomie*, 1 (8), 611-616.

CELETTE F., GAUDIN R., GARY C., 2008. Spatial and temporal changes to the water regime of a Mediterranean vineyard due to the adoption of cover cropping. *European Journal of Agronomy*, 29, 153-162.

CERDÁN C.R., REBOLLEDO M.C., SOTO G., RAPIDEL B., SINCLAIR F.L., 2012. Local knowledge of impacts of tree cover on ecosystem services in smallholder coffee production systems. *Agric. Syst.*, 110, 119-130.

CHAUMET J.M., DELPEUCH F., DORIN B., GHERSI G., HUBERT B., LE COTTY T., PAILLARD S., PETIT M., RASTOIN J.L., RONZON T., TREYER S., 2009. *Agrimonde. Agriculture et alimentations du monde en 2050 : scénarios et défis pour un développement durable*. Note de synthèse, Inra-Cirad, Paris, <http://www.paris.inra.fr/prospective/projets/agrimonde> (consulté le 12 décembre 2012).

CHEVERRY C., 2010. Dégradation des terres, comment l'évaluer. *In : Les mots de l'agronomie*, Inra Editions, <http://mots-agronomie.inra.fr> (consulté le 12 décembre 2012).

CONNOR D.J., 2001. Optimizing crop diversification. *In: Crop Science: Progress and Prospects* (J. Nosberger, H.H. Geiger, P.C. Struik, eds), CAB International, 191-211.

CONWAY G., 1997. *The Doubly Green Revolution. Food for All in the 21st Century*, Londres, Penguin Books.

CONWAY G., CARSALADE H., GRIFFON M., 1994. *Une agriculture durable pour la sécurité alimentaire mondiale*, Paris, Cirad-Urpa/Ecopol.

CORNELISSEN J.H.C., LAVOREL J.S., GARNIER E., DÍAZ S., BUCHMANN N., GURVICH D.E., REICH P.B., TER STEEGE H., MORGAN H.D., VAN DER HEIJDEN M.G.A., PAUSAS J.G., POORTER H., 2003. A handbook of protocols for standardised and easy measurement of plant functional traits worldwide. *Australian Journal of Botany*, 51, 335-380.

CRÉTENET M., TITTONELL P., 2010. Discontinuous fertiliser use affects soil responsiveness and widens yield gaps in cotton-based cropping systems of North Cameroon. *In: Proceedings of Agro 2010: The XIth ESA Congress*, 29 août-3 septembre 2010, Agropolis International, Montpellier, France, 347-348.

CROVETTO LAMARCA C., 2007-2008. *Les fondements d'une agriculture durable. 1 et 2*, Panam France, Villemur-sur-Tarn.

DEBERDT P., PERRIN B., CORANSON-BEAUDU R., DUYCK P.F., WICKER E., 2012. Effect of *Allium fistulosum* extract on *Ralstonia solanacearum* populations and tomato bacterial wilt. *Plant Disease*, 96 (5), 687-692.

DEGUINE J.-P., ROUSSE P., ATIAMA-NURBEL T., 2012b. Agroecological crop protection: concepts and a case study from Reunion. *In: Integrated Pest Management and Pest Control: Current and Future Tactics* (L. Larramendy, S. Soloneski, eds), Intech Publisher, 63-76.

DEGUINE J.-P., ATIAMA-NURBEL T., DOURAGUIA E., CHIROLEU F., QUILICI S., 2012c. Species diversity within a community of the Cucurbit fruit flies *Bactrocera cucurbitae, Dacus ciliatus* and *Dacus demmerezi* roosting in corn borders near cucurbit production areas of Reunion Island. *Journal of Insect Science*, 12, 1-15.

DEGUINE J.-P., DOURAGUIA E., ATIAMA-NURBEL T., CHIROLEU F., QUILICI S., 2012a. Cage study of Spinosad-based bait efficacy on *Bactrocera cucurbitae, Dacus ciliatus* and *Dacus demmerezi* (*Diptera: Tephritidae*) in Reunion Island. *Journal of Economic Entomology*, 105, 1358-1365.

DEHEUVELS O., AVELINO J., SOMARRIBA E., MALÉZIEUX E., 2012. Vegetation structure and productivity in cocoa-based agroforestry systems in Talamanca, Costa Rica. *Agriculture, Ecosystems and Environment*, 149, 181-188.

DEVENDRA C., THOMAS D., 2002. Smallholder farming systems in Asia. *Agricultural Systems*, 71, 17-25.

DJIGAL D., CHABRIER C., DUYCK P.F., ACHARD R., QUÉNÉHERVÉ P., TIXIER P., 2012. Cover crops alter the soil nematode food web in banana agroecosystems. *Soil Biology and Biochemistry*, 48, 142-150.

DORÉ T., MARAUX F., 2010. Les manières de produire en agriculture, état des lieux et controverses. *In : La question agricole mondiale : enjeux économiques, sociaux et environnementaux* (T. Doré, O. Réchauchère, eds), Paris, Les études de La Documentation française, 115-134.

DORÉ T., MAKOWSKI D., MALÉZIEUX E., MUNIER-JOLAIN N., TCHAMITCHIAN M., TITTONELL P., 2011. Facing up to the paradigm of ecological intensification in agronomy: revisiting methods, concepts and knowledge. *European Journal of Agronomy*, 34 (4), 197-210.

DUFUMIER M., 2004. *Agricultures et paysanneries des tiers-mondes*, coll. Hommes et sociétés, Karthala éditions, 600 p.

DUHAUTOIS S., 2010. Structuration des communautés de Diptères sur le maïs, *Zea mays*, utilisés comme plante piège à la Réunion. Master 2 en Biologie de l'évolution et écologie (BEE), université de Montpellier 2, 37 p.

DUPRAZ C., LIAGRE F., 2008. *Agroforesterie, des arbres et des cultures*, éditions France Agricole, Paris, 416 p.

DUYCK P.F., LAVIGNE A., VINATIER F., ACHARD R., OKOLLE J.N., TIXIER P., 2011. Addition of a new resource in agroecosystems: do cover crops alter the trophic positions of generalist predators? *Basic and Applied Ecology*, 12, 47-55.

EKSTRÖM G., EKBOM B., 2011. Pest control in agroecosystems: an ecological approach. *Critical Reviews in Plan Sciences*, 30, 74-94.

ELLIS F., 2000. The determinants of rural livelihood diversification in developing countries. *Journal of Agricultural Economics*, 51, 289-302.

EWEL J.J., 1999. Naturel systems as models for the design of sustainable systems of land use. *Agroforestry Systems*, 45, 1-21.

FAO, 2009. *Increasing Crop Production Sustainability : The Perspective of Biological Processes*, Rome, Italie, 36 p.

FEINTRENIE L., KIAN CHONG W., LEVANG P., 2010. Why do farmers prefer oil palm? Lessons learnt from Bungo District, Indonesia. *Small-Scale Forestry*, 9, 379-396.

FEYT H., 2007. Évolutions et ruptures en amélioration des plantes. *In : Histoire et agronomie. Entre ruptures et durée* (P. Robin, J.-P. Aeschlimann, C. Feller, eds), Paris, coll. Colloques et Séminaires, IRD Éditions.

FLORET C., PONTANIER R., 2000. *La jachère en Afrique tropicale : de la jachère naturelle à la jachère améliorée. 2. Le point des connaissances*, France, Montrouge, John Libbey Eurotext, 339 p.

FOK M., 2011. Gone with transgenic cotton cropping in the USA: a perception of the presentations and interactions at the Beltwide Cotton Conferences, New Orleans (Louisiana, USA), 4-7 janvier 2010. *Biotechnologie, agronomie, société et environnement*, 15 (4), 545-552.

FRESCHET G., MASSE D., HIEN E., SALL S., CHOTTE J-L., 2008. Long-term changes in organic matter and microbial properties resulting from manuring practices in an arid cultivated soil in Burkina Faso. *Agriculture, Ecosystems and Environment*, (123), 175-184.

FRIEDRICH T., KIENZLE J., KASSAM A.H., 2009. Conservation agriculture in developing countries: the role of mechanization. Paper Presented at the *Club of Bologna Meeting on Innovation for Sustainable Mechanisation*, Hanovre, Allemagne, 2 novembre 2009, <http://www.clubofbologna. org/ew/documents/Friedrich_MF.pdf> (consulté le 12 décembre 2012).

GANRY F., GUEYE F., 1992. La mise en valeur des bas-fonds de la zone soudano-sahélienne par *Sesbania rostrata* est-elle possible ? *L'Agro Trop*, 46 (2), 155-159.

GANRY F., BARTHÈS B., GIGOU J., 2011. Les défis du maintien de la fertilité des sols tropicaux : cas de l'Afrique de l'Ouest. *In : Environnement et sols* (M.C. Girard, ed.), Paris, Dunod.

GASTAL F., LEMAIRE G., 2002. N uptake and distribution in crops: an agronomical and ecophysiological perspective. *Journal of Experimental Botany*, 53 (370), 789-799.

GAUDIN R., CELETTE F., GARY C., 2010. Contribution of run-off to incomplete off season soil water refilling in a Mediterranean vineyard. *Agricultural Water Management*, 97, 1534-1540.

GAY J.P., 1984. *Fabuleux maïs : histoire et avenir d'une plante*, Éditions AGPM, Association générale des producteurs de maïs.

GILLER K.E., WITTER E., CORBEELS M., TITTONELL P., 2009. Conservation agriculture and smallholder farming in Africa: the heretics' view. *Field Crops Res.*, 114, 23-34.

GILLER K.E., CORBEELS M., NYAMANGARA J., TRIOMPHE B., AFFHOLDER F., SCOPEL E., TITTONELL P., 2011. A research agenda to explore the role of conservation agriculture in African smallholder farming systems. *Field Crops Res.*, 124, 468-472.

GITAY H., NOBLE I.R., 1997. What are functional types and how should we seek them? *In: Plant Functional Types. Their Relevance to Ecosystem Properties and Global Change* (T.M. Smith, H.H. Shugart, F.I. Woodward, eds), Cambridge University Press, 3-19.

GODFRAY H.C.J., BEDDINGTON J.R., CRUTE R.I., HADDAD L., LAWRENCE H., LAWRENCE D., MUIR J.F., PRETTY J., ROBINSON S., THOMAS S.M., TOULMIN C., 2010. Food security: the challenge of feeding 9 billion people. *Science*, 327 (5967), 812-818, DOI: 10.1126/science.1185383.

GOMIERO T., PIMENTEL D., PAOLETTI M.G., 2011a. Environmental impact of different agricultural management practices: conventional *vs* organic agriculture. *Critical Reviews in Plant Science*, 30 (1), 95-124.

GOMIERO T., PIMENTEL D., PAOLETTI M.G., 2011b. Is there a need for a more sustainable agriculture ? *Critical Reviews in Plant Science*, 30, 6-23.

GOURLET-FLEURY S., BLANC L., PICARD D., SIST P., DICK J., NASI R., SWAINE M., FORNI E., 2005. Grouping species for predicting mixed tropical forest dynamics: looking for a strategy. *Ann. For. Sci.*, 62, 785-796.

GRIFFON M., 1995. Towards a doubly green revolution. *In: Proceedings of a seminar*, Poitiers, Futuroscope, Cirad-FPI, Paris.

GRIFFON M., 2002. Révolution verte, révolution doublement verte : quelles technologies, quelles institutions et quelle recherche pour les agricultures de l'avenir ? *Colloque Nature, sociétés et développement durable*, Montpellier, 29 août 2002.

GRIFFON M., 2006. *Nourrir la planète*, Odile Jacob, 456 p.

GRIVETTI L.E., OGLE B.M., 2000. Value of traditional foods in meeting macro and micronutrient needs: the wild plant connection. *Nutrition Research Reviews*, 13 (1), 31-46.

HECTOR A., SCHMID B., BEIERKUHNLEIN C., CALDEIRA M.C., DIEMER M., DIMITRAKOPOULOS P.G., FINN J.A., FREITAS H., GILLER P.S., GOOD J., HARRIS R., HÖGBERG P., HUSS-DANELL K., JOSHI J., JUMPPONEN A., KÖRNER C., LEADLEY P.W., LOREAU M., MINNS A., MULDER C.P.H., O'DONOVAN G., OTWAY S.J., PEREIRA J.S., PRINZ A., READ D.J., SCHERER-LORENZEN M., SCHULZE E.-D., SIAMANTZIOURAS A.-S.D., SPEHN E.M., TERRY A.C., TROUMBIS A.Y., WOODWARD F.I., YACHI S., LAWTON J.H., 1999. Plant diversity and productivity experiments in European grasslands. *Science*, 286, 1123-1127.

HIEN E., GANRY F., OLIVER R., 2006. Carbon sequestration in a savannah soil in Southwestern Burkina as affected by cropping and cultural practices. *Arid Land Research and Management*, 20 (2), 133-146.

HOOPER D.U., BIGNELL D.E., BROWN V.K., BRUSSARD L., DANGERFIELD J.M., WALL D.H., WARDLE D.H., COLEMAN D.C., GILLER K.E., LAVELLE P., VAN DER PUTTEN H., RUSEK J., SILVER W.L., TIEDJE K.M., WOLTERS V., 2000. Interaction between aboveground and belowground biodiversity in terrestrial ecosystems: patterns, mechanisms, and feedbacks. *BioScience*, 50, 1049-1061.

HUBERT B., CARON P., 2009. Imaginer l'avenir pour agir aujourd'hui, en alliant prospective et recherche : l'exemple de la prospective Agrimonde. *Natures Sciences Sociétés*, 17, 417-423.

IAASTD, 2008. International assessment of agricultural knowledge, science and technology for development. Global report, <http://ww.agassessment.org> (consulté le 6 août 2011).

JACKSON W., 2002. Natural systems agriculture: a truly radical alternative. *Agriculture Ecosystems and Environment*, 88, 111-117.

JACKSON L.E., PASCUAL U., HODGKIN T., 2007. Utilizing and conserving agrobiodiversity in agricultural landscapes. *Agriculture, Ecosystems and Environment*, 121 (3), 196-210.

JACKSON L., BAWA K., PASCUAL U., PERRINGS C., 2005. *Agrobiodiversity: a new science agenda for biodiversity in support of sustainable agroecosystems*, Diversitas.

JACKSON L., VAN NOORDWIJK M., BENGTSSON J., FOSTER W., LIPPER L., PULLEMAN M., SAID M., SNADDON J., VODOUHE R., 2010. Biodiversity and agricultural sustainagility: from assessment to adaptive management. *Current Opinion in Environmental Sustainability*, 2, 80-87.

JAGORET P., MICHEL-DOUNIAS I., MALÉZIEUX E., 2011. Long-term dynamics of cocoa agroforests: a case study in central Cameroon. *Agroforest Syst.*, 81, 267-278.

JAGORET P., MICHEL-DOUNIAS I., SNOECK D., TODEM NGNOGUE H., MALÉZIEUX E., 2012. Afforestation of savannah with cocoa agroforestry systems: a small-farmer innovation in central Cameroon. *Agroforest Syst.*, 86 (3), 493-504, DOI: 10.1007/s10457-012-9513-9.

JAGORET P., NGOGUE H.T., BOUAMBI E., BATTINI J.L., NYASSE S., 2009. Diversification des exploitations agricoles à base de cacaoyer au centre Cameroun : mythe ou réalité ? *Biotechnol. Agron. Soc. Environ.*, 13, 271-280.

JANNOYER-LESUEUR M., LE BELLEC F., LAVIGNE C., ACHARD R., MALÉZIEUX E., 2011. Choosing cover crops to enhance ecological services in orchards: a multiple criteria and systemic approach applied to tropical areas. *Procedia Environmental Sciences*, 9, 104-112.

JARVIS D.I., HODGKIN T., STHAPIT B.R., FADDA C., LOPEZ-NORIEGA I., 2011. An heuristic framework for identifying multiple ways of supporting the conservation and use of traditional crop varieties within the agricultural production system. *Critical Reviews in Plant Sciences*, 30 (1-2), 125-176.

JOHNS T., EYZAGUIRRE P.B., 2006. Linking biodiversity, diet and health in policy and practice. *In: Proceedings of the Nutrition Society*, 65, 182-189, DOI: 10.1079/PNS2006494.

JOSE S., 2009. Agroforestry for ecosystem services and environmental benefits: an overview. *Agroforest Syst.*, 76, 1-10.

KINTCHE K., 2011. Analyse et modélisation de l'évolution des indicateurs de la fertilité des sols cultivés en zone cotonnière du Togo. Thèse en Sciences de la Terre et de l'Environnement, Université de Bourgogne, 192 p.

KRISTJANSON P., REID R.S., DICKSON N., CLARK W.C., ROMNEY D., PUSKUR R., MACMILLAN S., GRACE D., 2009. Linking international agricultural research knowledge with action for sustainable development. *In: Proceedings of the National Academy of Sciences of the USA*, 106 (13), 5047-5052.

KUMAR B.M., NAIR P.K.R., 2004. The enigma of tropical homegardens. *Agrofor. Syst.*, 61-62, 135-152.

LABOUCHEIX J., 1987. Évaluation de l'efficacité du méthyl parathion vis-à-vis d'*Anthonomus grandis* Boheman en culture cotonnière au Nicaragua. *Coton et fibres tropicales*, 42 (1), 41-53.

LAVIGNE DELVILLE P., BROUTIN C., CASTELLANET C., 2004. Jachères, fertilité, dynamiques agraires, innovations paysannes et collaborations chercheurs/paysans. *Coopérer aujourd'hui*, 36, GRET.

LAVOREL S., GARNIER E., 2002. Predicting changes in community composition and ecosystem functioning from plant traits: revisiting the Holy Grail. *Functional Ecology*, 16, 545-556.

LE BELLEC F., DUBOIS P., SARTHOU J.P., MALÉZIEUX E., 2011. Predicting the nectar provisioning capacity of weeds to beneficial arthropods using an integrative indicator: an application to tropical orchards. *In : Reconception et évaluation des systèmes de culture : le cas de la gestion de l'enherbement en vergers d'agrumes en Guadeloupe* (F. Le Bellec). Thèse, université des Antilles-Guyane, 125-145.

LENNÉ J.M., WOOD D., 2011. Agricultural revolutions and their enemies: lessons for policy makers. *In: Agrobiodiversity Management for Food Security: A Critical Review* (J.M. Lenné, D. Wood, eds), CABI, Wallingford, UK, 212-227.

LIEBMAN M., DYCK E., 1993. Crop rotation and intercropping strategies for weed management. *Ecological Applications*, 3, 92-122.

LIENHARD P., TIVET F., CHABANNE A., DEQUIEDT S., LELIÈVRE M., SAYPHOUMMIE S., LEUDPHANANE B., PRÉVOST-BOURÉ N.C., SÉGUY L., MARON P.A., RANJARD L., 2012. No-till and cover crops shift soil microbial abundance and diversity in Laos tropical grasslands. *Agron. Sustain. Dev.*, DOI: 10.1007/s13593-012-0099-4.

LIN B.B., 2011. Resilience in agriculture through crop diversification: adaptive management for environmental change. *BioScience*, 61, 183-193.

LOREAU M., NAEEM S., INCHAUSTI P., BENGTSSON J., GRIME J-P., HECTOR A., HOOPER U., HUSTON M.A., RAFFAELLI D., SCHMID B., TILMAN D., WARDLE D.A., 2001. Biodiversity and ecosystem functioning: current knowledge and future challenges. *Science*, 294, 804-808.

MAILLOUX J., LE BELLEC F., KREITER S., TIXIER M.S., DUBOIS P., 2010. Influence of ground cover management on diversity and density of phytoseiid mites (*Acari: Phytoseiidae*) in Guadeloupean citrus orchards. *Experimental and Applied Acarology*, 52 (3), 275-290, <http://dx.doi.org/10.1007/s10493-010-9367-7> (consulté le 12 décembre 2012).

MALÉZIEUX E., 2012. Designing croping systems from nature. *Agronomy Sust. Developm.*, 32 (1), 15-29, DOI: 10.1007/s13593-011-0027-z.

MALÉZIEUX E., CROZAT Y., DUPRAZ C., LAURANS M., MAKOWSKI D., OZIER-LAFONTAINE H., RAPIDEL B., DE TOURDONNET S., VALANTIN-MORISON M., 2009. Mixing plant species in cropping systems: concepts, tools and models. A review. *Agron. Sustain. Dev.*, 29, 43-62.

MALTAS A., CORBEELS M., SCOPEL E., MACENA DA SILVA F.-A., WERY J., 2009. Cover crop effects on nitrogen supply and maize productivity in no-tillage systems of the Brazilian Cerrados. *Agronomy Journal*, 101, 1036-1046.

MARAUX F., 1994. Modélisation mécaniste et fonctionnelle du bilan hydrique des cultures : le cas des sols volcaniques du Nicaragua. Thèse de doctorat en Agronomie, Montpellier, Cirad, Paris, INAPG, 285 p.

MARLET S., BARBIERO L., VALLES V., 1998. Soil alkalinization and irrigation in the sahelian zone of Niger. 2. Agronomic consequences of alkalinity and sodicity. *Arid Soil Research and Rehabilitation* (now *Arid Land Research and Management*), 12 (2), 139-152.

MAZOYER M., ROUDART L., 1997. *Histoire des agricultures du monde. Du néolithique à la crise contemporaine*, Paris, coll. Points Histoire, Éditions du Seuil, 705 p.

MCNEELY J.A., SCHERR S.J., 2003. *Ecoagriculture. Strategies to Feed the World and Save Wild Biodiversity*, Island Press, London, 323 p.

MEA (Millenium Ecosystems Assessment), 2005. *Ecosystems and Human Well-Being: Biodiversity Synthesis.* MA, <http://www.maweb.org/documents/document.356.aspx.pdf> (consulté le 15 juin 2012).

METAY A., ALVES MOREIRA J.A., BERNOUX M., BOYER T., DOUZET J.-M., FEIGL B., FELLER C., MARAUX F., OLIVER R., SCOPEL E., 2007. Storage and forms of organic carbon in a no-tillage under cover crops system on clayey Oxisol in dryland rice production (Cerrados, Brazil). *Soil and Tillage Research*, 94 (1), 122-132.

MEYLAN L., 2012. Design of cropping systems combining production and ecosystem services: developing a methodology combining numerical modeling and participation of farmers. Application to coffee-based agroforestry in Costa Rica. Thèse de doctorat de Montpellier SupAgro, 122 p.

MOLLE F., MARAUX F., 2008. A-t-on assez d'eau pour nourrir la planète ? *Pour la science*, Dossier, (58), 98-102.

MORTON J.F., 2007. The impact of climate change on smallholder and subsistence agriculture. *Proc. Natl. Acad. Sci. USA*, 104, 19680-19685.

PAILLARD S., TREYER S., DORIN B. (coord.), 2010. *Agrimonde. Scénarios et défis pour nourrir le monde en 2050*, Éditions Quæ, 288 p.

PASSIOURA J.B., 1999. Can we bring a perennially peopled and productive countryside? *Agroforestry Systems*, 45, 411-421.

PELTIER R. (éd.), 1996. Les parcs à *Faidherbia albida. Cahiers scientifiques*, 12, Montpellier, Cirad-Forêt, Centre international de Baillarguet.

PERFECTO I., RICE R.A., GREENBERG R., VAN DER VOORT M.E., 1996. Shade coffee: a disappearing refuge for biodiversity. *BioScience*, 46 (8), 598-608.

PIPER J.K., 1999. Natural systems agriculture. *In: Biodiversity in Agroecosystems* (W.W. Collins, C.O. Qualset, eds), CRC Press, 167-189.

RAPIDEL B., TRAORÉ B.S., SISSOKO F., LANÇON J., WERY J., 2009. Experiment based prototyping to design and assess cotton management systems in West Africa. *Agronomy for Sustainable Development*, 29 (4), 545-546.

RATNADASS A., FERNANDES P., AVELINO J., HABIB R., 2012. Plant species diversity for sustainable management of crop pests and diseases in agroecosystems: a review. *Agronomy for Sustainable Development*, 32, 273-303.

RATNADASS A., RYCKEWAERT P., CLAUDE Z., NIKIEMA A., PASTERNAK D., WOLTERING L., THUNES K., ZAKARI-MOUSSA O., 2011. New ecological options for the management of horticultural crop pests in sudano-sahelian agroecosystems of West Africa. *Acta Horticulturae*, 917, 85-91.

RICE R.A., GREENBERG R., 2000. Cacao cultivation and the conservation of biological diversity. *Ambio*, 29, 167-173.

RICKETTS T.H., 2004. Tropical forest fragments enhance pollinator activity in nearby coffee crops. *Conservation Biology*, 18, 1262-1271.

RIVEST D., COGLIASTRO A., BRADLEY R.L., OLIVIER A., 2010. Intercropping hybrid poplar with soybean increases soil microbial biomass, mineral N supply and tree growth. *Agroforest Syst.*, 80, 33-40.

ROULET M., LUCAN E.M., FAREILA N., SERIQUE G., COELHO H., SOUSA PASSIS C.J., DE JESUS DA SILVA E., SCAVONE DE ANDRADE P., MERGLER D., GUIMARAES J.R.D., AMORIM M., 1999. Effects of recent human colonization on the presence of mercury in Amazonian ecosystems. *Water Air Soil Pollut.*, 112, 297-313.

RUF F.O., 2011. The myth of complex cocoa agroforests: the case of Ghana. *Human Ecology*, 39, 373-388.

RUSCH A., VALANTIN-MORISON M., SARTHOU J.P., ROGER-ESTRADE J., 2010. Biological control of insect pests in agroecosystems: effects of crop management, farming systems, and seminatural habitats at the landscape scale: a review. *Advances in Agronomy*, 109, 219-259.

RUSSEL A.E., 2002. Relationships between crop-species diversity and soil characteristics in southwest Indian agroecosystems. *Agriculture, Ecosystems and Environment*, 92, 235-249.

SACHS J.D., BAILLIE J.E.M., SUTHERLAND W.J., 2009. Biodiversity conservation and the millenium development goals. *Science*, 325, 1502-1503.

SANOGO Z.J.-L., 1997. Maîtrise de l'azote dans un système cotonnier-sorgho : prévision de la fumure organique et azotée en zone Mali-Sud. Thèse de doctorat, Ensam de Montpellier, France, 72 p. + annexes.

SCHROTH G., HARVEY C.A., 2007. Biodiversity conservation in cocoa production landscapes: an overview. *Biodivers Conserv.*, 16, 2237-2244.

SCOPEL E., DOUZET J.M., MACENA DA SILVA F.A., CARDOSO A., ALVES MOREIRA J.A., FINDELING A., BERNOUX M., 2005. Impacts des systèmes de culture en semis direct avec couverture végétale (SCV) sur la dynamique de l'eau, de l'azote minéral et du carbone du sol dans les *cerrados* brésiliens. *Cahiers Agricultures*, 14 (1), 71-75.

SCOPEL E., TRIOMPHE B., AFFHOLDER F., MACENA DA SILVA F.A., CORBEELS M., VALADARES XAVIER J.H., LAHMAR R., RECOUS S., BERNOUX M., BLANCHART E., DE CARVALHO MENDES I., DE TOURDONNET S., 2012. Conservation agriculture cropping systems in temperate and tropical conditions, performances and impacts. A review. *Agronomy for Sustainable Development*, DOI: 10.1007/s13593-012-0106-9.

SEGUY L., BOUZINAC S., MARONEZZI A.C., 2001. Cropping systems and organic matter dynamics: direct seeding on plant cover, an agricultural revolution, <http://agroecologie.cirad.fr> (consulté le 12 décembre 2012).

SMITS N., DUPRAZ C., DUFOUR L., 2012. Surprising lack of influence of tree rows on the dynamics of wheat aphids and their natural enemies in a temperate agroforestry system. *Agroforestry Systems*, 85, 153-164.

SNADDON J., VODOUHE R., 2010. Biodiversity and agricultural sustainagility: from assessment to adaptive management. *Current Opinion in Environmental Sustainability*, 2, 80-87.

SNOECK D., ABOLO D., JAGORET P., 2010. Temporal changes in VAM fungi in the cocoa agroforestry systems of central Cameroon. *Agrofor. Syst.*, 78, 323-328.

SNOECK D., LACOTE R., KÉLI J., DOUMBIA A., CHAPUSET T., JAGORET P., GOHET E., 2013. Association of hevea with other tree crops can be more profitable than hevea monocrop during first 12 years. *Industrial Crops and Products*, 43, 578-586.

SÖDERSTRÖM B., SVENSSON B., VESSBY K., GLIMSKAR A., 2001. Plants, insects and birds in semi-natural pastures in relation to local habitat and landscape factors. *Biodivers. Conserv.*, 10, 1839-1863.

STAMPS W.T., LINIT M.J., 1998. Plant diversity and arthropod communities: implications for temperate agroforestry. *Agroforestry Systems*, 39, 73-89.

STAVER C., GUHARAY F., MONTERROSO D., MUSCHLER R.G., 2001. Designing pest-suppressive multistrata perennial crop systems: shade-grown coffee in Central America. *Agroforestry Systems*, 53, 151-170.

STEENWERTH K.L., BELINA K.M., 2008. Cover crops enhance soil organic matter, carbon dynamics and microbiological function in a vineyard agroecosystem. *Appl. Soil Ecol.*, 40, 359-369.

SWIFT M.J., IZAC A.M., VAN NOORDWIJK M., 2004. Biodiversity and ecosystem services in agricultural landscapes: are we asking the right questions? *Agriculture, Ecosystems and Environment*, 104, 113-114.

TABASHNIK B.E., VAN RENSBURG J.B.J., CARRIÈRE Y., 2009. Field-evolved insect resistance to Bt crops: definition, theory, and data. *Journal of Economic Entomology*, 102 (6), 2011-2025.

TILMAN D., WEDIN D., KNOPS J., 1996. Productivity and sustainability influenced by biodiversity in grassland ecosystems. *Nature*, 379, 718-720.

TILMAN D., CASSMAN K.G., MATSON P.A., NAYLOR R., POLASKY S., 2002. Agricultural sustainability and intensive production practices. *Nature*, 418 (8).

TINGEM M., RIVINGTON M., BELLOCCHI G., 2009. Adaptation assessments for crop production in response to climate change in Cameroon. *Agron. Sustain Dev.*, 29, 247-256.

TIXIER P., LAVIGNE C., ALVAREZ S., GAUQUIER A., BLANCHARD M., RIPOCHE A., ACHARD R., 2011. Model evaluation of cover crops, application to eleven species for banana cropping systems. *European Journal of Agronomy*, 34, 53-61.

TRAORÉ K., 2003. Le parc à karité, sa contribution à la durabilité de l'agrosystème : cas d'une toposéquence à Konobougou (Mali-Sud). Thèse de doctorat en Sciences du sol, Ensam de Montpellier, France, 188 p. + annexes.

TSCHARNTKE T., KLEIN A.M., KRUESS A., STEFFAN-DEWENTE I., THIES C., 2005. Landscape perspectives on agricultural intensification and biodiversity: ecosystem service management. *Ecol. Lett.*, 8, 857-874.

VAN DER WERF H.M.G, KANYARUSHOKI C., CORSON M.S, 2011. L'analyse de cycle de vie : un nouveau regard sur les systèmes de production agricole. *Innovations agronomiques*, 12, 121-133.

VAN OIJEN M., DAUZAT J., HARMAND J.-M., LAWSON G., VAAST P., 2010. Coffee agroforestry systems in Central America. 2. Development of a simple process-based model and preliminary results. *Agroforestry Systems*, 80, 361-378.

VANDERMEER J., VAN NOORDWIJK M., ANDERSON J., ONG C., PERFECTO I., 1998. Global change and multi-species agroe cosystems: concepts and issues. *Agriculture, Ecosystems and Environment*, 67, 1-22.

VITOUSEK P.M., HOOPER D.U., 1993. Biological diversity and terrestrial ecosystem biogeochemistry. *In: Biodiversity and Ecosystem Function* (E.D. Schulze, H.A. Mooney, eds), Springer Verlag, Berlin, 3-14.

WARDLE D.A., BARDGETT R.D., KLIRONOMOS J.N., SETÄLÄ H., VAN DER PUTTEN W.H., WALL D.H., 2004. Ecological linkages between aboveground and belowground biota. *Science*, 304, 1629-1633.

WEIBULL A.C., OSTMAN O., GRANQVIST A., 2003. Species richness in agroecosystems: the effect of landscape, habitat and farm management. *Biodiversity and Conservation*, 12, 1335-1355.

WHEELOCK J., 1980. *Nicaragua, imperialismo y dictadura*, Ciudad de La Habana, Editorial de Ciencias Sociales.

WOOD D., LENNÉ J.M., 1999. *Agrobiodiversity: Characterization, Utilization and Management*, CABI, UK, 490 p.

Chapitre 3

Repenser l'amélioration des plantes

Nourollah AHMADI, Benoît BERTRAND
et Jean-Christophe GLASZMANN

L'amélioration des plantes est l'activité qui vise à proposer des plantes qui contribuent utilement aux systèmes de culture et aux systèmes de production. Faire des plantes «meilleures», des plantes «plus bonnes», la formule exprime une action résolue dirigée vers un but à la fois subjectif et relatif. La déclinaison régulière des objectifs de l'amélioration et des modes opératoires qu'elle met en jeu est donc particulièrement importante.

L'objectif d'intensification écologique exprime la préoccupation d'ajouter la durabilité à l'accroissement de la production. L'amélioration des plantes doit intégrer cet objectif à celui d'adaptation aux évolutions globales du contexte sociétal et aux changements climatiques. Elle doit faire face à la diversification des objectifs et des critères de sélection, à des demandes de nouveaux acteurs prêts à s'associer à la définition des objectifs et à l'évaluation des résultats de l'amélioration, et à une reconsidération de la notion de «progrès génétique». Celui-ci doit considérer les gains réalisés par un producteur utilisant une variété améliorée au niveau de sa parcelle, mais aussi l'ensemble des impacts économiques, sociaux ou environnementaux à une échelle plus vaste et de manière prospective, c'est-à-dire dans l'hypothèse d'une large diffusion de cette variété. L'ampleur et la rapidité des changements globaux est telle que les systèmes agricoles pourraient réagir plutôt en changeant d'espèces qu'en cherchant des variétés mieux adaptées de l'espèce habituelle. Il est donc aussi nécessaire de prévoir l'évolution du «portefeuille» des espèces utilisées pour les régions cibles. Pour chaque espèce, l'augmentation probable de la diversité et du *turn-over* des situations écologiques, agronomiques ou socio-économiques, soulève la question du choix de stratégie de déploiement variétal : multitude de génotypes locaux à faible durée de vie ou plus petit nombre de variétés polyvalentes à plus longue durée de vie.

Le défi scientifique majeur en matière de sciences biologiques est celui de l'intégration des connaissances à différentes échelles — molécule, tissus, organes, plante entière à différents stades phénologiques — pour comprendre les principes de régulation par des gènes et pour évaluer leur pertinence face à la variabilité spatio-temporelle des contraintes pour lesquelles l'adaptation est recherchée. Au-delà du défi scientifique se pose aussi la question du modèle d'innovation à mettre en œuvre, car l'amélioration des plantes est aussi une entreprise économique qui, pour assurer le « retour sur investissement », doit produire des biens (nouvelles variétés) qui assurent la convergence des intérêts entre différents acteurs économiques.

Avant d'aborder plus en détail les défis de l'amélioration des plantes pour le XXIe siècle et présenter les leviers dont on dispose pour les relever, il semble utile de revenir sur quelques concepts ainsi que sur les enseignements que l'on peut tirer des pratiques de l'amélioration des plantes au cours du siècle passé.

▸▸ L'amélioration des plantes d'hier et d'aujourd'hui

De l'empirisme à la science de l'amélioration génétique

L'amélioration des plantes est l'art et la science de modifier le génotype de la plante pour obtenir le phénotype désiré. Depuis le début de sa sédentarisation il y a plus de dix mille ans, l'homme l'a pratiquée de manière de plus en plus intentionnelle, organisée et efficace, avec une forte accélération au cours du siècle dernier. Sa première action de sélection, la domestication, était dirigée contre l'égrenage spontané (pour ce qui est des céréales notamment) et pour l'obtention de grains et de fruits de plus grande taille. Les modifications des régions génomiques qui contrôlent ces caractères constituent le premier signe distinctif (syndrome de domestication) entre les espèces cultivées et leurs parents sauvages. Avec cette *sélection dirigée*, l'homme a aussi réduit la diversité totale ou *neutre* utilisée car la sélection s'est faite dans une/des populations de petites tailles, ne représentant pas toute la diversité de l'espèce sauvage. Cette diversité, contractée par le *goulet d'étranglement* de la domestication, a par la suite subi de nouvelles transformations et spécialisations sous la pression de la sélection exercée par l'homme et les nouveaux environnements qu'il a colonisés. Ainsi sont nées les variétés-populations, adaptées aux conditions environnementales et aux exigences culturelles de petites régions agricoles.

Très tôt, la nécessité d'intensifier l'agriculture face à la croissance démographique a entraîné des choix centralisés d'espèces et de variétés à cultiver. Des variétés d'une même espèce issues d'une domestication différente, survenue ailleurs, furent alors introduites. En l'an 1012, l'empereur de Chine Zhao Heng, confronté à l'afflux de migrants du Nord et à la saturation des terres cultivables, ordonnait la double culture annuelle du riz avec une variété à cycle court importée d'Annam.

Jusqu'au début du XIXe siècle et les découvertes de Darwin et Mendel sur les processus biologiques à l'origine de la diversité génétique (mutations et recombinaisons), l'amélioration des plantes a consisté à repérer dans la diversité naturelle ou dans les variétés-populations des individus ayant les meilleurs phénotypes et à reconduire leurs descendances. On doit à cette sélection *massale* un grand nombre d'avancées. Appliquée à la teneur en sucre de la betterave en 1786, elle a conduit dès 1802 à la construction de la première usine sucrière en Allemagne. En 1858, Louis de Vilmorin apportait une première contribution méthodologique majeure : la sélection non plus sur le phénotype de l'individu, mais sur les performances de sa descendance.

La manipulation de la diversité naturelle par l'homme a véritablement commencé à la fin du xixe siècle, avec la pratique de croisements dirigés d'individus présentant des phénotypes complémentaires. Les progrès génétiques se sont accélérés à partir des années 1920, avec l'émergence de la génétique quantitative, notamment le modèle de Ronald Fisher (1918) rendant à la fois compte des lois de Mendel et des relations biométriques entre apparentés. Ce modèle considère un phénotype observé comme étant la somme d'un effet génétique, d'un effet environnemental et de l'effet de l'interaction génotype × environnement. S'est alors développée une large gamme de méthodes d'optimisation des procédures de sélection s'appuyant sur l'estimation statistique de paramètres génétiques à partir d'expérimentations dédiées. La progression des rendements du maïs aux États-Unis, passée de 65 kg/ha/an entre 1925 et 1955 à plus de 110 kg/ha/an par la suite, est souvent attribuée à l'optimisation des schémas de sélection issue de la génétique quantitative. Il ne faut sans doute pas non plus négliger l'impact d'une plus grande disponibilité des engrais minéraux.

L'accumulation des connaissances en génétique végétale s'est accompagnée de la professionnalisation des activités d'amélioration des plantes. Progressivement se sont mis en place un secteur semencier et une réglementation pour la commercialisation des variétés et des semences.

« Modernisation agricole » et « révolution verte »

Le terme de « révolution verte » aurait été utilisé pour la première fois en 1968 par le directeur de l'Agence américaine pour le développement international (USAID) pour décrire le décollage, puis la progression rapide des rendements du blé au Mexique à partir de 1950, et du blé et du riz en Asie, notamment dans le sous-continent indien à partir de 1970. Le phénomène a été analysé sous divers angles allant de l'innovation scientifique et technique à la politique étrangère américaine dans le contexte de la guerre froide et de l'endiguement des « révolutions rouges ». Il résulte sans doute de la conjonction de multiples facteurs, dont la mise en œuvre de la stratégie du développement rural préconisée par l'économiste américain T. Schultz dans ses livres *Food for the World* (1945) et *Transforming Traditional Agriculture* (1964), et les avancées majeures dans l'amélioration génétique des céréales.

La stratégie de cette révolution consistait à réunir les conditions d'adoption des innovations techniques par les petits producteurs, en considérant tous les aspects de la production agricole : « paquet technologique » (variétés à haut rendement, engrais chimiques, pesticides et herbicides, irrigation, etc.), mais aussi subventions pour l'achat des intrants, facilités d'approvisionnement, crédit pour l'achat de matériel agricole, soutien des prix, protection contre les importations, renforcement des services de recherche agronomique et de vulgarisation agricole, aménagements hydroagricoles, etc. La mise en place de centres internationaux de recherche spécialisés dans l'amélioration des cultures vivrières et du Groupe consultatif pour la recherche agricole internationale (GCRAI), ainsi que l'appui des institutions financières internationales à l'émergence et au renforcement des systèmes nationaux de recherche agronomique (SNRA) et de vulgarisation agricole, relèvent de cette politique.

L'avancée génétique a consisté à créer des variétés dont la courbe de réponse aux apports d'engrais chimiques, notamment d'azote, ne fléchit qu'à des doses trois à quatre fois supérieures à celles des variétés traditionnelles. Elle a été réalisée en recherchant, au sein de la diversité existante de chaque céréale et de ses parents sauvages, des gènes de nanisme et en les transférant dans un petit nombre de variétés traditionnelles adaptées au climat tropical. À côté du raccourcissement de la taille et de l'augmentation de l'indice de récolte et de résistance à la verse qui en découle, certains de ces gènes avaient aussi un effet pléiotropique sur l'ensemble des composantes du rendement. Les potentiels de production des variétés de blé et de riz sont alors passés de 3-4 t/ha à 10 t/ha. Depuis cette première avancée, les progrès génétiques ont porté essentiellement, d'une part, sur la consolidation de ce potentiel de production, par accumulation de gènes de résistance aux maladies et aux insectes, et, d'autre part, sur l'augmentation de la productivité par unité de temps en raccourcissant la durée du cycle. La transformation de l'avancée génétique en innovation s'est faite par la diffusion très large de ces variétés et des techniques culturales, notamment l'usage d'engrais et de pesticides, nécessaires à l'expression de leur potentiel de production, grâce à des systèmes de vulgarisation agricole très actifs. C'est ainsi que la variété de riz IR8 créée par l'International Rice Research Institute (IRRI) en 1966 était cultivée sur plusieurs millions d'hectares au milieu des années 1970. En 1980, plus de 30 % des surfaces rizicultivées des onze plus grands pays asiatiques producteurs de riz (hors Chine) étaient cultivées avec des variétés demi-naines. La réduction de la biodiversité cultivée liée à la diffusion de ces variétés « améliorées » a été par la suite amplifiée avec les exigences de standardisation des qualités technologiques du riz pour s'adapter à l'industrialisation en aval de la production, pour la transformation et la distribution.

La contribution des variétés de la révolution verte à l'augmentation de la production et de la productivité a été multiforme. À l'augmentation des rendements sont venus s'ajouter les effets de l'allocation de superficies plus importantes au riz et au blé, plus rentables, au détriment des autres cultures ; ceux de la double et triple culture annuelle, rendue possible par le raccourcissement du cycle et l'élimination de la photosensibilité ; et ceux de l'élargissement de l'aire de culture, rendu possible par les cycles plus courts et une meilleure adaptation aux contraintes abiotiques.

Les impacts économiques, sociaux et environnementaux de la révolution verte sur le tiers-monde font l'objet des mêmes âpres débats que « l'agriculture productiviste » des pays industrialisés (Evenson et Rosegrant, 2003). Globalement, la révolution verte a conduit, en Asie, à une croissance de la production plus rapide que celle de la population et, par là, à l'autosuffisance en céréales à partir des années 1980. Cette augmentation de la productivité agricole a contribué à maintenir les prix des céréales à des niveaux abordables pour les populations urbaines pauvres et, ainsi, à lutter contre la faim. Au niveau des exploitations agricoles, si les grands propriétaires terriens ont été les premiers bénéficiaires, car plus à même de tirer parti des nouvelles technologies et des mesures économiques associées, la révolution verte a aussi progressivement atteint les autres catégories d'agriculteurs. Cependant, quelle que soit la taille de l'exploitation, il n'était possible de tirer parti des nouvelles variétés et du «paquet technologique» associé que dans des conditions biophysiques favorables. Or, sur ce plan, malgré les efforts d'aménagement hydroagricole, il subsiste de grandes disparités régionales et locales. Par exemple, si les rendements moyens des 55 % de terres rizicultivées de l'Asie, dotées de bons systèmes d'irrigation, sont passés de 2 t/ha à plus de 5 t/ha, ceux des 45 % restant affectés par l'excès ou le manque d'eau, la salinité ou tout autre problème physique ou chimique du sol, stagnent autour de 2 t/ha. Les rizières bien irriguées ne représentent que 20 % des surfaces rizicultivées de l'Afrique subsaharienne, la révolution verte s'y est peu diffusée. Par conséquent, les disparités de conditions biophysiques se sont traduites en disparités accrues de revenu et de capital des exploitations. Enfin, la révolution verte s'est accompagnée aussi d'importants phénomènes de dégradation de l'environnement : sols stérilisés par salinisation en Inde, pollution des eaux et maladies associées liée à l'utilisation excessive d'insecticides au Vietnam.

Si la révolution verte est un phénomène déterminant par son ampleur en Asie, elle l'est beaucoup moins sur le plan de l'occurrence temporelle, des régions du monde, des plantes concernées et des acteurs impliqués. En s'en tenant à la période contemporaine, l'Europe et l'Amérique du Nord ont connu des évolutions de productivité agricole similaires avec la modernisation agricole commencée au début du xxᵉ siècle, et sa forte accélération à partir de 1945. En Afrique, c'est sur les principes de la révolution verte que se sont développées les cultures de l'arachide dès 1918 (encadré 3.1) et du coton à partir de 1945 (encadré 3.2). L'exemple du riz pluvial (encadré 3.3) montre que lorsque l'innovation génétique répond à des besoins spécifiques, elle peut se diffuser de manière quasi spontanée. Des efforts massifs ont aussi été entrepris pour créer des variétés à haut rendement d'autres plantes alimentaires, notamment le maïs, le sorgho, le manioc et les haricots, même si les seuls résultats probants concernent surtout le maïs. Enfin, le schéma de large diffusion d'un petit nombre de variétés à haut rendement en conditions optimales de culture s'est aussi propagé aux cultures non alimentaires et pérennes.

Conduisant au remplacement d'un grand nombre de variétés-populations par un petit nombre de variétés «améliorées», modernisation agricole du Nord et révolution verte au Sud se sont traduites par une diminution de la diversité génétique cultivée. Par la suite, l'industrialisation des processus de transformation et de distribution des produits agricoles a figé le champ de la diversité que l'on peut déployer autour des caractéristiques technologiques de ces variétés.

Encadré 3.1. L'amélioration génétique de l'arachide au Sénégal : adaptation aux évolutions techniques, climatiques et sociétales.

Dans son rapport intitulé «L'état actuel et l'avenir du commerce des arachides au Sénégal», Roubaud (1918) écrit : «Depuis l'abolition de la traite des nègres en 1815, la traite des arachides est devenue la principale ressource du Sénégal. Dans la plupart des cercles se sont organisés, sous la haute direction administrative, des caisses de prévoyance, des magasins coopératifs de semences, etc. Très souvent, la récolte est retenue d'avance par le traitant qui consent des prêts. Le service d'agriculture s'est préoccupé d'une amélioration des procédés culturaux par l'emploi d'instruments attelés et d'engrais. Le commerce sénégalais des arachides devient alors florissant.

...

...

Toutefois, des inquiétudes apparaissent. Le rendement en huile des graines va en diminuant de façon sensible. En même temps apparaissent des traces de plus en plus nombreuses d'altérations parasitaires. Les dégâts sont d'autant plus accusés que la sécheresse est plus grande. Un moyen de lutte à envisager consisterait à développer la culture des arachides précoces. Il existe des variétés locales plus précoces que les arachides commerciales. Celle nommée Volète mérite un intérêt particulier. Elle peut mûrir en deux mois. La médiocre apparence et la faible productivité de Volète l'ont fait écarter du marché européen, elle ne sert qu'à l'alimentation indigène. On peut espérer que l'hybridation avec les variétés commerciales donnerait des plants très heureusement avantagés à tous égards. Il serait à souhaiter que des expériences conduites de longue haleine fussent instituées dans des stations expérimentales de la colonie en vue de sélection des semences et de choix de races locales d'arachide les mieux appropriées aux différentes conditions de climat et de sol. La station expérimentale de Bambey instituée récemment n'a pas encore vu ses efforts orientés d'une façon scientifique dans cette importante direction. »

Les travaux de sélection ont débuté à la station de Bambey en 1924. La sélection dans le matériel local, les introductions, notamment en provenance des États-Unis, les hybridations biparentales et l'amélioration de populations par la sélection récurrente d'abord conduites par l'administration coloniale, puis par l'Institut de recherche pour les huiles et oléagineux (IRHO), enfin par l'Institut sénégalais de recherche agronomique (ISRA) et le Cirad, ont établi un rythme soutenu d'obtention et de diffusion de nouvelles variétés répondant à l'évolution des besoins : port érigé pour faciliter la mécanisation, format de grain adapté aux usages (huilerie ou confiserie), résistance aux maladies, raccourcissement du cycle et tolérance à la sécheresse suite à la péjoration climatique des années 1970, résistance aux champignons producteurs d'aflatoxine en lien avec les normes européennes (Ba *et al.*, 2005). Jusqu'aux années 1980, l'essentiel de la production (700 500 t) était destiné de manière monopolistique à la production industrielle d'huile pour l'exportation. L'administration, puis une société d'État, fixe les prix et supervise la production et la distribution des semences en tenant scrupuleusement compte de la « carte variétale » régulièrement renouvelée par la recherche (Clavel et N'doye, 1997). Puis le désengagement de l'État désorganise l'approvisionnement en semences et la commercialisation. La production s'effondre.

Depuis 2004, de nouvelles perspectives, plus prometteuses, se dessinent. L'Association sénégalaise pour la promotion du développement à la base, avec l'appui technique de l'ISRA et du Cirad, organise la production de semences de base par les organisations paysannes et forme les agriculteurs à la production de semences « de ferme » (Mayeux et Da Sylva, 2008). Les variétés utilisées, tolérantes à la sécheresse, sont issues des travaux de sélection conduits à Bambey (Khalfaoui, 1991 ; Clavel et Annerose, 1995 ; Clavel *et al.*, 2005).

Encadré 3.2. L'amélioration génétique du cotonnier : révolution verte dans une filière agro-industrielle.

La recherche agronomique était le maillon faible des premières tentatives de développement de la culture du coton en Afrique subsaharienne, commencées au XIXe siècle. La fondation de l'Institut de recherches du coton et des textiles exotiques (IRCT) en 1946 et de la Compagnie française pour le développement des textiles (CFDT) en 1949 a été un véritable tournant. La production est passée de 0,1 Mt en 1950 à 2,6 Mt à son apogée en 2004, faisant vivre plus de 16 millions de petits paysans (Levrat, 2009). La CFDT et les sociétés cotonnières nationales qui ont pris le relais

...

...

«encadraient» la production et avaient le monopole d'achat, de collecte, d'égrenage et de commercialisation. L'«encadrement» consistait à fournir, à crédit, les intrants et ainsi à prodiguer le conseil agricole. Le choix des intrants, y compris les variétés, et le conseil agricole étaient basés sur les recherches conduites par l'IRCT, puis par ses successeurs nationaux associés au Cirad. Ces recherches étaient conduites en étroite collaboration avec les sociétés cotonnières, qui assuraient également leur financement. Il s'agissait d'un système intégré, typique de la révolution verte, où la filière réunissait les conditions d'appropriation des résultats de la recherche par les agriculteurs. Dans le cas des variétés, cela consistait d'une part à assurer la production et la distribution des semences des nouvelles variétés, le choix variétal étant fait par la recherche et la société cotonnière et non par les agriculteurs, et d'autre part à distribuer à chaque agriculteur l'ensemble des facteurs nécessaires à la pleine expression du potentiel génétique des variétés : engrais, «parapluie» phytosanitaire, prix d'achat garanti et subventions aux intrants. De leur côté, les sélectionneurs devaient accorder une attention particulière à l'amélioration du rendement à l'égrenage et à la qualité de la fibre, déterminants pour la rentabilité des sociétés cotonnières (Collectif, 1991).

Un réseau de recherche régionale, doté dans chaque pays d'équipes pluridisciplinaires, a été mis en place. Agronomes, entomologistes, pathologistes et spécialistes de la technologie de la fibre et du grain, contribuaient à la définition d'idéotypes de plante et à l'évaluation du matériel végétal créé par les généticiens. Le virage de focalisation sur l'amélioration de l'espèce *Gossypium hirsutum*, qui couvre aujourd'hui plus de 90 % des surfaces cultivées mondiales, a été pris dès le milieu des années 1950, sans que soit abandonnée l'exploitation des croisements interspécifiques. Les progrès génétiques les plus tangibles ont porté sur l'architecture de la plante et le rapport coton-graine/matière sèche totale, la résistance aux maladies et aux insectes, les caractéristiques de la fibre et le rendement à l'égrenage qui est passé de 35,5 % en 1962 à 41,9 % en 1992. Le potentiel et la stabilité des rendements ont aussi été largement améliorés, puisque sur la période 1962-1992 la moyenne des rendements coton-graine est passée en Afrique francophone de 198 kg/ha à 975 kg/ha, mais il est difficile de distinguer la contribution de la variété et des autres facteurs de production. La mise en œuvre, délibérée, de schémas de sélection et de production de semences permettant le maintien d'une variabilité génétique résiduelle, n'est probablement pas étrangère à la conjugaison de la productivité et de la rusticité des variétés telles qu'ISA205 et STAM-F, qui ont été cultivées sur plus 300 000 ha/an dans les années 1980. Un autre progrès génétique important a été la création de variétés *glandless* pour l'Afrique. Débarrassées de son gossypol toxique, les protéines du grain de ces variétés peuvent être utilisées dans l'alimentation (Hau *et al.*, 1997). En 2008, les variétés obtenues ou coobtenues par le Cirad couvraient 83 % des 1,2 million d'hectares de coton cultivés dans huit pays francophones de l'Afrique.

Encadré 3.3. Innovation variétale pour un environnement contraint : la riziculture pluviale sur les hauts plateaux de Madagascar.

À Madagascar, la région des hauts plateaux (1 200 m-2 000 m d'altitude) est confrontée de longue date au déséquilibre de la croissance démographique et de la productivité agricole. La production du riz, aliment de base, souffre de la stagnation des rendements et de la saturation des terres se prêtant à la riziculture irriguée. Les premières tentatives d'introduction d'une autre forme de riziculture dite «pluviale», où le riz est cultivé comme les autres céréales sur sol exondé, ont échoué à cause du climat froid de la région. Les basses températures nocturnes allongeaient fortement le

...

...

cycle semis-épiaison et provoquaient la stérilité des variétés adaptées à la riziculture pluviale, généralement pratiquée en zones de basses altitudes, chaudes et humides.

Au milieu des années 1980, le Centre national de recherche agronomique de Madagascar (FoFiFa) et le Cirad ont entrepris la sélection de variétés de riz pluvial tolérantes au froid d'altitude. L'introduction et l'évaluation d'un grand nombre de variétés traditionnelles et modernes, cultivées dans d'autres régions froides du monde n'ayant pas permis d'identifier de variété adaptée, un programme de création variétale a été lancé. Des variétés de culture irriguée tolérantes au froid ont été croisées avec des variétés de riz pluvial récemment créées pour les zones de basses et moyennes altitudes de Madagascar. La sélection généalogique de la décadence de ces croisements à 1 500 mètres d'altitude et l'évaluation multilocale des meilleures lignées pendant quatre ans ont abouti à l'inscription au catalogue officiel de cinq variétés de riz pluvial tolérantes au froid (Déchanet *et al.*, 1997). En conditions expérimentales, ces variétés avaient un rendement de 5 t/ha pour des durées de cycle de 145 à 165 jours à 1 500 mètres d'altitude. La seule ombre au tableau de cette « première mondiale » était l'étroitesse de la base génétique des nouvelles variétés : elles avaient toutes pour parent tolérant au froid une même variété traditionnelle malgache cultivée en riziculture irriguée aux altitudes supérieures à 1 750 mètres.

L'évaluation participative, multilocale et pluriannuelle de ces variétés, associée à l'appui aux organisations paysannes productrices de semences, a rapidement abouti à l'adoption de la riziculture pluviale par plus de 10 % des agriculteurs (Dzido *et al.*, 2004). Une enquête plus récente dans 843 exploitations de 26 villages de la région du Vakinankaratra situées au-dessus de 1 250 mètres d'altitude indiquait que 62 % de ces villages et 36 % des exploitations cultivaient du riz pluvial en utilisant une des variétés créées par la recherche ; l'adoption de la « nouvelle technologie » que représente la riziculture pluviale s'est faite essentiellement par échanges informels d'informations et de semences entre villages et agriculteurs (Radanielina, 2010).

Cependant, la large diffusion de la riziculture pluviale a donné lieu, dès le début des années 2000, à l'apparition de plus en plus fréquente d'épidémies de pyriculariose, une maladie due au champignon *Magnaporthe oryzae*. La résistance des premières variétés diffusées, à base génétique assez étroite, a été surmontée (Sester *et al.*, 2008). Le programme d'amélioration variétale s'est orienté vers l'amélioration de la résistance à la pyriculariose, la diversification de la qualité du grain du riz pluvial et l'efficience de l'utilisation des ressources (azote, phosphore), sans négliger la tolérance au froid. Il s'est aussi attaché à prendre en compte la mise au point et la diffusion par les agronomes de systèmes de culture sur couverture végétale visant l'amélioration de la durabilité des systèmes pluviaux de la région (Naudin *et al.*, 2010). L'efficacité de la stratégie de mélanges variétaux dotés de sources et de niveaux de résistance à la pyriculariose du riz est aussi testée (Raboin *et al.*, 2012).

▶▶ Les inflexions et les évolutions récentes

L'inflexion participative

Une des caractéristiques majeures de la modernisation agricole du monde industriel et de la révolution verte dans le tiers-monde a été la séparation des fonctions de production agricole, d'innovation variétale, de production de semence et de conservation des ressources génétiques. Les agriculteurs ont perdu les trois dernières fonctions au profit de professionnels publics ou privés.

Les programmes d'amélioration variétale, concentrés dans des stations de recherche, se sont focalisés sur des idéotypes de plante définis, sans réelle concertation avec les utilisateurs, pour maximiser la production par unité de surface et de temps, sous des conditions optimales de culture, en ignorant la variabilité spatiale des conditions biophysiques ainsi que les savoirs et pratiques locaux d'utilisation de la variabilité génétique. À une agronomie uniformisante s'associait une amélioration variétale unidirectionnelle.

Dans les pays développés, l'innovation variétale a été soumise à des procédures d'homologation (inscription au catalogue officiel) basées sur des critères de performances, «valeur agronomique et technologique» prédictibles et «distinction, homogénéité et stabilité» évalués dans des conditions très artificialisées (engrais, pesticides...) de stations expérimentales, sous un itinéraire technique standard, gommant toute forme de diversité du milieu. Les variétés ainsi homologuées, supposées à large adaptabilité, ont été prescrites par des comités technico-administratifs sur de vastes zones géographiques, multipliées par des semenciers publics ou privés dans des conditions assurant le maintien de leur pureté, et diffusées vers tous les agriculteurs de la zone de prescription. Ainsi, un petit nombre de variétés de lignées pures ou hybrides a remplacé la multitude des variétés locales, souvent hétérogènes, rattachées chacune à des conditions biophysiques et à des usages particuliers. Ces variétés, collectées et cataloguées selon des critères définis par le sélectionneur, sont devenues des «ressources génétiques» conservées *ex situ*, dans des conditions qui ne valorisent pas leur potentiel adaptatif et évolutif.

Ce schéma d'innovation variétale minimisant l'interaction génotype × environnement (G × E), s'est rapidement montré, comme le modèle de la révolution verte dans son ensemble, inadapté aux régions à fortes disparités pédoclimatiques, à la diversité des systèmes de production et à la variabilité interannuelle des conditions climatiques. La nécessité de mobiliser des savoirs complexes pour gérer les aléas et tirer parti de la diversité ainsi que d'intégrer savoirs scientifiques et savoirs locaux pour optimiser les projets de recherche et de développement rural a été soulignée par Chambers (1983) dans son ouvrage *Rural Development: Putting the Last First*. Elle s'est aussi progressivement imposée aux programmes d'amélioration variétale. Se sont alors développées des approches de «sélection participative» visant la prise en compte des spécificités socioagroécologiques locales à travers la participation d'agriculteurs au processus d'élaboration des innovations variétales. Formalisée sous la forme d'un plaidoyer à diffusion internationale en faveur du *Participatory Plant Breeding* au milieu des années 1990 (Hardon, 1995), cette nouvelle ligne de recherche prône de remettre l'agriculteur au cœur de l'amélioration variétale. Dans la définition des critères de sélection, la priorité est donnée à la valorisation des interactions G × E avec un recours limité aux intrants nécessitant un investissement monétaire, à la gestion des risques qui caractérise les petits agriculteurs ainsi qu'à la diversité des intervenants, en particulier la place des femmes, très impliquées dans la production et la transformation des produits. Les expériences de sélection participative, conduites par nature à l'échelle de petites régions agricoles, ont abouti, en général, à une plus large adoption des variétés développées par les communautés cibles (Eyzaguirre et Iwanaga, 1996). La question s'est alors posée de la généralisation et de la pérennité de ces actions. Plusieurs approches complémentaires tentent de répondre à ces questions. À l'échelle globale, une certaine décentralisation de la sélection s'est opérée par le partage des tâches de *pre-breeding* et d'innovation variétale proprement dite entre les centres du GCRAI et les SNRA (encadré 3.4). Au niveau national ou régional, l'efficacité de plateformes multiacteurs de dialogue et action a été testée (encadré 3.5). Les expériences les plus audacieuses cherchent à transférer les compétences et les responsabilités de grands pans du processus de création et de diffusion variétale à des organisations paysannes (encadré 3.6).

Parallèlement à la mise en cause du modèle de révolution verte, l'émergence des questions de biodiversité et de durabilité des systèmes de production conduit à intégrer l'approche participative et la gestion de diversité *in situ* (encadré 3.6), ou encore à focaliser l'amélioration variétale sur l'adaptation de la plante à des systèmes de cultures plus durables (encadré 3.7). Il est notoire que les réflexions et les expériences pratiques de sélection participative en Europe sont issues principalement des tenants de l'agriculture biologique, aussi et mieux nommée *organic farming* (Wolfe *et al.*, 2008 ; Ostergard *et al.*, 2009 ; Dawson et Goldringer, 2012).

L'arrivée des outils moléculaires et la sélection sur génotype

La plupart des caractères d'intérêt agronomique sont quantitatifs et sont contrôlés par un grand nombre de gènes ainsi que par l'interaction de ces gènes entre eux et avec les facteurs environnementaux. La sélection sur le phénotype est peu efficace pour ces caractères du fait de la confusion entre les effets des gènes et ceux de l'environnement. Décomposant ces effets et leurs interactions, la génétique quantitative améliore la précision de la sélection. Mais il s'agit d'une approche statistique basée sur les paramètres génétiques (variance génétique, corrélations génétiques) de la population soumise à la sélection, et l'espérance d'augmentation des performances moyennes de la population d'une génération à l'autre reste dépendante de la précision des données phénotypiques et de l'héritabilité du caractère. Par ailleurs, au-delà de la précision nécessaire et du coût associé, certains caractères de certaines espèces ne peuvent être observés qu'à maturité ou chez l'individu adulte ; le cycle de sélection peut alors s'étaler sur plusieurs années et l'efficacité de la sélection par unité de temps s'en trouver réduite. Enfin, l'effet des gènes et de leurs interactions est traité de manière aveugle en un seul bloc, sans prise en compte de leur distribution sur les chromosomes.

Ces limitations ont conduit très tôt au développement de méthodes visant l'étiquetage des gènes impliqués dans l'expression de caractères d'intérêt agronomique avec des marqueurs moins dépendants de l'environnement et de l'âge de la plante (Sax, 1923). Mais il a fallu attendre la fin des années 1980 pour que soit établie la première carte génétique utilisant le polymorphisme révélé directement au niveau de l'ADN et décomposant un caractère quantitatif en facteurs mendéliens discrets, *quantitative trait loci,* ou QTL (Paterson *et al.*, 1988). L'étiquetage des gènes peut se faire à deux niveaux de précision, par l'intermédiaire de la mutation causale de la variation phénotypique ou par l'intermédiaire de marqueurs présumés non fonctionnels situés à proximité. Les premiers concernent aujourd'hui quasi exclusivement les caractères qualitatifs, les seconds aussi bien les caractères qualitatifs que quantitatifs.

Encadré 3.4. La décentralisation de la création variétale : nouveau partage des tâches entre acteurs de l'amélioration des plantes.

La large diffusion au milieu des années 1950, sous les auspices de la FAO, de la variété de riz à taille courte Mahsuri, en Inde, et, à la fin des années 1960, dans l'ensemble de l'Asie (hors Chine) et en Amérique latine, de la variété phare de la révolution verte, IR8, ont permis de faire passer en quelques années les rendements moyens de 2 t/ha à 4,5 t/ha pour quelque 33 millions d'hectares de rizières irriguées. Par la suite, les progrès génétiques ont porté essentiellement sur la stabilité des rendements par accumulation de résistances aux maladies et aux insectes, ainsi que sur le ratio rendement/durée du cycle. L'absence de progrès génétique pour le potentiel de rendement s'est traduite, à partir du milieu des années 1990, par la stagnation des rendements et de la production au niveau des exploitations.

Cette stagnation relative du progrès génétique, le constat du rétrécissement des bases génétiques des variétés diffusées et de l'inadaptation des variétés de la révolution verte dans de vastes zones soumises à des contraintes abiotiques, le souhait d'émancipation des SNRA dont les capacités avaient fortement augmenté, ainsi que l'intérêt croissant des firmes privées au marché de semences de riz dans les pays en développement, ont conduit à l'émergence de nouveaux schémas de sélection et de partage des tâches. En Asie, cette évolution s'est traduite par la focalisation de l'IRRI sur la compréhension des bases génétiques et l'amélioration de caractères spécifiques, laissant aux systèmes nationaux le soin de les incorporer dans des variétés adaptées aux conditions de chaque pays et de chaque région agricole. En Amérique latine, l'évolution du partage des tâches s'est traduite par la mise en place d'un schéma d'amélioration de population par la sélection récurrente décentralisée. Sont créées des populations synthétiques à base génétique large, issues d'intercroisements de plusieurs dizaines de géniteurs, les intercroisements étant facilités par l'introduction dans la population d'un gène de stérilité mâle récessif. Ces populations sont améliorées pour certains caractères de manière centralisée par l'International Center for Tropical Agriculture (CIAT), associé, pour ce faire, au Cirad. Elles sont ensuite distribuées aux systèmes nationaux de recherche pour extraction de nouvelles variétés adaptées aux spécificités de chaque pays d'une part, pour enrichissement avec des géniteurs locaux d'autre part. Les informations issues des programmes nationaux sont utilisées pour piloter la sélection récurrente au niveau central.

De même, se mettent en place des partenariats public-privé où la recherche publique conduit la phase de *pre-breeding* et livre le matériel végétal aux firmes privées qui ont adhéré à un consortium moyennant une cotisation. Ces dernières finalisent la sélection pour leurs propres zones géographiques et segments de marché cibles. C'est ainsi que fonctionnent l'Hybrid Rice Development Consortium, mis en place par l'IRRI, et le Fondo Latinoamericano Para Arroz de Riego, mis en place par le CIAT*.

Il est attendu que ces évolutions favorisent l'élargissement de la diversité génétique déployée, valorisent mieux les interactions génotype × environnement et contribuent ainsi à l'augmentation de la résilience et de la productivité des systèmes rizicoles. On dispose cependant de peu d'éléments pour quantifier leur impact.

* Hybrid Rice Development Consortium, <http://hrdc.irri.org/> ; Fondo Latinoamericano Para Arroz de Riego, <http://www.flar.org/> (consultés le 15 novembre 2012).

Encadré 3.5. La plateforme d'innovation variétale pour le bananier plantain : une articulation des savoirs scientifiques et locaux.

En Afrique occidentale et centrale, plus de 8 millions de tonnes de banane plantain sont produites chaque année, par de petits exploitants, pour l'autoconsommation et les marchés locaux et régionaux. Au Cameroun, on estime à environ 600 000 le nombre d'exploitants qui cultivent le plantain en monoculture ou en cultures associées.

Depuis 1987, plusieurs programmes d'amélioration variétale, basés sur des concepts génétiques différents mais complémentaires, sélectionnent de nouvelles variétés, avec comme objectif principal une meilleure résistance aux maladies et aux ravageurs : cercosporiose, nématodes, charançon (Tomekpe *et al.*, 2004). Une fois le matériel amélioré obtenu, la question s'est posée de leur adéquation avec les critères de choix des agriculteurs, qui ne se limitent pas à la résistance aux maladies.

Pour traiter cette question, le Centre africain de recherches sur bananiers et plantains (Carbap), basé au Cameroun, a initié en 2006 avec l'appui du Cirad la mise en place d'un dispositif dénommé « plateforme d'innovation variétale » dont l'objectif était, d'une part, l'évaluation par les utilisateurs cibles des variétés proposées par la recherche, et, d'autre part, la constitution d'un cadre de concertation entre la recherche et les autres acteurs de la filière.

Des « clubs d'utilisateurs » et d'experts locaux, composés de producteurs, de pépiniéristes, de commerçants, de restaurateurs et de consommateurs ont été mis en place au niveau de petites régions agricoles. Chaque club a été invité à définir un jeu de contraintes liées aux systèmes de cultures et aux modalités de mise en marché. Il appartenait au sélectionneur du Carbap de traduire ces contraintes en « idéotype(s) » de plante en matière de comportement au champ (vigueur, résistance à la sécheresse ou aux températures d'altitude, et aux maladies foliaires, hauteur de la plante, précocité, capacité à produire des rejets, etc.), de caractéristiques des fruits (taille du régime et de sa hampe, taille et forme des fruits, couleur de la pulpe, etc.) et des feuilles (aptitudes pour l'usage comme emballage) et de comportement à l'utilisation (facilité d'épluchage, comportement pour différents modes de cuisson, apparence, consistance, goût, aptitude à la conservation, aptitude à rassasier, etc.). Le matériel végétal choisi par le sélectionneur a été mis en multiplication et évalué par les clubs dans leurs propres parcelles et dans leurs propres conditions d'utilisation. Par ailleurs, ces clubs ont mis en place ensemble un comité de pilotage pour dialoguer avec l'équipe de recherche et les pouvoir publics.

Le dispositif facilite l'établissement de liens entre savoirs locaux et savoirs scientifiques, renforce le partenariat public-privé au sein de la filière et stimule l'organisation de la société civile. L'intégration plus fine des critères d'usages après récolte dans le programme de sélection a conduit les chercheurs à approfondir l'étude des relations entre les préférences qualitatives des utilisateurs et les propriétés physicochimiques et fonctionnelles des fruits (Gibert *et al.*, 2009).

Aujourd'hui, trois plateformes sous-régionales favorisent la multiplication et l'évaluation participative d'une dizaine d'hybrides et de cultivars exotiques au Cameroun, au Gabon, en Guinée équatoriale, en République centrafricaine et au Congo. Des plateformes similaires sont en cours de mise en place au Ghana, au Togo, au Bénin et en République démocratique du Congo.

Encadré 3.6. L'amélioration du sorgho pour l'Afrique de l'Ouest : de la sélection d'idéotypes en station au partage des responsabilités avec les agriculteurs.

Le sorgho est une céréale traditionnelle des zones de savane africaine, où il constitue l'aliment de base de la population rurale qui le consomme sous la forme d'une bouillie épaisse, le *tô*. Au cours des cinquante dernières années, la progression de la production a été essentiellement assurée par l'augmentation des surfaces cultivées. En Afrique de l'Ouest, alors que les superficies cultivées sont passées de 5,4 millions à 10,5 millions d'hectares entre 1961 et 2010, les rendements (840 kg/ha) n'ont progressé que de 12 %.

S'inspirant des idéotypes de la révolution verte pour les autres céréales, les programmes d'amélioration variétale du sorgho se sont focalisés à partir des années 1960 sur la modification de l'architecture de la plante (taille courte et mono-caule) et de la panicule (compacte) ainsi que sur l'élimination de la sensibilité à la photopériode, jugée incompatible avec l'intensification. Un grand nombre de variétés améliorées, lignée fixée ou hybride F1, ont été développées en s'appuyant largement sur les ressources génétiques exotiques. C'est ainsi, par exemple, qu'en 1980 était proposée la variété IRAT204, de type *caudatum*, à taille courte (1,4 m contre 2,5 m pour les écotypes locaux *guinea*), panicule assez compacte et cycle très court, non photosensible, et potentiel de production de 5 t/ha, contre 3 t/ha pour les variétés locales (Chantereau *et al.*, 1997). L'adoption de ces variétés est restée marginale (Ouedraogo, 2005) pour deux raisons au moins : les conditions économiques d'intensification de la culture du sorgho n'étaient pas réunies et la grande majorité de ce matériel n'avait pas les qualités requises pour les usages traditionnels du grain et des pailles.

Après avoir montré l'importance de la photosensibilité dans l'adaptation du sorgho aux contraintes climatiques et sanitaires du sorgho (Vaksmann *et al.*, 1996) et analysé les bases biologiques des qualités technologiques et organoleptiques du grain (Fliedel, 1995), les sélectionneurs du Cirad et leurs partenaires ont réorienté leurs travaux vers la valorisation de la diversité génétique locale, selon des schémas conciliant productivité, qualité dans un contexte multi-usage (alimentation humaine et fourrage) et préservation de l'agrobiodiversité *in situ*. Au Mali, dans un contexte d'intensification progressive des cultures céréalières en zones cotonnières, un schéma associant la sélection récurrente dans une population à large base génétique locale à la sélection participative décentralisée, visait à développer des variétés photopériodiques à taille raccourcie et meilleur indice de récolte avec une qualité de grain conservée (Vaksmann *et al.*, 2008). Au Burkina Faso, l'évaluation participative d'anciennes variétés locales conservées *ex situ* et améliorées, proposées par la recherche, et la création participative de nouvelles variétés ont permis de mieux prendre en compte les critères, très fins, de choix variétal des agriculteurs et agricultrices (Vom Brocke *et al.*, 2008 ; 2010). Ces travaux ont permis d'identifier plusieurs variétés d'adaptation géographique raisonnablement large et de confirmer les capacités des agriculteurs et de leurs organisations à assurer la mise en œuvre de composantes importantes d'un programme de sélection (Vom Brocke *et al.*, 2011). Soutenus par le Fonds français pour l'environnement, les travaux actuels cherchent à renforcer les capacités d'organisation paysannes en vue d'un transfert formel de la maîtrise d'œuvre des activités de sélection et d'évaluation variétale, de l'inscription et de la protection des variétés produites et de la production et la commercialisation de semences.

Encadré 3.7. Création et diffusion de variétés d'arabica pour les systèmes de production en agroforêt.

Deux espèces de caféiers sont cultivées dans le monde : *Coffea arabica* (environ 65 % de la production) et *Coffea canephora* (espèce connue commercialement sous le nom de robusta), qui représente environ 35 % de la production mondiale.

En Amérique latine, l'introduction de l'espèce *C. arabica* s'est faite à partir d'un très faible nombre de plantes (Anthony *et al.*, 2002). Il y a donc eu un fort effet de fondation. Cependant, cette faible diversité génétique initiale a été bien utilisée par les programmes de sélection lancés dans les années 1930, et a donné naissance à des variétés de lignées naines qui ont servi de catalyseur pour l'adoption de systèmes de culture intensive en plein soleil — principalement au Brésil, en Colombie et au Costa Rica — assimilables à la révolution verte décrite plus haut. Toutefois, dans le reste de l'Amérique latine et en Afrique, l'adoption simultanée de variétés naines, de densité de culture élevée et d'une coûteuse protection phytosanitaire, n'a jamais eu lieu. La productivité des caféières a été maintenue sous ombrage sans véritables innovations technologiques et les rendements stagnent. Et pourtant, à partir des années 1990, il est apparu que malgré leur faible productivité les systèmes agroforestiers présentaient des externalités positives dans le maintien de la biodiversité, de la fertilité des sols, etc., et de la qualité des cafés produits.

Le Cirad a proposé de créer des variétés hybrides adaptées aux systèmes agroforestiers. Le schéma de sélection mis en œuvre est fondé sur l'intercroisement de deux pools de matériel génétique : les lignées américaines et les caféiers « sauvages » d'Éthiopie ou du Soudan. Après une vingtaine d'années d'expérimentations en milieu contrôlé ou chez les producteurs, il apparaît que les hybrides F1 produisent 30 à 60 % de plus en systèmes agroforestiers sans apport supplémentaire d'engrais (Bertrand *et al.*, 2011). Parmi les familles d'hybrides, il a été possible de sélectionner des individus présentant de bons niveaux de résistance à la rouille orangée, aux nématodes comme au *Colletotrichum*. Enfin, la qualité générale des hybrides les situe au même niveau que les variétés standard (Bertrand *et al.*, 2006). Dans des environnements particuliers, on note même une qualité aromatique très supérieure avec des notes florales qui apparaissent chez les hybrides cultivés à plus de 1 200 mètres d'altitude.

Pour reproduire ces hybrides, on a eu recours à la technique de l'embryogenèse somatique (Etienne *et al.*, 2012). Cette technologie mise au point par le Cirad pendant plus de vingt ans a été transférée au secteur privé qui a construit deux laboratoires de culture de tissus. C'est ainsi que plus de 4 millions de plantes ont été commercialisées jusqu'à présent en Amérique centrale et au Mexique. L'expérience nicaraguayenne (laboratoire pilote et transfert technologique) semble constituer un modèle reproductible dans plusieurs autres pays à travers le monde. On estime qu'il faudrait 500 millions de nouveaux plants pour renouveler l'ensemble du verger mondial cultivé en agroforesterie. L'engouement pour les nouveaux hybrides est bien réel et l'impact de ces nouvelles variétés est limité par la méthode de reproduction utilisée. L'utilisation de la stérilité mâle génique est de nature à surmonter ce goulot d'étranglement. Des premiers hybrides obtenus par cette technologie sont en cours d'évaluation avec les paysans et on espère pouvoir les diffuser massivement en systèmes agroforestiers à partir de 2016.

Depuis quelques années, on assiste à une explosion des sources d'informations pour l'étiquetage des gènes d'intérêt agronomique. Aux méthodes de cartographie génétique dans la descendance de croisements modèles (de type «bon × mauvais»), s'ajoutent celles utilisant la diversité phénotypique et génotypique de populations représentatives de l'espèce ou du matériel d'un programme de sélection (Jannink et Walsh, 2002), ainsi que les informations issues d'annotation des séquences génomiques et des multiples méthodes d'analyse des fonctions des gènes chez les organismes modèles. Ces informations, cumulant ségrégation génétique et hypothèses fonctionnelles, permettent de définir le génotype idéal, c'est-à-dire la mosaïque des segments chromosomiques de la population initiale qu'il faudrait rassembler dans un même individu pour obtenir la meilleure expression possible du ou des caractères cibles. L'assemblage proprement dit se fait par cycles successifs de croisements et de sélections sur génotype ou de sélections assistées par marqueurs (SAM). Cependant, pour de multiples raisons, notamment l'instabilité de l'effet des QTL dans différents fonds génétiques et environnements biophysiques, ainsi que l'érosion du lien marqueurs-QTL au cours des générations de sélection, l'étiquetage avec les marqueurs non fonctionnels doit être réalisé *de novo* pour chaque population et renouvelé régulièrement au cours des générations de sélection (Dekkers et Hospital, 2002).

Déjà utilisées en routine par les firmes privées, ces méthodes entrent aussi progressivement dans les pratiques de sélection des centres du GCRAI et SNRA des pays émergents aussi bien pour les caractères simples que complexes (encadré 3.8).

Les peuplements complexes

Avec le recul sur l'impact environnemental de la révolution verte au Sud et avec le développement des agricultures biologiques et à bas niveau d'intrants au Nord, davantage exposées aux hétérogénéités environnementales et aux stress biotiques et abiotiques que l'agriculture conventionnelle, a émergé depuis une dizaine d'années la préoccupation d'amélioration variétale pour l'efficience de l'utilisation des ressources (engrais et eau, mais aussi pesticides) et pour la résilience ou la robustesse. Parmi les options expérimentées figure le recours à une diversité intravariétale du couvert végétal. L'utilisation des mélanges variétaux a été conceptualisée dès les années 1920 par des sélectionneurs et pathologistes confrontés à l'effondrement des résistances variétales vis-à-vis des maladies (Finckh *et al.*, 2000) et vise aujourd'hui à tamponner les variations de contraintes environnementales, à mieux utiliser les ressources, ou encore à améliorer la qualité du produit final ou la résistance à la verse (Ostergard et Fontaine, 2006). Il s'agit, en quelque sorte, d'une réhabilitation de pratiques anciennes d'utilisation de la diversité intraspécifique, avec les variétés-populations, et interspécifique, avec les cultures associées, qui restent encore la base de l'agriculture traditionnelle sur des centaines de millions d'hectares.

Les peuplements multilignées font l'objet de nombreuses études, en particulier dans le cas de céréales pour l'agriculture biologique (Newton *et al.*, 2009; Wolfe *et al.*, 2008; Kiaer *et al.*, 2009; 2012), et sont aussi envisagés comme une option prometteuse pour l'agriculture générale dans les pays du Sud (Faraji, 2011). Si les modalités d'un avantage fonctionnel des populations complexes restent à expliciter, les capacités

---

Encadré 3.8. Construction d'idéo-génotype. Cas de la sélection récurrente assistée par marqueurs chez le sorgho.

La sélection récurrente assistée par marqueurs (SRAM ou MARS) fait partie des nouvelles approches qui intègrent l'utilisation des marqueurs moléculaires dans le processus de création variétale. Dans cette approche, les marqueurs moléculaires sont utilisés pour décomposer en caractères simples (QTL) la variation des nombreux caractères quantitatifs qui constituent la cible des sélectionneurs. L'originalité de l'approche réside dans le fait d'intégrer l'usage des marqueurs au schéma de sélection, mais aussi dans le fait de travailler simultanément sur l'ensemble des caractères d'intérêt et dans divers environnements. Un ou plusieurs génotypes idéaux peuvent ainsi être définis comme la mosaïque de segments chromosomiques qui portent les allèles favorables des parents pour l'ensemble des caractères considérés. Lorsque le nombre de QTL à manier est important, ce génotype idéal est théoriquement impossible à obtenir dans un schéma généalogique classique et avec des tailles de population réalistes. Le schéma MARS, qui implique plusieurs générations de croisements successifs entre descendants sur la base de leur génotype aux marqueurs moléculaires, et la définition d'indices de sélection multicaractères permettent de générer du matériel proche de ce génotype idéal et donc d'optimiser la valeur du matériel évalué par le sélectionneur. En outre, la dimension multicaractère et multienvironnementale de l'approche permet d'explorer différentes hypothèses ou objectifs de sélection à partir du même matériel.

Depuis 2008, le Cirad et l'Institut d'économie rurale (IER) au Mali, avec le soutien financier du Generation Challenge Program et de la fondation Syngenta et avec l'appui méthodologique de Syngenta Seeds, ont mis en œuvre avec succès la démarche MARS chez le sorgho pour obtenir des variétés photopériodiques combinant productivité et qualité du grain.

---

d'analyse progressent avec les méthodes moléculaires. Par exemple, la dynamique de la diversité d'une variété de haricot multilignées, composée de génotypes au comportement racinaire contrasté, a été étudiée au champ sous plusieurs niveaux de fertilisation (Henry *et al.*, 2010). Les marqueurs moléculaires ont été utilisés pour quantifier la contribution de chaque génotype au peuplement racinaire et à la production de graines. Le niveau de précision de l'essai était cependant insuffisant pour conclure à un éventuel avantage de la population composite. Les nouvelles méthodes en développement, basées sur l'analyse quantitative de l'ADN, devraient permettre de quantifier le développement racinaire des différentes composantes de peuplements hétérogènes aussi bien multivariétaux que multiespèces (Haling *et al.*, 2011). De même, émerge depuis peu la notion d'*evolutionary plant breeding* qui envisage le déploiement de peuplements variétaux dotés d'aptitudes à s'adapter aux évolutions des conditions environnementales (Döring *et al.*, 2011). Une compréhension plus fine des interactions écophysiologiques impliquées dans l'amélioration des performances (production primaire et sa stabilité) de peuplements monospécifiques dotés d'une diversité fonctionnelle est nécessaire pour entreprendre la sélection pour des composantes les plus complémentaires possibles. Quels caractères diversifier et comment le faire sans pénalité vis-à-vis d'une homogénéité souhaitable pour d'autres caractères ?

⁍ Les défis de l'agriculture écologiquement intensive

Si l'intensification conventionnelle de la révolution verte a permis d'augmenter fortement les rendements dans certains pays, elle a aussi généré des effets négatifs sur l'environnement, ce qui a amené à explorer de nouvelles voies pour améliorer la production. L'intensification écologique correspond à une véritable transformation de l'agriculture qui passe par l'adoption de modèles de production permettant d'«obtenir d'un écosystème cultivé un rendement des *outputs* recherchés intrinsèquement élevé par unité de biosphère, tout en maintenant fonctionnelles et viables les différentes fonctionnalités de l'écosystème, et sans recourir au forçage par des intrants artificiels» (Griffon, 2007).

L'adoption de ce nouveau modèle nécessitera la disponibilité d'une nouvelle génération de matériel végétal qui optimise les interactions biologiques pour assurer, à côté de la production de biomasse, des fonctions d'adaptation vis-à-vis d'environnements contraints, de protection contre les bioagresseurs, de fixation symbiotique de l'azote atmosphérique, de mobilisation plus large et de recyclage des éléments minéraux du sol, de protection contre l'érosion et de maintien de la biodiversité agricole, y compris sa composante diversité génétique intraspécifique. L'exemple du riz (encadré 3.9) montre que les recherches en génétique et en amélioration des plantes ont déjà largement pris le virage de la création de matériel végétal adapté aux milieux contraints et doté d'une meilleure efficience dans l'utilisation des ressources. Mais il reste encore énormément à faire, non seulement sur le plan de l'acquisition des connaissances mais aussi sur celui des modes opératoires.

Appréhender la complexité

Interactions biologiques

Déclinées au niveau du praticien de la création variétale, les interactions biologiques engendrent des dimensions de complexité inédites. Sélectionner des génotypes qui soient adaptés à un usage particulier dans un type d'environnement (un parmi la *target population of environments,* ou TPE, des agronomes/écophysiologistes) représente en soi un travail important, qui sera d'autant plus puissant que le nombre de génotypes triés sera grand et que le dispositif mobilisé pour ce faire sera conséquent, en diversité des sites, précision de la description des sites, précision de la caractérisation qui sert à l'évaluation qui conduira à la sélection du matériel. Il s'agit donc de jouer avec des grands nombres, d'optimiser des flux et de mobiliser au mieux les capacités disponibles. Prendre en compte les interactions biologiques avec d'autres éléments vivants et variables du système induit une expansion des conditions testées de type exponentiel. Utiliser le génotype individuel comme facteur dans ces interactions semble hors de portée.

À titre d'exemple, un gros travail expérimental a été nécessaire pour déterminer l'effet de génotypes de maïs sur la composition de la communauté rhizobactérienne associée ; on a pu montrer l'influence du type variétal, mais pas de l'interaction avec le génotype au sein d'un groupe variétal (Bouffaud *et al.,* 2012). Ce genre de résultat souligne l'existence d'un effet potentiellement important avec la biologie du sol mais n'apporte pas de clé pour une utilisation par le sélectionneur. C'est plutôt une invitation à cultiver une diversité intra et interspécifique pour favoriser une richesse du milieu.

Encadré 3.9. Adaptation du riz à l'agriculture écologiquement intensive.

Un des piliers de la révolution verte a été le couple variété demi-naine/forte fertilisation minérale. Or, non seulement la production et la distribution de ces engrais sont de grandes consommatrices d'énergie, mais les ressources en phosphore sont limitées et pourraient s'épuiser avant la fin du XXIe siècle, et l'application d'azote est souvent source de pollution des eaux.

Deux axes de recherche sont explorés pour réduire le recours aux engrais azotés : la fixation biologique de l'azote, ou BNF (Choudhury et Kennedy, 2004), et l'amélioration de l'efficience de son utilisation par la plante, ou NUE (Peng et Bouman, 2007). Le programme génétique permettant l'association endosymbiotique entre les racines de la plante et les bactéries fixatrices d'azote est en cours de dissection chez le riz. Il est d'ores et déjà démontré que le riz possède l'essentiel du programme génétique impliqué dans le processus de nodulation chez les légumineuses. Combinées aux travaux sur l'aptitude des bactéries à s'associer aux racines des céréales, ces recherches devraient aboutir dans la prochaine décennie à des résultats opérationnels dans le domaine de la BNF. Pour ce qui est de l'axe NUE, des résultats opérationnels semblent déjà disponibles. Des riz transgéniques dotés d'une efficience qui divise les besoins en engrais azoté par deux, tout en maintenant le niveau de production, sont en cours d'évaluation à large échelle en Chine*. Les processus biologiques en cause ont fait l'objet de protection par brevet. La perspective de monnayer les réductions d'émission de CO_2 liée à la diffusion de riz NUE est un facteur dynamisant supplémentaire.

En ce qui concerne la réduction des besoins en engrais phosphaté, l'axe de recherche le plus prometteur semble celui de l'amélioration de l'aptitude de la plante à mobiliser la fraction insoluble de phosphore du sol. Une diversité génétique pour cette aptitude existe chez la plupart des plantes de grande culture. Chez le riz, les travaux de clonage d'un gène (*Pup1*) conférant une telle capacité sont très avancés (Gamuyao *et al.*, 2012). L'approche transgénique de transfert de gènes d'origine microbienne, permettant d'augmenter les excrétions racinaires mobilisatrices des formes peu solubles du phosphore du sol, est une autre voie prometteuse.

Dans un autre registre, si la première révolution verte s'est appuyée sur le couple variété demi-naine/fertilisation, il est généralement admis que, chez le riz, une nouvelle augmentation significative du potentiel de production ne peut venir que de la modification de sa machinerie photosynthétique, du type C3 en type C4. Cette transformation permettrait d'augmenter de 50 % l'efficience du riz à transformer l'énergie solaire en biomasse, sans pour autant consommer plus d'eau ou de fertilisants. Le Consortium Riz-C4 explore deux axes de recherche complémentaires : recherche de parents sauvages du riz ayant déjà évolué partiellement vers le type C4, et transfert par transgenèse de gènes du maïs et/ou d'autres plantes C4 vers le riz (Sheehy *et al.*, 2007).

* Voir <http://www.arcadiabio.com/nitrogen> (consulté le 12 décembre 2012).

La valorisation des fonctions écosystémiques de la biodiversité par l'utilisation de peuplements porteurs de diversité interne pose toute une série de questions nouvelles. L'extension à des peuplements multispécifiques élargit la question à des caractères nouveaux correspondant à des fonctions mutualistes recherchées. Dans quelle mesure favoriser le rôle d'une céréale comme tuteur pour faciliter le développement de la légumineuse associée ? Quelles sont les conséquences en matière de mode de récolte et d'utilisation des produits ?

Le défi d'intégration des connaissances devient encore plus grand si l'on transpose la question de la valorisation des fonctions écosystémiques de la biodiversité de la parcelle cultivée au terroir et au paysage, dans lesquels il faut considérer les diversités intra et interspécifiques, leurs interactions et leur agencement spatio-temporel. Face à cette complexité, l'identification de solutions locales et contextualisées est nécessaire et il faut vraisemblablement laisser plus de place à l'empirisme, aux savoirs locaux et à leurs interactions avec les connaissances liées aux mécanismes en jeu.

Interactions avec l'environnement abiotique

Au cours des deux dernières décennies, une grande quantité de données a été produite, chez différentes espèces végétales, sur les fonctions des gènes étudiés individuellement ou par petits groupes dans des contextes de réponses à des stimulus spécifiques (salinité, sécheresse, froid, etc.). Le défi scientifique majeur est celui de l'intégration de ces données à différentes échelles (molécule, tissus, organes, plante entière à différents stades phénologiques) pour comprendre les principes de régulation par des gènes et pour évaluer leur pertinence face à la variabilité spatio-temporelle des contraintes pour lesquelles l'adaptation est recherchée. Les recherches en cours dans le domaine de l'adaptation aux changements climatiques illustrent bien l'ampleur du défi. Les gènes et réseaux de gènes impliqués dans les processus biologiques élémentaires qui sous-tendent la croissance et le développement des plantes en interaction avec différents facteurs environnementaux (eau, éléments minéraux, lumière, température, CO_2) sont assez bien décrits. À l'échelle de la plante, d'importants efforts sont en cours pour évaluer la diversité génétique disponible pour les caractères supposés d'adaptation : tolérance aux températures non optimales à différents stades de développement, valorisation de concentrations atmosphériques plus élevées en CO_2, régulation de la respiration nocturne, etc. L'incertitude sur l'évolution du climat et sa variabilité ajoute une dose de complexité supplémentaire au processus de définition d'idéotypes de plante (pondération relative des caractères d'adaptation) et de leur construction (hiérarchie des gènes et des réseaux de gènes à considérer). Étant donné les difficultés logistiques et temporelles que poserait l'évaluation en conditions expérimentales *in situ* de toutes les nouvelles combinaisons de caractères, il est indispensable de faire appel à des méthodes d'évaluation *ex ante* des nouveaux idéotypes, basées sur la modélisation et la simulation. L'exemple de variation de l'effet de QTL de tolérance à la sécheresse du maïs selon les environnements cibles (encadré 3.10) montre l'importance d'une telle évaluation. Un long chemin reste à parcourir pour intégrer les connaissances pluridisciplinaires et rendre compte d'une réalité biologique complexe pour l'élaboration de systèmes de production innovants combinant innovation variétale et innovation de pratiques (Hammer *et al.,* 2010 ; Passioura, 2012 ; Tardieu, 2012 ; Parent et Tardieu, 2012). La complexité est encore amplifiée lorsqu'il s'agit de plantes pluriannuelles.

Un autre domaine où la modélisation et la simulation peuvent guider l'amélioration des plantes est celui de la caractérisation des environnements cibles (TPE). La caractérisation des environnements peut ainsi être faite non pas sous l'angle de la variation de descripteurs classiques du milieu physique (température, pluviométrie, raisonnement, capacité de rétention en eau du sol, etc.), mais sous celui de leur impact sur les performances des plantes (rendements cibles, indices de stress au cours du cycle, efficience d'utilisation des ressources, etc.). La caractérisation des environnements de culture du riz et du maïs dans la région centrale du Brésil utilisant le modèle Sarra-H (Dingkuhn *et al.*, 2003) constitue un bon exemple de définition de TPE (Heinemann *et al.,* 2008).

Encadré 3.10. Modélisation gène-phénotype à l'échelle du peuplement.

Un des défis majeurs de la prédiction des performances d'un génotype (G) dans une gamme d'environnements (E) est la prise en compte, au niveau de la plante entière et au cours du cycle de la plante, d'une multitude d'interactions G × E aux échelles plus élémentaires : gène, molécule, cellule, organes tout le long du cycle de la plante (Cooper *et al.*, 2009). Ceci d'autant plus que l'analyse des contributions de 10 gènes avec deux allèles dans 10 environnements conduirait à examiner $3^{10} \times 10$ combinaisons ! Face à ce défi s'est développée, depuis une vingtaine d'années, une autre approche basée sur les modèles de simulation biophysique. Intégrant des processus physiologiques et leur contrôle génétique, ces modèles prédictifs permettent d'intégrer les interactions G × E à différentes échelles de l'organisme (Messina *et al.*, 2009). Ils permettent aussi d'explorer *in silico* un très grand nombre de combinaisons de génotypes (allèles à un grand nombre de locus) et d'environnements. Cependant, la simulation de l'effet de gènes/QTL pour des caractères complexes tels que la réponse de la croissance et de l'architecture de la plante à l'environnement nécessite la modélisation de processus physiologiques qui restent stables quel que soit l'environnement (Tardieu, 2003 ; Hammer *et al.*, 2006).

Cette démarche a été récemment expérimentée pour la prédiction du comportement du maïs vis-à-vis de la sécheresse (Chenu *et al.*, 2009). Le taux d'élongation foliaire (LER) est une composante majeure de la réponse du maïs au stress hydrique. Il en est de même de l'élongation des soies pendant l'anthèse (ASI). Plusieurs QTL contrôlant LER et ASI ont été cartographiés, et Reymond *et al.* (2003) ont pu simuler et valider l'effet de ces QTL sous différents environnements pour de nouvelles lignées définies par leurs génotypes à ces QTL. Welcker *et al.* (2007) ont montré que plusieurs des QTL de LER et ASI colocalisaient. Puis Chenu *et al.* (2008a) ont incorporé le modèle d'élongation foliaire (qui fonctionne à l'échelle organe avec des pas de temps de la minute ou horaire) dans un autre modèle (APSIM-Maize) qui fonctionne à l'échelle du peuplement et intègre des interactions peuplement × environnement plus complexes (figure 3.1). Le modèle APSIM ainsi complété a permis de simuler l'effet de LER sur les réserves en eau du sol, durant tout le cycle de la plante. Il a été validé par la comparaison des résultats expérimentaux et simulés d'une variété hybride de maïs dans différents environnements, pour la surface foliaire, la biomasse et le rendement en grain. Enfin, Chenu *et al.* (2009) ont utilisé ce modèle pour simuler l'impact des QTL de LER sur le rendement du maïs sous différents scénarios de sécheresse. Cette simulation a montré que les 2 QTL majeurs ayant des effets similaires sur le LER affectaient différemment le rendement sous stress hydrique. Les auteurs ont ainsi fait la démonstration que des

...

...

modèles gène-phénotype robustes peuvent servir d'outil d'aide à la décision pour choisir des caractères (et les QTL associés) en fonction des environnements cibles.

Cet exemple dessine les contours d'une démarche de sélection pour l'adaptation aux conditions environnementales en deux temps : d'abord l'analyse génétique de caractères impliqués dans la résilience aux conditions environnementales, aboutissant à une valeur agronomique d'allèles, et ensuite la construction d'idéotypes adaptés à une région donnée, fondée sur la combinaison de ces allèles. La première étape repose sur des plateformes de phénotypage, permettant d'analyser génétiquement de grandes collections de plantes dans des conditions variées. Ces plateformes, en serre ou au champ, impliquent des conditions semi-contrôlées et des mesures intensives des conditions environnementales et des réponses des génotypes. La seconde étape comprend une phase de recherche *in silico* d'allèles favorables à une situation donnée (prenant en compte les résultats de l'étape précédente), puis le test d'un nombre limité de combinaisons prometteuses dans des essais au champ, accompagné d'une étude fréquentielle issue de la simulation du rendement de génotypes portant différentes combinaisons d'allèles. Cette simulation permet de prévoir la fréquence à laquelle une combinaison d'allèles est favorable dans une région et un système de culture donnés (Tardieu, 2012).

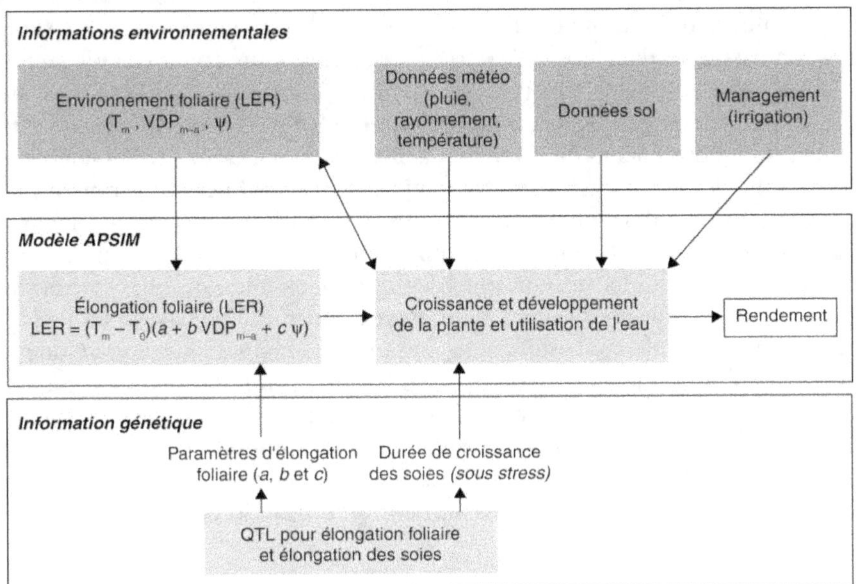

Figure 3.1. Vue schématique du modèle « gène-phénotype » montrant comment le module d'élongation foliaire interagit avec les autres composantes du modèle APSIM (adapté de Chenu *et al.*, 2009).

Les informations environnementales et génétiques sont utilisées comme entrées pour simuler la croissance foliaire, la croissance et le développement de la plante et le rendement en grain de la culture. L'élongation foliaire (LER) est fonction de facteurs environnementaux de la feuille : température de méristème (T_m), température de base (T_0), déficit de pression de vapeur d'eau entre le méristème et l'aire (VPD_{m-a}), potentiel hydrique de la feuille à l'aube (ψ), paramètres d'élongation de la feuille (a : taux de LER potentiel ; b : réponse du taux LER au VPD_{m-a} ; c : réponse du taux LER au ψ).

Repenser le système d'innovation variétale

L'amélioration des plantes du xxie siècle s'inscrit dans le contexte des changements globaux rapides (climatiques, technologiques, etc.), de diversification des attentes des décideurs et utilisateurs (société civile, pouvoirs publics, agriculteurs, transformateurs, distributeurs, consommateurs, etc.), de multiplication des acteurs impliqués dans la production et la diffusion des variétés et des connaissances associées (institutions de recherche publiques nationales et internationales, firmes semencières privées, ONG, organisations paysannes, etc.) et la multiplication des acteurs qui financent le processus de création et de diffusion variétale (pouvoirs publics nationaux, organisations internationales, fondations caritatives, organisations de producteurs, etc.). Dans ce contexte, la diffusion du progrès génétique sous forme de nouvelles variétés ne consiste plus en un processus linéaire et unidirectionnel allant du généticien-sélectionneur vers l'agriculteur, en passant par les services de vulgarisation agricole ou la firme semencière, mais en un système d'innovation complexe nécessitant la convergence des points de vue et des intérêts d'un grand nombre d'acteurs. Le bon fonctionnement de ce système suppose l'absence de verrous de nature technologique (par exemple impossibilité/difficulté d'adaptation des équipements de transformation aux caractéristiques de la nouvelle variété), réglementaire (par exemple standards de distinction d'homogénéité et de stabilité des variétés qui empêche la commercialisation de mélanges variétaux), commerciale (par exemple formule variétale hybride impliquant l'achat de semences à chaque cycle de culture) ou idéologique (par exemple refus des organismes génétiquement modifiés). La transformation du prototype variétal développé par le sélectionneur en une innovation variétale qui diffuse sous forme de phénomène épidémique chez les agriculteurs nécessite donc de multiples allers-retours entre acteurs. Ces allers-retours permettent à chaque acteur de mesurer les contraintes et opportunités associées à l'adoption de la nouvelle variété. Contraintes en matière de changement de pratiques (par exemple pour adopter une variété hybride F1 de riz dont le prix de semences est beaucoup plus élevé que celui des variétés lignées, il faut réduire la densité de semis et donc changer de semoir) ; opportunités en matière de revenus et d'organisation du travail (par exemple l'adoption de variété hybride F1 de riz permet un gain de productivité et un raccourcissement de durée de cycle, facilitant la mise en place de la culture suivante).

La prise en compte des objectifs d'intensification écologique entraîne un niveau de complexité supplémentaire au système d'innovation variétale. En effet, l'optimisation des interactions biologiques qu'implique l'adoption de ce nouveau modèle de production nécessite de contextualiser (prise en compte non seulement des conditions pédoclimatiques, mais aussi des systèmes de production, de successions et d'association de cultures, de transformation, etc.) fortement les solutions variétales et donc de procéder par étapes et/ou décentraliser le processus de création et d'évaluation variétale. Cependant, cette complexification constitue aussi une opportunité, celle d'intégrer les savoirs locaux, particulièrement difficile à formaliser dans le contexte des agricultures familiales du Sud.

L'évolution du processus de création-diffusion variétale du triptyque sélectionneur-vulgarisateur-agriculteur vers un système d'innovation plus complexe constitue aussi un défi pour le sélectionneur qui doit piloter/coordonner la mobilisation d'une large gamme de connaissances et de compétences pour concevoir les options variétales de demain (idéotype/prototype), puis pour construire et évaluer les prototypes et promouvoir l'innovation qui en résulte. À cet effet, il faudra analyser et adapter au cas de l'innovation variétale les modèles d'actions proposés par les sciences d'analyse et de construction de système d'innovation dans d'autres secteurs économiques (Klerkx *et al.*, 2009 ; Berthet, 2010).

▶▶ Les leviers pour relever les défis de l'intensification écologique

Face à ces défis, il nous faut trouver les moyens de développer une amélioration des plantes agile, pour le bénéfice des agriculteurs, valorisant les interactions agrobiologiques, dans des milieux variés et sur des plantes diverses.

Pour être agile, l'amélioration des plantes doit être flexible, rapide et réactive, d'une part, grâce à la connaissance et à la capacité de pilotage des facteurs génétiques importants et, d'autre part, grâce à la production de populations à base génétique large et au pouvoir de résolution analytique élevé permettant la création de matériel adapté à une large gamme de systèmes de culture.

Pour privilégier le bénéfice des agriculteurs, elle doit se développer avec eux grâce à une meilleure compréhension de leurs contraintes, de leurs aspirations et de leurs pratiques, et par des interactions et des partenariats renforcés permettant coconception et covalidation. Le matériel produit par le programme d'amélioration devra comporter une représentation forte de leurs matériels favoris, porteuse d'améliorations incrémentielles par rapport aux variétés en utilisation.

Pour valoriser les interactions agrobiologiques, elle devra être pensée en fonction des traits réputés/repérés/avérés favorables, et inclure des tests et des mises en œuvre régulières dans des situations d'interaction. Elle devra notamment renforcer ses approches en matière de sélection pour peuplements complexes, composites ou associations multispécifiques.

Pour être efficace face à des milieux variés, elle devra s'organiser en analysant la diversité des milieux et en modélisant les voies d'adaptation locale dans une diversité globale la plus vaste possible.

Pour se déployer sur des plantes diverses, elle devra apprendre à opérer avec des relais et des partenaires nombreux, inclure dans ses contributions la fourniture d'accès à des ressources génétiques décrites de la façon la plus pertinente possible, voire procurer une caractérisation rapide pour orienter les travaux des intervenants.

Les principaux éléments de méthode sont une mobilisation méthodique de la diversité des ressources génétiques, des partenariats pertinents et des modes de collaboration innovants, des objets et questions de recherche partagés pour un rapprochement des disciplines.

Une mobilisation méthodique de la diversité génétique

Un accès structuré à la diversité génétique

La diversité génétique est la base de tout progrès génétique. Identifiée comme telle, elle est devenue un enjeu stratégique et parfois objet de tensions politiques. Certaines initiatives internationales visent à optimiser l'accès à la diversité génétique globale pour un grand nombre d'espèces en proposant des échantillons représentatifs des grandes collections construits sur une base à la fois écogéographique et moléculaire (Glaszmann *et al.*, 2010 ; Billot *et al.*, 2013). Ces échantillons « core » ou « minicore » sont proposés comme référence pour les différents acteurs de la recherche. Ceci permet d'accumuler des caractérisations de toute sorte afin de mieux comprendre les liens entre les traits observés et d'explorer les associations entre comportements et polymorphismes moléculaires. Ce concentré de diversité représente également un point d'entrée vers la diversité globale, qu'on peut alors explorer sur la base des tendances observées dans l'échantillon de référence (par exemple vers une région géographique dense en diversité, en sources de résistance, etc.). Il peut également servir à identifier un échantillon encore plus réduit (échantillon noyau) qui pourra être utilisé comme représentation de l'espèce dans les études comparatives ou comme point de départ pour des brassages de diversité.

Au-delà de sa description, c'est bien la compréhension de la diversité qui sera garante de son meilleur usage. Au fil de la domestication, elle a été (et continue à être) façonnée par la sélection naturelle et la sélection humaine dans toutes leurs complexités, et par l'histoire démographique des populations cultivées, foncièrement liée à l'histoire des environnements et l'histoire des hommes. Comprendre l'histoire permet de repérer les situations susceptibles d'avoir fait émerger des facteurs génétiques originaux, qui pourront être mobilisés dans de nouveaux contextes par recombinaison. Parfois l'évolution des formes cultivées se fait par sauts successifs, liés par exemple à l'apparition de nouvelles formes hybrides, voire de nouvelles configurations génomiques ; cette connaissance permet de repérer des voies de succès, de les accompagner, de les accélérer, voire de les réexplorer sur des bases renouvelées. Les histoires du cacaoyer, du cocotier ou du bananier, au brassage génétique ralenti par un cycle long ou la prééminence de la multiplication végétative, révèlent de tels épisodes structurants (Loor Solorzano *et al.*, 2012 ; Gunn *et al.*, 2011 ; Perrier *et al.*, 2011) qui inspirent les stratégies d'hybridation pour l'amélioration variétale. L'analyse de situations contemporaines éclaire une autre échelle d'évolution, mettant en lumière les processus gouvernant la gestion des semences et de leur diversité dans les sociétés (Leclerc et Coppens d'Eeckenbrugge, 2011 ; Pautasso *et al.*, 2013), confortant les bases d'une compréhension globale de la dynamique de la diversité.

Un brassage intensif dans des populations exploratoires

Pourquoi pratiquer un brassage intensif ? Parce que l'analyse rétrospective montre que le brassage a été source d'avancées majeures. Les études les plus récentes sur la domestication du riz en Asie font apparaître que celle-ci a été réalisée en Asie de l'Est sur une espèce sauvage locale, conduisant à la sélection de formes alléliques particulières pour plusieurs gènes distribués dans le génome, et que c'est le recyclage de ces allèles par hybridations spontanées qui a permis la répétition de la domestication à partir de riz sauvages d'Asie du Sud et du Sud-Est (Huang *et al.*, 2012). De la même façon, on peut dire que le blé cultivé, le cotonnier, le bananier ou l'arachide sont issus de croisements distants ayant combiné des espèces différentes. Et l'amélioration génétique classique fait intervenir de nouveaux croisements entre espèces distantes, rendus possibles par les technologies de culture *in vitro*, afin de récupérer des gènes de résistance à des maladies par exemple (riz, orge, etc.), mais aussi des gènes augmentant la productivité, comme cela a été fait chez la tomate (Gur et Zamir, 2004) et chez le riz (Thalapati *et al.*, 2012).

La connaissance fine de la structure de la diversité permet d'entreprendre la création de populations porteuses d'une variabilité nouvelle par brassage intensif, par exemple sous la forme de populations de type MAGIC, *multi-parent advanced generation inter-cross* (Cavanagh *et al.*, 2008), qui consistent à entrecroiser un nombre restreint (généralement 4, 8 ou 16) de génotypes représentatifs, ou de populations centrées de type NAM, *nested association mapping* (Yu *et al.*, 2008), faites de lignées recombinantes issues de croisements entre un génotype central et une série de génotypes divers.

Un accès détaillé au génome, à sa structure, à sa diversité et à son expression

La génomique, discipline récente et en plein essor, consiste à étudier le fonctionnement des organismes à l'échelle du génome entier. Elle décrypte les gènes et leur organisation sur le génome et explore leur fonction en étudiant l'expression du génome au niveau du transcriptome, directement dérivé de cette expression et de ses régulations, et du protéome ou du métabolome, qui en découlent indirectement et se rapprochent de la physiologie des organismes.

Les progrès technologiques permettent de déployer avec rapidité l'analyse du génome sur un nombre croissant de plantes, jusqu'à celles considérées comme orphelines jusqu'à récemment (Varshney *et al.*, 2010).

Les séquences des génomes de base sont décryptées de plus en plus vite (les dernières en date sont la tomate et le bananier, D'Hont *et al.*, 2012), permettant de reconstituer l'évolution des génomes et d'analyser la dynamique des familles de gènes impliqués dans les fonctions et les voies métaboliques les plus importantes.

Sur les plantes les plus travaillées, c'est avec une ampleur impressionnante que les avancées se succèdent. Ainsi, viennent d'être rendues publiques les données de reséquençage de plus de 1 500 variétés de riz (446 riz sauvages et 1 083 cultivars) (Huang *et al.*, 2012). Près de 8 millions de polymorphismes sont accessibles à l'analyse, permettant d'élucider la domestication du riz et d'inventorier les régions du génome qui en sont à la base. Avec ce type de données, on a pu révéler des facteurs génétiques expliquant en moyenne 36 % de la variation phénotypique observée pour 14 caractères d'intérêt agronomique (Huang *et al.*, 2010).

Connaissant le répertoire des gènes (de 30 000 à 50 000 par génome de base), on peut en étudier l'expression au fil du développement des plantes et des conditions environnementales de façon à repérer ceux qui répondent à des conditions particulières et pourraient être porteurs d'adaptation aux objectifs de sélection.

L'analyse de la structure et du fonctionnement du génome donne par ailleurs accès à des éléments nouveaux, comme les éléments transposables (Kidwell, 2005) ou les petits ARN, dont l'activité conditionne des modifications d'expression du génome dont certaines se transmettent à la génération suivante (He et Hannon, 2004). C'est le domaine de l'épigénétique, qui rassemble les variations induites par l'environnement, généralement réversibles, mais parfois aussi héritables ; domaine chargé d'une histoire troublée par les excès de Lyssenko, mais dont les fondements biologiques pourraient jeter une lumière nouvelle sur l'épistasie, l'hétérosis et l'isolement reproductif, et ainsi induire des voies nouvelles en amélioration des plantes (Tsaftaris *et al.*, 2008 ; Durand *et al.*, 2012 ; Paszkovski et Grossniklaus, 2011).

Le flot de données engendrées par la génomique défie avec force les capacités de traitement et même de stockage de données. La phénomique, domaine technologique visant à décrire les organismes (le phénotype) dans diverses conditions et à des échelles diverses (cellule, tissu, organe, organisme, peuplement, etc.), progresse également, sans avoir encore atteint les mêmes débits, et apporte des données d'une grande complexité biologique et mathématique. Comme l'évolution des technologies a conduit à la constitution de plateformes à haute densité et technicité, la bio-informatique connaît des regroupements de forces au-delà des frontières disciplinaires classiques et rassemble souvent des spécialistes de santé humaine, d'évolution, de biologie animale, végétale ou microbienne, à l'image de l'Institut de biologie computationnelle de Montpellier (encadré 3.11).

Une approche intégrative de la biologie

La réponse phénotypique d'une plante, accessible à l'observation macroscopique (croissance, développement, passage de la phase végétative à la phase reproductrice, etc.), aux stimulus ou aux stress environnementaux (lumière, sécheresse, salinité, basse ou haute température, fertilisation, maladie, etc.), résulte évidemment de l'intégration de la diversité et de l'expression d'un nombre considérable de gènes. Alors que le praticien de l'amélioration des plantes cherche à repérer et à recombiner au mieux les modules en ségrégation dans les descendances, le défi majeur de la biologie est de comprendre comment les voies métaboliques, les voies de signalisation cellulaire et les différents processus développementaux s'articulent avec l'expression du génome d'un côté et l'expression du phénotype de l'autre. Il s'agit d'éclairer les relations internes au système étudié en caractérisant les relations qui lient ce système dans son entier aux systèmes englobants dans lesquels il est situé.

Comme le concluait le groupe de réflexion mis en place par le conseil scientifique de l'Inra en 2004 (Charrier *et al.*, 2005), la biologie intégrative constitue le nouveau paradigme qui doit « donner du sens » aux approches analytiques et quantitatives de la génomique et permettre d'intégrer les informations acquises à différents niveaux d'approche pour donner une explication et une signification aux processus étudiés. Si la démarche est encore dans une phase de construction, on espère déboucher sur de nouveaux modes de raisonnement et découvrir des voies épistémologiques originales. De nouvelles méthodes, de nouveaux concepts sont en émergence. L'investissement réalisé en bio-informatique, stimulé par les données « en masse » produites par la génomique, s'accompagne de nouvelles méthodologies fondées sur l'intelligence artificielle et les statistiques pour générer de nouvelles hypothèses sur les données de génomique et les soumettre à validation. Différentes évolutions technologiques permettent d'améliorer le suivi des métabolismes *in vivo* et l'observation détaillée des ultrastructures fonctionnelles de la cellule vivante.

L'écophysiologie, en assimilant les peuplements végétaux à des surfaces d'échanges de masse et d'énergie, a permis de modéliser la production primaire des peuplements végétaux sans que soient explicités les processus biologiques sous-jacents et leurs régulations génétiques. En passant à l'échelle de la plante individuelle, cette approche a pris en considération les processus qui contrôlent la répartition des assimilats et

---

Encadré 3.11. L'Institut de biologie computationnelle de Montpellier.

Les projets de génomique végétale font de plus en plus appel aux nouvelles technologies de séquençage à très haut débit (*next generation sequencing*, ou NGS) et aux méthodes de phénotypage à haut débit. L'application des NGS ne se limite pas au séquençage de nouveaux génomes, mais touche aussi le reséquençage de génomes, l'identification de variations génomiques telles que les *single nucleotide polymorphism* (SNP) ou la transcriptomique. Ces projets engendrent une masse d'informations considérable. Leur intégration, par exemple pour des études d'association à l'échelle des génomes, nécessite la mise en place d'approches innovantes d'analyse des données. La disponibilité d'outils informatiques capables de traiter des volumes sans cesse croissants de données constitue un goulot d'étranglement important.

Dans ce contexte, l'Institut de biologie computationnelle (IBC) de Montpellier cherche à développer des méthodes et logiciels permettant d'analyser, d'intégrer et de contextualiser les données biologiques à grande échelle, dans les domaines de la santé humaine, de l'agronomie et de l'environnement. Plusieurs domaines sont concernés : l'algorithmique (combinatoire, numérique, hautement parallèle, stochastique), la modélisation (discrète, quantitative, probabiliste) et la gestion des données et des connaissances (intégration, *workflow*, *cloud*). Les défis sont liés à l'augmentation exponentielle des données, à la complexité des modèles ainsi qu'à l'hétérogénéité et à la distribution des données et des connaissances biologiques. Pour couvrir ces champs et attaquer de manière concertée un ensemble bien défini de problèmes, le projet est structuré en cinq *work-packages* liés à cinq aspects fondamentaux du traitement des données biologiques actuelles : méthodes pour le séquençage à haut débit ; passage à l'échelle des analyses évolutives ; annotation structurale et fonctionnelle des protéomes ; intégration de l'imagerie tissulaire et cellulaire avec les données omiques ; intégration des données et connaissances biologiques. Les concepts (méthodes informatiques, modèles mathématiques, etc.) et outils (logiciels, plateformes et bases de données, etc.) seront validés notamment grâce à des applications en agronomie (génomique végétale, agriculture du Sud) et environnement (dynamique des populations, biodiversité).

Ces travaux impliquent cinquante-sept chercheurs permanents, couvrant un vaste spectre disciplinaire et appartenant à une entreprise et treize laboratoires publics de Montpellier, notamment Cirad, Centre national de recherche scientifique (CNRS), Institut national de recherche agronomique (Inra), Institut national de recherche en informatique et en automatique (Inria), Institut de recherche pour le développement (IRD), université Montpellier 1 et université Montpellier 2.

donc de la biomasse entre les différentes parties de la plante, qui découlent de la morphogenèse et ne peuvent être appréhendés que par une approche architecturale de la croissance de la plante. Ainsi s'est développée une approche du peuplement comme une collection de plantes individuelles qui interagissent entre elles, avec leurs propriétés émergentes qui traduisent le fonctionnement collectif de la population.

Dans le développement de la biologie intégrative, la génétique comme mode d'analyse de la variation naturelle joue un rôle charnière pour déterminer les fonctions des gènes dans l'expression du phénotype.

Alors que les études de biologie moléculaire à grande échelle mettent en lumière des dynamiques d'expression et de coexpression marquant des interactions entre gènes sous forme de réseaux de régulation, les études d'associations pangénomiques apportent des connexions statistiques entre les génotypes (dans le sens de combinaisons d'allèles) et les phénotypes. Ces deux faisceaux fournissent des informations synthétiques que la modélisation mathématique peut entreprendre de connecter (Nuzhdin *et al.*, 2012).

Les modèles de plante, représentations mathématiques simplifiées des interactions biologiques et environnementales de la dynamique de croissance et de développement d'une plante ou d'un peuplement, constituent l'outil de choix pour comprendre et prédire les relations génotype-phénotype pour les caractères complexes tels que le rendement ou la plasticité (adaptabilité) phénotypique (Dingkuhn *et al.*, 2003 ; Hammer *et al.*, 2006). Cependant, la plupart des modèles existants ne contiennent pas le degré de détail de fonctionnement biologique requis. Il est nécessaire de mettre davantage l'accent sur des approches explicatives *via* la compréhension de la dynamique des processus qui sous-tendent la croissance et le développement de la plante. À cet égard, la modélisation des processus morphogénétiques de la plante entière, en s'appuyant sur les relations source-puits pour les assimilats carbonés (encadré 3.12), constitue une approche prometteuse. Elle fournit les bases pour la dissection des fonctions physiologiques qui sous-tendent les variations des principaux caractères adaptatifs et pour l'identification des régions génomiques impliquées dans le contrôle de ces fonctions.

Encadré 3.12. Ecomeristem : modèle de croissance de la plante en peuplement pour un appui au phénotypage et à l'exploration d'idéotypes.

Le modèle Ecomeristem (Luquet *et al.*, 2006) formalise la morphogenèse de la plante (riz, sorgho et autres graminées tropicales) et sa plasticité phénotypique en réponse à son environnement abiotique dans le peuplement ; ceci sur la base d'équations dont les paramètres génotypiques définissent un potentiel morphogénétique (taille de phytomères, aptitude au tallage, phyllochrone, etc.), physiologique (interception radiative, assimilation carbonée, transpiration foliaire) et sa régulation par l'état nutritionnel (carboné, hydrique) de la plante (paramètres seuil et taux de régulation des potentiels) selon ses conditions photothermiques et hydriques. Le modèle formalise ainsi des paramètres morphophysiologiques cachés contrôlant le fonctionnement des organes puits et

...

...

sources en réponse à l'environnement, la possible compétition entre organes puits pour le même pool de ressources au sein de la plante et ainsi les compensations et régulations de ces processus pouvant résulter de leurs liaisons physiologiques et/ou génétiques.

Une fois calibré sur un panel de variétés représentatif de la diversité de l'espèce, le modèle permet, à partir d'un ensemble de données expérimentales relativement simples, d'estimer pour tout nouveau génotype étudié les paramètres génotypiques mentionnés du modèle, supposés moins bruités par l'environnement que les variables mesurées (Luquet *et al.*, 2012a; 2012b). Ecomeristem a ainsi été extensivement utilisé pour analyser les phénotypes en matière de croissance et de vigueur végétative du riz et de la canne à sucre. En particulier, sa capacité à représenter la diversité génétique des comportements de vigueur végétative et de sensibilité au stress hydrique (ouverture stomatique) au sein d'un panel de diversité de 200 accessions de riz *japonica* a été démontrée (Luquet *et al.*, 2012a; 2012b).

Les paramètres du modèle optimisés pour chacune des 200 accessions de riz *japonica* vont prochainement servir à l'identification des bases génétiques de ces paramètres par l'approche étude d'associations. De même, les gammes de valeurs de paramètres représentant la diversité du riz *japonica* seront utilisées pour définir, *in silico*, des idéotypes variétaux pour la tolérance au stress hydrique. Dans le contexte du projet ANR Grand Emprunt Biomass Crop For the Future (2012-2019), le modèle Ecomeristem sera appliqué au phénotypage et idéotypage du sorgho — biomasse pour la production de bioproduits. Ces futures applications impliqueront son couplage à des modèles de représentation 3D des plantes (Soulié *et al.*, 2010) et l'insertion d'un modèle de photosynthèse plus élaboré afin d'avoir accès, selon les applications, à plus de caractères architecturaux ou physiologiques.

Récemment, les concepts fondateurs du modèle Ecomeristem ont été simplifiés et intégrés avec le modèle Sarra-H (Dingkuhn *et al.*, 2003) pour construire une nouvelle génération de modèle agronomique. Le modèle Samara ainsi développé offre une représentation simplifiée des relations source-puits en assimilats carbonés et permet de simuler la plasticité et des rendements multiples (grain, sucre, biomasse) pour les peuplements de graminées tropicales, et ce, au sein d'une représentation très élaborée du système de culture propre à ces espèces phares : le riz et le sorgho.

Dans le terme immédiat, la pertinence des modèles proposés est évaluée par le praticien de l'amélioration génétique à l'aune de leur capacité à simplifier la représentation de l'hérédité des comportements phénotypiques en identifiant des modules héréditaires à effets importants sur le phénotype ciblé.

Le développement de ces approches devrait permettre d'aborder de manière plus efficace non seulement les objectifs classiques d'amélioration des plantes de type « adaptation au contraintes abiotiques », mais aussi de nouveaux objectifs d'amélioration, très complexes, tel le processus de compétition-médiation, qui sous-tendent l'amélioration des performances de peuplements hétérogènes, ou les supports de l'interaction de la plante avec des éléments du monde extérieur, comme les pathogènes, les insectes pollinisateurs, les plantes voisines, les animaux qui dispersent les semences, etc.

Des objets et questions de recherche partagés pour un rapprochement des disciplines

Idéotype

L'idéotype, concept initialement proposé par les écophysiologistes, est une représentation de la plante idéale porteuse d'un ensemble de caractères qui lui confèrent la meilleure adaptation au système agricole (de culture, de production) considéré. Issu d'une première appréhension des associations entre caractères à la base de comportements agronomiques, c'est une construction intellectuelle qui s'apparente à une modélisation. Les progrès dans cette matière permettent d'affiner les simulations, de relativiser les idéotypes par rapport à des conditions environnementales, d'intégrer les facteurs génétiques repérés dans les raisonnements et de tenter un pilotage des programmes de recombinaison dans les générations d'amélioration. Dans une acception élargie au-delà du cercle des biologistes, l'idéotype est un objet virtuel qui fait converger les regards des chercheurs de différentes disciplines et ceux des différents acteurs de l'agriculture, de la transformation et de la distribution, voire des décideurs en matière de politiques publiques. Il devient un enjeu de partage, de participation, de coadaptation, voire de négociation entre acteurs, qui doit aboutir à une représentation partagée et une mise en phase propice à l'innovation. Ce processus part des objectifs de chacun et se nourrit des capacités d'analyse des chercheurs, évaluant faisabilité et opportunité scientifiques, et des capacités de coadaptation des divers porteurs d'enjeu. Considéré comme fixe, l'idéotype induira un processus de planification peu porteur d'innovation. Considéré comme objet d'itérations, l'idéotype crée l'occasion de synthèses multidisciplinaires, de communication et d'interactions cycliques et programmatiques à même de favoriser l'innovation. C'est à travers ces processus interactifs que les objectifs d'intensification écologique, leur diversité et leur spécificité pourront être intégrés au mieux dans les programmes d'amélioration variétale.

Populations vectrices de progrès génétique et de résolution biologique

La capacité à produire de nouvelles populations de ségrégation en connaissance de la diversité et de la recombinaison au sein du génome invite la recherche à produire des populations qui seront les plus appropriées à la fois au besoin d'avancer dans le sens du progrès génétique et au souci d'avancer dans la connaissance des facteurs génétiques que le programme de sélection devra utiliser au mieux.

Cette approche donnera lieu à des options différentes selon les caractéristiques biologiques de l'espèce considérée. Les espèces à multiplication végétative représentent souvent une situation extrême. Du fait d'une forte hétérozygotie, d'une génétique complexe et relativement peu connue, d'une fragmentation des habitats ou d'une limitation des échanges pour des raisons prophylactiques, ces espèces tirent un grand bénéfice d'une distribution organisée de diversité allélique, au moyen d'échantillons de référence qu'on aura débarrassés de leurs pathogènes ou au moyen de descendances issues de croisements choisis pour leur capacité à restituer une diversité large et nouvelle. Ainsi, la DAD (*distribution of allelic diversity*, Lebot *et al.*, 2005) ouvre de belles perspectives pour des plantes comme le manioc, l'igname, le taro ou le bananier-plantain.

La production de populations centrées autour d'un génotype choisi (NAM) permet de mobiliser une base génétique très large en maintenant un cadre d'analyse circonscrit et un maillage génomique porteur d'une grande résolution génétique. Les lignées recombinantes issues du croisement d'une même variété pivot avec un groupe de variétés aux caractéristiques distinctes et complémentaires donnent plus de puissance aux analyses génétiques et permettent de mieux évaluer les progrès génétiques incrémentaux. Ainsi, les populations NAM ont permis d'entamer une nouvelle génération d'analyses très informatives (Cook *et al.*, 2012 ; Hung *et al.*, 2012). La généralisation de ce genre d'approche est très prometteuse.

Poussant plus avant le «centrage» vers un génotype cible, la production de lignées d'introgression est possible par rétrocroisements successifs assistés et accélérés par l'usage des marqueurs moléculaires. À l'image de ce qui a été fait à l'échelle du génome entier avec le développement de populations de lignées d'introgression de segments chromosomiques (CSSL) sur les hybrides interspécifiques chez l'arachide (Fonceka *et al.*, 2009 ; 2012a ; 2012b) (encadré 3.13) et chez le riz (Bocco *et al.*, 2012), la production rapide et systématique de lignées d'introgression sur un fonds génétique d'intérêt agronomique avéré permet de tester l'effet du segment chromosomique introgressé dans le fonds génétique même auquel il est destiné. Les généticiens se débarrassent ainsi des relations d'épistasie qui complexifient généralement l'analyse génétique et sont en mesure de mesurer précisément l'impact phénotypique du facteur introgressé ; les biologistes sont en mesure d'appréhender la pléiotropie si riche en enseignements ; les agriculteurs sont en mesure d'évaluer l'intérêt de la modification appliquée. Ces approches ont l'avantage de produire simultanément de l'information directement utile et facilement applicable en sélection et du matériel d'intérêt très probable pour les acteurs.

Diversifier les espèces travaillées

L'analyse du passé européen nous donne plusieurs illustrations des capacités de l'amélioration génétique (Stamp et Visser, 2012). Il a suffi d'un siècle après le blocus imposé à l'empire français de Napoléon Ier par la marine britannique pour transformer la betterave fourragère en betterave sucrière, culture sucrière de zone tempérée capable de rivaliser avec la canne à sucre tropicale. C'est en moins de cinquante ans que le colza a vu sa qualité complètement modifiée, notamment par la baisse de la teneur en acide érucique, sous l'impulsion d'une décision de l'Union européenne ; c'est en moins de quarante ans que le soja a été adapté au climat européen pour devenir une culture économiquement viable au nord des Alpes. Avec les outils de marquage moléculaire, de biologie de la reproduction et de physiologie, les sélectionneurs sont capables d'adapter une plante cultivée annuelle à des conditions ou des exigences totalement nouvelles en moins de vingt-cinq ans si les efforts de recherche nécessaires sont déployés, les ressources génétiques accessibles et le contexte du système agricole compatible.

Encadré 3.13. Valorisation des espèces sauvages apparentées avec les lignées de substitution de segments chromosomiques : cas de l'arachide.

L'arachide cultivée, *Arachis hypogaea*, est une allotétraploïde issue d'un événement récent d'hybridation entre deux espèces diploïdes sauvages, *A. duranensis* et *A. ipaensis*. Cette tétraploïdie l'a isolée d'un point de vue reproductif des quelque quatre-vingts espèces connues du genre *Arachis*. La diversité disponible au sein de l'espèce cultivée étant limitée, son élargissement par croisements avec les espèces sauvages apparentées est un axe important de l'amélioration variétale de l'arachide. La première étape consiste à créer des tétraploïdes synthétiques en croisant deux espèces sauvages entre elles, et en doublant les chromosomes de l'hybride. Un amphidiploïde synthétique a ainsi été développé par l'Empresa Brasileira de Pesquisa Agropecuária (Embrapa) au Brésil à partir du croisement entre les deux espèces sauvages ancestrales de l'arachide cultivée, *A. duranensis* et *A. ipaensis*.

À partir de cet amphidiploïde, le Cirad a entrepris un programme ambitieux de création de lignées de substitution de segments chromosomiques (CSSL) avec le double objectif d'élargir la diversité de l'arachide cultivée et de produire un matériel qui permette d'identifier les régions génomiques (QTL) impliquées dans le déterminisme des caractères d'intérêt agronomique. Pour ce faire, la variété Fleur11, largement cultivée au Sénégal, a été choisie comme parent receveur. Une carte génétique (Fonceka *et al.*, 2009) a été construite en génération BC_1F_1 pour contrôler et piloter par les marqueurs la distribution des introgressions de génome sauvage dans celui de Fleur11 dans les générations de *backcross* suivantes. À l'issue de la génération BC_4F_3, une population de 122 lignées CSSL a été obtenue (figure 3.2), représentant l'ensemble du génome sauvage sous forme de segments chevauchants introgressés dans un fonds génétique cultivé (Fonceka *et al.*, 2012b). La plupart (62 %) des lignées de cette population comportent un segment unique permettant l'attribution directe de l'effet observé par comparaison au parent cultivé.

Au cours de ce processus de création des CSSL, une population de *backcross* avancé a été utilisée pour détecter précocement des QTL pour l'architecture de la plante, la morphologie des gousses et des graines ainsi que les composantes du rendement (Fonceka *et al.*, 2012a). Ceci a mis en évidence l'existence d'allèles sauvages ayant un effet positif sur des caractères agronomiques tels que le nombre et la taille des grains et des gousses ainsi que la maturité des gousses. Certains des QTL identifiés étaient de plus indépendants d'éventuels QTL défavorables pouvant ainsi être directement valorisés en sélection.

Une première étude des CSSL a confirmé l'intérêt de ce type de population pour disséquer le contrôle génétique de caractères d'intérêt tels que le port ou la hauteur de la plante (Fonceka *et al.*, 2012b). À la lumière de cette étude, le port de la plante, qui a été décrit comme un caractère relativement simple contrôlé par un à quatre gènes, apparaît comme la résultante d'un plus grand nombre de QTL, aboutissant aux phénotypes « rampant » ou « érigé » et à leur intermédiaires tels qu'ils sont décrits chez l'arachide cultivée.

Cette population CSSL, développée dans le cadre d'une collaboration internationale d'échange de matériel génétique et grâce à un effort important d'intégration des marqueurs moléculaires au processus de sélection, constitue une ressource importante pour la découverte d'allèles sauvages favorables et l'étude du contrôle génétique des caractères d'intérêt agronomique.

...

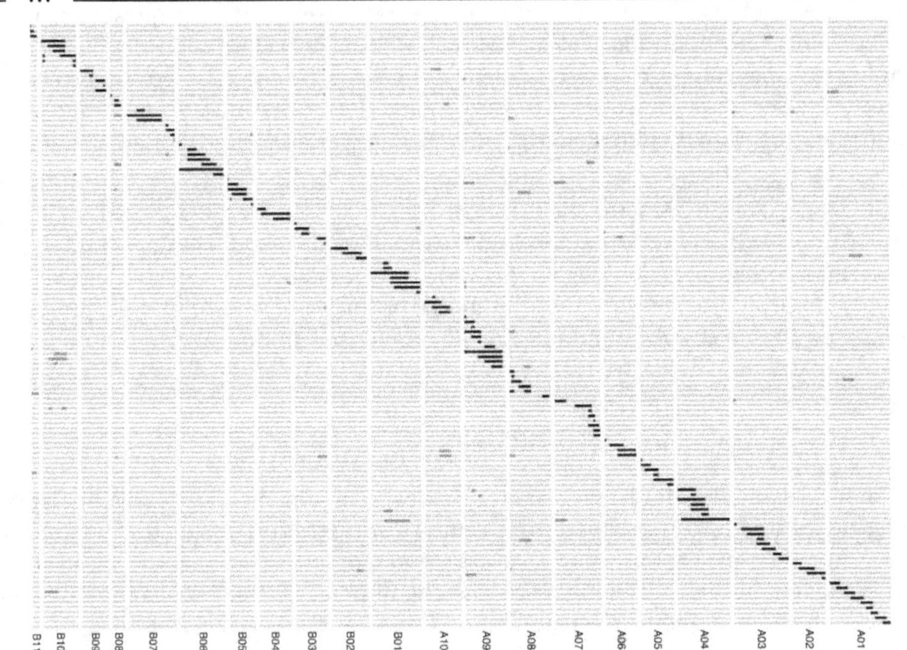

Figure 3.2. Génotype graphique de 122 lignées de substitution de segments chromosomiques (CSSL) chez l'arachide.

En abscisse sont représentés les 21 chromosomes A01 à A10 et B01 à B11. En ordonnée figurent 122 lignées. Les zones chromosomiques blanches représentent le fonds génétique cultivé ; les zones noires : les segments substitués par le génome sauvages ; les zones grises : les segments chromosomiques sauvages additionnels (non recherchés).

Sans chercher à étendre une aire de répartition ou à rediriger les usages, un effort peut être affecté à la plus grande valorisation de certaines espèces repérées comme largement sous-utilisées, qui peuvent être revisitées à l'aide des moyens d'analyse nouveaux. La recherche publique devrait probablement prendre à son compte une nouvelle génération de recherches sur un nombre de plantes choisies, comme le fonio (*Digitaria exilis* Stapf, *D. iburua* Stapf), considéré comme la plus ancienne céréale d'Afrique de l'Ouest. Aujourd'hui cultivé du Sénégal au lac Tchad, il est adapté aux milieux secs et peu fertiles, demande peu de travaux et fournit une soudure alimentaire à haute valeur nutritionnelle entre les cycles des grandes céréales (Vodouhè et Achigan-Dako, 2006). Sa réhabilitation soulève des questions d'ordre génétique mais aussi d'intégration dans les systèmes de cultures, de transformation et de distribution, ainsi que de perception des consommateurs ruraux et urbains.

Les mêmes outils peuvent être mobilisés, les mêmes approches peuvent être déclinées sur toute une série de plantes aujourd'hui négligées, comme des plantes de service apportant des contributions décisives à la durabilité des systèmes de culture. La recherche agronomique publique ne peut probablement pas prendre en charge tous les programmes d'amélioration génétique qui sembleraient utiles, mais elle peut partager ses outils et accueillir des partenaires pour des travaux assez simples mais à très haute valeur ajoutée, avec la mise à disposition de quelques marqueurs moléculaires (cytoplasmiques et nucléaires), d'installations de culture *in vitro* et de cytologie, de capacités de conservation de graines, etc. Bientôt, on pourra probablement proposer aussi le séquençage du génome d'un échantillon représentatif des ressources génétiques comme service…

Forte de ses expériences, notamment celles en cours dans le cadre des projets Arcad[1] soutenus par Agropolis Fondation, la recherche agronomique peut aussi organiser une offre en matière de formation, en particulier pour ce qui est des stratégies de prospection de la diversité, des méthodologies d'enquêtes associées, des modalités d'accès et partage, toutes composantes qui favoriseront l'établissement de processus ayant plus de chances d'aboutir à une réelle mise en valeur des savoirs locaux.

Expérimenter l'amélioration génétique pour des peuplements complexes

Le défi de l'amélioration génétique pour des peuplements complexes, mélanges de génotypes de la même espèce ou cultures associées, doit également être relevé. Mais, comme nous l'avons signalé, la prise en compte des interactions biologiques fait littéralement exploser la matrice des conditions qu'il faudrait comparer pour exercer un choix du même type que ceux exercés par la sélection classique.

La possibilité de développer des matériels quasi isogéniques dans le cadre d'une amélioration de type incrémentiel fournit l'occasion d'utiliser des génotypes très voisins, différant pour quelques points de comportement d'autant plus faciles à caractériser que les génotypes ont peu de gènes qui diffèrent.

Avec ce matériel à variation génétique discontinue (des lignées pures par exemple) et d'ampleur limitée (quasi isogéniques par exemple), on facilite une démarche progressive et itérative d'exploration à partir d'un système initial existant. Cela facilite la conduite de l'expérimentation dans un espace de complexité réduite à des situations repérables par l'expérimentateur, accélérant une démarche empirique globale.

En peuplement monospécifique, on peut ainsi tester des complémentations à partir de ports de plante, d'enracinements, de vigueurs au départ ou autres traits différenciant les génotypes utilisés. Le maintien d'un nombre fini de composantes variables permet d'aboutir à des conclusions étayées sur des bases génétiques, mais aussi écophysiologiques, et de les remobiliser de façon très simple dans les générations qui suivent et dans les modèles qui serviront à explorer les possibles.

Le même raisonnement vaut pour les peuplements multispécifiques, les paramètres estimés devant caractériser la qualité de la coadaptation entre les génotypes des espèces associées. Le projet Fabatropimed[2] soutenu par Agropolis Fondation fournit un cadre intéressant pour promouvoir des actions de sélection pour une association légumineuse-céréale. Il offre un cadre multidisciplinaire pour les caractérisations fonctionnelles des bénéfices de fertilité du système.

---

1. Agropolis Resource Centre for Crop Conservation, Adaptation and Diversity, <http://www.arcad-project.org/about_arcad> (consulté le 15 novembre 2012).
2. <http://www.agropolis-fondation.fr/> (consulté le 15 novembre 2012).

Outils et méthodes pour accélérer la construction de prototypes de plantes

Un pilotage fin de la recombinaison

Les méthodes de pilotage de la recombinaison des génomes au sein de populations continuent de progresser avec les avancées de génotypage à haut débit et des méthodes statistiques. La sélection récurrente assistée par marqueurs (MARS) a déjà été évoquée (encadré 3.8). La version extrême de l'application du marquage du génome est représentée par la «sélection génomique», où la valeur des candidats à la sélection n'est plus déterminée sur la base du génotype à un petit nombre de QTL, mais par l'estimation de l'effet de plusieurs milliers ou centaines de milliers de marqueurs sur un phénotype. L'absence d'hypothèse *a priori* sur les relations causales entre marqueurs et caractère cible permet d'entreprendre l'amélioration de caractères complexes dont les bases génétiques sont imparfaitement connues (Heffner *et al.*, 2009).

Parallèlement, le marquage permet de pratiquer en masse et avec rapidité le transfert ciblé d'allèles ou de segments chromosomiques d'un fonds génétique à un autre et d'en tester l'impact phénotypique, offrant un nouvel éclairage sur les effets de pléiotropie et d'épistasie et apportant ainsi une meilleure compréhension des comportements agronomiques et des phénomènes biologiques qui les sous-tendent, tout en produisant du matériel de grand intérêt agronomique.

Un recours parcimonieux à la transformation génétique

La modification du patrimoine génétique des plantes par l'insertion dans leur génome d'un ou de plusieurs nouveaux gènes (la transgenèse) constitue une nouvelle forme d'hybridation permettant l'échange d'information génétique entre organismes ne pouvant échanger par les voies conventionnelles de reproduction. On entre là dans la classe des OGM avec leur cortège de débats, d'autant moins productifs que le concept est flou, en référence à des technologies en évolution rapide, avec des enjeux économiques forts, encadrés par des législations concurrentes et en évolution, et des controverses publiques entre porteurs d'enjeux très actifs.

Les premiers OGM étaient issus de l'utilisation de technologies grossières, laissant dans le génome des traces importantes et intégrant des copies du gène transféré en nombre et sites indéterminés. Aujourd'hui, les avancés méthodologiques permettent d'envisager la chirurgie génique, c'est-à-dire d'effectuer la modification souhaitée avec une exactitude parfaite, comme ajuster l'expression d'un gène préexistant ou remplacer un gène par une version allélique repérée ailleurs, en changeant quelques nucléotides ciblés, voire un seul parmi les centaines de millions ou les milliards (selon l'espèce) que le génome comporte. C'est l'objet du projet d'investissements d'avenir Genius, dédié au développement de nouvelles technologies pour «sélectionner des variétés plus résistantes, moins polluantes, et mieux adaptées aux besoins des consommateurs».

La recherche en matière de technologie biocellulaire et biomoléculaire laisse donc augurer une ingénierie génétique bien plus efficace et ouvre une gamme infinie de possibilités. Ceci étant, il importe de traduire avec précision les finalités en objectifs de progrès génétiques avant de choisir l'option technique pour atteindre ces objectifs. L'analyse fine et exhaustive de la diversité des ressources génétiques donnera très souvent accès à des sources de diversité de grande valeur et mobilisables par croisements conventionnels. Parfois seulement le recours à l'ingénierie génétique apparaîtra indispensable pour conférer certaines caractéristiques nouvelles au matériel végétal. L'analyse de l'enjeu, du cadre partenarial, des bénéfices attendus et de leurs destinations, des risques et de leurs localisations, comme des défis biotechniques, permettra de jauger la pertinence éthique d'une telle orientation.

Une diffusion déconcentrée du matériel végétal

Une fois une nouvelle variété « améliorée » créée, il faut en assurer la maintenance, la multiplication et la diffusion auprès des utilisateurs potentiels. Les modalités de cette maintenance et multiplication dépendent, d'une part, du régime de reproduction de l'espèce (sexué autogame, sexué allogame et asexué) et, d'autre part, de la structure génétique de la variété (homozygote et stable au cours des générations, multiplication sexuée ou hétérozygote et instable). Les modalités de diffusion constituent aussi un enjeu économique, car c'est à travers la vente des semences qu'est rémunéré, en général, l'investissement dans l'activité d'amélioration variétale.

Les espèces autogames (blé, riz, soja, etc.) diffusées sous forme de variété homozygote (lignée pure) offrent la plus grande facilité de diffusion. Étant donné leur stabilité au cours des générations, ces variétés peuvent être reproduites, d'année en année, à la ferme ; un avantage pour l'agriculteur mais un risque pour l'obtenteur de la variété si des mécanismes de rémunération équitables ne sont pas mis en place. Il en est de même des espèces à reproduction asexuée ou végétative (banane, igname, manioc, etc.). La multiplication végétative permet, de plus, le maintien à l'identique de structures génétiques, hétérozygotes.

À l'inverse, les variétés des espèces allogames, aux structures génétiques très souvent hétérozygotes, sont difficiles à maintenir et à diffuser. Les agriculteurs doivent, chaque année, renouveler leurs semences ; une opportunité économique pour l'obtenteur mais une dépendance pour l'agriculteur. Les difficultés de maintenance et de diffusion sont encore plus grandes lorsque l'amélioration variétale d'une espèce (cacaoyer, teck, acajou, caféier, hévéa, etc.) repose sur l'obtention d'entités génétiques hétérozygotes exceptionnelles et leur diffusion par multiplication végétative, qui n'est pas leur voie de reproduction usuelle.

Le choix de la formule variétale sous laquelle les nouvelles variétés sont développées n'est donc pas neutre. La recherche publique doit, d'une part, en analyser les conséquences pour ce qui est de l'accès des différentes catégories d'agriculteurs au progrès génétique et, d'autre part, développer des recherches pour diminuer les coûts de production et pour éviter les verrouillages monopolistiques à travers la maîtrise de la production et la diffusion des semences.

Étant donné les avantages agronomiques et génétiques (niveaux de rendement plus élevés et plus stables, homogénéité, rapidité de réunion dans un même génotype de gènes dominants favorables, etc.) que présentent souvent les structures génétiques hétérozygotes, les sélectionneurs ont de plus en plus recours aux formules variétales hybrides, même chez des espèces autogames (Gallais, 2009). La maîtrise de la reproduction de type apomictique permettrait de multiplier ces hybrides à la ferme sans risquer de modifier leur structure génétique (encadré 3.14). L'utilisation chez les plantes pérennes de techniques de production de semences hybrides basées sur l'utilisation d'une stérilité mâle, déjà largement utilisées chez les plantes annuelles, permettrait la production de semences hybrides à grande échelle chez ces espèces (encadré 3.15). La mise au point des techniques d'embryogenèse somatique permettrait la multiplication massive d'entités génétiques hétérozygotes exceptionnelles et la diversification des acteurs de cette multiplication, facteur d'une autonomie favorable à une agriculture plus intensive et diverse (encadré 3.16).

Un système d'innovation variétale renouvelé

Les systèmes d'innovation industrielle suivent deux grands modèles d'innovation, par voie de diffusion ou par voie d'intéressement (Akrich *et al.*, 1988). Le modèle de diffusion considère que le nouvel objet peut se répandre de lui-même, par contagion, grâce à ses propriétés intrinsèques ; il suppose que son utilisation présente pour tous et en tous lieux les mêmes avantages. À l'opposé, le modèle d'intéressement

---

Encadré 3.14. L'apomixie : déconcentrer l'exploitation de la vigueur hybride.

L'apomixie est l'aptitude à produire des graines qui contiennent exclusivement du patrimoine génétique maternel. Elle peut donc être assimilée à une reproduction végétative mais qui serait diffusée sous forme de graines. Cette possibilité de reproduction à l'identique est particulièrement intéressante pour l'utilisation des variétés hybrides, aussi bien chez les plantes autogames qu'allogames, où la nécessité de renouvellement continu des semences à partir des lignées parentales augmente le prix des semences et nécessite l'existence d'une industrie semencière bien organisée. Pour les producteurs de semences, l'apomixie permet aussi la maintenance des génotypes élites de plantes allogames sans isolement pollinique. L'introduction du caractère d'apomixie chez des plantes alimentaires majeures (maïs, blé, mil, riz…) constitue donc un puissant moyen d'élargissement du domaine d'exploitation du phénomène de vigueur hybride (Hoisington *et al.*, 1999).

Le phénomène a été observé dans un grand nombre de familles botaniques. On distingue plusieurs types d'apomixie (aposporie, diplosporie et embryon adventif), allant d'un embryon formé directement après l'interruption de la méiose dans les cellules mères des mégaspores en passant par des embryons formés à partir de cellules du nucelle ou de l'ovule.

Afin que l'apomixie devienne largement utilisable pour l'amélioration et la reproduction de semences, de très gros efforts de recherche doivent être consentis pour comprendre les mécanismes moléculaires du phénomène (Grimanelli *et al.*, 2001). À ce jour, ces efforts sont surtout le fait du secteur privé, conduisant au dépôt de brevets, en particulier sur des méthodes qui visent à augmenter le pourcentage de graines apomictiques à partir de plantes à reproduction sexuée ou à apomixie facultative. Il est important que la recherche publique puisse investir ce domaine de la biologie de la reproduction, porteur de promesse de « démocratisation » d'utilisation des formules hybrides.

Encadré 3.15. La production de semences basée sur l'auto-incompatibilité ou la stérilité mâle génique.

La reproduction de nombreuses espèces cultivées allogames est caractérisée par l'impossibilité plus ou moins stricte, pour les gamètes mâles et femelles produites par une même plante ou par des plantes de génotypes identiques, de produire des zygotes viables (Gallais, 2009). On parle d'auto-incompatibilité. Cette caractéristique est utilisée par les sélectionneurs de plantes pérennes, tels le caféier et le cacaoyer, pour obtenir des hybrides entre clones complémentaires (Charrier et Eskes, 1997). Pour obtenir ces « hybrides de clones », les deux clones sont plantés ensemble dans des « champs semenciers ». C'est ainsi que des hybrides de clones de cacaoyers issus des recherches du Cirad et de ses partenaires ont été distribués en Côte d'Ivoire, au Togo ou au Cameroun, à des prix subventionnés. Plus récemment, la variété porte-greffe Nemaya (espèce *Coffea canephora*) multirésistante aux nématodes est reproduite et distribuée sous forme de semences par l'Association des caféiculteurs du Guatemala ANACAF (Bertrand *et al.*, 2000).

Une autre technique de reproduction qui peut être aisément démocratisée est basée sur l'utilisation de la stérilité mâle. Les plantes subissent des mutations dans les gènes impliqués dans le processus de développement des organes reproducteurs, conduisant à la stérilité mâle (absence d'étamine, absence de grain de pollen viable, etc.). Bien que rares, des mutants mâles stériles ont été trouvés chez toutes les espèces cultivées pour lesquelles une recherche a été entreprise dans ce sens (Gallais, 2009). Chez les plantes pérennes où la reproduction végétative est aussi possible, les mutants mâles stériles peuvent entrer dans la composition d'hybrides de clone et être exploités à travers le système de champs semenciers décrit plus haut. C'est ce que le Cirad vient de réaliser avec un mâle stérile de caféier arabica pour produire une variété hybride.

Le déterminisme génétique de la stérilité mâle étant en général simple, il est possible de localiser et cloner relativement rapidement le gène responsable et d'en assurer le transfert d'une variété (ou clone) à une autre par la sélection assistée par marqueurs ou par la transformation génétique.

D'utilisation assez simple, ces deux techniques de production de semences et de valorisation de l'hétérosis pourraient être facilement mobilisées chez d'autres espèces et transférées à des groupements de producteurs.

considère que le destin du nouvel objet dépend des possibilités d'évolution simultanée de l'objet et du milieu social qui l'adapte et l'adopte. Le sort d'un projet dépend donc des alliances qu'il permet et des intérêts qu'il mobilise, amenant à la conclusion qu'aucun critère, aucun algorithme ne permet d'assurer *a priori* le succès. Plutôt que de rationalité des décisions, il faut parler de l'agrégation d'intérêts qu'elles sont ou non capables de produire : l'innovation est l'art d'intéresser un nombre croissant d'alliés qui vous rendent de plus en plus fort (Tidd et Bessant, 2011).

Cette attention au processus d'innovation, qui explique bien les succès et déboires de la création-diffusion de nouvelles variétés au cours des cinquante dernières années, est d'autant plus nécessaire aujourd'hui que l'intensification écologique implique une plus grande valorisation des interactions G × E × système de culture. La prise en considération d'une plus large gamme de situations limite la probabilité pour qu'une

---

Encadré 3.16. Embryogenèse somatique.

Il s'agit d'une technique de culture *in vitro* basée sur la capacité de certaines espèces à développer des embryons à partir d'une ou plusieurs cellules somatiques. Placés dans des conditions de culture appropriées, ces embryons évoluent en plants selon une morphogenèse analogue à celle de l'embryon zygotique, qui est lui issu de la fécondation sexuée. L'embryogenèse somatique permet de multiplier des clones dont le coût de production à l'unité par les méthodes conventionnelles est élevé et des individus génétiquement transformés qui dans certains cas ne peuvent pas être multipliés par voie sexuée.

Il est possible de réaliser la culture *in vitro* dans des récipients de grande taille, ou bioréacteurs, et de reproduire plus de mille plantules par bioréacteur. Le Cirad a développé de tels appareils pour la production de plants de caféier. Son bioréacteur en matière plastique (Matis), peu coûteux et d'utilisation simple, assure des coûts de production d'embryons somatiques germés compatibles avec une commercialisation (< 0,50 euro) (Etienne *et al.*, 2012). Une fois développées en bioréacteur, les plantules sont semées sur substrat horticole.

Le défi majeur est maintenant le transfert de ces outils vers des organisations de producteurs ou vers des entreprises privées. Pour cela, il faudra simplifier encore les milieux de culture et les procédures, augmenter les phases en conditions autotrophes et simplifier les phases horticoles. De même, il faudra associer les parties prenantes à ces processus de simplification à travers des approches participatives. Par exemple, pour rendre la technologie plus accessible, il est prévu de construire des laboratoires utilisant la lumière naturelle afin d'assurer le chauffage et l'éclairage. Ceci permettrait aussi d'obtenir plus vite des embryons autotrophes qui germent directement en bioréacteur.

---

même variété présente pour tous et en tous lieux les mêmes avantages et facilités d'usage. De même, l'adaptation à l'intensification écologique conduira aussi probablement à des ruptures des caractéristiques variétales, nécessitant en retour des modifications profondes, et/ou des ruptures dans les pratiques des utilisateurs, rendant indispensable la mise en œuvre de modèles d'innovation laissant une large place aux allers et retours entre concepteurs et utilisateurs et aux ajustements et initiatives mobilisant les savoirs locaux. Ces aspects sont explorés plus largement au chapitre 6 de cet ouvrage.

Il est donc, plus que jamais, nécessaire de mettre en place des plateformes de dialogue et d'action participative avec les acteurs porteurs d'enjeux, pour formaliser leurs attentes et leurs motivations et pour définir avec eux le cahier des charges des innovations variétales ainsi que les modalités de leur évaluation et du retour d'information, y compris dans leur composante externalités environnementales et sociétales. Il est aussi nécessaire, compte tenu de la multiplicité grandissante des disciplines scientifiques à mobiliser, de formaliser au sein des équipes de recherche la nature et les successions des connaissances à développer et des méthodes et outils et actions à mettre en œuvre pour développer les prototypes candidats à l'innovation variétale.

Dans ce contexte, le sélectionneur est amené à jouer le rôle central d'initiateur-coordinateur des dialogues et d'intégrateur des connaissances en vue d'innovation variétale. Traçant les chemins de l'impact, il pourra contribuer à la bonne reconnaissance du rôle des différents acteurs dans le processus d'innovation et contribuer aux partages équitables des avantages qui en résultent.

La mise en place de tels systèmes renouvelés d'innovation variétale passe par des politiques d'accompagnement et d'incitation aussi bien de la part des donneurs d'ordre qu'au niveau des établissements de recherche impliqués dans l'innovation variétale. Au-delà de ces incitations, il convient d'assurer la mise en place de dispositifs de suivi-évaluation *ex post* mesurant l'impact des innovations variétales, en particulier dans le contexte des agricultures familiales.

▸▸ Conclusion

L'amélioration des plantes a été mise en œuvre, pendant longtemps, dans le cadre d'une agriculture basée sur l'artificialisation et l'uniformisation du milieu cultivé. Elle a été déployée jusqu'à présent en prenant en compte un nombre limité de milieux cibles et ses acteurs ont optimisé l'usage des moyens et des pratiques — taille des populations, pressions de sélection, etc. — dans cette configuration. Elle a été très efficace en appliquant la génétique quantitative et en donnant une importance limitée aux fondements biologiques de la variation des caractères et de l'adaptation. Les développements technologiques et méthodologiques récents liés à la génomique lui confèrent de nouvelles capacités en matière d'analyse de l'architecture génétique des caractères et des mécanismes biologiques de l'adaptation. La dynamique de la diversité et de l'adaptation au fil de la domestication peut être mieux comprise. De nouveaux partenariats sont également explorés, avec des méthodes plus participatives, afin de diversifier les cadres environnementaux d'intervention et d'affiner l'adaptation des produits finaux. Certaines méthodes de dissémination décentralisée sont disponibles ou à portée de main.

Dans le cadre d'une agriculture écologiquement intensive, il lui faut répondre à des besoins plus divers et prendre en compte des fonctions biologiques plus complexes, en interaction avec les autres organismes des systèmes de culture. Dans certains cas, ces fonctions seront explicitées grâce à des recherches spécialisées et pourront se traduire par des critères de sélection absolus (par exemple une aptitude intrinsèque à utiliser les ressources minérales); dans la majorité des cas, cependant, il faudra mettre en place de nouvelles méthodes de phénotypage, d'une complexité inédite, mettant en œuvre des interactions biologiques.

Il lui faut également prendre en compte un plus grand nombre d'espèces, en phase avec un enrichissement général des bases biologiques mobilisées par les agronomes et les agriculteurs.

La poursuite des améliorations technologiques et méthodologiques et leur mobilisation dans la continuité des dynamiques en cours permettront de répondre en partie à ces enjeux. Il faut cependant affirmer et amplifier certaines inflexions déjà opérées et en initier d'autres.

La diversité génétique doit être mobilisée activement et méthodiquement, sur la base d'une meilleure description et d'une meilleure compréhension de cette diversité et grâce à un pilotage génomique précis et rapide. La modélisation des systèmes biologiques doit aider à convertir le plus grand nombre d'objectifs biologiques complexes en traits héritables et sélectionnables.

La création systématique de populations centrées sur les types variétaux en place (identifiés comme le « quasi-idéotype ») permettra de proposer des améliorations incrémentielles qui ne seront pas source de déstabilisation agroécologique et seront accessibles à l'analyse et à la qualification pour tous les acteurs.

La gamme d'espèces travaillées devra être étendue à de nouvelles espèces, en particulier des espèces de service et/ou des espèces encore peu ou pas domestiquées. La gamme des objectifs et conditions d'amélioration devra également être étendue, en particulier pour développer des savoir-faire nouveaux en amélioration génétique multigénotypique pour des complémentarités internes visant la création de peuplements complexes propices à l'intensification écologique.

L'association avec les agriculteurs en tant que relais et partenaires doit être renforcée et généralisée. Cela nécessitera une analyse des rôles, une traduction des méthodes et une organisation du partenariat de façon à optimiser le processus global d'innovation, y compris l'ajustement final de l'innovation au contexte local. La responsabilité en matière de dissémination sera probablement un enjeu fort et source d'options technologiques déterminantes.

▸▸ Références bibliographiques

AKRICH M., CALLON M., LATOUR B., 1988. À quoi tient le succès des innovations ? L'art de l'intéressement, gérer et comprendre. *Annales des Mines,* 11, 4-17.

ANTHONY F., COMBES M.C., ASTORGA C., BERTRAND B., GRAZIOSI G., LASHERMES P., 2002. The origin of cultivated *Coffea arabica* L. varieties revealed by AFLP and SSR markers. *Theor. Appl. Genet.,* 104, 894-900.

BA M., SCHILLING R., N'DOYE O., N'DIAYE M., KAN A., 2005. L'arachide. *In : Bilan de la recherche agricole et agroalimentaire au Sénégal* (ISRA-Cirad, éd.), ISRA-ITA-Cirad, 163-188.

BERTHET E., 2010. La conception innovante à l'appui d'une gestion collective des services écosystémiques. Étude d'un cas de mise en œuvre de Natura 2000 en plaine céréalière. Mémoire de master II, université Paris-Ouest-Nanterre-La Défense, Mines ParisTech, ESCP.

BERTRAND B., VAAST P., ALPIZAR E., ETIENNE H., DAVRIEUX F., CHARMETANT P., 2006. Comparison of bean biochemical composition and beverage quality of Arabica hybrids involving Sudanese-Ethiopian origins with traditional varieties at various elevations in Central America. *Tree Physiology,* 26, 1239-1248.

BERTRAND B., PEÑA-DURAN M.X., ANZUETO F., CILAS C., ETIENNE H., ANTHONY F., ESKES A., 2000. Genetic study of *Coffea canephora* coffee tree resistance to *Meloidogyne incognita* nematodes in Guatemala and *Meloidogyne* sp. nematodes in El Salvador for selection of rootstock varieties in Central America. *Euphytica,* 113 (2), 79-86.

BERTRAND B., ALPIZAR E., LARA L., SANTACREO R., HIDALGO M., QUIJANO J.M., MONTAGNON C., GEORGET F., ETIENNE H., 2011. Performance of *Coffea arabica* F1 hybrids in agroforestry and full-sun cropping systems in comparison with American pure line cultivars. *Euphytica,* DOI: 10.1007/s10681-011-0372-7.

BILLOT C., RAMU P., BOUCHET S., CHANTEREAU J., DEU M., GARDES L., NOYER J-L., RAMI J-F., RIVALLAN R., LI Y., LU P., WANG T., FOLKERTSMA R.T., ARNAUD E., UPADHYAYA H.D., GLASZMANN J-C., HASH C.T., 2013. Massive sorghum collection genotyped with SSR markers to enhance use of global genetic resources. *PLoS One*, sous presse.

Bocco R., Lorieux M., Seck P.A., Futakuchi K., Manneh B., Baimey H., Ndjiondjop M.N., 2012. Agro-morphological characterization of a population of introgression lines derived from crosses between IR 64 (*Oryza sativa indica*) and TOG 5681 (*Oryza glaberrima*) for drought tolerance. *Plant Science*, 183, 65-76.

Bouffaud M.L., Kyselkova M., Gouesnard B., Grundmann G., Muller D., Moenne-Loccoz Y., 2012. Is diversification history of maize influencing selection of soil bacteria by roots? *Molecular Ecology*, 21, 195-206.

Cavanagh C., Morell M., Mackay I., Powell W., 2008. From mutations to MAGIC: resources for gene discovery, validation and delivery in crop plants. *Current Opinion in Plant Biology*, 11, 215-221.

Chambers R., 1983. *Rural Development: Putting the Last First*, Longman, Harlow, UK, 246 p.

Chantereau J., Trouche G., Luce C., Deu M., Hamon P., 1997. Le sorgho. *In : L'amélioration des plantes tropicales* (A. Charrier, M. Jacquot, S. Hamon, D. Nicolas, éds), Cirad, Orstom, Repères, 565-590.

Charrier A., Eskes A.B., 1997. Les caféiers. *In : L'amélioration des plantes tropicales* (A. Charrier, M. Jacquot, S. Hamon, D. Nicolas, eds), Cirad, Orstom, Repères, 171-196.

Charrier A., Boemare N., Bouchez D., Glaszmann J.C., Joyard J., Lemaire G., Morot-Gaudry J.F., Pouzet A., Saugier B ., 2005. La biologie intégrative végétale. Rapport au Conseil scientifique de l'Inra, 43 p.

Chenu K., Chapman S.C., Hammer G.L., Mclean G., Ben Haj Salah H., 2008a. Short-term responses of leaf growth rate to water deficit scale up to whole-plant and crop levels: an integrated modeling approach in maize. *Plant Cell Environ.*, 31, 378-391.

Chenu K., Chapman S.C., Tardieu F., McLean G., Welcker C., Hammer G.L., 2009. Simulating the yield impacts of organ-level quantitative trait loci associated with drought response in maize — a "gene-to-phenotype" modeling approach. *Genetics*, 183, 1507-1523.

Choudhury A., Kennedy I.R., 2004. Prospects and potentials for systems of biological nitrogen fixation in sustainable rice production. *Biol Fertil. Soils*, 39, 219-227.

Clavel D., Annerose D.J.M., 1995. Genetic improvement of groundnut adaptation to drought. *In: Research Projects* (S. Risopoulos, éd.), Summaries of the Final Reports STD2, UE-DG12, Wageningen, Pays-Bas, 33-35.

Clavel D., N'doye O., 1997. La carte variétale de l'arachide au Sénégal. *Agriculture et développement*, 14, 41-46.

Clavel D., Drame N.K., Diop N.D., Zuily-Fodil Y., 2005. Adaptation à la sécheresse et création variétale : le cas de l'arachide en zone sahélienne. Première partie : revue bibliographique. *OCL*, 13 (3), 246-260.

Collectif, 1991. *Le coton en Afrique de l'Ouest et du Centre*, Éditions du ministère de la Coopération et du Développement, 354 p.

Cook J.P., McMullen M.D., Holland J.B., Tian F., Bradbury P.J., Ross-Ibarra J., Buckler E.S., Flint-Garcia S., 2012. Genetic architecture of maize kernel composition in the nested association mapping and inbred association panels. *Plant Physiology*, 158 (2), 824-834.

Cooper M., Van Eeuwijk F.A., Hammer G., Podlich D., Messina C., 2009. Modeling QTL for complex traits: detection and context for plant breeding. *Curr. Opin. Plant Biol.*, 12, 231-240.

Dawson J.C., Goldringer I., 2012. Breeding for genetically diverse populations: variety mixtures and evolutionary populations. *In: Organic crop breeding* (E.T. Lammerts Van Bueren, J.R. Myers, eds), Wiley-Blackwell, Chichester, 77-98.

Déchanet R., Razafindrakoto J., Valès M., 1997. Résultats de l'amélioration variétale du riz d'altitude Malgache. *In: Rice for Highlands* (C. Poisson, J. Rakotoarisoa, eds), *Proceeding of the International Conference on Rice for Highlands*, 29 mars-5 avril 1996, Antananarivo, Madagascar/ Cirad, Montpellier, France, 43-48.

Dekkers J.C.M., Hospital F., 2002. The use of molecular genetics in the improvement of agricultural populations. *Nature Revs. Genet.*, 3, 22-32.

D'Hont A., Denoeud F., Aury J.M., Baurens F.C., Carreel F., Garsmeur O., Noel B., Bocs S., Droc G., Rouard M., Da Silva C., Jabbari K., Cardi C., Poulain J., Souquet M., Labadie K., Jourda C., Lengelle J., Rodier Goud M., Alberti A., Bernard M., Correa M., Ayyampalayam S., McKain M.R., Leebens Mack J., Burgess D., Freeling M., Mbeguie A Mbeguie D., Chabannes M., Wicker T., Panaud O., Barbosa J., Hribova E., Heslop Harrison P., Habas R., Rivallan R., François P., Poiron C., Kilian A., Burthia D., Jenny C., Bakry F., Brown S., Guignon V., Kema G., Dita M., Waalwijk C., Joseph S., Dievart A., Jaillon O., Leclercq J., Argout X., Lyons E., Almeida A., Jeridi M., Dolezel J., Roux N., Risterucci A.M., Weissenbach J., Ruiz M., Glaszmann J.C., Quetier F., Yahiaoui N., Wincker P., 2012. The banana (*Musa acuminata*) genome and the evolution of monocotyledonous plants. *Nature*, 488 (7410), 213-219.

Dingkuhn M., Baron C., Bonnal V., Maraux F., Sarr B., Sultan B., Clopes A., Forest F., 2003. Decision support tools for rainfed crops in the Sahel at the plot and regional scales. *In: Decision Support Tools for Smallholder Agriculture in Sub-Saharian Africa. A practical Guide* (TESBaMCS Wopereis, éd.), IFDC-CTA, Wageningen, The Netherlands, 127-139.

Döring T.F., Knapp S., Kovacs G., Murphy K., Wolfe M.S., 2011. Evolutionary plant breeding in cereals: into a new era. *Sustainability*, 3, 1944-1971.

Durand E., Bouchet S., Bertin P., Ressayre A., Jamin P., Charcosset A., Dillmann C., Tenaillon M.I., 2012. Epistasis, pleiotropy and maintenance of polymorphism at a locus associated with flowering time variation in maize inbred lines. *Genetics*, 190, 1547-1562.

Dzido J.L., Vales M., Rakotoarisoa J., Chabanne A., Ahmadi N., 2004. Upland rice for highlands: new varieties and sustainable cropping systems for food security. Promising prospects for the global challenges of rice production. *FAO Rice Conference*, 12-13 février 2004, Rome, Italie, 11 p.

Edwards A.C., Ayroles J.F., Stone E.A., Carbone M.A., Lyman R.F., Mackay T.F.C., 2009. A transcriptional network associated with natural variation in *Drosophila* aggressive behavior. *Genome Biology*, 10, R76.

Etienne H., Bertrand B., Montagnon C., Dechamp E., Jourdan I., Alpizar E., Malo E., Georget F., 2012. Un exemple de transfert technologique réussi en micropropagation : la multiplication de *Coffea arabica* par embryogenèse somatique. *Cahiers Agriculture*, 21, 115-125.

Evenson R., Rosegran M., 2003. The economic consequences of crop genetic improvement programs. *In: Crop Variety Improvement and Its Effect on Productivity: The Impact of International Agricultural Research* (R.E. Evenson, D. Gollin, eds), CABI.

Eyzaguirre P., Iwanaga M., 1996. Participatory plant breeding. *In: Proceedings of a Workshop on Participatory Plant Breeding*, 26-29 juillet 1995, Wageningen, Pays-Bas, IPGRI, Rome, Italie.

Faraji J., 2011. Wheat cultivar blends: a step forward to sustainable agriculture. *African Journal of Agricultural Research*, 6 (33), 6780-6789.

Fernie A.R., Stitt M., 2012. On the discordance of metabolomics with proteomics and transcriptomics: coping with increasing complexity in logic, chemistry, and network interactions. *Plant Physiology*, 158, 1139-1145.

Finckh M.R., Gacek E.S., Goyeau H., Lannou C., Merz U., Mundt C.C., Munk L., Nadziak J., Newtonac de Vallavieille-Pope C., Wolfe M.S., 2000. Cereal variety and species mixtures in practice, with emphasis on disease resistance. *Agronomie*, 20, 813-837.

Fisher R.A., 1918. The correlation between relatives on the supposition of Mendelian inheritance. *Trans. Roy. Soc.*, Edinburgh, 52, 399-433.

Fliedel G., 1995. Appraisal of sorghum quality for making *tô*. *Agric. Dév.*, Special Issue, 35-45.

Fonceka D., Hodo-Abalo T., Rivallan R., Faye I., Sall M.N., Ndoye O., Favero A., Bertioli D., Glaszmann J.-C., Courtois B., Rami J.-F., 2009. Genetic mapping of wild introgressions into cultived peanut: a way toward enlarging the genetic basis of a recent allotetraploid. *BMC Plant Biol.*, 9, 103.

Fonceka D., Tossim H.-A., Rivallan R., Vignes H., Faye I., Ndoye O., Moretzsohn M.C., Bertioli D.J., Glaszmann J.-C., Courtois B., Rami J.-F., 2012a. Fostered and left behind alleles in peanut: interspecific QTL mapping reveals footprints of domestication and useful natural variation for breeding. *BMC Plant Biology*, 12, 26.

Fonceka D., Tossim H.-A., Rivallan R., Vignes H., Lacut E., De Bellis F., Faye I., Ndoye O., Leal-Bertioli S.C.M., Valls J.F.M., Bertioli D.J., Glaszmann J.-C., Courtois B., Rami J.-F., 2012b. *PLoS One*, 7 (11), e48642 (11 p.).

Gallais A., 2009. *Hétérosis et variétés hybrides en amélioration des plantes*, Versailles, coll. Synthèses, Éditions Quæ, 356 p.

Gamuyao R., Chin J.H., Pariasca-Tanaka J., Pesaresi P., Catausan S., Dalid C., Slamet-Loedin I., Tecson-Mendoza E., Wissuwa M., Heuer S., 2012. The protein kinase Pstol1 from traditional rice confers tolerance of phosphorus deficiency. *Nature,* 488, 535-541.

Gibert O., Dufour D., Giraldo A., Sánchez T., Reynes M., Pain J.P., González A., Fernández A., Díaz A., 2009. Differentiation between cooking bananas and dessert bananas. 1. Morphological and compositional characterization of cultivated Colombian *Musaceae* (*Musa* sp.) in relation to consumer preferences. *Journal of Agricultural and Food Chemistry,* 57 (17), 7857-7869.

Glaszmann J.C., Kilian B., Upadhyaya H.D., Varshney R.K., 2010. Assessing genetic diversity for crop improvement. *Current Opinion in Plant Biology,* 13, 167-173.

Griffon M., 2007. Pour des agricultures écologiquement intensives. *In : Les défis de l'agriculture au xxie siècle*, Leçons inaugurales du Groupe ESA, Angers.

Grimanelli D., Leblanc O., Perotti E., Grossniklaus U., 2001. Developmental genetics of gametophytic apomixis. *Trends in Genetics*, 17 (10), 597-604.

Gunn B.F., Baudouin L., Olsen K.M., 2011. Independent origins of cultivated coconut (*Cocos nucifera* L.) in the old world tropics. *PLoS One,* 6 (6), e21143.

Gur A., Zamir D., 2004. Unused natural variation can lift yield barriers in plant breeding. *PLoS Biology,* 2 (10), 1610-1615.

Haling R.E., Simpson R.J., McKay A.C., Hartley D., Lambers H., Ophel-Keller K., Wiebkin S., Riley I.T., Richardson A.E., 2011. Direct measurement of roots in soil for single and mixed species using a quantitative DNA-based method. *Plant Soil,* 348, 123-137.

Hammer G.L., van Oosterom E., McLean G., Chapman S.C., Broad I., Harland P., Muchow R.C., 2010. Adapting APSIM to model the physiology and genetics of complex adaptive traits in field crops. *Journal of Experimental Botany,* 61 (8), 2185-2202.

Hammer G.L., Cooper M., Tardieu F., Welch S., Walsh B., Eeuwijk F., Chapman S., Podlich S.D., 2006. Models for navigating biological complexity in breeding improved crop plants. *Trends in Plant Science,* 11, 587-593.

Hardon J., 1995. Participatory plant breeding. The outcome of a workshop on participatory plant breeding. *Issues in Genet. Resour.,* 3, IPGRI, Rome, Italie.

Hau B., Lançon J., Dessauw D., 1997. Les cotonniers. *In : L'amélioration des plantes tropicales* (A. Charrier, M. Jacquot, S. Hamon, D. Nicolas, eds), Cirad, Orstom, 241-266.

He L., Hannon G.J., 2004. MicroRNAs: small RNAs with a big role in gene regulation. *Nature Reviews Genetics,* 5, 522-531.

Heffner H.L., Sorrells R.E., Jannink J.L., 2009. Genomic selection for crop improvement. *Crop Science,* 49, 1-12.

Heinemann H.B., Dingkuhn D., Luquet D., Combres J-C., Chapman S., 2008. Characterization of drought stress environments for upland rice and maize in central Brazil. *Euphytica,* 162, 395-410.

Henry A., Rosas J.C., Beaver J.S., Lynch J.P., 2010. Multiple stress response and belowground competition in multilines of common bean (*Phaseolus vulgaris* L.). *Field Crops Research,* 117 (2-3), 209-218.

Hoisington D., Khairallah M., Reeves T., Ribout J.M., Skovmand B., Taba S., Warburton M., 1999. Plant genetic resources: what can they contribute toward increased crop productivity. *Proc. Natl. Acad. Sci. (USA)*, 96, 5937-5943.

Huang X., Wei X., Sang T., Zhao Q., Feng Q., Zhao Y., Li C., Zhu C., Lu T., Zhang Z., Li M., Fan D., Guo Y., Wang A., Wang L., Deng L., Li W., Lu Y., Weng Q., Liu K., Huang T., Zhou T., Jing Y., Li W., Lin Z., Buckler E.S., Qian Q., Zhang Q.F., Li J., Han B., 2010. Genome-wide association studies of 14 agronomic traits in rice landraces. *Nature Genetics,* 42 (11), 961-969.

HUANG X., KURATA N., WEI X., WANG Z.,WANG A., ZHAO Q., ZHAO Y., LIU K., LU H., LI W., GUO Y., LU Y., ZHOU C., FAN D., WENG Q., ZHU C., HUANG T., ZHANG L., WANG Y., FENG L., FURUUMI H., KUBO T., MIYABAYASHI T., YUAN X., XU Q., DONG G., ZHAN Q., LI C., FUJIYAMA A., TOYODA A., LU T., FENG Q., QIAN Q., LI J., HAN B., 2012. A map of rice genome variation reveals the origin of cultivated rice. *Nature*, (490), 497-501.

HUNG H.-Y., SHANNON L.M., TIAN F., BRADBURY P.J., CHEN C., FLINT GARCIA S., MCMULLEN M.D., WARE D., BUCKLER E.S., DOEBLEY J.F., HOLLAND J.B., 2012. ZmCCT and the genetic basis of day-length adaptation underlying the postdomestication spread of maize. *PNAS*, DOI: 10.1073/pnas.1203189109.

JANNINK J.L., WALSH B., 2002. Association mapping in plant populations. *In: Quantitative Genetics, Genomics and Plant Breeding* (M.S. Kang, ed.), CAB International, 59-68.

JOËT T., SALMONA J., LAFFARGUE A., DESCROIX F., DUSSERT S., 2010. Use of the growing environment as a source of variation to identify the quantitative trait transcripts and modules of co-expressed genes that determine chlorogenic acid accumulation. *Plant Cell Environ.*, 33, 1220-1233.

KHALFAOUI J.L.B., 1991. Determination of potential lengths of the crop growing period in semi-arid regions of Senegal. *Agricultural and Forest Meteorology*, 55, 251-263.

KIAER L., SKOVGAARD I., OSTERGARD H., 2009. Grain yield increase in cereal variety mixtures: a meta-analysis of field trials. *Field Crops Research*, 114, 361-373.

KIAER L.P., SKOVGAARD I.M., OSTERGARD H., 2012. Effects of inter-varietal diversity, biotic stresses and environmental productivity on grain yield of spring barley variety mixtures. *Euphytica*, 185, 123-138.

KIDWELL M.G., 2005. Transposable elements. *In: The Evolution of the Genome* (T.R. Gregory, ed.), San Diego, Elsevier, 165-221.

KLERKX L., HALL A., LEEUWIS C., 2009. Strengthening agricultural innovation capacity: are innovation brokers the answer? UNU-MERIT Working Paper Series #2009-019, United Nations University-Maastricht, Economic and social Research and training centre on Innovation and Technology, Maastricht, Pays-Bas.

LEBOT V., IVANCIC A., ABRAHAM K., 2005. The geographical distribution of allelic diversity, a practical means of preserving and using minor root crops genetic resources. *Experimental Agriculture*, 41, 475-489.

LECLERC C., COPPENS D'EECKENBRUGGE G., 2011. Social organization of crop genetic diversity. The G × E × S interaction model. *Diversity*, 2012, 4 (1), 1-32.

LEVRAT R., 2009. *Le coton dans la zone franc depuis 1950. Un succès remis en cause*, L'Harmattan, 256 p.

LOOR SOLORZANO R.G., FOUET O., LEMAINQUE A., PAVEK S., BOCCARA M., ARGOUT X., AMORES F., COURTOIS B., RISTERUCCI A.-M. LANAUD C., 2012. Insight into the wild origin, migration and domestication history of the fine flavour national *Theobroma cacao* L. variety from Ecuador. *PLoS One*, 7 (11), e48438.

LUQUET D., REBOLLEDO M.C., SOULIÉ J.C., 2012a. Functional-structural plant modeling to support complex trait phenotyping: case of rice early vigor and drought tolerance using Ecomeristem model. *In: PMA* (IEEE, éd.), Shanghai, China.

LUQUET D., DINGKUHN M., KIM H.K., TAMBOUR L., CLÉMENT-VIDAL A., 2006. Ecomeristem, a model of morphogenesis and competition among sinks in rice. 1. Concept, validation and sensitivity analysis. *Functional Plant Biology*, 33, 309-323.

LUQUET D., SOULIÉ J.C., REBOLLEDO M.C., ROUAN L., CLÉMENT-VIDAL A., DINGKUHN M., 2012b. Developmental dynamics and early growth vigour in rice. 2. Modelling genetic diversity using Ecomeristem. *Journal of Agronomy and Crop Science*, 14 p.

MAYEUX A., DA SYLVA A., 2008. Guide pratique de production de semences d'arachide de bonne qualité semencière. Document de l'Association sénégalaise pour la promotion du développement à la base (Asprodeb), 46 p.

MESSINA C., HAMMER G., DONG Z., PODLICH D., COOPER M., 2009. Modelling crop improvement in a G × E × M framework *via* gene-trait-phenotype relationships. *In: Crop Physiology: Applications for Genetic Improvement and Agronomy* (V.O. Sadras, D. Calderini, eds), Academic Press, Elsevier, Netherlands, 235-265.

NAUDIN K., SCOPEL E., RAKOTOSOLOFO M., SOLOMALALA A.R.N.R., ANDRIAMALALA H., DOMAS R., HYAC P., DUPIN B., DE NEUPOMUSCÈNE J., LECOMTE P., GILLER K., 2010. Trade-offs between different functions of biomass in conservation agriculture: examples from smallholders fields of rainfed rice in Madagascar. *In: 11th Congress of the European Society for Agronomy (ESA)*, 29 août-3 septembre, Montpellier, France.

NEWTON A.C., BEGG G.S., SWANSTON J.S., 2009. Deployment of diversity for enhanced crop function. *Annals of Applied Biology*, 154 (3), 309-322.

NUZHDIN S.V., FRIESEN M.L., MCINTYRE L.M., 2012. Genotype-phenotype mapping in a post-GWAS world. *Trends in Genetics*, 28 (9), 421-426.

OSTERGARD H., FONTAINE L., 2006. Cereal crop diversity: implications for production and product. *In: Proceedings of the COST SUSVAR Workshop*, 13-14 juin, La Besse, France, Institut technique de l'agriculture biologique.

OSTERGARD H., FINCKH M.R., FONTAINE L., GOLDRINGER I., HOAD S.P., KRISTENSEN J.K., VAN BUEREN E.T.L., MASCHER F., MUNK L., WOLFE M.S., 2009. Time for a shift in crop production: embracing complexity through diversity at all levels. *Journal of the Science of Food and Agriculture*, 89 (9), 1439-1445.

OUÉDRAOGO S., 2005. Intensification de l'agriculture dans le plateau central du Burkina Faso : une analyse des possibilités à partir des nouvelles technologies. Thèse, Groningen University, 322 p.

PARENT B., TARDIEU F., 2012. Temperature responses of developmental processes have not been affected by breeding in different ecological areas for 17 crop species. *New Phytol.*, 194 (3), 760-774.

PASSADOR-GURGEL G., HSIEH W.P., HUNT P., DEIGHTON N., GIBSON G., 2007. Quantitative trait transcripts for nicotine resistance in *Drosophila melanogaster*. *Nature Genet*, 39, 264-268.

PASSIOURA J.B., 2012. Scaling up: the essence of effective agricultural research. *Functional Plant Biology*, 37 (7), 585-591.

PASZKOWSKI J., GROSSNIKLÁUS U., 2011. Selected aspects of transgenerational epigenetic inheritance and resetting in plants. *Curr. Opin. Plant Biol.*, 14, 195-203.

PATERSON A.H., LANDER E.S., HEWITT J.D., PETERSON S., LINCOLN S.E., TANKSLEY S.D., 1988. Resolution of quantitative traits into Mendelian factors by using a complete linkage map of restriction fragment length polymorphisms. *Nature*, 335, 721-726.

PAUTASSO M., G. AISTARA, BARNAUD A., CAILLON S., CLOUVEL P., COOMES O.T., DELÊTRE M., DEMEULENAERE E., DE SANTIS P., DÖRING T., ELOY L., EMPERAIRE L., GARINE E., GOLDRINGER I., JARVIS D., JOLY H.I., LECLERC C., LOUAFI S., MARTIN P., MASSOL F., MCGUIRE S., MCKEY D., PADOCH C., SOLER C., THOMAS M., TRAMONTINI S., 2013. Seed exchange networks for agrobiodiversity conservation. A review. *Agronomy for Sustainable Development*, 33, 151-175.

PENG S., BOUMAN B., 2007. Prospects for genetic improvement to increase lowland rice yields with less water and nitrogen. *In: Scale and Complexity in Plant Systems Research: Gene-Plant-Crop Relations* (J.H.J. Spiertz, P.C. Struik, H.H. van Laar, eds), Springer, 251-266.

PERRIER X., DE LANGHE E., DONOHUE M., LENTFER C., VRYDAGHS L., BAKRY F., CARREEL F., HIPPOLYTE I., HORRY J-P., JENNY C., LEBOT V., RISTERUCCI A-M., TOMEKPE K., DOUTRELEPONT H., BALL TB., MANWARING J., DE MARET P., DENHAM T., 2011. Multidisciplinary perspectives on banana (*Musa* spp.) domestication. *Proc. Natl Acad. Sci. USA*, 108, 11311-11318.

RABOIN L.M., RAMANANTSOANIRINA A., DUSSERRE J., RAZASOLOFONANAHARY F., THARREAU D., LANNOU C., 2012. Two-components cultivar mixtures reduce rice blast epidemics in an upland agrosystem. *Plant Pathology*, DOI: 10.1111/j.1365-3059.2012.02602.x.

RADANIELINA T., 2010. Diversité génétique du riz (*Oryza sativa* L.) dans la région de Vakinankaratra, Madagascar. Structuration, distribution écogéographique et gestion *in situ*. Thèse de doctorat, AgroParisTech, Paris, n° 2010/AGPT/0093.

REYMOND M., MULLER B., LEONARDI A., CHARCOSSET A., TARDIEU F., 2003. Combining quantitative trait loci analysis and an ecophysiological model to analyze the genetic variability of the responses of maize leaf growth to temperature and water deficit. *Plant Physiol.*, 131, 664-675.

ROUBAUD E., 1918. L'état actuel et l'avenir du commerce des arachides au Sénégal. *Annales de géographie*, 27, 357-371.

SAX K., 1923. The association of size differences with seed-coat pattern and pigmentation in *Phaseolus vulgaris. Genetics*, 8, 552-560.

SCHULTZ T., 1945. *Food for the World*, Chicago, University of Chicago Press, 353 p.

SCHULTZ T., 1964. *Transforming Traditional Agriculture*, New Haven, Yale University Press, 206 p.

SESTER M., RABOIN L.M., RAMANANTSOANIRINA A., THARREAU D., 2008. Toward an integrated strategy to limit blast disease in upland rice. *In: Diversifying Crop Protection, Endure international conference*, 2008, La Grande Motte, France.

SHEEHY J.E., MITCHELL P.L., HARDY B., 2007. *Charting New Pathways to C4 Rice*, Los Baños (Philippines), International Rice Research Institute, 422 p.

SOULIÉ J.C., PRADAL C., FOURNIER X., LUQUET D., 2010. Modelling the feedbacks between rice plant microclimate and morphogenesis. First results of Ecomeristem integration into OpenAlea. *In: FSPM, Functional Structural Plant Modelling*, University of California, Davis, California, USA.

STAMP P., VISSER R., 2012. The twenty-first century, the century of plant breeding. *Euphytica*, 186, 585-591.

TARDIEU F., 2003. Virtual plants: modelling as a tool for the genomics of tolerance to water deficit. *Trends Plant Sci.*, 8, 1360-1385.

TARDIEU F., 2012. Any trait or trait-related allele can confer drought tolerance: just design the right drought scenario. *J. Exp Bot.*, 63 (1), 25-31.

THALAPATI S., BATCHU A.K., NEELAMRAJU S., RAMANAN R., 2012. Os11Gsk gene from a wild rice, *Oryza rufipogon*, improves yield in rice. *Functional and Integrative Genomics*, 12 (2), 277-289.

TIDD J., BESSANT J., 2011. *Managing Innovation: Integrating Technological, Market and Organizational Change*, John Wiley and Sons, 638 p.

TOMEKPE K., JENNY C., ESCALANT J., 2004. Revue des stratégies d'amélioration conventionnelle de *Musa. Infomusa* (FRA), 13 (2), 2-6.

TSAFTARIS A.S., POLIDOROS A.N., KAPAZOGLOU A., TANI E., KOVA EVI N.M., 2008. Epigenetics and plant breeding. *Plant Breed. Rev.*, 30, 49-177.

VAKSMANN M., TRAORÉ S.B., NIANGADO O., 1996. Le photopériodisme des sorghos africains. *Agriculture et développement*, 9, 13-18.

VAKSMANN M., KOURESSY M., CHANTEREAU J., BAZILE D., SANGNARD F., TOURÉ A., SANOGO O., DIAWARA G., DANTÉ A., 2008. Utilisation de la diversité génétique des sorghos locaux du Mali. *Cahiers Agricultures*, 17 (2), 140-145.

VALLABHANENI R., WURTZEL E.T., 2009. Timing and biosynthetic potential for carotenoid accumulation in genetically diverse germplasm of maize. *Plant Physiol.*, 150, 562-572.

VARSHNEY R.K., GLASZMANN J.C., LEUNG H., RIBAUT J.M., 2010. More genomic resources for less-studied crops. *Trends Biotechnol.*, 28, 452-460.

VODOUHÈ S.R., ACHIGAN-DAKO E.G., 2006. *Digitaria exilis* (Kippist) Stapf. *In: Plant Resources of Tropical Africa* (MBaG Belay, ed.), PROTA Foundation, CTA, Backhuys Publishers, Wageningen, The Netherlands, vol. 1, 59-63.

VOM BROCKE K., TROUCHE G., HOCDÉ H., BONZI N., 2011. Sélection variétale au Burkina Faso : un nouveau type de partenariat entre chercheurs et agriculteurs. *Grain de sel*, 52-53, 20-21.

VOM BROCKE K., TROUCHE G., WELTZIEN E., BARRO KONDOMBO C.P., GOZÉ E., CHANTEREAU J., 2010. Participatory variety development for sorghum in Burkina Faso: farmers' selection and farmers' criteria. *Field Crops Res.*, 119, 183-194.

Vom Brocke K., Trouche G., Zongo S., Abdramane B., Barro Kondombo C.P., Weltzien E., Chantereau J., 2008. Création et amélioration de populations de sorgho à base large avec les agriculteurs au Burkina Faso. *Cahiers Agricultures*, 17 (2), 146-153.

Welcker C., Boussuge B., Bencivenni C., Ribaut J.M., Tardieu F., 2007. Are source and sink strengths genetically linked in maize plants subjected to water deficit? A QTL study of the responses of leaf growth and of anthesis-silking interval to water deficit. *J. Exp. Bot.*, 58, 339-349.

Wolfe M.S., Baresel J.P., Desclaux D., Goldringer I., Hoad S., Kovacs G., Loschenberger F., Miedaner T., Østergard O., Lammerts van Bueren E.T., 2008. Developments in breeding cereals for organic agriculture. *Euphytica,* 163, 323-346.

Yu J., Holland J.B., McMullen M.D., Buckler E.D., 2008. Genetic design and statistical power of nested association mapping in maize. *Genetics,* 178, 539-551.

Chapitre 4

Interactions écologiques au sein de la biodiversité des systèmes cultivés

Alain RATNADASS, Éric BLANCHART et Philippe LECOMTE

Au niveau de la parcelle cultivée et de son environnement immédiat, on retrouve différentes natures de biodiversités : biodiversité végétale, animale, microbienne ; biodiversité aérienne, tellurique ; biodiversité productrice, ressource, destructrice...

Mais que sait-on des interactions entre ces mondes ? Elles ont longtemps été ignorées, dans des boîtes noires qui commencent à s'ouvrir sur la complexité des peuplements et des interactions (figure 4.1). Comment tirer le meilleur parti du fonctionnement écologique des peuplements ? Que perd-on, que risque-t-on, que gagne-t-on à complexifier les systèmes ? À cet égard, la culture de la biodiversité, dans toute sa complexité, est nécessaire mais pas suffisante : son introduction dans les agroécosystèmes doit être planifiée, organisée, et le pilotage raisonné est tout aussi important.

Plusieurs interactions du type facilitation/compétition entre les espèces végétales cultivées, «péricultivées» (= plantes de service) et la flore adventice, relevant du champ de l'agronomie, sont traitées dans le chapitre 2. De même, les interactions directes entre biodiversité productrice et biodiversité destructrice recouvrant la résistance variétale des plantes cultivées aux bioagresseurs, y compris les modalités de déploiement des résistances telles que les mélanges variétaux, qui sont du ressort de l'amélioration variétale, sont partiellement traitées dans le chapitre 3.

Relèvent en revanche du présent chapitre l'utilisation de biodiversité végétale péricultivée sous forme d'extraits végétaux à propriétés biocides, ou d'ennemis naturels animaux ou microbiens en lâchers ou applications pour lutter contre les

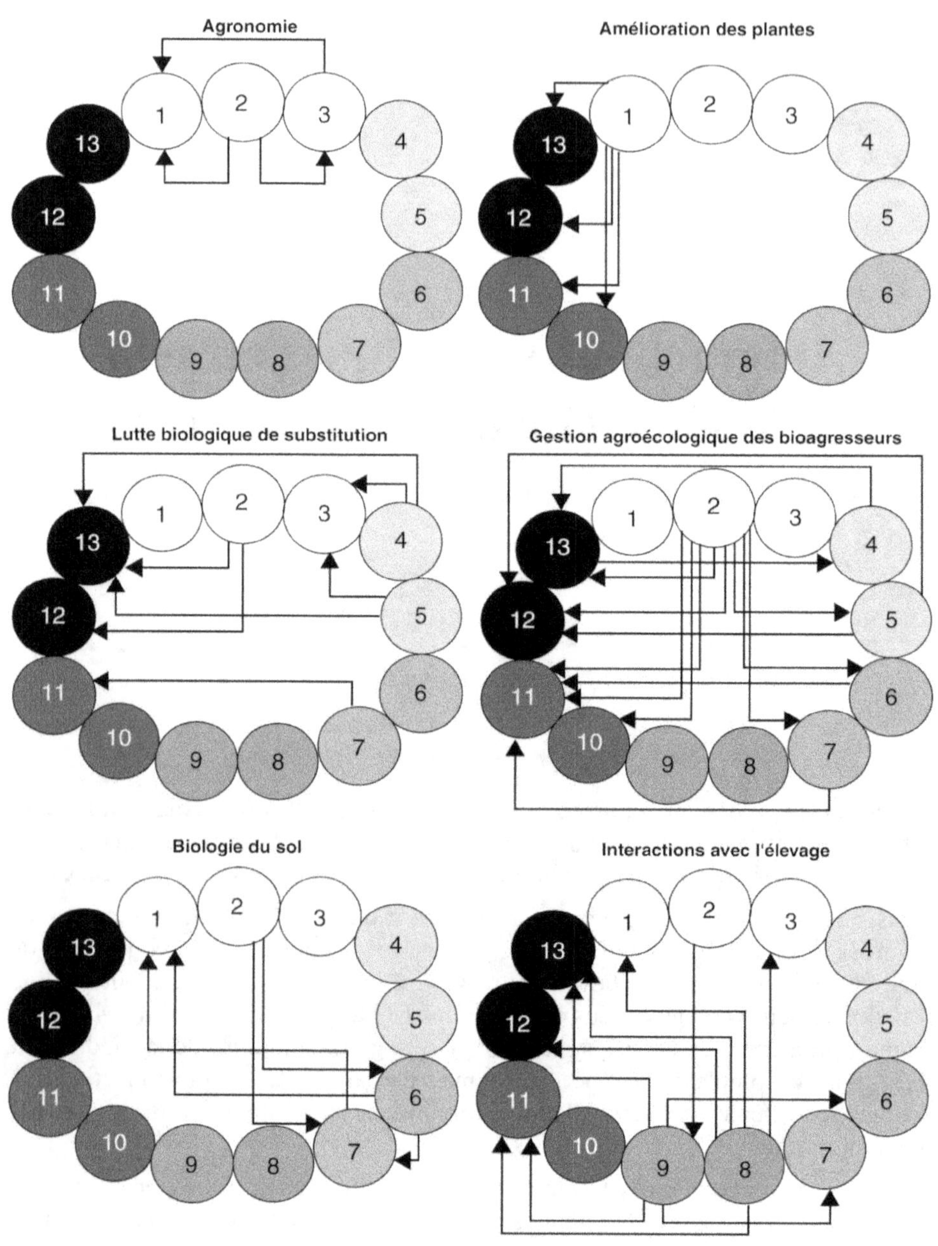

1 : Biodiversité végétale cultivée ; 2 : Biodiversité végétale de service ; 3 : Biodiversité végétale spontanée ;

4 : Biodiversité animale aérienne auxiliaire ; 5 : Biodiversité microbienne aérienne auxiliaire ;

6 : Biodiversité animale tellurique auxiliaire ; 7 : Biodiversité microbienne tellurique auxiliaire ; 8 : Matières organiques exogènes animales ; 9 : Biodiversité animale « élevée » ;

10 : Biodiversité microbienne tellurique destructrice ; 11 : Biodiversité animale tellurique destructrice ;

12 : Biodiversité microbienne aérienne destructrice ; 13 : Biodiversité animale aérienne destructrice.

Figure 4.1. Schéma des différents compartiments de la biodiversité dans la parcelle cultivée et du réseau des principales interactions tissées entre eux.

bioagresseurs des plantes cultivées, ainsi que les différents processus de régulation des bioagresseurs *via* l'introduction de biodiversité végétale spécifique dans la parcelle cultivée ou son environnement immédiat, selon diverses modalités et échelles spatio-temporelles.

Sont également présentés les processus telluriques liés à la microflore et à la faune du sol (en particulier les formes de biodiversité de type «ressource»), et les interactions de leurs représentants avec la biodiversité végétale cultivée ou péricultivée au niveau de la parcelle.

Les interactions entre les animaux d'élevage et la biodiversité en particulier végétale de la parcelle, que ce soit directement sur la parcelle ou en dehors de la parcelle (*via* des transferts de matières organiques : fourrages dans un sens, effluents dans l'autre), sont aussi abordées.

▸▸ Biodiversité et régulation des bioagresseurs

Est considérée ici la mise en œuvre de l'intensification écologique par la gestion de la biodiversité cultivée et péricultivée pour la régulation des populations et des dégâts de bioagresseurs (variétés résistantes, plantes de service, agents de lutte biologique), dans une optique de pilotage du système cultivé.

Biodiversité végétale génétique et régulation des bioagresseurs

Résistance variétale des plantes aux insectes bioagresseurs

La recherche et les programmes de sélection ont identifié des variétés de plantes cultivées résistantes à des centaines de pathogènes et ravageurs (Painter, 1951 ; Gallun, 1977 ; Wilhoit, 1992 ; McIntosh, 1998 ; Mundt, 2002 ; Thomas *et al.*, 2002). Ainsi, pour le seul blé, il a été fait état de résistance à au moins vingt-huit pathogènes bactériens, fongiques et viraux, quatre espèces de Nématodes et neuf espèces d'Insectes (McIntosh, 1998). La connaissance des mécanismes de résistance impliqués (non-préférence, antibiose, tolérance ou compensation), de l'héritabilité et du déterminisme génétique de la résistance, est essentielle à la définition de stratégies de sélection optimales. L'objectif de base d'un programme de sélection pour la résistance aux bioagresseurs est de sélectionner des plantes ou des génotypes qui produisent davantage que les variétés sensibles sous forte pression de bioagresseurs, et au moins autant en l'absence de ces ravageurs. L'idéal est de combiner, dans une variété, des gènes mettant en jeu des mécanismes divers de résistance à un ravageur afin de s'assurer d'une résistance durable, et de faire face à l'éventuelle variabilité du ravageur ou du pathogène. Dans certains cas, on peut combiner dans une même variété des gènes de résistance à des ravageurs différents, comme cela a été fait, par sélection généalogique, pour les ravageurs paniculaires du sorgho : cécidomyie, punaises et indirectement moisissures des grains (Ratnadass *et al.*, 2002 ; 2006 ; Dakouo *et al.*, 2005) (encadré 4.1).

> **Encadré 4.1. Résistance variétale du sorgho aux insectes paniculaires en Afrique de l'Ouest.**
>
> Le sorgho est la plus importante culture vivrière dans la zone de savane d'Afrique de l'Ouest et du Centre, notamment au Nigeria, au Burkina Faso et au Mali. Les punaises mirides des panicules (en particulier *Eurystylus oldi*) sont une contrainte majeure à l'adoption des variétés améliorées à panicules compactes (race *Caudatum*) qui, bien que plus productives que les variétés de la race locale *Guinea*, à panicules lâches, sont plus sensibles aux attaques de ces ravageurs.
>
> Le problème se pose notamment dans la région de Kolokani, au nord de Bamako, où depuis un quart de siècle de telles variétés ont été adoptées de façon significative du fait de leur cycle court plus adapté à la plus faible pluviométrie (attribuée au changement climatique), ainsi qu'au nord du Nigeria, où des hybrides à panicules compactes sont largement cultivés pour approvisionner les brasseries industrielles, notamment depuis l'interdiction en 1988 par les autorités du pays d'importer des céréales (dont l'orge et le malt d'orge).
>
> L'introduction de variétés *Caudatum* avec un niveau raisonnable de résistance aux punaises (et aux moisissures des grains qui leur sont liées, Ratnadass *et al.*, 1995a ; Ratnadass *et al.*, 2003) est donc apparue comme un moyen efficace et peu coûteux de réduire les pertes quantitatives et qualitatives subies autant par les petits que par les gros producteurs dans la région.
>
> Malheureusement, il a toujours été difficile de combiner dans une même variété des caractères des deux races *Guinea* et *Caudatum*. Ainsi, il n'est pas sûr que la variété résistante aux punaises, Malisor 84-7 (bien qu'à panicule compacte), issue d'un programme de sélection récurrente à partir d'une population malienne en pollinisation libre, ait effectivement du « sang » *Guinea* (Shetty *et al.*, 1991). Des travaux de criblage et de sélection conduits pendant plusieurs années ont confirmé le haut niveau et la stabilité de la résistance aux punaises de Malisor 84-7, et la possibilité de la transférer à ses descendances par sélection généalogique (Ratnadass *et al.*, 1995b).
>
> Des études par pénétrométrie ont aussi montré que le facteur impliqué dans cette résistance était un durcissement de l'albumen plus rapide dans ce cultivar que dans les cultivars sensibles, réduisant la durée du stade sensible aux attaques de punaises pendant lequel le grain est exposé aux piqûres (Fliedel *et al.*, 1996).
>
> Des études d'héritabilité (analyse diallèle) ont montré que celle-ci était héritable, de même que la résistance à la cécidomyie (le plus important ravageur du sorgho au niveau mondial), et que comme les résistances aux deux ravageurs étaient indépendantes, il était possible de les combiner dans une même variété (Ratnadass *et al.*, 2002). Des études de cartographie de *quantitative trait loci* (QTL) (Deu *et al.*, 2005) ont confirmé la nature récessive de la résistance aux punaises et la possibilité de ségrégations transgressives.
>
> Cela a abouti à la sélection d'une variété (Cirad 441) combinant d'une part la productivité et la qualité du grain et d'autre part la résistance aux deux ravageurs paniculaires (Dakouo *et al.*, 2005 ; Ratnadass *et al.*, 2006), avec toutefois comme conséquence des grains plus petits que ceux des variétés sensibles (plus longs à remplir). Une sorte de « coût » de la résistance (pour le consommateur en tout cas)…
>
> *Pour en savoir plus :* Ratnadass *et al.*, 1998 ; 2006.

Modalités de déploiement spatio-temporel des résistances dans la parcelle cultivée

Une possibilité d'intervention porte sur les modalités de déploiement spatio-temporel des résistances en vue de limiter la dispersion des bioagresseurs.

Ce type d'intervention est particulièrement porteur et fécond dans le cas des pathogènes, comme ceux responsables de la rouille ou de l'oïdium sur le blé, ou de la pyriculariose sur le riz (Castilla *et al.*, 2003 ; Cox *et al.*, 2004 ; Finckh *et al.*, 2000 ; Mundt, 2002 ; Zhu *et al.*, 2000 ; de Vallavieille-Pope, 2004 ; Raboin *et al.*, 2012).

Les mélanges variétaux agissent sur les pathogènes foliaires spécialistes et polycycliques précités selon trois principaux mécanismes, de façon combinée et sur plusieurs générations (Chin et Wolfe, 1984) : d'abord un effet de dilution fondé sur la plus faible probabilité pour une spore de produire une nouvelle infection du fait de la densité réduite de plantes sensibles dans le mélange ; puis un effet barrière des plantes résistantes vis-à-vis de la dispersion des spores ; enfin un effet de résistance induite, du fait de la présence de spores non virulentes dans la culture, déclenchant l'expression de mécanismes de défense des plantes (encadré 4.2).

Encadré 4.2. Mélanges variétaux.

Les résistances variétales des cultures aux maladies ne sont souvent pas efficaces sur le long terme, car elles peuvent être contournées par les pathogènes. La culture de variétés en mélange est un moyen de limiter le développement de plusieurs maladies transmises par voie aérienne. Cela se fait par effet de dilution des plantes sensibles dans le mélange, par effet de barrière à la dispersion des spores joué par les plantes résistantes, enfin par l'induction de résistance chez les plantes suite au contact avec des spores non virulentes du pathogène. La combinaison de ces mécanismes a pour effet de ralentir l'apparition de souches de pathogènes contournant ces résistances, comme cela a été montré dans le cas de maladies foliaires polycycliques spécifiques comme les rouilles ou mildious des céréales (Wolfe, 1985 ; Finckh *et al.*, 2000 ; Mundt, 2002).

L'efficacité de cette stratégie est accrue si le déploiement des résistances se fait à une vaste échelle spatiale et dans la durée, comme cela a été montré vis-à-vis de l'oïdium sur l'orge de printemps en Europe de l'Est et du Nord, sur la septoriose et la rouille brune du blé d'hiver en France (Mille et de Valavieille-Pope, 2001), et sur le riz vis-à-vis de la pyriculariose en Chine (Zhu *et al.*, 2000) et à Madagascar (Raboin *et al.*, 2012). Les exemples de succès de l'approche sont moins nombreux et convaincants pour les insectes ravageurs (Tooker et Frank, 2012).

La législation européenne autorise la commercialisation d'associations variétales, mais l'adoption de cette stratégie est sujette à l'homogénéité de caractères agronomiques des variétés en mélange, en particulier la précocité. Dans les pays du Sud où la récolte est manuelle, cet aspect est moins contraignant, et cette stratégie présente l'avantage de permettre le maintien de la culture de variétés devenues sensibles à certains pathogènes mais qui présentent des caractères organoleptiques appréciés des consommateurs, variétés qui seraient dévastées si elles étaient cultivées en peuplements monogénotypiques. C'est le cas des variétés de riz pluvial F-152 et F-154 vis-à-vis de la pyriculariose à Madagascar (Raboin *et al.*, 2012).

Pour en savoir plus : Raboin *et al.*, 2012.

Ainsi, près de 50 % des champs de blé en Europe et des dizaines de milliers d'hectares de riz en Chine ont été semés avec des mélanges de variétés, et aux États-Unis, il en a été de même pour des pourcentages significatifs des surfaces en blé d'hiver dans certains États, comme celui de Washington et du Kansas (Zhu *et al.*, 2000 ; Bowden *et al.*, 2001 ; Mundt, 2002).

Dans le cas des insectes ravageurs, plusieurs travaux ont mis en évidence le potentiel (et les limites) de cette approche, mais celle-ci ne s'est que très rarement traduite par des applications pratiques (Tooker et Frank, 2012).

Biodiversité animale et microbienne et régulation des bioagresseurs : lutte biologique par introduction et par augmentation

L'introduction des ennemis naturels de bioagresseurs eux-mêmes introduits, qu'on aura recherchés dans l'aire d'origine du bioagresseur (ce qui constitue la base de la lutte biologique conventionnelle/classique), est aussi une façon de mobiliser la biodiversité (dans ce cas animale ou microbienne). Un exemple bien connu est l'introduction en Afrique par l'Institut international d'agriculture tropicale (IITA) du parasitoïde *Epidinocarsis lopezi* pour lutter contre la cochenille du manioc *Phenacoccus manihoti*, introduite sur le continent à partir de l'Amérique du Sud (Herren *et al.*, 1987). Un autre exemple est la lutte biologique à la Réunion contre le ver blanc de la canne à sucre (*Hoplochelus marginalis*), introduit de Madagascar, par l'introduction, à partir de Madagascar également, du champignon entomopathogène *Beauveria brongniartii* (Vercambre *et al.*, 2008) (encadré 4.3).

La lutte biologique par augmentation, qui consiste en des lâchers ou applications d'auxiliaires (par exemple trichogrammes ou coccinelles) en substitution aux traitements phytosanitaires conventionnels, est également une façon de mobiliser une biodiversité ressource (exogène à la parcelle) pour préserver la biodiversité productrice de la parcelle. C'est cette forme de lutte biologique qui est utilisée avec succès contre le foreur ponctué de la canne à la Réunion (Goebel *et al.*, 2005 ; 2010). Contrairement à la lutte biologique de conservation (voir « Conservation des ennemis naturels et facilitation de leur action contre les ravageurs et pathogènes aériens »), les auxiliaires sont lâchés dans un milieu « hostile », qui n'a pas été préalablement aménagé pour favoriser leur activité et leur reproduction.

Biocides dérivés de plantes utilisés en substitution aux pesticides de synthèse

L'utilisation de biodiversité végétale péricultivée sous forme d'extraits végétaux à propriétés biocides constitue un autre exemple d'utilisation de biodiversité pour la régulation des bioagresseurs, qui remonte à l'Antiquité en Chine, en Inde, en Égypte et en Grèce. Même en Europe, cette utilisation s'est développée au milieu du XIXe siècle avant d'être détrônée un siècle plus tard par celle des pesticides chimiques de synthèse.

Encadré 4.3. Un exemple réussi de lutte biologique conventionnelle : le contrôle du ver blanc de la canne à sucre à la Réunion avec un champignon entomopathogène.

Sur l'île de la Réunion, la moitié de la surface agricole utile est consacrée à la culture de la canne à sucre (soit, bon an mal an depuis trente-cinq ans, entre 25 000 et 35 000 ha), avec une production annuelle de canne brute d'environ 2 millions de tonnes, soit près de 200 000 tonnes de sucre.

Or en juin 1981, des dégâts importants aux racines se traduisant par des pertes notables ont été constatés sur une petite partie du nord de l'île, occasionnés par des « vers blancs », c'est-à-dire les larves d'un Coléoptère *Melolonthidae* (hanneton) rapidement identifié comme *Hoplochelus marginalis*. Au bout d'une quinzaine d'années, l'ensemble de l'île a été atteint, avec des pertes considérables, correspondant à un déficit de 35 000 à 45 000 tonnes en 1989-1990.

Il a entretemps été établi que le ravageur avait été introduit accidentellement trois années avant sa révélation en 1981, depuis Madagascar, où la biodiversité « nuisible » des vers blancs est considérable (Randriamanantsoa *et al.*, 2010).

Dans le cadre d'une coopération inter-îles, des prospections ont alors été effectuées à Madagascar afin de rechercher des organismes antagonistes de ce ver blanc, aucun ennemi naturel présent à la Réunion n'étant efficace. Les prospections entreprises entre 1984 et 1987, organisées par le Cirad à Madagascar, ont permis d'identifier, parmi la biodiversité fongique tellurique de la grande île, un champignon entomopathogène prometteur, *Beauveria brongniartii*, spécifique de ce ver blanc, qui, testé à la Réunion, a provoqué chez les vers blancs une mortalité supérieure à 50 %.

Il a ensuite été produit d'abord de manière artisanale sous forme de riz sporisé, puis au stade industriel sur granulés d'argile (Inra et société Calliope), sous le nom de Betel®, constituant le pilier d'une opération de lutte obligatoire, en conjonction avec un traitement insecticide (chlorpyriphos-éthyl) qui a abouti à une baisse généralisée des populations.

Le champignon s'est particulièrement bien adapté au climat chaud et humide et aux sols volcaniques jeunes de la Réunion, riches en matière organique et relativement pauvres en antagonistes. La mortalité occasionnée chez les vers blancs est allée croissante pour atteindre 100 % en 1993. Outre la dissémination des spores par les adultes de hanneton, le champignon peut se disperser sur plusieurs dizaines de centimètres dans le sol par des cordons mycéliens dont la croissance est favorisée par les galeries de vers de terre. Le champignon peut par ailleurs se maintenir dans le sol sous forme saprophytique aboutissant à des fructifications appelées « pépites » qui produisent des spores virulentes (Callot *et al.*, 1996).

Même si, trente-cinq à quarante ans après son introduction, le ravageur n'a pas été éradiqué, avec des périodes de recrudescence mais aussi une tendance à la dégénérescence/perte de vitalité, cette lutte biologique conventionnelle, exécutée par une diversité fonctionnelle humaine (administration, recherche, développement) et fondée sur un recours à une biodiversité « utile », peut être considérée comme un succès car elle a permis de ramener les attaques en dessous d'un seuil économique acceptable, en se passant au final de l'insecticide chimique.

Pour en savoir plus : Vercambre *et al.*, 2008.

Ils font toutefois l'objet d'un renouveau d'intérêt depuis un quart de siècle, à la faveur de la prise de conscience croissante des effets néfastes des pesticides chimiques de synthèse, y compris ceux de nouvelle génération, sur la santé de l'homme et sur l'environnement. Il faut toutefois noter que leur origine végétale n'est pas forcément une garantie d'innocuité vis-à-vis de l'homme et des organismes auxiliaires. La nicotine et la roténone par exemple sont des insecticides très toxiques et non sélectifs (à très large spectre). Les produits d'origine végétale les plus utilisés sont ceux à base de roténone, de pyrèthre, de neem, et certaines huiles essentielles (Isman, 2006).

À cet égard, le pourghère (*Jatropha curcas*) est exemplaire car, contrairement au neem ou au pyrèthre, il peut être planté dans les parcelles ou à leur périphérie pour d'autres usages (notamment comme clôture pour les jardins maraîchers, ou comme haie antiérosive dans des champs de cultures annuelles) (Kumar et Sharma, 2008). Cependant, contrairement aussi au neem ou au pyrèthre, ses extraits n'ont en pratique guère été utilisés en protection des cultures. Et ce malgré les nombreux rapports depuis une trentaine d'années témoignant de son efficacité sur une quarantaine d'espèces de ravageurs et une dizaine de cultures (au champ ou en stock), malgré l'explosion de sa culture sous les tropiques à fin de production d'agrocarburant et les préoccupations sociétales sur l'utilisation excessive de pesticides chimiques (Ratnadass et Wink, 2012).

Biodiversité végétale spécifique « péricultivée » et processus de régulation des bioagresseurs

La biodiversité naturelle présente autour des champs cultivés peut être une source de bioagresseurs autant que d'ennemis naturels (prédateurs, parasitoïdes, microorganismes entomopathogènes), comme l'attestent plusieurs exemples où une plus grande biodiversité végétale s'est traduite par une plus forte incidence de ravageurs ou maladies.

Cependant, l'intégration planifiée et raisonnée de plantes de service dans les agroécosystèmes peut réduire l'impact des bioagresseurs selon plusieurs voies, que ce soit individuellement ou en combinaison (Ratnadass *et al.*, 2012) (figure 4.2).

Dilution de la ressource et rupture du cycle spatial

La séparation spatiale des plantes hôtes et non hôtes limite la diffusion des pathogènes et ravageurs, et peut être obtenue par la culture en mélanges soit d'espèces, soit de génotypes différents d'une même culture, comme cela a été montré pour la régulation de maladies du riz (voir « Modalités de déploiement spatio-temporel des résistances dans la parcelle cultivée »). En cultures associées, les plantes cultivées sont moins visibles/exposées qu'en cultures pures, et sont de ce fait moins infestées par les ravageurs, tout au moins ceux qui ont un spectre d'hôtes et/ou une capacité de dispersion réduits. Par exemple, le nombre d'insectes ravageurs trouvés sur une culture de crucifères est considérablement réduit sur couverture de trèfle, du fait de la difficulté pour les ravageurs d'y localiser leur plante hôte (Finch et Kienegger, 1997 ; Finch et Collier, 2000).

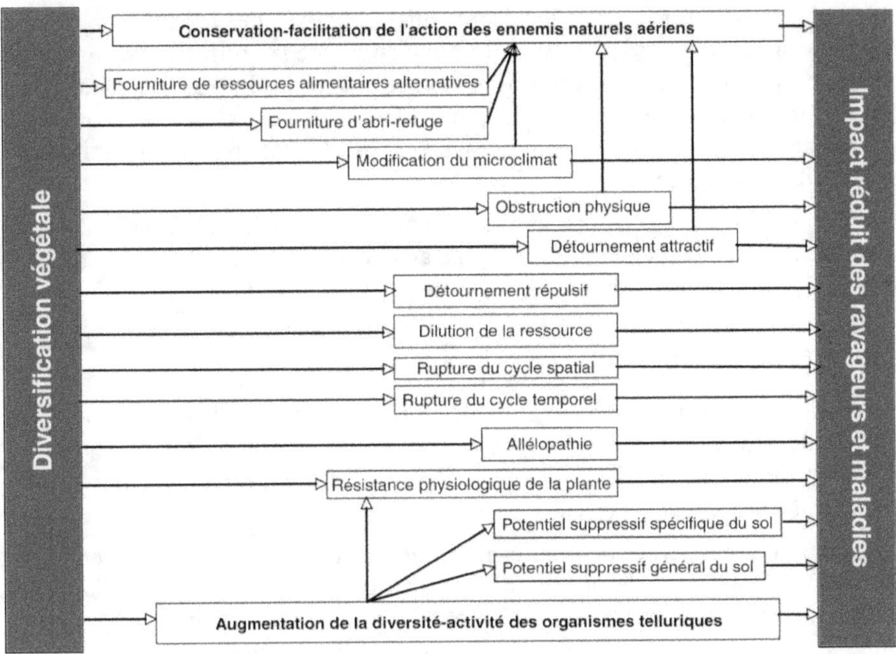

Figure 4.2. Les principales voies de réduction des maladies et des ravageurs par introduction de biodiversité (source : Ratnadass *et al.*, 2012).

Détournement stimulo-dissuasif des ravageurs

Des médiateurs chimiques répulsifs peuvent aussi être produits par une plante cultivée en culture associée ou de couverture, avec pour résultat des effets *bottom-up* (du niveau trophique inférieur vers le niveau supérieur) contre les ravageurs de la culture principale. À l'inverse, des ravageurs attirés par des plantes associées (pièges) sont de ce fait moins à même de se balader sur la culture principale d'une part, alors que des ennemis naturels peuvent être attirés sur la culture où ils exercent une régulation des ravageurs d'autre part.

Tous ces processus sont en jeu dans le système *push-pull*, qui implique l'utilisation combinée de plantes pièges et de plantes répulsives, dans l'optique d'optimiser leurs effets partiels individuels, comme cela a été mis en œuvre avec succès pour la gestion des foreurs des tiges de céréales (en particulier le maïs) par l'ICIPE (International Centre of Insect Physiology and Ecology) et ses partenaires en Afrique de l'Est, où les foreurs sont repoussés de la culture principale de maïs et sont en même temps attirés par la plante piège (Khan *et al.*, 1997a ; 1997b ; 2003).

L'herbe à éléphant (*Pennisetum purpureum*) et l'herbe du Soudan (*Sorghum sudanense*) ont montré un bon potentiel en tant que plantes pièges, tandis que l'herbe à mélasse (*Melinis minutiflora*) et le trèfle espagnol (*Desmodium uncinatum*) sont répulsifs vis-à-vis de l'oviposition par les foreurs des tiges.

Les plantes répulsives cultivées en association avec le maïs ne font pas que réduire l'infestation du maïs par les foreurs des tiges, mais ont aussi pour effet d'augmenter le parasitisme des foreurs par leurs ennemis naturels (effet *top-down* : du niveau trophique supérieur vers le niveau inférieur), du fait de la production de médiateurs chimiques qui sont normalement produits suite aux dégâts infligés à la plante par les insectes phytophages, et qui agissent donc à la fois comme répulsifs à l'oviposition par les papillons de foreurs et comme signaux pour la recherche de nourriture pour les parasitoïdes (figure 4.3 et encadré 4.4).

Il faut noter que les plantes attractives de bordure tout comme les plantes associées constituent d'excellents fourrages, ce qui a aussi contribué au succès de la technique *push-pull* (voir « Biodiversité et interactions agriculture-élevage »).

Rupture du cycle temporel

La rotation des cultures avec une plante non hôte diminue l'inoculum des pathogènes telluriques ou les populations de ravageurs assurant la réinfestation (par exemple, rotation du fraisier avec l'avoine pour contrôler l'infestation par les nématodes : LaMondia *et al.*, 2002).

De même, plusieurs types de plantes peuvent être utilisés en rotation avec le bananier de par leur statut de non-hôte vis-à-vis du nématode tellurique *Radopholus similis* (tout en étant moins efficaces contre l'espèce plus polyphage *Pratylenchus coffeae*). Cette gamme de plantes va de certaines variétés de canne à sucre et

---

Encadré 4.4. Application de la stratégie *push-pull* au foreur de la canne à sucre à la Réunion.

Une équipe du Cirad à la Réunion a récemment démontré le potentiel d'application au foreur des tiges *Chilo sacchariphagus* (un important ravageur de la canne à sucre) de la stratégie *push-pull* mise au point par l'ICIPE au Kenya pour lutter contre les foreurs des tiges du maïs et du sorgho, particulièrement *Chilo partellus*.

Le principe de la technique est d'attirer (*pull*) les femelles du foreur, à la recherche de sites de ponte, sur les feuilles d'une plante piège apparentée à la canne à sucre, *Erianthus arundinaceus*. Les femelles ainsi « leurrées » y déposent leurs œufs plutôt que sur la canne. De plus, les larves qui éclosent ne parviennent pas à achever leur cycle sur *Erianthus* et meurent « piégées » dans la tige de la plante. Lorsque *Erianthus* est implanté en bordure de parcelle, on peut observer jusqu'à neuf fois moins d'attaques sur la canne, et un gain de rendement moyen de plus de 20 %. L'effet se manifeste jusqu'à une distance de 40 mètres de la bordure de la parcelle.

Reste à développer le volet *push* (répulsion) de la stratégie, ce qui pourrait se faire en implantant des plantes de couverture présentes à la Réunion, qui auraient des propriétés répulsives vis-à-vis des foreurs, à l'image de celles évaluées en Afrique de l'Est contre *C. partellus*, à savoir la graminée *Melinis minutiflora* (herbe à mélasse) et la légumineuse *Desmodium intortum*. De plus, la mise au point de techniques d'implantation des plantes de couverture pourrait permettre de maîtriser l'enherbement par les mauvaises herbes et ainsi de réduire les quantités d'herbicides en culture cannière.

Pour en savoir plus : Nibouche *et al.*, 2012.

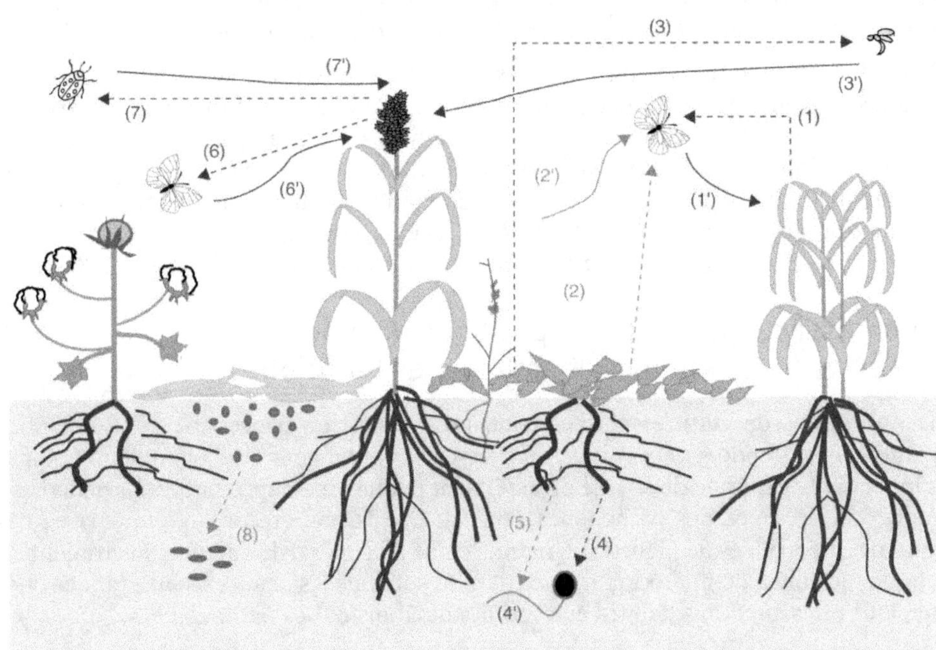

Figure 4.3. Principes de la régulation des bioagresseurs par les approches de détournement stimulo-dissuasif (*push-pull*) et d'agriculture de conservation (SCV) appliqués au sorgho en tant que culture principale et plante de service (plante piège ou couverture végétale morte = mulch)

À gauche. Effets du sorgho-grain sur la chenille carpophage (*Helicoverpa armigera*) du cotonnier (*Gossypium hirsutum*) ou du gombo (*Abelmoschus esculentus*) et ses ennemis naturels et du mulch de résidus de sorgho sur la microflore ou la microfaune pathogène des Malvacées. Les flèches en pointillés indiquent des effets attractifs ou stimulants (bleus) et répulsifs ou biocides/antagonistes (rouges) ; les flèches pleines indiquent les réactions de l'organisme « visé » (positif : bleu ; négatif : rouge).

À droite. Effets de l'herbe du Soudan (*Sorghum sudanense*) en bordure et du *Desmodium* en association sur les foreurs des tiges (*Chilo partellus*) du sorgho-grain (*Sorghum bicolor*) et leurs parasitoïdes.

(1) L'herbe du Soudan attire les femelles du foreur des tiges *Chilo partellus*. **(1')** Les femelles y déposent leurs œufs plutôt que sur le sorgho-grain. **(2)** Le *Desmodium* repousse les femelles des parcelles où il est cultivé en association avec le sorgho. **(2')** Lesdites femelles s'éloignent de la parcelle. **(3)** Le *Desmodium* attire des parasitoïdes du foreur. **(3')** Ces parasitoïdes attirés au niveau de la parcelle trouvent leurs hôtes/proies dans les tiges de sorgho. **(4)** Les racines de *Desmodium* émettent des substances qui stimulent la germination des graines de *Striga*. **(4')** Les graines de *Striga* germent. **(5)** Les exsudats racinaires du *Desmodium* contiennent aussi des substances allélopathiques qui empêchent la fixation des hyphes du *Striga* sur les racines du sorgho. **(6)** Les panicules du sorgho-grain implanté comme plante piège en bordure de parcelles de Malvacées (coton, gombo) attirent les femelles de la noctuelle *Helicoverpa armigera*. **(6')** Les femelles y déposent leurs œufs plutôt que sur la Malvacée cultivée. **(7)** Les panicules de sorgho attirent aussi des prédateurs de la noctuelle. **(7')** Ces prédateurs trouvent leurs proies dans les panicules de sorgho. **(8)** La décomposition de la couverture morte (mulch) de résidus de sorgho active une microflore tellurique antagoniste ou compétitive de la microflore et/ou microfaune pathogène/ravageuse des racines de la Malvacée cultivée. De plus, la couverture morte ou vive (*Desmodium*, résidus de sorgho) contrôle par effet « barrière » les adventices en empêchant leur émergence.

d'ananas à plusieurs espèces de plantes fourragères, graminées (*Digitaria decumbens, Brachiaria humidicola* et *Panicum maximum*) ou légumineuses (*Neonotonia wightii, Stylosanthes hamata* et *Macroptilium atropurpureum*) (Risède *et al.*, 2010).

Par ailleurs, des composés antibiotiques produits et relâchés dans le sol par certaines plantes peuvent affecter directement l'aptitude à l'alimentation/infection/fixation de ravageurs ou pathogènes aux plantes hôtes cultivées. Par exemple, la culture du maïs en association avec le *Desmodium* résulte en un clair effet allélopathique suppressif sur le *Striga*, mettant en jeu à la fois la stimulation chimique de la germination et l'inhibition du développement du système racinaire de cette mauvaise herbe parasite et de sa fixation (par *haustoria*) sur celui de la plante hôte (Khan *et al.*, 2002).

Suppressivité générale et spécifique du sol vis-à-vis des ravageurs et pathogènes telluriques

Des rotations de cultures variées contribuent aussi au processus de stimulation d'antagonistes endogés spécifiques des ravageurs/pathogènes ou à l'induction d'une suppressivité générale du sol (se caractérisant par une incidence faible des maladies, malgré la présence des pathogènes), du fait que la matière organique dérivée de gammes diversifiées de plantes augmente le niveau général de l'activité microbienne, et que plus il y a de microorganismes dans le sol, plus les chances sont grandes que quelques-uns au moins d'entre eux seront antagonistes des pathogènes.

Résistance physiologique de la plante cultivée

Ces rotations/associations contribuent aussi à une meilleure nutrition des cultures grâce aux minéraux provenant de la décomposition de la matière organique, qui a un effet positif sur la résistance de la culture aux ravageurs et aux maladies. De tels processus sont probablement en cause, avec d'autres, dans les systèmes d'agriculture de conservation avec semis direct sur couverture végétale (SCV).

Conservation des ennemis naturels et facilitation de leur action contre les ravageurs et pathogènes aériens

La conservation ou le déploiement d'une végétation diverse dans les agroécosystèmes fournit aussi des compléments alimentaires essentiels en pollen et en nectar aux parasitoïdes adultes et héberge des hôtes/proies alternatifs pour maintenir les populations de parasitoïdes/prédateurs avant l'arrivée du ravageur-cible. De plus, une telle végétation peut aussi fournir aux ennemis naturels des abris contre les hyperprédateurs ou des substrats de nidification/ponte, ou encore modifier le microclimat de façon à affecter négativement le développement des ravageurs ou la croissance des pathogènes, et/ou encourager le développement ou la croissance des ennemis naturels, ce qui aboutit en quelque sorte à les « élever » dans l'écosystème cultivé.

Effets architecturaux/physiques directs et indirects

Cela recouvre les effets « barrière » dans la parcelle et son environnement immédiat avec les SCV et le *push-pull* (voir plus haut).

À l'échelle du paysage, les effets de fragmentation/non-connectivité avec la végé-tation naturelle font barrière au mouvement des ravageurs et à la diffusion des maladies. L'agencement à cette fin des éléments paysagers (composantes de la biodi-versité) fait appel à l'écologie du paysage, et relève d'une sorte d'« agronomie des territoires ». Cependant, tous ces processus peuvent aussi favoriser le développe-ment et les mouvements de certains bioagresseurs ou encore inhiber ceux de certains de leurs ennemis naturels, aboutissant ainsi à des effets conflictuels.

Au Cameroun, les populations de punaises mirides des systèmes agroforestiers traditionnels à base de cacaoyers se concentrent sur les cacaoyers exposés au soleil, là où le couvert de la canopée s'interrompt (Babin *et al.*, 2010). Ainsi, les popula-tions de *Sahlbergella singularis* se trouvent fortement agrégées dans des « poches à mirides » recouvrant vingt à trente cacaoyers infestés adjacents. De plus, les poches à mirides sont habituellement situées dans les zones où l'insolation des cacaoyers à travers l'ombrage de la canopée est la plus élevée. Une explication pourrait en être que les cacaoyers exposés en plein soleil fournissent plus de ressources alimen-taires aux mirides que ceux se trouvant en conditions d'ombrage, autorisant ainsi des pullulations de mirides pouvant engendrer des dégâts irréversibles aux cacaoyers. En revanche, l'infection par *Phytophthora megakarya*, le pathogène responsable de la pourriture brune des cabosses, est favorisée par l'ombrage (*via* ses effets sur le microclimat, notamment l'humidité).

Des effets prometteurs d'éléments paysagers ont aussi été mis en évidence dans le cas du scolyte des baies de caféier *Hypothenemus hampei* (*Coleoptera : Curcu-lionidae*) au Costa Rica (Avelino *et al.*, 2012). L'abondance du scolyte dans les parcelles de caféier est corrélée positivement à la proportion de la surface en café dans le paysage dans un rayon de 150 mètres autour des parcelles. Des corréla-tions négatives ont été obtenues avec les autres usages des terres, en particulier forêt, pâturage et canne à sucre. Le scolyte des baies de caféier étant inféodé au caféier, la présence sur de grandes surfaces de zones cultivées en caféier intercon-nectées augmente probablement la probabilité que des individus volants trouvent de nouvelles baies pour les coloniser. Ce phénomène est particulièrement impor-tant après la récolte du café, quand les baies sont rares. La conséquence logique en est une plus grande survie durant la période postrécolte et des infestations plus fortes à la récolte suivante. À l'inverse, en fragmentant le paysage avec des usages des terres différents du caféier, la survie du ravageur est réduite. L'effet le plus fort a été relevé quand des taches de forêt étaient présentes, suggérant un effet barrière aux mouvements du scolyte.

Cependant, les auteurs ont aussi trouvé une plus forte incidence de la rouille orangée du caféier, une maladie causée par le champignon *Hemileia vastatrix*, dans des paysages à caféiers fragmentés avec du pâturage, vraisemblablement parce que cette structure paysagère favorise les mouvements tourbillonnaires de l'air indispen-sables à la diffusion des spores. Ces résultats ont prouvé que ce qui était considéré comme une barrière pour une espèce pouvait en favoriser une autre. Il est donc nécessaire de prendre en compte l'ensemble du complexe de bioagresseurs pour en assurer une gestion efficace. Dans ce cas, la fragmentation des paysages caféiers avec des taches de forêts a été proposée comme moyen de limiter l'abondance de scolyte des baies sans favoriser la rouille orangée.

▸▸ La diversité cachée du sol : quelles potentialités pour l'agriculture ?

Au-delà de leurs seuls effets sur les bioagresseurs telluriques, les fonctionnalités écologiques de la biodiversité des sols peuvent être mobilisées pour améliorer la fertilité (toxicité, dépollution, remédiation, etc.) et la viabilité des cultures. Un enjeu majeur consiste à ouvrir la « boîte noire » des réseaux trophiques des sols, afin de mieux comprendre pour mieux gérer.

Diversité des organismes du sol et de leurs fonctions

Les sols sont le siège d'une extraordinaire biodiversité qui reste pour l'essentiel très mal connue. On rencontre dans les sols les trois grands domaines du vivant : les bactéries, les archées (procaryotes constitués de cellules sans noyau) et les eucaryotes (constitués de cellules avec noyau, pouvant être unicellulaires comme les protozoaires ou pluricellulaires comme les plantes, les champignons et les animaux). Les organismes du sol recèlent ainsi des espèces très diversifiées : ils représentent environ 25 % des espèces décrites sur Terre, ce qui est bien supérieur à la diversité décrite pour les canopées tropicales (May, 1990 ; Decaëns *et al.*, 2006). Pour un site donné, la diversité des organismes du sol est également supérieure à celle de la végétation et des autres organismes à la surface du sol (Decaëns, 2010). Pourtant, les scientifiques connaissent mal la diversité des espèces du sol et estiment n'avoir décrit qu'une toute petite partie des espèces : par exemple, on estime ne connaître que 1/1 000e des espèces de bactéries, 1/100e des espèces de champignons, une petite moitié des espèces de vers de terre, etc. (Wall *et al.*, 2005). Les outils moléculaires et les approches métagénomiques ont permis de confirmer cette très forte sous-estimation du nombre d'espèces existant dans le sol : de façon insoupçonnée, les procaryotes, protozoaires et champignons présentent des diversités spécifiques extraordinaires (Lee *et al.*, 1996). Les outils moléculaires, de type « barcode », ont également permis de décrire des espèces cryptiques qu'il est impossible de reconnaître selon des approches morphologiques classiques (Rougerie *et al.*, 2009). Sans savoir nommer toutes les espèces, des études ont montré que un mètre carré de sol (sur 20 cm de profondeur) peut renfermer plusieurs centaines d'espèces d'Invertébrés et que un gramme de sol renfermait plusieurs milliers d'espèces bactériennes, ce qui peut représenter jusqu'à un milliard de cellules bactériennes, et plusieurs mètres de filaments mycéliens.

Les scientifiques classent généralement ces organismes en fonction de leur taille : les microorganismes (bactéries et champignons), la microfaune (protozoaires et nématodes), la mésofaune (principalement collemboles et acariens), la macrofaune (vers de terre, mille-pattes, isopodes, adultes et larves d'insectes) et enfin la mégafaune (principalement des Vertébrés comme la taupe) (Swift *et al.*, 1979) (tableau 4.1).

Les rôles écologiques joués par ces organismes du sol sont relativement bien connus (tableau 4.1) (Lavelle *et al.*, 2006 ; Kibblewhite *et al.*, 2008). Les microorganismes sont les principaux décomposeurs de la matière organique, permettant ainsi le recyclage des nutriments ; ils sont parfois appelés les ingénieurs chimiques du sol (Turbé *et al.*, 2010).

Les bactéries, seules ou en association avec certaines plantes, ont aussi une aptitude à fixer l'azote atmosphérique ; certains champignons peuvent de même s'associer avec des racines de plantes, formant des mycorhizes qui vont affecter le cycle des nutriments. Les organismes de la microfaune (protozoaires et nématodes) sont connus comme étant principalement des régulateurs des communautés microbiennes ; on les appelle parfois des microbivores. Les organismes de la mésofaune sont essentiellement considérés comme des détritivores, consommant et fragmentant la matière organique arrivant au sol. Enfin, les organismes de la macrofaune ont comme action principale de modifier la structure du sol, d'incorporer la matière organique dans le sol et de réguler, dans le cadre d'interactions non trophiques, la disponibilité des ressources pour les autres organismes ; on les appelle alors des ingénieurs du sol, en référence aux ingénieurs de l'écosystème définis par Jones *et al.* (1994).

Tableau 4.1. Relation entre classification selon la taille des organismes et classification fonctionnelle.

Classe de taille	Fonctions	Classe fonctionnelle
Microorganismes	Décomposent la matière organique, recyclent les nutriments, fixent l'azote, régulent certains pathogènes	Ingénieurs chimiques
Microfaune	Régulent les microorganismes par prédation, certains peuvent être parasites de plantes ou d'animaux	Microrégulateurs trophiques ou microbivores ou microprédateurs
Mésofaune	Fragmentent la matière organique, certains sont prédateurs d'organismes de la microfaune	Détritivores ou transformateurs de litière
Macrofaune	Fragmentent la matière organique, affectent la structure du sol, certains sont prédateurs ou rhizophages	Ingénieurs du sol

Figure 4.4. De gauche à droite et de haut en bas : collembole, termite, ver de terre, diplopode, fourmi, dermaptère.

Diversité des interactions entre organismes

Les recherches destinées à comprendre le fonctionnement biologique d'un sol mettent de plus en plus en avant les interactions existant entre les organismes du sol. Ces interactions sont multiples, complexes et généralement classées en interactions trophiques et non trophiques.

Interactions trophiques

La grande diversité des organismes du sol s'explique en partie par l'abondance d'une ressource diversifiée qu'est la matière organique en décomposition. À partir de cette ressource, des chaînes de décomposeurs se mettent en place qui vont déterminer la décomposition de cette ressource ainsi que la minéralisation des nutriments dans le sol. Bien que la minéralisation des nutriments soit principalement réalisée par les microorganismes (bactéries et champignons), leurs activités sont fortement régulées par les organismes du sol à des niveaux trophiques supérieurs. Ces organismes appelés microrégulateurs trophiques sont essentiellement représentés par les nématodes, les protozoaires, les acariens et les collemboles. De nombreuses études ont montré qu'ils pouvaient affecter la biomasse et l'activité des microorganismes soit directement par prédation, soit indirectement en fragmentant la matière organique, en disséminant des propagules microbiens ou en modifiant la disponibilité des nutriments (Cragg et Bardgett, 2001). La prédation des microorganismes par les Invertébrés entraîne généralement une augmentation de la disponibilité des nutriments dans le sol, en raison d'une augmentation de l'activité microbienne, ou d'une excrétion des nutriments en excès par les prédateurs. Une étude récente réalisée en microcosme a permis de montrer que la prédation par les nématodes (*Rhabditis* sp.) de bactéries rhizosphériques (*Bacillus subtilis*) augmentait la disponibilité en azote et en phosphore pour la plante *Pinus pinaster* (Irshad *et al.*, 2011). Les ingénieurs du sol comme les vers de terre sont également connus pour modifier directement, par digestion, les communautés de bactéries, de champignons ou de protozoaires du sol (Bonkowski et Schaefer, 1997 ; Bonkowski *et al.*, 2000 ; Bernard *et al.*, 2012). De nombreux arguments suggèrent même que ces organismes occupent une place prédominante dans la nutrition des vers de terre. De même, les collemboles et les acariens se nourrissent de façon sélective des champignons du sol, ce qui peut modifier la structure des communautés de champignons dans un milieu donné (Bonkowski *et al.*, 2000).

Interactions non trophiques

Les interactions non trophiques sont essentiellement liées à la modification de la distribution des ressources sous l'action des ingénieurs de l'écosystème. Cette action physique des ingénieurs de l'écosystème entraîne une plus grande disponibilité des ressources trophiques ou de nutriments disponibles pour les autres organismes du sol ainsi que la création de nouveaux habitats aux caractéristiques physicochimiques spécifiques (Blanchart *et al.*, 2009). En conséquence, ce sont à la fois les assemblages biologiques et les fonctions qui sont modifiés par l'action de bioturbation. Par exemple, Loranger *et al.* (1998) ont montré que dans des vertisols de la Martinique, la richesse spécifique de microarthropodes était plus importante dans les *patchs* à haute densité de vers de terre (*Polypheretima elongata*) que dans les zones à faible densité de vers de terre. De même, de nombreux travaux de la littérature montrent que les turricules (déjections) de vers de terre présentent des communautés microbiennes différentes du sol environnant (Tiwari et Mishra, 1993, pour les champignons ; Chapuis-Lardy *et al.*, 2010 ; Bernard *et al.*, 2012, pour les bactéries). De la même façon, les sols des termitières ou des fourmilières sont caractérisés par des communautés microbiennes différentes (Brauman *et al.*, 2000 ; Dauber et Wolters, 2000). Ces modifications des communautés microbiennes, et on peut le supposer des microchaînes trophiques, sous l'action des ingénieurs de l'écosystème entraînent des changements dans les cycles du carbone et des nutriments majeurs, dans la mise à disponibilité des nutriments ou dans les émissions de gaz à effet de serre (notamment N_2O et CO_2), comme l'ont, par exemple, montré Postma-Blaauw *et al.* (2006), Coq *et al.* (2007), Mariani *et al.* (2007), Chapuis-Lardy *et al.* (2009) et Chapuis-Lardy *et al.* (2010).

Conséquences sur les services écosystémiques

Les activités réalisées par les organismes du sol, au sein d'assemblages et d'interactions complexes comme on a pu le voir ci-dessus, auront des conséquences sur les principales fonctions du sol qui sont à l'origine des biens et services écosystémiques, c'est-à-dire les biens et services rendus par les écosystèmes à l'humanité, au sens du Millennium Ecosystem Assessment (MEA, 2005). Les relations entre organismes du sol et services écosystémiques se font à travers des fonctions écologiques. Kibblewhite *et al.* (2008) proposent quatre fonctions écologiques à la base de tous les services écosystémiques fournis par les sols : la transformation des molécules carbonées (décomposition des résidus et de la matière organique du sol, mais aussi synthèse de nouvelles molécules), le recyclage des nutriments, le maintien de la structure du sol (agrégation, transport de particules, formation de réseaux poraux), et enfin la régulation biologique des populations de bioagresseurs, cette dernière fonction écologique ayant été développée dans la section précédente. Par exemple, la production agricole de nourriture repose sur ces quatre fonctions. Le contrôle de l'érosion dépend presque exclusivement du maintien de la structure du sol. La qualité et la fourniture de la ressource en eau dépendent à la fois de la structure du sol (qui va contrôler le ruissellement, l'infiltration, la rétention de l'eau) et du recyclage des nutriments (qui va libérer plus ou moins d'éléments pouvant être lixiviés, comme les nitrates, et être à l'origine de pollutions). D'un point de vue appliqué, l'usage d'un sol va déterminer la diversité des organismes qui vont s'y développer et, en retour, ceux-ci vont permettre la mise en place d'un certain nombre de services écosystémiques. D'autre part, le schéma de la figure 4.5 montre que la production végétale repose sur les quatre fonctions écologiques et donc sur l'ensemble des groupes fonctionnels qui les réalisent. Ainsi c'est la diversité fonctionnelle qui prend toute son importance (Altieri, 1999). La question reste de savoir comment mettre en place cette diversité fonctionnelle, dans l'optique de réaliser au mieux les fonctions écologiques pour assurer la fourniture de services écosystémiques.

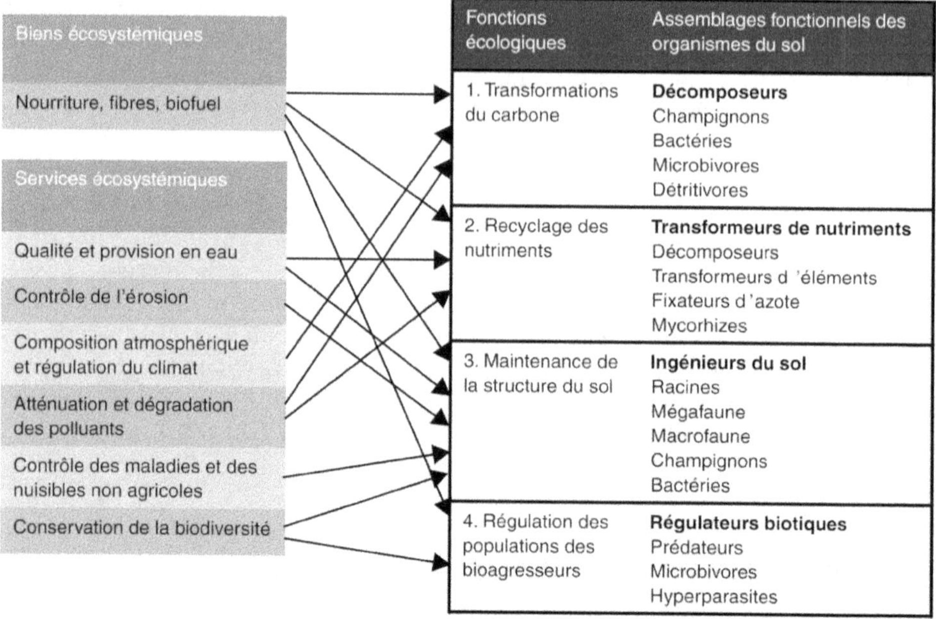

Figure 4.5. Relations entre assemblages fonctionnels des organismes du sol et services écosystémiques, via les fonctions écologiques (d'après Kibblewhite *et al.*, 2008).

Relation entre diversité souterraine et diversité aérienne

Fonctionnement biologique du sol et croissance végétale

L'acquisition des nutriments par les plantes se fait à travers des interactions complexes au sein de la rhizosphère entre les racines, les microorganismes, symbiotiques ou non, et la faune du sol. Dans ce domaine fonctionnel qu'est la rhizosphère, la compétition pour les nutriments et l'énergie est forte. De nombreux travaux ont décrit le rôle des bactéries fixatrices d'azote ou des champignons mycorhiziens dans la croissance des plantes, ou encore des microorganismes libres et leur implication dans la minéralisation des nutriments et la libération de nutriments disponibles pour les plantes. On commence également à percevoir les mécanismes particulièrement complexes par lesquels les plantes se défendent contre les pathogènes et régulent les organismes présents dans la rhizosphère (Bonkowski *et al.*, 2009, et section précédente). En revanche, beaucoup moins de travaux considèrent le rôle de la faune du sol, et en particulier des ingénieurs du sol dans la production végétale. Pourtant, de nombreux travaux ont montré l'effet des vers de terre sur la croissance végétale (voir les synthèses de Scheu, 2003 ; Brown *et al.*, 2004 ; Wurst, 2010). Dans la plupart des études, les vers de terre ont une action positive sur la croissance des plantes. Cette action s'explique par différents processus : minéralisation accrue des nutriments, modification de la disponibilité en eau et en oxygène dans la rhizosphère, effet hormonal, dispersion des microorganismes facilitateurs de la croissance des plantes, contrôle des pathogènes par la dispersion de microorganismes antagonistes des bioagresseurs des racines.

Des travaux récents suggèrent que les activités de la faune du sol sont probablement beaucoup plus complexes et plus importantes vis-à-vis de la résistance des plantes aux stress ou de la diversité végétale et que la force et la direction des effets sur la plante dépendent de l'espèce d'invertébrés donnée (Laossi *et al.*, 2010). Blouin *et al.* (2005) ont montré que les vers de terre pouvaient modifier la physiologie de la plante et améliorer sa tolérance à des nématodes parasites. De même, certaines études viennent de montrer que la présence de vers de terre modifiait l'allocation des ressources dans la plante et le rapport biomasse racinaire/biomasse épigée. Ceci peut s'expliquer par une meilleure disponibilité en nutriments, et notamment en phosphore, pour la plante ou alors par l'expression de gènes de la plante impliqués dans la division cellulaire et la réponse aux stress (Jana *et al.*, 2010). En Guadeloupe, il a été montré que l'activité des vers de terre pouvait réduire les dommages causés par les nématodes phytoparasites sur les bananiers (Loranger *et al.*, 2012). Selon les auteurs, ce résultat serait indirect et lié à des modifications dans la minéralisation du phosphore sous l'action des vers de terre et une subséquente amélioration de la nutrition de la plante qui serait alors plus tolérante aux nématodes. Les interactions entre plantes cultivées (compétition *versus* facilitation) peuvent également être modifiées par la présence de vers de terre. Une étude récente réalisée en conditions de laboratoire a montré que la présence de vers de terre permettait d'annuler la compétition entre un blé dur et un pois chiche lorsque ces deux plantes étaient cultivées en association.

Interaction entre les diversités souterraines et aériennes

Les écosystèmes terrestres sont constitués de deux compartiments distincts : l'aérien et le souterrain. Ce n'est que récemment que les écologues se sont intéressés aux liens entre ces deux compartiments, ce qui a permis de grandes avancées pour la compréhension du fonctionnement des éco ou agrosystèmes (Kardol et Wardle, 2010). Ainsi, des travaux ont montré que des modifications dans les réseaux trophiques aériens pouvaient influencer les réseaux trophiques souterrains, et *vice versa*, et que ces liens affectaient la composition de la communauté végétale (De Deyn *et al.*, 2007). Des travaux ont montré que la diversité des champignons mycorhiziens déterminait la diversité ainsi que la productivité végétale (van der Heijden *et al.*, 1998). À l'inverse, il a été montré que la diversité végétale affectait profondément la communauté microbienne du sol et que chaque espèce de plante contribuait au fonctionnement du système souterrain (Eisenhauser *et al.*, 2010). Il semblerait également que les vers de terre soient plus affectés que les microorganismes par une réduction de la biodiversité des plantes (Spehn *et al.*, 2000). D'autres auteurs montrent que la réduction de la diversité des plantes a peu d'effets sur les organismes du sol, à la différence de l'identité des groupes fonctionnels de plantes : la présence de légumineuses est corrélée significativement à la densité de vers de terre épigés (Gastine *et al.*, 2003).

Utilisation de cette biodiversité en agriculture

Manipulation directe

Les inoculations d'organismes du sol (sous forme de biofertilisants) en vue d'améliorer la production végétale et la santé des plantes ont été principalement réalisées pour les bactéries regroupées sous le terme de PGPB (*plant growth-promoting bacteria*) ou PGPR (pour *Rhizobacteria*) et les champignons mycorhiziens. Les PGPB sont des bactéries (majoritairement des souches des genres *Rhizobium, Azotobacter, Azospirillium, Pseudomonas*) capables de stimuler la croissance végétale par divers mécanismes : fixation de l'azote, solubilisation et minéralisation du phosphate, production de sidérophores et synthèse d'hormones ou de vitamines végétales (Vessey, 2003). Ces technologies microbiennes ont été utilisées pour traiter de nombreux problèmes agricoles et environnementaux, avec des résultats généralement concluants (voir Whipps, 2001 ; Glick *et al.*, 2007 ; Thuita *et al.*, 2012), bien que les effets bénéfiques soient difficiles à reproduire de façon constante (Singh *et al.*, 2011). Pour être efficaces, les organismes inoculés doivent trouver dans le sol des conditions de développement satisfaisantes, ce qui n'est pas toujours le cas. De plus en plus, les inoculums comprennent des assemblages de microorganismes, associant PGPR, bactéries fixatrices d'azote, mycorhizes, actinomycètes et autres microbes utiles comme ceux produisant des fongicides protégeant les plantes contre certaines maladies (Singh *et al.*, 2011). Les recherches se développent pour comprendre la diversité des PGPR, leur capacité de colonisation, les mécanismes d'interactions, les formulations en vue d'inoculations.

Concernant les invertébrés, très peu d'études ont concerné l'inoculation de vers de terre à grande échelle. La principale limite repose sur la difficulté à élever des vers de terre en grand nombre. La deuxième difficulté est de conserver des densités de vers de terre relativement importantes dans le temps. En Martinique, Blanchart *et al.* (2004) ont élevé et introduit 4 500 vers de terre (*Polypheretima elongata*) sur une surface expérimentale de 50 m^2 (soit une densité de 90 ind/m^2) dans un sol cultivé où la densité de vers de terre était voisine de 2 ind/m^2. Au bout de six mois, la densité était descendue à 25 ind/m^2 mais elle a ensuite augmenté régulièrement pendant les quatre années de l'expérience. Dans les zones tropicales humides, les vers de terre peuvent être produits en grandes quantités en utilisant comme substrat du sol mélangé à de la sciure de bois ou des mélanges de matières organiques de différentes qualités (Senapati *et al.*, 1999). Comme le rappellent Senapati *et al.* (1999), il est moins coûteux d'élever des vers de terre que de les récolter dans la nature : 3,6 euros pour produire 1 kg de vers de terre en élevage, contre 6,125 euros pour récolter une biomasse équivalente de vers. En Inde du Sud, des vers de terre ont été introduits en très grandes quantités dans des plantations de thé sur une surface de 200 hectares. Ceci a été réalisé en creusant des tranchées le long des courbes de niveau, en y incorporant des matières organiques de diverses qualités (compost d'ordures ménagères et résidus de taille des théiers) ainsi que les vers de terre. Cette technique de fertilisation bioorganique a permis d'augmenter la qualité du sol et d'accroître significativement la production de thé. Malheureusement, la difficulté à élever des vers de terre en grandes quantités explique la faible utilisation de cette technique.

Manipulation indirecte

De très nombreuses études ont montré que la diversité, la densité, la biomasse et la structure des communautés des organismes du sol dépendaient des pratiques agricoles : profondeur, intensité, fréquence du travail du sol, type et fréquence de fertilisation, gestion des matières organiques, rotations ou associations végétales. Depuis de nombreuses années, les chercheurs ont montré les effets alarmants d'une agriculture conventionnelle intensive sur les organismes du sol, les interactions biotiques et la disponibilité des ressources (Kennedy et Smith, 1995 ; Matson *et al.*, 1997). Dans cette agriculture, les fonctions biologiques ont été substituées par l'utilisation d'engrais chimiques et par le travail du sol. Depuis quelques années, la mise en place de pratiques dites agroécologiques basées sur une réduction des intrants chimiques et du travail du sol a permis d'intensifier les processus écologiques dans les sols cultivés et d'accroître significativement la diversité et la densité des microorganismes et de la faune du sol (par exemple pour des zones tropicales : Blanchart *et al.*, 2006 ; 2007 ; Rabary *et al.*, 2008 ; Villenave *et al.*, 2009). Comme on l'a vu ci-dessus, la composition de la végétation, et plus exactement le choix des groupes fonctionnels de plantes cultivées, pourra aussi affecter la composition des communautés d'organismes du sol et, *in fine*, les fonctions écologiques du sol. Peu d'études ont pourtant abordé cette question en milieux agricoles.

▸▸ Biodiversité et interactions agriculture-élevage

Depuis le néolithique, l'agriculture a été le plus souvent associée à l'élevage, avec des bénéfices mutuels évidents en matière d'alimentation des animaux et de restitutions nutritives aux cultures. Depuis l'apparition des engrais de synthèse, l'agriculture industrielle a le plus souvent dissocié les deux activités, préférant les optimiser séparément en faisant appel aux engrais de synthèse et à une filière industrielle pour l'alimentation des animaux. L'introduction ou la réintroduction de l'animal d'élevage dans le système d'exploitation se traduit par de multiples impacts sur la biodiversité. Ils peuvent être importants, multiéchelles et contribuer de manière positive ou, il faut le reconnaître, négative à la biodiversité.

Un cas extrême d'impact négatif est celui de la naturalisation, dans les milieux indigènes des régions d'introduction, de certaines espèces animales exotiques qui deviennent envahissantes au point de menacer la survie des écosystèmes locaux. C'est par exemple le cas des dromadaires (*Camelus dromedarius*), introduits sur le continent australien au XIXe siècle comme animaux de bât et ensuite relâchés dans la nature au début du XXe siècle. En l'absence de prédateurs, ceux-ci se sont multipliés à l'excès, érodent la biodiversité endémique par la pression de pâturage qu'ils exercent et la propagation d'adventices et de plantes invasives, tout en contribuant à l'érosion de la biodiversité globale par l'augmentation de l'effet de serre lié à leurs éructations…

Sans alimenter les grandes controverses entre élevage et biodiversité « cultivée », il existe des exemples réussis d'intégration de biodiversités animales « élevées » avec les autres biodiversités. Ils se déclinent dans les interactions entre cycles au niveau du sol, de la plante, de l'animal, de la parcelle et du troupeau, ou de l'exploitation. En effet, la conduite intégrée d'activités agricoles et d'élevage permet de valoriser les complémentarités entre les systèmes de culture (production de fourrages, fixation symbiotique de l'azote et recyclage des nutriments) et les systèmes d'élevage (apports de fumure organique et d'énergie), permettant d'intensifier tout en réduisant la consommation d'énergies non renouvelables, de fertilisants chimiques et d'aliments concentrés. L'élevage transformateur de la biomasse sur les zones marginales non cultivables de l'exploitation doit aussi être considéré pour son rôle essentiel de «valorisateur» des sous-produits agricoles tels que les résidus de culture et de transformation des produits de l'exploitation (Dugué *et al.*, 2004).

Au travers des exploitations et des territoires, l'élevage est également à l'origine d'une large diversité de races domestiques et de produits typiques, il a une grande capacité d'entretien de vastes surfaces d'espaces naturels. Il peut ainsi participer au maintien de pelouses sèches de prairies humides, ou d'altitude. Il peut aussi être efficace dans la prévention des incendies de forêt (MAB, 2012[1]). Le pâturage traditionnel extensif a un impact positif sur la biodiversité au sens large par la création et le maintien de paysages hétérogènes, tout comme par son rôle dans la dispersion des propagules (zoochorie).

Interactions élevage-biodiversité tellurique et végétale

Au-delà des stéréotypes sur les effets mécaniques de tassement qui seraient dus au piétinement des troupeaux sur les sols de culture et dont on démontre qu'ils ne surviennent que dans les situations de charges réellement excessives (Bell *et al.*, 2011), les pratiques d'élevage (restitution au pâturage, épandage, etc.) contribuent à alimenter le sol et à y diversifier la macrofaune et la microflore. Comparé à l'apport d'engrais minéraux, l'épandage de lisier dans des sols de culture de maïs ou de coton (Peacock *et al.* 2001 ; Acosta-Martínez *et al.*, 2010) a des effets notoires sur la biomasse microbienne, sur le profil des espèces présentes et donc des enzymes qu'elles font circuler dans le sol et son pool de matière organique, interagissant ainsi avec la fertilité globale du milieu. Ces modifications de l'écosystème du sol auront des effets sur la capacité de production primaire et sur la biodiversité floristique des couverts végétaux qui colonisent le sol, qu'il s'agisse de cultures ou de prairies. Des interactions s'opèrent également entre la microflore tellurique, la microflore de la phyllosphère et celle d'intérêt fromager ou biocontaminante. Des travaux originaux conduits à l'Inra sur des laits d'exploitations en alpages montrent comment la diversité microbienne est un capital pour limiter la pathogénicité à *Listeria monocytogenes* dans les fromages au lait cru (Retureau *et al.*, 2010). De même, le facteur du milieu naturel prépondérant dans l'orientation de la composition floristique des prairies s'avère lié à la richesse des terres. Fortement fertilisées et riches en éléments nutritifs, elles présentent une faible diversité floristique dominée par les espèces nitrophiles ; *a contrario*, les prairies soumises à des pratiques moins intensives sont riches en flore dont la diversité conditionne la composition en composés secondaires, parmi lesquels les terpènes, élément clé de la diversité organoleptique des produits laitiers (Cornu *et al.*, 2005).

Dans le cycle de retour des matières organiques au sol, il existe également des interactions entre les biodiversités animales épigées et hypogées ; c'est le cas par exemple pour l'optimisation de la décomposition des bouses de ruminants qui a fait l'objet de nombreux travaux quant à l'introduction de bousiers (*Scarabaeus laticollis*) en Australie pour décomposer les bouses et assurer leur retour au sol (Edwards, 2007)

---

1. <http://mab-france.org/fr/concilier-activites-et-environnement/elevage-et-biodiversite/> (consulté le 12 décembre 2012).

ou aux États-Unis quant à l'analyse des effets de l'activité de ceux-ci sur le contrôle des cycles et des œufs de nématodes contenus dans les bouses et qui sont parasites des ruminants (Fincher, 1975).

Utilisation de la biodiversité végétale locale en élevage

La biodiversité végétale naturelle ou péricultivée locale peut, en substitution à des molécules de synthèse, contribuer à la durabilité de l'élevage en matière de santé animale. On citera par exemple l'utilisation d'huiles essentielles en substitution aux antibiotiques en aquaculture à Madagascar (Sarter *et al.*, 2011 ; Randrianari-velo *et al.*, 2009 ; 2010), ou, pour l'élevage terrestre en tant que répulsif des insectes piqueurs (par exemple l'essence de géranium utilisée sur les bovins à la Réunion contre *Stomoxys calcitrans*), l'utilisation d'extrait de *Jatropha* comme anthelmin-thique (Ratnadass et Wink, 2012) ou d'extrait de feuille de manioc (*Manihot escu-lenta*) pour lutter contre *Haemonchus contortus,* un helminthe parasite majeur des petits ruminants (Marie-Magdeleine *et al.*, 2010). Il s'agit dans chacun de ces cas de trouver des alternatives aux effets néfastes des anthelminthiques sur la macrofaune du sol (voir « La diversité cachée du sol : quelles potentialités pour l'agriculture ? »).

Au cœur de l'animal, la microflore et microfaune de l'écosystème du rumen et l'équilibre entre les populations contribuent au fonctionnement d'un réacteur parti-culièrement performant pour valoriser la grande diversité de ressources issues des parcelles de culture ou des espaces de végétation naturelle. Là aussi la biodiversité des bactéries interagit avec celle des végétaux que l'animal consomme. Au-delà des variations que l'on observe sur les grands constituants (protéines, cellulose, amidon, etc.), les plantes sont également diversement riches en composés secondaires (tannins, saponines, alcaloïdes, etc.). Ces composés peu étudiés jusqu'ici peuvent, en modifiant le profil d'espèce et d'activité microbienne, être d'une grande utilité en particulier pour la modulation des émissions de méthane, la dégradation ammonia-cale des protéines, l'hydrogénation des acides gras, la stimulation de l'ingestion de fourrages pauvres, etc. (Durmic *et al.*, 2008).

Interaction entre matières organiques de l'élevage et bioagresseurs des plantes

Au-delà d'animaux d'élevage intégrés à certains systèmes pour la gestion de l'enherbe-ment et secondairement des insectes ravageurs (voir plus haut), il s'agit par exemple, *via* les mêmes voies que celles présentées plus haut (voir « Biodiversité végétale spécifique "péricultivée" et processus de régulation des bioagresseurs »), des effets directs de la fertilisation organique sur les infections et infestations par les bioagres-seurs : bouses porteuses de graines de *Striga* ou de larves de vers blancs (larves de *Scarabaeidae*) infestant le riz pluvial (avéré à Madagascar), ou des effets directs de la fertilisation organique sur les infections et infestations par les bioagresseurs. Ces effets peuvent être tantôt négatifs tantôt positifs. Par exemple, les effluves de fumier augmentent l'appétit des vers blancs et leurs dégâts sur le riz ; une forte fertilisation en azote organique (avec par exemple des effluents d'élevage) augmente la sensi-bilité des plantes à des maladies comme la pyriculariose du riz, ou leur attractivité pour les insectes piqueurs-suceurs ; en revanche, une meilleure nutrition (c'est-à-dire équilibrée) entraîne une plus grande tolérance des plantes aux bioagressions.

Exemples d'intégration au niveau de la parcelle

Il existe des exemples «ancestraux» comme la rizi-pisciculture, notamment au Vietnam, ou bien l'introduction de canards dans les rizières qui permet de lutter sans herbicides contre les mauvaises herbes et autres bioagresseurs (encadré 4.5).

En horticulture, dans la Caraïbe, pour gérer l'enherbement en vergers ou la remédiation des sols de culture de bananes, une des alternatives les plus prometteuses pour réduire l'application de phytocides ou les fauchages mécaniques consiste à y associer une couverture vivante, par exemple de légumineuses telles qu'*Arachis pintoi* ou de graminées. Le contrôle de la plante de couverture associée peut être assuré soit par fauchage, soit par pâturage avec des animaux en parcours libre qui consomment et maintiennent la biomasse (Archimède *et al.*, 2012).

Ainsi, à l'image du «pré-verger» normand — premier système agroforestier en France en importance et bel exemple d'intégration entre agriculture et élevage qui associe pommiers et vaches laitières —, des modèles d'utilisation de systèmes associant verger et moutons sont retrouvés dans la Caraïbe, notamment à Cuba où l'association entre agrumes et ovins est étudiée depuis quelques années (Mazorra, 2006). Dans ces systèmes, les moutons sont éduqués selon différentes techniques d'apprentissage pour paître sans abîmer les arbres. Une des techniques consiste en l'utilisation de licols empêchant les animaux de consommer l'écorce et les feuilles. Une technique plus élaborée consiste à pulvériser sur les feuilles d'agrumes un répulsif (chlorure de lithium ou sirop d'ipécacuana) provoquant une aversion pour les feuilles de cette espèce lors de l'installation des animaux. Ils sont ainsi conditionnés à ne pas consommer les feuilles, et transmettent éventuellement ce comportement à leurs jeunes (Lavigne *et al.*, 2011).

Plus «simplement», en Martinique, la maîtrise de la couverture végétale des vergers, naturelle (adventices) ou installée (plantes de service), peut aussi être assurée par des moutons, mais, afin qu'ils ne portent pas préjudice à la culture principale, on exploite leur aversion alimentaire naturelle dans une association «judicieuse» avec des Annonacées telles que corossol, cachiman et pomme-cannelle. De même, le pâturage des volailles et des oies en particulier, qui sont plus herbivores que les poulets, plutôt granivores, s'est révélé une méthode efficace pour la maîtrise de l'enherbement en verger de goyaviers (Lavigne *et al.*, 2012). Il est équivalent à une fauche mécanique régulière, mais la pression exercée par les volailles sur le couvert herbacé se révèle toutefois beaucoup plus forte sur les Poacées et certaines Dicotylédones que sur les Cypéracées, induisant ainsi une modification progressive de la flore du verger. Ce pâturage sélectif doit être pris en compte dans la gestion du système par un réensemencement régulier, par exemple (figure 4.6).

Production de fourrages dans le système d'exploitation

Dans le cas de la production fourragère, l'intégration est à considérer plutôt au niveau de l'exploitation, la biomasse produite contribuant à la constitution de stocks

Encadré 4.5. La valorisation de l'agrobiodiversité au sein des systèmes de riziculture.

En Asie, depuis des millénaires, les populations rurales ont perfectionné l'agrobiodiversité des systèmes rizicoles par le recours aux plantes cultivées, aux animaux domestiques et à l'aquaculture afin de disposer d'une sécurité alimentaire et de revenus quotidiens.

Le potentiel de diversification au sein d'un écosystème rizicole est élevé du fait de la présence continue d'eau fraîche. Les populations rurales consomment les poissons, les grenouilles, les escargots, les insectes, qui peuvent constituer leur source principale de protéines animales et d'acides gras. Les espèces consommées peuvent appartenir aux composants de la biodiversité naturelle qui se retrouvent piégés dans les rizières, ou avoir été introduites intentionnellement comme en rizi-pisciculture avec des espèces de tilapia, de barbeau et de carpe.

Les systèmes de riziculture accueillent aussi plusieurs espèces animales élevées. Les canards vivent de petits poissons, d'organismes aquatiques et de mauvaises herbes (y compris la panisse, *Echinocloa crus-galli*) au sein des rizières. Ils se nourrissent également d'insectes ravageurs à l'origine de pullulations dévastatrices, comme la cicadelle brune (*brown planthopper) Nilaparvata lugens*, et des sclérotes de *Rhizoctonia solani*, pathogène responsable du flétrissement de la gaine du riz, dont l'incidence est ainsi significativement réduite (Su *et al.*, 2012). C'est une pratique ancestrale en Chine qui a été remise au goût du jour d'abord au Japon (Furuno, 2001) et plus récemment dans d'autres pays asiatiques comme au le Vietnam (Men *et al.*, 2002), au ou le Bangladesh (Hossain *et al.*, 2005), et même en Camargue (Falconnier, 2012). Les canetons sont introduits après le repiquage du riz, ou à un stade de développement suffisant de ce dernier si celui-ci est semé directement, de façon à ce qu'ils ne l'endommagent pas. En passant entre les rangs de riz, les canards stimulent même sa croissance, alors qu'ils détruisent les adventices, soit en les consommant, soit en les piétinant, ce qui, ajouté à leurs déjections, améliore la fertilité de la rizière. Cela se traduit par une augmentation du rendement en riz, sans compter la production de viande de canard.

Le plus gros bétail, tels les buffles, les bovins, les ovins et les caprins, consomme la paille de riz et valorise le son, sous-produit de l'usinage du riz, de même que les grains de qualité inférieure ou provenant d'excédents de récoltes. Enfin, le bétail contribue au transport et à la préparation du terrain des agriculteurs, et ses déchets organiques peuvent être recyclés en engrais organiques.

Les rizières abritent aussi un grand nombre d'ennemis naturels ou de prédateurs permettant de lutter contre les insectes nuisibles et les ravageurs, réduisant ainsi le recours aux pesticides. Ainsi, les poissons se nourrissent des mauvaises herbes et participent à la lutte contre les plantes adventices. D'autres espèces végétales partagent une relation symbiotique avec le riz. À titre d'exemple, l'azolla, une fougère fixatrice d'azote, peut être cultivée dans les rizières afin d'améliorer la disponibilité des substances nutritives, de réduire le nombre des mauvaises herbes et de faciliter l'intégration poissons-bétail. Ces espèces végétales associées sont utilisées par les agriculteurs en tant que source de nourriture et de médicaments et en tant qu'alimentation pour les poissons et le bétail. Les populations pauvres, et surtout les sans-terres, peuvent tirer de petits revenus de la pêche et de la cueillette de plantes médicinales.

Figure 4.6. Pâturage d'oies dans un verger de goyaviers.

pour l'affouragement en périodes creuses (hiver, saison sèche). Cela peut toutefois aussi se faire au niveau de la parcelle à partir de la plante cultivée elle-même (résidus de culture ou variétés de céréales à double usage) ou des plantes de bordure ou associées.

Céréales et légumineuses à double usage

Cette voie concerne plusieurs espèces de légumineuses, comme le niébé et l'arachide, et de céréales, comme le riz, le maïs et le sorgho.

Le sorgho, plante adaptée aux zones semi-arides où le maïs ne trouve plus sa place, fait l'objet de travaux axés sur la double fonction agriculture/élevage de la plante (figure 4.7). Les travaux en cours (Chantereau *et al.*, 2004) dénotent d'une variabilité génétique réelle et potentiellement exploitable quant au maintien d'un rendement élevé et à l'amélioration du critère « digestibilité » des pailles (encadré 4.6).

Associations/rotations d'espèces fourragères avec d'autres espèces cultivées

Ces formules peuvent concerner les systèmes *push-pull* (voir « Détournement stimulo-dissuasif des ravageurs »), certains systèmes agroforestiers avec des légumineuses ligneuses fourragères, et les systèmes avec semis direct sur couverture végétale (SCV) (Séguy *et al.*, 2009 ; voir chapitre 2).

Ainsi, si sur les Hautes-Terres de Madagascar, ces systèmes d'agriculture de conservation montrent leur intérêt dans la contribution au développement de l'agriculture durable, notamment par la réduction de l'érosion, et ont au début été concentrés sur la production vivrière, actuellement les systèmes incluant les fourrages montrent aussi leur intérêt comme vecteur potentiel de la diffusion des SCV (Anonyme, 2008).

Au lac Alaotra, Naudin *et al.* (2012) ont montré que la production et la conservation de la biomasse en systèmes SCV ne sont pas toujours suffisantes pour assurer les fonctions agroécologiques du mulch auxquelles on s'attendrait. Toutefois, certaines espèces remplissent ces fonctions, comme *Vicia villosa* qui permet d'assurer 90 % de couverture du sol, tout en autorisant l'exportation de 3 t/ha de biomasse comme fourrage (encadré 4.7).

Encadré 4.6. Biodiversité génétique et caractère « double usage » du sorgho.

Les tiges et les feuilles des céréales contribuent à la structure de la plante, elles sont le lieu de l'élaboration photosynthétique du rendement en grain. À la récolte de la plante, le compartiment « paille » représente 40 à 60 % de la biomasse totale élaborée au cours de la croissance.

Dans les pays développés, les pailles sont considérées comme un sous-produit à faible valeur. Elles sont soit laissées ou incorporées au sol, soit exportées pour constituer la litière des animaux en stabulation. En régions chaudes, dans les systèmes d'agriculture familiale, elles constituent une ressource fourragère de première importance pour le maintien, voire la survie des animaux de la ferme au cours des périodes difficiles.

Figure 4.7. Les pailles de sorgho représentent une quantité considérable de biomasse utilisable pour nourrir les animaux en saisons sèches.

...

...

Les teneurs élevées en hydrates de carbone et en lignocellulose combinées à de faibles teneurs en matières azotées ne leur confèrent cependant qu'une valeur alimentaire limitée. Longtemps les efforts se sont essentiellement portés sur la mise au point et la démonstration de techniques de traitement physique (hachage, mélassage) ou chimique (ammoniaque, urée) en vue d'améliorer la digestibilité des pailles. Ces techniques restent peu adoptées par les agroéleveurs pour des raisons de disponibilités en main-d'oeuvre, de coûts des intrants et d'efficience.

Au cours des dernières années, la mise en œuvre de pratiques de sélection participative et la prise en compte des objectifs multiples et des savoirs en petite agriculture ont conduit à porter un regard nouveau sur la biodiversité des céréales cultivées et sur la notion de « double usage » de la plante.

Ce concept tend à répondre à la demande paysanne pour des variétés adaptées au contexte local et associant des critères de rendement en grain et en paille à valeur fourragère améliorée.

Pour en savoir plus : de Alencar Figueiredo *et al.*, 2006.

Encadré 4.7. Le cas de la production fourragère des systèmes de semis sous couvert végétal.

L'émergence de techniques culturales innovantes d'agriculture dite de conservation, plus particulièrement de semis sans travail profond du sol, directement sur des couverts végétaux en place, est une alternative intéressante. Dans ces systèmes, la couverture du sol est assurée à la fois par l'association culturale de différentes espèces sur la même parcelle et par des successions de cultures qui ne laissent jamais le sol à nu.

En exploitations familiales, le déploiement de tels systèmes est complexe. Il nécessite la mise au point d'itinéraires de conduite précis, adaptés localement à la fois en matière de choix d'associations culturales, de maîtrise de la couverture et d'organisation des successions culturales. On se confronte aussi à une question centrale : celle de la compétition intense qui s'opère autour de la biomasse entre, d'une part, une technique qui ne s'optimise que sur le long cours et que si des quantités importantes de biomasse sont produites et idéalement laissées au sol, et, d'autre part, un milieu d'agriculteurs, éleveurs, agroéleveurs optimisant à l'année l'utilisation sur le court terme de la quasi-totalité de la biomasse à des fins d'élevage. L'enjeu est de taille puisqu'il touche tout autant le régime agraire (absence de droit réel de propriété individuelle) et les droits d'usages traditionnels (pâturage des résidus) que l'élevage (local ou transhumant), privé d'une ressource alors que sur le plan économique et social, l'animal est un facteur de capitalisation et de revenu majeur dans le tissu de la région. Les contraintes qui apparaissent dans les relations entre élevage et SCV font l'objet de questionnements sur les solutions à imaginer par la recherche et les acteurs locaux.

Une hypothèse intéressante peut être que l'utilisation partielle et particulièrement raisonnée des couvertures à des fins de production animale peut induire une appropriation progressive de la culture de plante de couverture. L'originalité de l'utilisation partielle des couverts réside dans le fait de les exploiter à leur maximum de valeur alimentaire pour en faire un complément à haute valeur énergétique et azotée plutôt qu'un simple fourrage (quelques fauches successives et très précoces de repousses de *Brachiaria* spp., *Stylosanthes, Vicia* spp. ou autres espèces apportent des quantités d'unités fourragères et de protéines très élevées), puis de laisser la croissance s'opérer à des fins de production de couverture végétale. Les stratégies

...

174

de conservation permettent de reporter l'utilisation à des périodes où la valorisation économique est la plus élevée (lait de contre-saison ou engraissement). Au Burkina Faso, à Madagascar, le pâturage mesuré des couvertures et/ou la confection d'ensilage ou de foin sur une partie de la biomasse de couverture (Naudin *et al.*, 2012 ; Kueneman *et al.*, 2002) sont des exemples parmi d'autres qui incitent à penser que la combinaison d'une innovation technique apportant une très haute valeur ajoutée à l'innovation «culture de couverture pour du semis direct» peut être fortement synergique dans l'adoption des itinéraires d'agriculture de conservation.

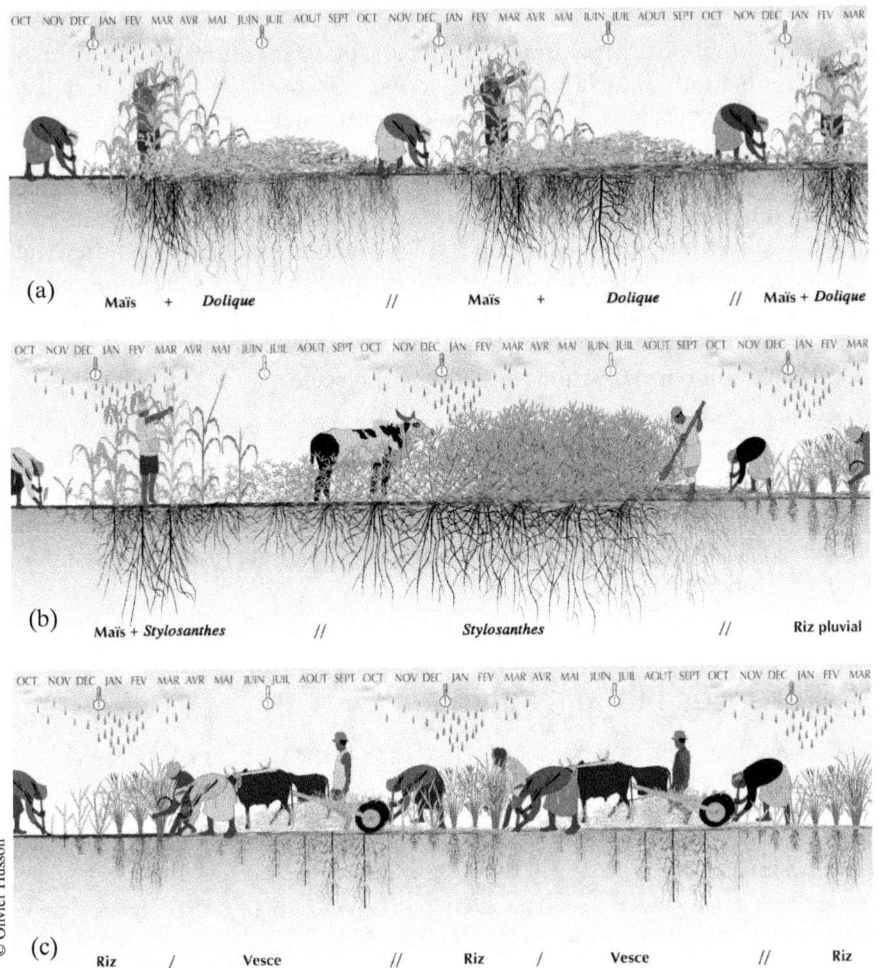

Figure 4.8. Exemples de succession de plantes de couverture dans des systèmes de culture de conservation dans la région du lac Alaotra, Madagascar.

(a) Un cycle de deux ans sur les coteaux de maïs + *Dolique lablab* l'année n et le riz pluvial de l'année n + 1. (b) Une succession pluriannuelle sur les coteaux avec une récolte de maïs + *Stylosanthes guianensis* l'année n, *S. guianensis* seul exploité en pâturage dans l'année n + 1/2/3, le riz pluvial de la dernière année. (c) En champs de plaine, une séquence double culture dans l'année avec *Vicia villosa* dans la morte saison et riz de la campagne principale (d'après Séguy *et al.*, 2009).

▸▸ Conclusion

Au sein de la parcelle cultivée, les interactions entre les différents compartiments de la biodiversité sont donc multiples et variées, aboutissant à des effets synergiques ou conflictuels. Plusieurs exemples ont permis d'illustrer les effets liés à certaines modalités de déploiement de la biodiversité végétale au niveau de la parcelle cultivée sur plusieurs types de bioagresseurs, ainsi que des effets, particulièrement synergiques, entre biodiversité animale « élevée » et maîtrise de l'enherbement ou régulation des bioagresseurs.

La prise en compte des organismes du sol dans une agriculture productive durable est un véritable défi pour la recherche. Malgré les connaissances accumulées sur les groupes d'organismes du sol, leur biologie, les fonctions qu'ils remplissent individuellement dans les sols, on a encore du mal à comprendre les interactions et à hiérarchiser les processus impliqués dans la réalisation d'une fonction donnée. De même, les relations entre diversité aérienne et diversité souterraine ont été très peu étudiées jusqu'à présent. Quoi qu'il en soit, les recherches récentes montrent que les fonctions écologiques et les services écosystémiques reposent sur la présence d'une grande diversité de groupes fonctionnels. Les actions entreprises en vue d'une agriculture durable doivent donc favoriser la présence de cette diversité fonctionnelle du sol, que ce soit par des actions directes ou indirectes.

Si le besoin de compréhension des processus de base sous-tendant ces effets reste important, il en est largement de même de la nécessité de la contextualisation de la culture de la biodiversité du fait de l'extrême diversité des situations. À cet égard, la diversité des terrains et situations dans le cadre desquels le Cirad intervient avec ses partenaires est à la fois une contrainte et une opportunité pour ouvrir de nouveaux champs de recherche.

▸▸ Références bibliographiques

Acosta-Martínez V., Bell C.W., Morris B.E.L., Zak J., Allen V.G., 2010. Long-term soil microbial community and enzyme activity responses to an integrated cropping-livestock system in a semi-arid region. *Agriculture, Ecosystems and Environment*, 137, 231-240.

Altieri M.A., 1999. The ecological role of biodiversity in agroecosystems. *Agriculture, Ecosystems and Environment*, 74, 19-31.

Anonyme, 2008. *Conduite des systèmes de culture sur couverts végétaux et affouragement des vaches laitières : guide pour les Hautes Terres de Madagascar*, 90 p.

Archimède H., Gourdine J.L., Fanchone A., Tournebize R., Bassien-Capsa M., González-García E., 2012. Integrating banana and ruminant production in the French West Indies. *Tropical Animal Health and Production,* 44, 1289-1296.

Avelino J., Romero-Gurdián A., Cruz-Cuellar H.F., Declerck F.A.J., 2012. Landscape context and scale differentially impact coffee leaf rust, coffee berry borer, and coffee root-knot nematodes. *Ecological Applications*, 22, 584-596.

Babin R., ten Hoopen G.M., Cilas C., Enjalric F., Yede P., Gendre, Lumaret J.P., 2010. Impact of shade on the spatial distribution of *Sahlbergella singularis* in traditional cocoa agroforests. *Agricultural and Forest Entomology*, 12, 69-79.

BELL L.W., KIRKEGAARD J.A., SWAN A., HUNT J.R., HUTH N.I., FETTELL N.A., 2011. Impacts of soil damage by grazing livestock on crop productivity. *Soil and Tillage Research*, 113, 19-29.

BERNARD L., CHAPUIS-LARDY L., RAZAFIMBELO T., RAZAFINDRAKOTO M., PABLO A.L., LEGNAME E., POULAIN J., BRÜLS T., O'DONOHUE M., BRAUMAN A., CHOTTE J.L., BLANCHART E., 2012. Endogeic earthworms shape bacterial functional communities and affect organic matter mineralization in a tropical soil. *The ISME Journal*, 6, 213-222.

BLANCHART E., ALBRECHT A., CHEVALLIER T., HARTMANN C., 2004. The respective roles of biota (roots and earthworms) in the restoration of physical properties in vertisol under a *Digitaria decumbens* pasture (Martinique). *Agriculture, Ecosystems and Environment*, 103, 343-355.

BLANCHART E., MARILLEAU N., CHOTTE J.L., DROGOUL A., PERRIER E., CAMBIER C., 2009. SWORM: an agent-based model to simulate the effect of earthworms on soil structure. *European Journal of Soil Science*, 60, 13-21.

BLANCHART E., VILLENAVE C., VIALLATOUX A., BARTHÈS B., GIRARDIN C., AZONTONDE A., FELLER C., 2006. Long-term effect of a legume cover crop (*Mucuna pruriens* var. *utilis*) on the communities of soil macrofauna and nematofauna, under maize cultivation, in southern Benin. *European Journal of Soil Biology*, 42, 136-144.

BLANCHART E., BERNOUX M., SARDA X., SIQUEIRA NETO M., CERRI C.C., PICCOLO M., DOUZET J.M., SCOPEL E., FELLER C., 2007. Effect of direct seeding mulch-based systems on soil carbon storage and macrofauna in Central Brazil. *Agriculturae Conspectus Scientificus*, 72, 81-87.

BLOUIN M., ZUILY-FODIL Y., PHAM-TI A.T., LAFFRAY D., REVERSAT G., PANDO A., TONDOH J., LAVELLE P., 2005. Belowground organism activities affect plant aboveground phenotype, inducing plant tolerance to parasites. *Ecology Letters*, 8, 202-208.

BONKOWSKI M., SCHAEFER M., 1997. Interactions between earthworms and soil protozoa - a trophic component in the soil food web. *Soil Biology and Biochemistry*, 29, 499-502.

BONKOWSKI M., VILLENAVE C., GRIFFITHS B., 2009. *Rhizospher fauna*: the functional and structural diversity of intimate interactions of soil fauna with plant roots. *Plant and Soil*, 321, 213-233.

BONKOWSKI M., CHENG W., GRIFFITHS B.S., ALPHEI J., SCHEU S., 2000. Microbial-faunal interactions in the rhizosphère and effects on plant growth. *European Journal of Soil Biology*, 36, 135-147.

BOWDEN R., SHROYER J., ROOZEBOOM K., CLAASSEN M., EVANS P., GORDON B., HEER B., JANSSEN K., LONG J., MARTIN J., SCHLEGEL A., SEARS R., WITT M., 2001. Performance of wheat variety blends in Kansas. Keeping up with Research 128, Kansas State University Agricultural Experiment Station and Cooperative Extension Service Manhattan, Kansas.

BRAUMAN A., DORÉ J., EGGLETON P., BIGNELL D., KANE M.D., 2000. Molecular phylogenetic profiling of microbial communities in guts of termites with different feeding habits. *FEMS Microbiology Ecology*, 35 (1), 27-36.

BROWN G.G., EDWARDS C.A., BRUSSAARD L., 2004. How earthworms affect plant growth: burrowing into the mechanisms? *In: Earthworm Ecology* (C.A. Edwards, ed.), CRC Press, 13-49.

BUGAUD C., BORNARD A., HAUWUY A., MARTIN B., SALMON J.C., TEISSIER L., BUCHIN S., 2000. Relation entre la composition botanique de végétations de montagne et leur composition en composes volatils. *Fourrages*, 162, 141-155.

CALLOT G., VERCAMBRE B., NEUVEGLISE C., RIBA G., 1996. Hyphasmata and conidial pellets: an original morphological aspect of soil colonization by *Beauveria brongniartii*. *Journal of Invertebrate Pathololology*, 68, 173-176.

CASTILLA N.P., VERA CRUZ C.M., MEW T.W., 2003. Using rice cultivar mixtures: a sustainable approach for managing diseases and increasing yield. *International Rice Research Notes*, 28, 5-11.

CHANTEREAU J., TROUCHE G., RAMI J.F., DEU M., BARRO C., GRIVET L., 2004. RFLP mapping of QTLs for photoperiod response in tropical sorghum. *Euphytica*, 120, 183-194.

CHAPUIS-LARDY L., RAMIANDRISOA R.S., RANDRIAMANANTSOA L., MOREL C., RABEHARISOA L., BLANCHART E., 2009. Modification of P availability by endogeic earthworms (*Glossoscolecidae*) in ferralsols of the Malagasy Highlands. *Biology and Fertility of Soils*, 45, 415-422.

CHAPUIS-LARDY L., BRAUMAN A., BERNARD L., PABLO A.L., TOUCET J., MANO M.J., WEBER L., BRUNET D., RAZAFIMBELO T., CHOTTE J.L., BLANCHART E., 2010. Effect of the endogeic earthworm *Pontoscolex corethrurus* on the microbial structure and activity related to CO_2 and N_2O fluxes from a tropical soil (Madagascar). *Applied Soil Ecology*, 45 (3), 201-208.

CHIN K.M., WOLFE M.S., 1984. The spread of *Erysiphe graminis* f. sp. *hordei* in mixtures of barley cultivars. *Plant Pathology*, 33, 89-100.

COQ S., BARTHÈS B.G., OLIVER R., RABARY B., BLANCHART E., 2007. Earthworm activity affects soil aggregation and soil organic matter dynamics according to the quality and localization of crop residues: an experimental study (Madagascar). *Soil Biology and Biochemistry*, 39, 2119-2128.

CORNU A., KONDJOYAN N., MARTIN B., VERDIER-METZ I., PRADEL P., BERDAGUE J.-L., COULON J.-B., 2005. Terpene profiles in Cantal and Saint-Nectaire type cheese made from raw or pasteurized milk. *Journal Science Food Agriculture*, 85, 2040-2046.

COX C.M., GARRETT K.A., BOWDEN R.L., FRITZ A.K., DENDY S.P., HEER W.F., 2004. Cultivar mixtures for the simultaneous management of multiple diseases: tan spot and leaf rust of wheat. *Phytopathology*, 94, 961-969.

CRAGG R.G., BARDGETT R.D., 2001. How changes in soil fauna diversity and composition within a trophic group influence décomposition processes. *Soil Biology and Biochemistry*, 33, 2073-2081.

DAKOUO D., TROUCHE G., BÂ MALICK N., NEYA A., KABORÉ K.B., 2005. Lutte génétique contre la cécidomyie du sorgho, *Stenodiplosis sorghicola*, une contrainte majeure à la production du sorgho au Burkina Faso. *Cahiers Agricultures,* 14, 201-208.

DAUBER J., WOLTERS V., 2000. Microbial activity and functional diversity in the mounds of three different ant species. *Soil Biology and Biochemistry*, 32, 93-99.

DE ALENCAR FIGUEIREDO L.F., DAVRIEUX F., FLIEDEL G., RAMI J.F., CHANTEREAU J., DEU M., COURTOIS B., MESTRES C., 2006. Development of NIRS equations for food grain quality traits through exploitation of a core collection of cultivated sorghum. *J. Agric. Food Chem.*, 54 (22), 8501-8509.

DECAËNS T., 2010. Macroecological patterns in soil communities. *Global Ecology and Biogeography*, 19, 287-302.

DECAËNS T., JIMÉNEZ J.J., GIOIA C., MEASEY G.J., LAVELLE P., 2006. The values of soil animals for conservation biology. *European Journal of Soil Biology*, 42, S23-S38.

DE DEYN G.B., VAN RUIJVEN J., RAAIJMAKERS C.E., DE RUITER P.C., VAN DER PUTTEN W.H., 2007. Above- and belowground insect herbivores differentially affect soil nematode communities in species-rich plant communities. *Oikos*, 116, 923-930.

DEU M., RATNADASS A., AG HAMADA M., DIABATÉ M., NOYER J.L., CHANTEREAU J., 2005. Quantitative trait loci for head-bug resistance in sorghum. *African Journal of Biotechnology*, 4, 247-250.

DUGUÉ P., VALL E., LECOMTE P., KLEIN H.D., ROLLIN D., 2004. Évolution des relations entre l'agriculture et l'élevage dans les savanes d'Afrique de l'Ouest et du Centre. Un nouveau cadre d'analyse pour améliorer les modes d'intervention et favoriser les processus d'innovation. *OCL*, 11, 268-276.

DURMIC Z., MCSWEENEY C.S., KEMP G.W., HUTTON P., WALLACE R.J., VERCOE P.E., 2008. Australian plants with potential to inhibit bacteria and processes involved in ruminal biohydrogenation of fatty acids. *Animal Feed Science and Technology*, 145 (1-4), 271-284.

EDWARDS P., 2007. *Introduced Dung Beetles in Australia 1967-2007. Current Status and Future Directions*, Dung Beetles for Landcare Farming Committee, Australia, 66 p.

EISENHAUSER N., HESSLER H., ENGELS C., GLEIXNER G., HABEKOST M., MILCU A., PARTSCH S., SABAIS A.C.W., SCHERBER C., STEINBEISS S., WEIGELT A., WEISSER W.W., SCHEU S., 2010. Plant diversity effects on soil microorganisms support the singular hypothesis. *Ecology*, 91, 485-496.

FALCONNIER G., MOURET J.C., HAMMOND R., 2012. Des canards pour désherber les rizières : une intégration agriculture-élevage prometteuse pour les riziculteurs biologiques camarguais. *ORP Conférence 2012*, Montpellier, 27-30 août 2012, 124.

FINCH S., COLLIER R.H., 2000. Host-plant selection by insects: a theory based on 'appropriate/inappropriate landings' by pest insects of cruciferous plants. *Entomologia Experimentalis et Applicata*, 96, 91-102.

FINCH S., KIENEGGER M., 1997. A behavioural study to help clarify how undersowing with clover affects host plant selection by pest insects of brassica crops. *Entomologia Experimentalis et Applicata*, 84, 165-172.

FINCHER G.T., 1975. Effects of dung beetle activity on the number of nematode parasites acquired by grazing cattle. *The Journal of Parasitology*, 61 (4), 759-762.

FINCKH M.R., GACEK E.S., GOYEAU H., LANNOU C., MERZ U., MUNDT C.C., MUNK L., NADZIAK J., NEWTON A.C., VALLAVIEILLE-POPE C., WOLFE M.S., 2000. Cereal variety and species mixtures in practice, with emphasis on disease resistance. *Agronomie*, 20, 813-837.

FLIEDEL G., RATNADASS A., YAJID M., 1996. Study of some physico-chemical characteristics of developing sorghum grains in relation with head bug resistance. *In: Proceedings of the ICC International Symposium on Cereals Science and Technology: Impact on a Changing Africa* (D.A.V. Dendy, ed.), 46-63, 9-13 mai 1993, Pretoria, South Africa. Vienna, Austria, ICC.

FURUNO T., 2001. *The Power of Duck: Integrated Rice and Duck Farming*, Tasmania, Australia, Tagari Publications.

GALLUN R.L., 1977. Genetic basis of Hessian fly epidemics. *Annals of the New York Academy of Science*, 287, 223-229.

GASTINE A., SCHERE-LORENZEN M., LEADLY P.M., 2003. No consistent effects of plant diversity on root biomass, soil biota and soil abiotic conditions in temperate grassland communities. *Applied Soil Ecology*, 24, 101-111.

GLICK B.R., CHENG Z., CZARNY J., DUAN J., 2007. Promotion of plant growth by ACC deaminase-containing soil bacteria. *Eur. J. Plant Pathol.*, 119, 329-339.

GOEBEL R., TABONE E., KARIMJEE H., CAPLONG P., 2005. Mise au point réussie d'une lutte biologique contre le foreur de la canne à sucre *Chilo sacchariphagus (Lepidoptera, Crambidae)*, à la Réunion. *7e Conférence internationale sur les ravageurs en agriculture*, Montpellier.

GOEBEL F.R., ROUX E., MARQUIER M., FRANDON J., DO THI KHANH H., TABONE E., 2010. Biocontrol of *Chilo sacchariphagus (Lepidoptera: Crambidae)* a key pest of sugarcane: lessons from the past and future prospects. *Sugar Cane International*, 28, 128-132.

HERREN H.R., NEUENSCHWANDER P., HENNESSEY R.D., HAMMOND W.N.O., 1987. Introduction and dispersal of *Epidinocarsis lopezi (Hym., Encyrtidae)*, an exotic parasitoid of the cassava mealybug, *Phenacoccus manihoti (Hom., Pseudococcidae)*, in Africa. *Agriculture, Ecosystems and Environment*, 19, 131-144.

HOSSAIN S.T., SUGIMOTO H., AHMED G.J.U., ISLAM M.R., 2005. Effect of integrated rice-duck farming on rice yield, farm productivity, and rice-provisioning ability of farmers. *Asian Journal of Agriculture and Development*, 2, 79-86.

IRSHAD U., VILLENAVE C., BRAUMAN A., PLASSARD C., 2011. Grazing by nematodes on rhizosphere bacteria enhances nitrate and phosphorus availability to *Pinus pinaster* seedlings. *Soil Biology and Biochemistry*, 43, 2121-2126.

ISMAN M.B., 2006. Botanical insecticides, deterrents, and repellents in modern agriculture and an increasingly regulated world. *Annual Review of Entomology*, 51, 45-66.

JANA U., BAROT S., BLOUIN M., LAVELLE P., LAFFRAY D., REPELLIN A., 2010. Earthworms influence the production of above- and belowground biomass and the expression of genes involved in cellular proliferation and stress responses in *Arabidopsis thaliana*. *Soil Biology and Biochemistry*, 42, 244-252.

JONES C.G., LAWTON J.H., SHACHAK M., 1994. Organisms as ecosystem engineers. *Oikos*, 69, 373-386.

KARDOL P., WARDLE D.A., 2010. How understanding aboveground-belowground linkages can assist restoration ecology? *Trends in Ecology and Evolution*, 25 (11), 670-679.

KENNEDY A.C., SMITH K.L., 1995. Soil microbial diversity and the sustainability of agricultural soils. *Plant and Soil*, 170, 75-86.

KHAN Z.R., OVERHOLT W.A., NG'ENY-MENGECH A., 2003. Integrated pest management case studies from ICIPE. *In: Integrated Pest Management in the Global Arena* (K. Maredia, D. Dakouo, D. Mota-Sanchez, eds), Michigan State University, East Leasing, MI.

KHAN Z.R., CHILISWA P., AMPONG-NYARKO K., SMART L.E., POLASZEK A., WANDERA J., MULAA M.A., 1997a. Utilization of wild gramineous plants for management of cereal stemborers in Africa. *Insect Science and its Application*, 17, 143-150.

KHAN Z.R., HASSANALI A., OVERHOLT W., KHAMIS T.M., HOOPER A.M., PICKETT J.A., WADHAMS L.J., WOODCOCK C.M., 2002. Control of witchweed *Striga hermonthica* by intercropping with *Desmodium* spp., and the mechanism defined as allelopathic. *Journal of Chemical Ecology*, 28, 1871-1885.

KHAN Z.R., AMPONG-NYARKO K., CHILISWA P., HASSANALI A., KIMANI S., LWANDE W., OVERHOLT W.A., PICKETT J.A., SMART L.E., WADHAMS L.J., WOODCOCK C.M., 1997b. Intercropping increases parasitism of pests. *Nature*, 388, 631-632.

KIBBLEWHITE M.G., RITZ K., SWIFT M.J., 2008. Soil health in agricultural systems. *Phil. Trans. R. Soc. B*, 363, 685-701.

KUENEMAN E., HOFFMANN I., KEBE B., BELEM C., LECOMTE PH., ROLLIN D., CARSKY R., 2002. *FAO Joint mission FAO Cirad Crop livestock integration in the PRODS Program in Burkina Faso*. Travel summary report Reg. file code PL6/1 Kueneman, 20 p.

KUMAR A., SHARMA S., 2008. An evaluation of multipurpose oil seed crop for industrial uses (*Jatropha curcas* L.): a review. *Industrial Crops and Products*, 28, 1-10.

LAMONDIA J., ELMER W.H., MERVOSH T.L., COWLES R.S., 2002. Integrated management of strawberry pests by rotation and intercropping. *Crop Protection*, 21, 837-846.

LAOSSI K.R., DECAËNS T., JOUQUET P., BAROT S., 2010. Can we predict how earthworm effects on plant growth vary with soil propoerties? *Applied and Environmental Soil Science*, DOI: 10.1155/2010/784342.

LAVELLE P., DECAËNS T., AUBERT M., BAROT S., BLOUIN M., BUREAU F., MARGERIE,P., MORA P., ROSSI J., 2006. Soil invertebrates and ecosystem services. *European Journal of Soil Biology*, 42, S3-S15.

LAVIGNE A., DUMBARDON-MARTIAL E., LAVIGNE C., 2012. Les volailles pour un contrôle biologique des adventices dans les vergers. *Fruits*, 67, 341-351.

LAVIGNE C., LESUEUR-JANNOYER M., DE LACROIX S., CHAUVET G., LAVIGNE A., DUFEAL D., 2011. De la production fruitière intégrée à la gestion écologique des vergers aux Antilles. *Innovations agronomiques*, 16, 53-62.

LEE S.Y., BOLLINGER J., BEZDICEK D., OGRAM A., 1996. Estimation of the abundance of an uncultured soil bacterial strain by a competitive quantitative PCR method. *Applied Environmental Microbiology*, 62, 3787-3793.

LORANGER G., PONGE J.F., BLANCHART E., LAVELLE P., 1998. Impact of earthworms on the diversity of microarthropods in a vertisol (Martinique). *Biology and Fertility of Soils*, 27, 21-26.

LORANGER G., CABIDOCHE Y.M., DELONE B., QUÉNÉHERVÉ P., OZIER-LAFONTAINE H., 2012. How earthworm activities affect banana plant response to nematodes parasitism. *Applied Soil Ecology*, 52, 1-8.

MARIANI L., JIMENEZ J.J., TORRES E.A., AMEZQUITA E., DECAËNS T., 2007. Rainfall impact effects on ageing casts of a tropical anecic earthworm. *Eur. J. Soil Sci.*, 58, 1525-1534.

MARIE-MAGDELEINE C., UDINO L., PHILIBERT L., BOCAGE B., ARCHIMEDE H., 2010. *In vitro* effects of Cassava (*Manihot esculenta*) leaf extracts on four development stages of *Haemonchus contortus*. *Veterinary Parasitology*, 173 (1-2), 85-92.

MATSON P.A., PARTON W.J., POWER A.G., SWIFT M.J., 1997. Agricultural intensification and ecosystem properties. *Science*, 277, 504-509.

MAY R.M., 1990. How many species? *Philosophical Transactions of the Royal Society B: Biological Sciences*, 330, 293-304.

MAZORRA C., 2006. Manejo de la selección del alimento para reducir el ramoneo de ovinos integrados a plantaciones de cítricos. Tesis Doctor en Ciencias Veterinarias. CIBA-UNICA-ICA, La Habana, 121 p.

MCINTOSH R.A., 1998. Breeding wheat for resistance to biotic stresses. *Euphytica*, 100, 19-34.

MEN B.X., OGLE R.B., LINDBERG J.E., 2002. Studies on integrated duck-rice systems in the Mekong delta of Vietnam. *Journal of Sustainable Agriculture*, 20, 27-40, DOI: 10.1300/J064v20n01_05.

MILLE B., VALAVIEILLE-POPE C. (DE), 2001. Associations variétales et interventions fongicides contre les septorioses et la rouille brune du blé d'hiver. *Cahiers Agricultures*, 10, 125-129.

MEA (Millennium Ecosystem Assessment), 2005. *Ecosystem and Human Well-Being: Synthesis*, Island Press, Washington, DC, 137 p.

MUNDT C.C., 2002. Use of multiline cultivars and cultivar mixtures for disease management. *Annual Review of Phytopathology*, 40, 381-410.

NAUDIN K., SCOPEL E., ANDRIAMANDROSO A.L.H., RAKOTOSOLOFO M., ANDRIAMAROSOA RATSIMBAZAFY N.R.S., RAKOTOZANDRINY J.N., SALGADO P., GILLER K.E., 2012. Trade-offs between biomass use and soil cover. The case of rice-based cropping systems in the Lake Alaotra region of Madagascar. *Experimental Agriculture*, 48, 194-209.

NCHOUTNJI I., DONGMO A.L., MBIANDOUN M., DUGUÉ P., 2010. Accroître la production de la biomasse dans les terroirs d'agro-éleveurs : cas des systèmes de culture à base de céréales au Nord Cameroun. *Tropicultura*, 28, 133-138.

NIBOUCHE S., TIBÈRE R., COSTET L., 2012. The use of *Erianthus arundinaceus* as a trap crop for the stem borer *Chilo sacchariphagus* reduces yield losses in sugarcane: preliminary results. *Crop Protection*, 42, 10-15.

PAINTER R.H., 1951. *Insect Resistance in Crop Plants*, Macmillan, New York, USA.

PEACOCK A.D., MULLEN M.D., RINGELBERG D.B., TYLER D.D., HEDRICK D.B., GALE P.M., WHITE D.C., 2001. Soil microbial community responses to dairy manure or ammonium nitrate applications. *Soil Biology and Biochemistry*, 33 (7-8), 1011-1019.

POSTMA-BLAAUW M.B., BLOEM J., FABER J.H., VAN GROENINGEN J.W., DE GOEDE R.G.M., BRUSSAARD L., 2006. Earthworm species composition affects the soil bacterial community and net nitrogen mineralization. *Pedobiologia*, 50, 243-256.

RABARY B., SALL S., LETOURMY P., HUSSON O., RALAMBOFETRA E., MOUSSA N., CHOTTE J.L., 2008. Effects of living mulches or residue amendments on soil microbial properties in direct seeded cropping systems of Madagascar. *Applied Soil Ecology*, 39, 236-243.

RABOIN L.M., RAMANANTSOANIRINA A., DUSSERRE J., RAZASOLOFONANAHARY F., THARREAU D., LANNOU C., SESTER M., 2012. Two-component cultivar mixtures reduce rice blast epidemics in an upland agrosystem. *Plant Pathology*, DOI: 10.1111/j.1365-3059.2012.02602.x.

RANDRIAMANANTSOA R., ABERLENC H.P., RALISOA O.B., RATNADASS A., VERCAMBRE B., 2010. Les larves des *Scarabaeoidea* (*Insecta, Coleoptera*) en riziculture pluviale des régions de haute et moyenne altitudes du centre de Madagascar. *Zoosystema*, 32, 19-72.

RANDRIANARIVELO R., DANTHU P., BENOIT C., RUEZ P., RAHERIMANDIMBY M., SARTER S., 2010. Novel alternative to antibiotics in shrimp hatchery: effects of the essential oil of *Cinnamosma fragrans* on survival and bacterial concentration of *Penaeus monodon* larvae. *Journal of Applied Microbiology*, 109, 642-650.

RANDRIANARIVELO R., SARTER S., ODOUX E., BRAT P., LEBRUN M., MENUT C., ROMESTAND B., ANDRIANOELISOA H.S., RAHERIMANDIMBY M., DANTHU P., 2009. Composition and antimicrobial activity of essential oils of *Cinnamosma fragrans*. *Food Chemistry*, 114, 680-684.

RATNADASS A., WINK M., 2012. The phorbol ester fraction from *Jatropha curcas* seed oil: potential and limits for crop protection against insect pests. *International Journal of Molecular Sciences*, 13, 16157-16171.

RATNADASS A., CHANTEREAU J., GIGOU J. (eds.), 1998. Amélioration du sorgho et de sa culture en Afrique de l'Ouest et du Centre. *In : Actes de l'Atelier de restitution du programme conjoint sur le sorgho Icrisat-Cirad*, 17-20 mars 1997, Bamako, Mali, coll. Colloques, Montpellier, France, Cirad-ca.

RATNADASS A., DOUMBIA Y.O., AJAYI O., 1995a. Bioecology of sorghum head bug *Eurystylus immaculatus* and crop losses in West Africa. *In: Panicle Insect Pests of Sorghum and Pearl Millet: Proceedings of an International Consultative Workshop* (K.F. Nwanze, O. Youm, eds), 91-102, 4-7 octobre 1993, ICRISAT Sahelian Center, Niamey, Niger, Patancheru 502 324, Andhra Pradesh, India, ICRISAT.

RATNADASS A., AJAYI O., FLIEDEL G., RAMAIAH K.V., 1995b. Host plant resistance in sorghum to *Eurystylus immaculatus* in West Africa. *In: Panicle Insect Pests of Sorghum and Pearl Millet: Proceedings of an International Consultative Workshop* (K.F. Nwanze, O. Youm, eds), 191-199, 4-7 octobre 1993, ICRISAT Sahelian Center, Niamey, Niger, Patancheru 502 324, Andhra Pradesh, India, ICRISAT.

RATNADASS A., CHANTEREAU J., COULIBALY M.F., CILAS C., 2002. Inheritance of resistance to the panicle-feeding bug *Eurystylus oldi* and the sorghum midge *Stenodiplosis sorghicola* in sorghum. *Euphytica*, 123, 131-138.

RATNADASS A., FERNANDES P., AVELINO J., HABIB R., 2012. Plant species diversity for sustainable management of crop pests and diseases in agroecosystems: a review. *Agronomy for Sustainable Development*, 32, 273-303.

RATNADASS A., CHANTEREAU J., CISSÉ B., AG HAMADA M., FLIEDEL G., GRABULOS J., LUCE C., 2006. Selection of a sorghum line Cirad 441 combining productivity and resistance to midge and head bugs. *International Sorghum and Millets Newsletter*, 47, 30-32.

RATNADASS A., MARLEY P.S., HAMADA M.A., AJAYI O., CISSÉ B., ASSAMOI F., ATOKPLE I.D.K., BEYO J., CISSE O., DAKOUO D., DIAKITE M., DOSSOU-YOVO S., LE DIAMBO B., VOPEYANDE M.B., SISSOKO I., TENKOUANO A., 2003. Sorghum head-bugs and grain molds in west and central Africa. 1. Host plant resistance and bug-mold interactions on sorghum grains. *Crop Protection*, 22, 837-851.

RETUREAU É., CALLON C., DIDIENNE R., MONTEL M.-C., 2010. Is microbial diversity an asset for inhibiting *Listeria monocytogenes* in raw milk cheeses? *Dairy Science and Technology*, 90 (4), 375-398.

RISÈDE J.M., LESCOT T., CABRERA CABRERA J., GUILLON M., TOMEKPE K., KEMA G.H.J., COTE F., 2010. Challenging short and mid-term strategies to reduce the use of pesticides in banana production. *Banana Field Study — Guide Number 1*, <http://www.endure-network.eu/endure_publications/endure_publications2> (consulté le 12 décembre 2012).

ROUGERIE R., DECAËNS T., DEHARVENG L., PORCO D., JAMES S.W., CHANG C.-H., RICHARD B., HEBERT P.D.N., 2009. DNA barcodes for soil animal taxonomy: transcending the final frontier. *Pesquisa Agropecuaria Brasileira*, 44, 789-801.

SARTER S., RANDRIANARIVELO R., RUEZ P., RAHERIMANDIMBY M., DANTHU P., 2011. Antimicrobial effects of essential oils of *Cinnamosma fragrans* on the bacterial communities of the water rearing of *Penaeus monodon* larvae. *Vector Borne and Zoonotic Diseases*, 11 (4), 433-437.

SCHEU S., 2003. Effects of earthworms on plant growth: patterns and perspectives. *Pedobiologia*, 47, 846-856.

SÉGUY L., HUSSON O., CHARPENTIER H., BOUZINAC S., MICHELLON R., CHABANNE A., BOULAKIA S., TIVET F., NAUDIN K., ENJALRIC F., CHABIERSKI S., RAKOTONDRALAMBO P., RAKOTONDRAMANANA, 2009. La gestion des écosystèmes cultivés en semis direct sur couverture végétale permanente. *In : Manuel pratique du semis direct à Madagascar. 1,* chapitre 2, 32 p.

SENAPATI B.K., LAVELLE P., GIRI S., PASHANASI B., ALEGRE J., DECAËNS T., JIMENEZ J.J., ALBRECHT A., BLANCHART E., MAHIEU M., ROUSSEAUX L., THOMAS R., PANIGRAHI P.K., VENKATACHALAM M., 1999. In-soil earthworm technologies for tropical agroecosystems. *In: Earthworm Management in Tropical Agroecosystems* (P. Lavelle, L. Brussaard, P. Hendrix, eds), CABI Publishing, 199-238.

SHETTY S.V.R., BENINATI N.F., BECKERMAN S.R., 1991. *Strengthening Sorghum and Pearl Millet Research in Mali*, Patancheru 502 324, Andhra Pradesh, India, ICRISAT, 85 p.

SINGH J.S., PANDEY V.C., SINGH D.P., 2011. Efficient soil microorganisms: a new dimension for sustainable agriculture and environmental development. *Agriculture, Ecosystems and Environment*, 140, 339-353.

SPEHN E.M., JOSHI J., SCHMID B., ALPHEI J., KÖRNER C., 2000. Plant diversity effects on soil heterotrophic activity in experimental grassland ecosystem. *Plant and Soil*, 224, 217-230.

SWIFT M.J., HEAL O.W., ANDERSON J.M., 1979. *Decomposition in Terrestrial Ecosystems*, Blackwell Scientific, Oxford.

SU P., LIAO X.I., ZHANG Y., HUANG H., 2012. Influencing factors on rice sheath blight epidemics in integrated rice-duck system. *Journal of Integrative Agriculture*, 11, 1462-1473.

Tao J., Chen X., Liu M., Hu F., Griffiths B., Li H., 2009. Earthworms change the abundance and community structure of nematodes and protozoa in a maize residue amended rice-wheat rotation agro-ecosystem. *Soil Biology and Biochemistry*, 41, 898-904.

Thomas J., Hein G., Baltensperger D., Nelson L., Haley S., 2002. *Managing the Russian Wheat Aphid with Resistant Wheat Varieties*, NebFact, Nebraska Cooperative Extension, NF96-307.

Thuita M., Pypers P., Herrmann L., Okalebo R.J., Othieno C., Muema E., Lesueur D., 2012. Commercial rhizobial inoculants significantly enhance growth and nitrogen fixation of a promiscuous soybean variety in Kenyan soils. *Biology and Fertility of Soils*, 48, 87-96.

Tiwari S.C., Mishra R.R., 1993. Fungal abundance and diversity on earthworm casts and undigested soil. *Biology and Fertility of Soils*, 16, 131-134.

Tooker J.F., Frank S.D., 2012. Genotypically diverse cultivar mixtures for insect pest management and increased crop yields. *Journal of Applied Ecology*, 49, 974-985, DOI: 10.1111/j.1365-2664.2012.02173.x.

Turbé A., De Toni A., Benito P., Lavelle P., Lavelle P., Ruiz N., Van der Putten W.H., Labouze E., Mudgal S., 2010. *Soil Biodiversity: Functions, Threats and Tools for Policy Makers*, Bio Intelligence Service, IRD, and NIOO, Report for European Commission (DG Environment).

Vallavieille-Pope C. (de), 2004. Management of disease resistance diversity of cultivars of a species in single fields: controlling epidemics. *C. R. Biologies*, 327, 611-620.

van der Heijden M.G.A., Klironomos J.N., Ursic M., Moutoglis P., Streitwolf-Engel R., Boller T., Wiemken A., Sanders I.R., 1998. Mycorrhizal fungal diversity determines plant biodiversity, ecosystem variability and productivity. *Nature*, 396, 69-72.

Vercambre B., Charbonnier G., Launois M., Laveissière G., 2008. *Le ver blanc au paradis vert, ou l'histoire d'un bioagresseur de la canne à sucre en milieu insulaire. Enquête scientifique*, coll. Les savoirs partagés, Cirad, 75 p.

Vessey J.K., 2003. Plant growth promoting rhizobacteria as biofertilizers. *Plant and Soil*, 255, 571-586.

Villenave C., Rabary B., Chotte J.L., Blanchart E., Djigal D., 2009. Impact of direct seeding mulch-based cropping systems on soil nematodes in a long-term experiment in Madagascar. *Pesquisa Agropecuaria Brasileira*, 44, 949-953.

Wall D.H., Fitter A.H., Paul E.A., 2005. Developing new perspectives from advances in soil biodiversity research. *Biological Diversity and Function in Soils* (R.D. Bardgett, M.B. Usher, D.W. Hopkins, eds), Cambridge, Cambridge University Press, 3-27.

Whipps J.M., 2001. Microbial interactions and biocontrol in the rhizosphere. *J. Exp. Bot.*, 52, 487-511.

Wilhoit L.R., 1992. Evolution of herbivore virulence to plant resistance: influence of variety mixtures. *In: Plant Resistance to Herbivores and Pathogens: Ecology, Evolution and Genetics* (R.S. Fritz, E.L. Simms, eds), University of Chicago Press, Chicago, Illinois, USA, 91-119.

Wolfe M.S., 1985. The current status and prospects of multiline cultivars and variety mixtures for disease resistance. *Annual Review of Phytopathology*, 23, 251-273.

Wurst S., 2010. Effects of earthworms on above- and belowground herbivores. *Applied Soil Ecology*, 45, 123-130.

Zhu Y., Chen H., Fan J.H., Wang Y., Li Y., Fan J.X., Chen J., Fan J.X., Yang S., Hu L., Leung H., Mew T.W., Teng P.S., Wang Z., Mundt C.C., 2000. Genetic diversity and disease control in rice. *Nature*, 406, 718-722.

Chapitre 5

Conserver et cultiver la diversité génétique agricole : aller au-delà des clivages établis

Sélim LOUAFI, Didier BAZILE et Jean-Louis NOYER

A-t-on attendu de parler de conservation de la biodiversité pour en faire ? Il est clair que non, la mise en œuvre de processus de conservation par les différentes catégories d'agriculteurs est arrivée bien avant la description du concept par les scientifiques. Les premiers pas de l'agriculture ont en effet automatiquement entraîné le développement d'une logique de conservation de semences. Mais, même avant cela, et à titre d'exemple, les travaux menés en zone forestière (Guillaumet, 1996) le montrent clairement : le développement d'une protoculture a entraîné une gestion des ressources biologiques que l'on peut assimiler à une démarche de conservation/protection *in situ* qui persiste encore de nos jours auprès de populations de chasseurs-cueilleurs mobiles dans un environnement contraint. Le genre *Dioscorea* (les ignames) est un modèle pour lequel le concept de conservation a été mis en place avant même que sa domestication, qui perdure aujourd'hui, n'ait réellement commencé, eu égard à son mode de reproduction végétatif prédominant (Hladik *et al.*, 1984 ; Hamon, 1992 ; Dounias, 1996 ; Tostain *et al.*, 2005 ; Chaïr *et al.*, 2010). À l'inverse, pour les céréales ou d'une façon plus générale pour les plantes annuelles à graine, les agriculteurs se sont généralement intéressés à la conservation des seules semences nécessaires au maintien de la culture d'une année sur l'autre, stratégie de conservation *ad hoc* (pas pensée pour elle-même) sur le court terme… Ce faisant, ils ont progressivement laissé disparaître ou plus fréquemment se raréfier les formes ancestrales ou sauvages à l'origine de leurs variétés ou populations cultivées. Ce sont les travaux de Vavilov dans les années 1930 puis les travaux de

Harlan en 1951 qui, par leur réflexion sur les centres d'origine et les non-centres de domestication[1], ont fait prendre conscience à la communauté scientifique, mais aussi à des groupes d'influence du secteur agricole, de l'existence et de l'importance de ressources génétiques sauvages, férales ou domestiquées. La crainte d'une érosion génétique continue de présider à une succession de débats opposant différentes approches intellectuelles parfois concurrentes, mais qui avaient toutes pour objectif de conserver — c'est-à-dire d'empêcher la disparition et de maintenir la disponibilité — de la diversité génétique agricole[2]. Que ce soit pour la conservation *ex situ* sous différentes formes — jardins botaniques ou «d'acclimatation» (les précurseurs), semences réfrigérées, collections vivantes au champ, etc. — ou pour la conservation *in situ* — réserves naturelles, contrats avec les populations détentrices des ressources, etc. —, des initiatives privées, des actions gouvernementales, des actions non gouvernementales, des actions régionales, nationales ou internationales se sont progressivement mises en place après la Seconde Guerre mondiale.

Si les engagements humains que sont la recherche de connaissances, la prise de conscience de l'importance de l'environnement, les visions humanitaires, les intérêts commerciaux ou nationalistes, ont présidé à la mise en place de ces dispositifs de conservation, la biologie de la reproduction les a contraints. Allogamie, autogamie, dominance du régime de reproduction végétatif, longueur des cycles biologiques, récalcitrance, plantes annuelles, plantes pérennes, photopériodisme… ont entraîné les structures de conservation vers une certaine spécialisation. Les plantes cultivées les plus faciles à conserver et dominantes dans les agrosystèmes «industriels» bénéficient aujourd'hui de dispositifs de conservation colossaux et onéreux, parfois redondants, pour lesquels la société civile est en droit de se poser la question de leur rapport coût/efficacité et de leur impact sur le maintien de la diversité. À l'inverse, pour les plantes moins utilisées (parfois qualifiées de négligées ou d'orphelines) ou plus difficiles à conserver d'un point de vue biologique, les situations de conservation sont extrêmement variables mais souvent mal financées et mal identifiées. Le récent croisement de regard des sciences biologiques et des sciences sociales apporte un éclairage nouveau sur les enjeux de conservation et d'utilisation de la diversité génétique agricole.

Nous proposons dans ce chapitre d'aller au-delà d'une approche qui oscillerait entre une vision conservatrice et figée de la conservation, une vision utilitariste quasiment commerciale — visions qui se retrouvent dans les grands dispositifs *ex situ* internationaux — et une vision peu sécurisée car basée sur une intervention humaine permanente dont la qualité et la pérennité ne sont pas certaines. Nous voulons mettre en lumière la complexité et les inégalités structurelles des dispositifs de conservation de la diversité génétique agricole. La mise en œuvre de l'idée de cultiver la biodiversité pour transformer l'agriculture apparaît comme déjà très avancée si l'on en juge par les innombrables débats et réflexions socio-économiques qui visent à s'assurer de l'accès et de la maîtrise de la diversité génétique agricole. Cela montre *a contrario* que la fraction de la biodiversité dont la valeur économique n'est pas démontrée risque de

---

1. Harlan (1971) enfin a proposé une classification plus élaborée, qui distingue trois centres où l'agriculture serait d'abord apparue, et trois non-centres (à cause de leur grande superficie) où elle se serait diffusée ensuite. Les centres et les non-centres pourraient, selon Harlan, avoir échangé des idées, des techniques et des variétés.

2. Diversité génétique des espèces cultivées et de leurs apparentées sauvages.

souffrir de procédures de conservation inadaptées. Nous nous appuyons pour cela en premier lieu sur une analyse historique de mise en place des dispositifs de conservation, puis sur les stratégies politiques internationales qui président à la conservation et à la mobilisation de la diversité génétique agricole, leurs insuffisances et les réponses apportées, et enfin sur les avancées dans la connaissance de cette diversité génétique et de sa conservation, et les raisons pour dépasser les oppositions entre *in situ* et *ex situ*.

▸▸ Historique de la conservation des ressources génétiques en agriculture

Apparition de la problématique de la conservation et premiers développements

Les développements de l'agriculture ont impliqué un mouvement lent de domestication et de sélection des espèces végétales. Les échanges de semences entre continents ont commencé avec les premiers voyages de l'homme et ont connu une augmentation notable lors des expéditions vers le Nouveau Monde à partir du XVe siècle. C'est aussi à cette époque qu'ont été créés les premiers jardins botaniques chargés de recevoir et de classer les plantes collectées lors de ces expéditions (Brockway, 1988). Ultérieurement, les politiques de mise en valeur des colonies ont accéléré les mouvements internationaux de ressources génétiques. Ce n'est qu'au début du XXe siècle que les premiers efforts systématisés de mise en place de collections apparaissent de manière sérieuse, à l'instigation du travail de sélectionneur qui commence à apparaître et à s'organiser de manière professionnelle (Garrison Wilkes, 1988). Mais ces efforts restent très ciblés et surtout se font sur une base *ad hoc*, sans stratégie claire de long terme. Lorsque certaines ressources devenaient inutiles aux programmes de sélection, les collections n'étaient plus entretenues ou simplement détruites.

À la même période, le célèbre scientifique russe Nicolaï Vavilov (1887-1943) définit et identifie les centres d'origine des plantes d'intérêt agronomique majeur et entreprend de vastes opérations de collecte de matériel à des fins de recherche.

Après la Seconde Guerre mondiale, les progrès de la génétique, l'apparition de résistances dans les variétés améliorées qui commencent à être utilisées et les échanges internationaux croissants entre scientifiques rendus possibles par les progrès dans les transports accroissent les échanges internationaux de ressources génétiques (Kloppenburg, 1988). Avec cet accroissement des échanges, les premiers besoins de coordination des efforts de documentation et de collecte se font ressentir en ce sens qu'ils conditionnent l'échange efficace du matériel. C'est précisément la FAO qui va se charger de cela en cherchant à établir, dès 1948, un catalogue des ressources génétiques collectées et disponibles dans le monde. Malgré ces efforts, les échanges restent toutefois limités entre pays développés (y compris l'URSS) dans ce qui est alors appelé les « stations d'introduction de plantes ». Il s'agissait essentiellement de collections de travail qui n'avaient pas vocation à être conservées sur le long terme (Kloppenburg, 1988).

Le tournant majeur s'opère dans les années 1960 avec la mise en place de la révolution verte sous l'impulsion de fondations américaines, Ford et Rockefeller en particulier. Le besoin de plus en plus identifié et intense d'accès à une diversité génétique large, associé à une perception de plus en plus forte des risques d'érosion génétique que fait peser le développement d'une production agricole industrielle, pousse la FAO, en association avec l'International Biological Program, à organiser une conférence destinée à apporter une réponse coordonnée aux problèmes de conservation et de disponibilité de la diversité génétique. Cette conférence, qui se tient en 1967, devait servir pour les scientifiques qui l'ont initiée à faire reconnaître l'importance de l'érosion des ressources génétiques pour l'agriculture et l'alimentation (RGAA) et la nécessité d'établir un réseau international consacré à ces questions. Mais, alors que le constat de l'érosion génétique fait l'objet de peu de controverses entre les scientifiques, les moyens d'y répondre divergent lors de cette conférence (Pistorius, 1997). Schématiquement, le débat se cristallise sur la question de savoir quelles RGAA doivent être collectées et comment. Un premier courant utilitariste prône une conservation *ex situ* des ressources génétiques des espèces cultivées majeures et de leurs parents sauvages, alors que le second courant, issu de l'écologie des populations, juge la conservation *in situ* primordiale, y compris pour les espèces n'ayant qu'un intérêt très local, voire aucun intérêt connu dans l'immédiat. Sans véritablement prendre de position définitive, le rapport de la conférence met toutefois en avant, outre des raisons scientifiques, des raisons pratiques (temps et argent) pour justifier le fait de privilégier la première option au détriment de la seconde. Un panel d'experts se met en place au sein de la FAO pour avancer sur la question, mais la solution qui émerge se discute en dehors de ce panel, au sein d'un groupe de pays donateurs réuni sous l'impulsion des États-Unis et des fondations américaines sous l'égide de la Banque mondiale. S'appuyant sur l'existence de certaines collections établies dans divers programmes importants d'amélioration végétale financés par les fondations Ford et Rockefeller, un Groupe consultatif pour la recherche agricole internationale (GCRAI) est créé en 1971. Il rassemble les instituts internationaux de recherche agronomique existants et ceux nouvellement créés dans le monde entier dans ce cadre institutionnel unique hébergé par la Banque mondiale.

Trois éléments caractérisent cette nouvelle gouvernance globale des RGAA. Le premier concerne le fait que le GCRAI, soutenu par un consortium de donateurs, existe hors du cadre des Nations unies. Le deuxième concerne le choix exclusif du mode de conservation *ex situ*. Le troisième concerne le choix de se focaliser quasi exclusivement sur les plantes d'intérêt agronomique majeur, chaque centre étant en charge d'un nombre limité de cultures d'importance pour la sécurité alimentaire.

La mise en place de ce réseau constitue néanmoins le premier effort de systématisation et de formalisation des stratégies de conservation et de mise en commun de ressources phytogénétiques à l'échelle internationale. La coordination effective de ces efforts relève de la responsabilité de l'International Board on Plant Genetic Resources (IBPGR), un centre international créé principalement pour cet objectif. Chargé de la coordination des missions de collecte, de conservation et d'établissement de descripteurs standard, celui-ci devient rapidement une institution internationale de référence pour les acteurs concernés par les RGAA. L'IBPGR (devenu ensuite IPGRI, International Plant Genetic Resources Institute, puis Bioversity

International) a fait basculer l'objet «ressource génétique» dans une nouvelle dimension, faisant de celui-ci un objet de politique internationale pour le meilleur et pour le pire...

Le fonctionnement du système GCRAI

Les activités réalisées par les centres internationaux de recherche agricole (Cira) dans le domaine de la conservation des RGAA sont la collecte, le stockage, la caractérisation, multiplication et évaluation, l'amélioration des RGAA (présélection), la gestion de données et la fourniture d'informations, la mise à disposition de RGAA, mais également de la recherche et de la formation (figure 5.1).

Cinq types de matériel génétique sont considérés par le GCRAI : les plantes sauvages apparentées ; les variétés locales et cultivars primitifs ; les cultivars anciens obsolètes ; les lignées de sélection avancées, mutations et autres produits des programmes d'amélioration des plantes ; les cultivars modernes d'élite à haut rendement. La collecte et la conservation concernent essentiellement les trois premières catégories.

Le rôle de coordination de l'IBPGR comprend trois volets : la promotion et la diffusion d'informations sur les RGAA ; le soutien aux activités de recherche théorique et pratique concernant les activités d'échantillonnage, de collecte, de conservation, d'évaluation, de formation et de constitution de bases de données — les activités de soutien aux travaux d'amélioration génétique (présélection), d'essais et de distribution ne sont pas incluses dans le mandat de l'IBPGR —; enfin la constitution d'un réseau international de centres nationaux et internationaux de RGAA.

D'une manière plus concrète, l'IBPGR établit les priorités régionales pour ce qui concerne la collecte et la conservation des RGAA, finance des expéditions de scientifiques pour la collecte (y compris pour les plantes incluses dans les mandats des Cira), fournit des moyens techniques de conservation aux Cira ainsi qu'aux centres nationaux. En 1978, on comptait vingt-cinq banques de gènes, dont treize dans les pays industrialisés, et la majorité de ces banques dans les pays en développement se trouvaient dans les Cira.

Il faut souligner que les travaux d'évaluation sont nécessaires pour que les RGAA soient utilisables par un sélectionneur. La valorisation du travail de sélection n'est en effet possible qu'après une évaluation des qualités agronomiques des RGAA. L'évaluation consiste en quatre étapes distinctes : l'établissement des données de «passeport» (données géographiques et botaniques) ; la description des caractéristiques phénotypiques ; l'évaluation préliminaire (présélection), qui consiste à identifier (en plein champ) des caractères d'intérêt pour les sélectionneurs ; l'évaluation «complète» *(in-depth),* qui consiste essentiellement en un travail de laboratoire destiné à cribler les caractères de résistance à des pathogènes ou à des environnements particuliers, suivi d'un travail en plein champ sous conditions appropriées. L'IBPGR n'a jamais réellement mis l'accent, que ce soit dans la recherche ou le financement, sur cette dernière étape (Hawkes, 1985). En conséquence, cela s'est traduit au niveau des Cira par une prise en charge de cette quatrième étape uniquement des plantes pour lesquelles elles étaient mandatées (plantes majeures). Pour les autres plantes, seuls des opérateurs privés ou des

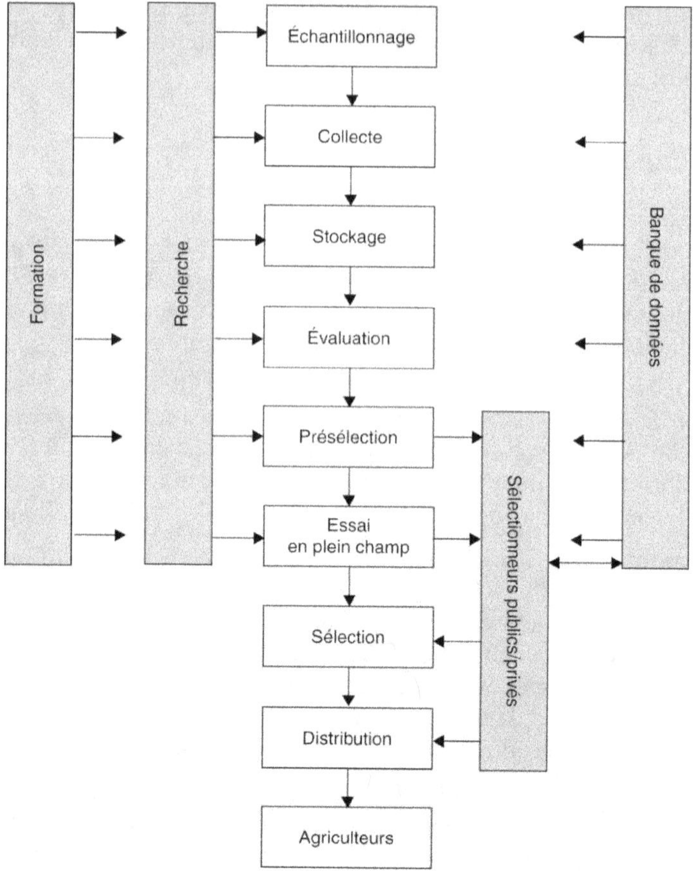

Figure 5.1. Le processus de recherche-développement sur les RGAA au sein des Cira.

organismes de recherche nationaux dotés d'importants moyens humains et technologiques peuvent assumer ce travail.

On retrouve le même problème pour l'amélioration des RGAA (Hawkes, 1985). Cette activité, appelée « présélection » ou encore « sélection de lignées parentales », est essentielle dans l'utilisation des RGAA des cultivars primitifs ou des espèces sauvages apparentées. Les gènes des plantes sauvages apparentées peuvent être utiles aux sélectionneurs pour élaborer des cultivars convenant aux agricultures utilisant encore des espèces traditionnelles. Or, même les Cira qui ont collecté ce matériel ont été peu incités à l'utiliser pour leur propre activité de sélection de lignées avancées par peur de perdre des années de sélection du fait de ce « retour en arrière ». La présélection permet précisément de subvenir à cet écueil dans l'utilisation du matériel collecté. En laissant de côté cette activité, l'IBPGR a contribué à accentuer le fossé entre les sélectionneurs potentiels dans les pays du Sud et les Cira. Ainsi, même si, dans le meilleur des cas, des espèces telles que le mil et les millets, le sorgho, le manioc, l'igname et le niébé ont été collectées par les Cira ou les centres nationaux, elles ont été négligées par la plupart des sélectionneurs.

Enfin, les activités de mise en réseau consistent à favoriser la mise en place de comités nationaux et régionaux sur les ressources génétiques. Ce mécanisme de fonctionnement est basé sur une collaboration avec les organismes nationaux de recherche et les sélectionneurs privés, notamment pour la sélection et la distribution des RGAA. La centralisation par le réseau de banques de gènes *ex situ* consiste à regrouper dans un même endroit du matériel génétique provenant de régions très diverses, facilitant ainsi le travail des sélectionneurs.

Les Cira ont concentré leur travail dans la collecte, la conservation et la sélection de variétés des espèces pour lesquelles ils étaient mandatés. Par ailleurs, l'absence de prise en charge par l'IBPGR des travaux d'évaluation complète, d'amélioration des RGAA et de sélection, conduit à des programmes de collecte et d'évaluation étroitement liés à des objectifs particuliers de sélection définis soit par les mandats spécifiques des Cira, soit par les intérêts des bailleurs de fonds.

Ce type de fonctionnement ayant perduré tout au long des années 1970 et 1980, ce n'est qu'au milieu des années 1990 que les premiers programmes de sélection participative voient le jour au sein du GCRAI et que le terme de conservation *in situ* ou « à la ferme » revient sur le devant de la scène. Ces évolutions sont le fruit de critiques d'ordre politique liées en partie au mode de gouvernance mis en place par le GCRAI pour gérer la question des RGAA. Mais elles sont aussi la conséquence de limites techniques du mode de conservation *ex situ*.

Les critiques des stratégies de conservation *ex situ*

En optant pour ce modèle de réseau de banques de gènes géré par les pays donateurs du Nord qui met l'accent sur la valeur agroéconomique des RGAA, le GCRAI va ouvrir la voie à des critiques d'ordre politique qui ne vont cesser de s'accentuer avec la montée en puissance des questions de propriété intellectuelle à partir des années 1980.

Ces critiques portent tout autant sur le mode de gouvernance que sur le modèle de conservation choisi. Concernant le mode de gouvernance, les critiques sont de deux ordres.

On passe tout d'abord d'une vision scientifique consensuelle (bien qu'orientée majoritairement sur l'approche *ex situ*) fondée sur une approche en réseau de banques de gènes *ex situ* régional à un réseau de banques à vocation plus spécifique. En d'autres termes, l'idée de préserver de grands bassins de diversité génétique agricole, motivée en partie par les risques d'une érosion génétique, est abandonnée. Le recentrage se fait autour de la mission de conservation des principales variétés, justifiée par les besoins de la recherche agricole internationale chargée de mettre en place la révolution verte et coordonnée exclusivement par les bailleurs de fonds. Le mode de régulation des ressources génétiques agricoles qui s'instaure ne fait donc qu'accentuer l'option scientifique qui se dessinait en creux en 1967, lors de la conférence technique, en poussant cette logique *ex situ* jusqu'au bout.

La question du statut juridique des collections mises en place par le GCRAI est posée dès la fin des années 1970 et s'ajoute à celle des modes de mobilisation de cette diversité collectée et de sa circulation auprès d'utilisateurs du monde entier. En mettant à disposition, sans le consentement des agriculteurs ni des États, le matériel collecté dans les banques de gènes internationales, le mode de conservation choisi suscite des critiques, essentiellement de la part des pays en développement. Un conflit sur le partage des bénéfices découlant de cette utilisation voit le jour et se cristallise sur l'opposition entre le « droit des agriculteurs » et le « droit des obtenteurs ». D'un côté, les pays exportateurs des variétés améliorées défendent l'existence d'un mécanisme de protection intellectuelle (l'Upov, Union pour la protection des obtentions végétales, étant alors la référence pour les obtenteurs) en compensation des investissements réalisés pour mettre au point ces nouvelles variétés. De l'autre côté, les pays en développement soulignent que ce travail de valorisation n'aurait pas été possible si eux-mêmes n'avaient pas fourni la matière première, c'est-à-dire les ressources génétiques. Ils veulent obtenir une compensation pour cet apport : c'est le droit des agriculteurs (Brahy et Louafi, 2004). La mise de ces collections sous l'ombrelle de la FAO (de l'Engagement international dans un premier temps puis du Traité international par la suite) et la reconnaissance formelle du droit des agriculteurs au sein de l'article 9 du Traité international sont le résultat de ces tensions.

Mais, à côté de ces aspects politiques et juridiques, le modèle de conservation *ex situ* pose aussi des défis techniques qui ont fragilisé et fragilisent encore aujourd'hui sa mise en œuvre. La conservation *ex situ* se fait selon plusieurs modalités : le plus souvent, il s'agit de banques de graines conservées à court, moyen et long terme en fonction de la température (– 4 à – 20° C), parfois du pollen peut être congelé. Des méthodes alternatives moins utilisées existent pour des matériels biologiques particuliers répondant mal à la conservation. Certaines espèces par exemple ne se prêtent pas à la conservation par graines et nécessitent des collections *ex situ* vivantes. C'est le cas des collections d'arbres ou encore de plantes à reproduction végétative telles que le bananier, le manioc ou encore l'igname. Pour ces plantes à reproduction végétative, on utilise la propagation *in vitro* et/ou la cryoconservation de tissus somatiques (apex ou embryon).

Si ces collections *ex situ* de banques de graines offrent l'avantage de pouvoir préserver dans un lieu — le plus sécurisé possible — un maximum de ressources génétiques, il n'est toutefois pas sans risque pour qui questionne sa durabilité. Des aléas techniques, tels que des coupures de courant et pannes du système de refroidissement principalement, ont souvent entraîné la perte définitive de collections importantes conservées dans des petites structures. Des moyens financiers ininterrompus, souvent difficiles à assurer même au sein des États les plus riches, sont indispensables pour assurer le maintien de la qualité du matériel conservé et pour assurer la bonne gestion des échantillons. Souvent, les collections demeurent, mais seulement en apparence car le matériel n'est plus réellement accessible. À cela s'ajoutent la possibilité de mauvaises réponses du matériel conservé aux conditions de conservation, entraînant une perte précoce du matériel ; des modifications possibles du matériel héréditaire, avec en particulier une évolution non maîtrisée de la nature réelle des échantillons lors des phases de régénération ; un arrêt de la coévolution plante/environnement (au sens le plus large). Enfin, en isolant le matériel biologique des pressions socioculturelles, la conservation *ex situ* opère une déconnexion problématique entre le matériel conservé et les savoirs et pratiques associés, même si ceux-ci sont consignés dans des bases de données.

Même sous le feu des critiques, le modèle de conservation *ex situ* reste pourtant le modèle de référence qui monopolise les débats et stratégies politiques à l'échelle globale. Ces cadres internationaux ne reflètent qu'imparfaitement les différentes conceptions des ressources génétiques et leur mode de valorisation. Mais ces cadres, en perpétuelle dynamique, ne cessent d'évoluer sous des pressions diverses.

▸▸ Stratégies et politiques internationales en faveur de la mobilisation de la diversité génétique

La question de la conservation de la diversité génétique agricole est indissociable de son utilisation. L'érosion constatée de cette diversité est autant la conséquence d'une sous-utilisation de cette diversité que celle d'une surexploitation. Quel que soit le modèle de conservation choisi, celui-ci n'a donc de sens que s'il est mis au service d'une plus grande mobilisation par le nombre le plus large possible d'utilisateurs aux attentes et aux capacités diverses. Or, depuis le début des années 1980, la question de la fourniture et de l'accès à la diversité génétique reste l'objet d'intenses et épineux débats, liés, entre autres, aux différentes conceptions qui s'affrontent à l'échelle internationale sur le statut juridique et économique de ces ressources.

Les différentes conceptions du statut des ressources génétiques

Si depuis la signature de la Convention sur la diversité génétique (CDB), la souveraineté des États sur ces ressources a été consacrée et n'est pas remise en cause, la question du statut juridique reste entière. À l'intérieur de ce principe général, au moins quatre conceptions coexistent et se retrouvent incarnées à travers des discours et des pratiques d'acteurs et d'organisations collectives utilisant des ressources génétiques.

Bien public global

Différentes définitions de ce concept s'affrontent et, sans entrer dans un débat sémantique sur ce que recouvre cette notion, nous l'utilisons ici en regard du statut de patrimoine commun de l'humanité, qui préexistait sans jamais toutefois être formalisé, avant la reconnaissance de la souveraineté nationale. Contrairement à ce statut qui présupposait que ces ressources n'appartenaient à personne, la notion de bien public international se réfère au fait que ces ressources appartiennent en fait à tout le monde. La conséquence directe est qu'en l'absence de gouvernement international il appartient à la communauté internationale d'en définir les règles d'accès et d'utilisation et, le cas échéant, de les conserver. Si cette notion paraît aller quelque peu à l'encontre de la notion de souveraineté nationale, il n'en est rien. Il suffit de penser aux discussions actuelles sur les ressources génétiques hors des juridictions nationales (c'est-à-dire ressources génétiques en haute mer) ou encore au cas qui nous intéresse particulièrement ici, des ressources sous l'égide du système multilatéral du Traité international sur les ressources phytogénétiques pour l'agriculture et l'alimentation (Tirpaa). Les États signataires de ce traité exercent leur souveraineté sur ces ressources pour constituer un pool commun de ressources génétiques répondant à des règles communes, agréées entre tous les États membres. Une forme d'abandon de souveraineté, ou plus exactement de transfert de souveraineté à l'échelle internationale, s'exprime donc à travers ce choix qui consacre la responsabilité commune et partagée des États à la gestion de ces ressources particulières[3] regroupées au sein du système multilatéral, en raison notamment de la forte interdépendance qui les lie à ces ressources. Les pratiques d'accès libre au matériel végétal restent, pour de multiples raisons, liées à la spécificité des RGAA, fortement ancrées dans les pratiques de la communauté des agronomes et améliorateurs. Face aux montées des revendications de souveraineté sur les RGAA, venues essentiellement des délégués présents dans les enceintes de négociations de la CDB (et plutôt issus des ministères de l'environnement ou des affaires étrangères), nous avons noté que les centres internationaux de recherche agronomique du GCRAI étaient parvenus *in extremis* à inclure une clause de non-rétroactivité à la CDB afin qu'elle ne couvre pas les collections constituées avant 1992. La conséquence de cette clause est que ces collections restent sans statut clairement défini, position qui autrefois ne posait aucun problème mais qui dans le contexte actuel n'est plus tenable. La solution trouvée est de placer ces collections sous les auspices de la FAO, dans l'intérêt de la communauté internationale : c'est l'accord de fiducie de 1994 qui sera non seulement confirmé par le Tirpaa, mais également étendu à l'ensemble des collections nationales sous le contrôle des pays membres du traité. Les États membres signataires vont en effet s'engager dans le cadre du système multilatéral créé par le traité international à verser le matériel dont ils ont la souveraineté (c'est-à-dire sous leur contrôle et dans le domaine public) au service de la communauté internationale.

Ce système multilatéral peut donc être vu comme l'expression la plus aboutie d'une gestion collective de ressources communes à travers un système de mutualisation des ressources génétiques à l'échelle internationale (Louafi, 2012). Il présente l'immense avantage, dans un contexte de vide juridique concernant les collections détenues par les Cira, d'une part, de leur donner enfin un statut juridique qui ne bloque pas leur circulation et, d'autre part, de consacrer la logique d'accès facilité à l'ensemble des collections nationales des pays signataires dans un contexte de crispations et de revendications souverainistes fortes. Un tel tour de force ne peut se comprendre que par l'existence même de ce réseau international de recherche qui, *de facto*, échangeait librement à l'échelle internationale du matériel provenant de ces collections (mais acquis lors de collectes dans les pays du monde entier) et dont il aurait été impossible d'en réguler les conditions d'accès selon des règles spécifiques à chacun des pays d'origine.

Bien privé

La capacité à s'approprier individuellement du matériel génétique est relativement récente. Elle naît de l'émergence au début du xxe siècle d'une nouvelle catégorie professionnelle, les sélectionneurs, qui investit des montants de plus en plus

---

3. Le système multilatéral du Tirpaa couvre une liste de 64 espèces jugées d'importance agronomique majeure, indispensables pour la sécurité alimentaire globale. Ces ressources sont listées dans l'annexe 1 du Tirpaa. Voir <http://www.planttreaty.org/content/crops-and-forages-annex-1> (consulté le 28 septembre 2012).

importants dans la sélection et cherche des moyens de recouvrer son investissement (Brahy et Louafi, 2004). Les variations à l'intérieur d'une variété et leur caractère auto-reproducteur rendent cette question complexe. Si des solutions techniques apportent quelques réponses, à travers notamment les variétés hybrides, c'est la création en 1961 du certificat d'obtention végétale par l'Upov qui permet de gratifier les sélectionneurs d'un monopole d'exploitation de quinze ans sur une variété végétale. Quatre conditions doivent être remplies pour bénéficier de cette protection : la nouveauté, la distinction, l'homogénéité et la stabilité. Cette protection ne s'exerce toutefois que sur la variété (et non les gènes qui la composent) et pour une utilisation directe à des fins de production agricole. Le matériel mis au point reste en effet librement disponible pour une amélioration ultérieure (exemption pour la recherche). Il est aussi utilisable d'une année sur l'autre, au moins selon sa version de 1961, par les agriculteurs pour leurs propres besoins en semences (privilège de réensemencement du fermier).

La protection sur le matériel végétal *via* des droits de propriété intellectuelle va connaître une nouvelle impulsion à partir du début des années 1980 aux États-Unis avec la reconnaissance de la brevetabilité du vivant. Cette conception va rapidement s'étendre aux autres pays industrialisés (Europe et Japon) avant de prendre une tournure universelle *via* les accords sur les droits de propriété intellectuelle relatifs au commerce inclus dans l'accord de Marrakech de 1994. Là encore, si cette conception des ressources génétiques comme bien privé peut paraître s'opposer à la souveraineté nationale, il n'en est rien : libre aux États, à travers leurs législations nationales sur la propriété intellectuelle, de délimiter le périmètre sur lequel s'exerce cette souveraineté.

Bien public national

C'est sans aucun doute pour le matériel placé directement sous le contrôle et la gestion d'organisations gouvernementales ou de statut public que la souveraineté nationale s'exerce d'une manière que l'on pourrait qualifier de «naturelle». Cette conception est largement partagée au sein de la communauté des conservateurs, ceux-ci ayant fortement conscience du caractère public de leurs efforts qui bien souvent dépendent de ressources mises à disposition par les gouvernements.

Bien commun

Au-delà de la dichotomie entre bien privé et bien public (et du cas particulier forcément restreint de «bien public global» décrit précédemment) existe une dernière catégorie souvent oubliée et qui pourtant se révèle la plus courante. Cette catégorie met l'accent sur le fait que bien souvent les ressources génétiques sont gérées de manière commune par des groupes humains qui définissent leurs propres règles et procédures. Ces groupes peuvent être composés d'une combinaison d'acteurs collectifs non étatiques, d'acteurs étatiques et d'acteurs privés, leur coordination relevant alors de ce que l'on peut appeler une forme hybride de régulation entre privé et public[4]. Souvent associées à des ressources génétiques gérées localement,

---

4. Cette conception des ressources génétiques comme bien commun se révèle particulièrement pertinente dans les cas des ressources génétiques pour l'agriculture et l'alimentation pour une série de raisons décrites en détail par Schloen *et al.* (2011).

ces formes de régulation hybrides se retrouvent de plus en plus à l'échelle globale : le développement d'outils de communication informatiques et les progrès de la biologie de la conservation et de la génomique ont en effet rendu possible une gestion distribuée, à l'échelle mondiale, de ressources génétiques et des informations qui leur sont associées (Parry, 2004).

Un cadre international peu représentatif de ces différentes conceptions

En dépit de cette diversité de conceptions, on relève deux grandes approches actuellement dominantes dans les débats contemporains sur la gouvernance de la biodiversité cultivée et qui ont une influence directe sur les solutions élaborées à l'échelle internationale.

La première de ces approches — qui peut être qualifiée d'approche incitative — est liée à la théorie du choix rationnel. Elle s'appuie sur l'incitation monétaire et l'approche contractuelle pour réguler les échanges. La seconde, à l'autre extrémité de la chaîne, peut être qualifiée de modèle hiérarchique (ou *command and control*). Elle vise à encadrer par la loi les comportements des différents acteurs et à veiller au respect de leurs obligations.

On retrouve la combinaison/juxtaposition de ces deux approches pour la régulation de l'accès à la diversité génétique et le partage des avantages qui découlent de leur utilisation au sein de la Convention sur la diversité biologique.

Quant au cadre sur les droits de propriété intellectuelle, il est directement inspiré de l'approche incitative, avec pour objectif de favoriser l'innovation basée sur cette diversité génétique.

Les insuffisances des règles de l'accès et du partage des avantages et les améliorations envisagées dans le secteur agricole

Les insuffisances

Les pratiques d'accès et d'échange de ressources génétiques sont régulées à travers des accords de partage des avantages qui sont des engagements contractuels bilatéraux de droit privé entre un fournisseur et un récipiendaire. Cette solution trouve son fondement dans la théorie coasienne des externalités (Coase, 1974). Parce que le marché ne rend pas compte de la valeur de la diversité pour les individus et la société et que, parallèlement, personne ne peut être facilement exclu de son utilisation (et qu'il n'y a par conséquent aucune incitation pour un individu de la rendre disponible à ses propres frais), une négociation sur l'allocation des droits de propriété entre des parties privées *via* l'établissement d'un contrat est perçue comme un moyen efficace de refléter plus justement la valeur de la diversité génétique au moyen d'incitants monétaires directs ou indirects liés au partage des avantages.

Mais la forte incertitude sur cette valeur au moment de l'accès aux ressources génétiques, associée à l'absence de sécurité juridique en cas de défection d'une des parties, a conduit à aller au-delà de cette approche contractuelle *stricto sensu* et à encadrer ces contrats par un ensemble plus large d'accords ou de mécanismes permettant de limiter les comportements opportunistes (Dedeurwaerdere, 2004). Ces contrats sont notamment enchâssés dans des législations nationales visant à encadrer par la loi ces pratiques contractuelles. Cela peut revêtir plusieurs formes allant de la mise en place de contrats ou de clauses types, la mise en place de mécanismes de suivi et de respect des obligations (telle que la divulgation d'origine dans les brevets) ou encore la nécessité d'obtenir le consentement d'acteurs au-delà des parties à l'échange pour exercer le droit souverain des États sur ces ressources ou protéger les droits des populations locales et autochtones.

Cependant, même encadrée de la sorte, il a été montré que l'approche contractuelle pour l'accès et le partage des avantages reste insatisfaisante pour atteindre les objectifs visés sur les plans social (équité) et environnemental (Dedeurwaerdere, 2004 ; Goëschl et Swanson, 2002). Même combinées avec une approche de régulation publique (hiérarchique) de type juridique, les incitations monétaires à l'œuvre au sein de ces contrats ne permettent pas de prendre en compte la diversité et la complexité des motivations à l'œuvre dans les échanges de ressources génétiques, qui dépassent, dans la majorité des cas, les seules motivations monétaires. Elles ne répondent pas aux besoins de l'ensemble des communautés d'usage concernées et restent de fait limitées à une certaine catégorie d'utilisateurs et d'usages sensibles à ces incitations.

Les échanges de ressources génétiques obéissent en effet à un ensemble plus complexe de motivations, dont par exemple des motivations sociétales (des objectifs publics globaux tels qu'accroître la connaissance, conserver la biodiversité ou lutter contre la faim) ou, de manière plus prosaïque, des motivations sociales non monétaires (réputation, réciprocité). On a en effet pu montrer que les effets de notoriété (sur la qualité du matériel et des informations échangées, sur les publications) et de réciprocité (notamment sur l'échange d'informations attendu en retour) occupent une grande place dans les motivations de conservation et d'échange des ressources génétiques (Dedeurwaerdere *et al.*, 2012).

De plus, même en supposant que les seuls incitants fonctionnent correctement, ils ne permettront jamais de générer des investissements en quantité suffisante pour maintenir et échanger les ressources génétiques parce qu'une grande partie d'entre elles restent et resteront longtemps de valeur inconnue.

Enfin, dans certains cas, se reposer sur des incitations monétaires pour couvrir tous types d'échanges peut même se révéler contre-productif : l'introduction de valeur marchande peut induire une plus faible incitation à contribuer à l'effort collectif au sein des communautés concernées en générant une méfiance et une suspicion du fait de l'introduction de cette logique monétaire là où elle n'existait pas auparavant (effet de *crowding-out* tel que décrit par Frey et Jegen, 2001). En d'autres termes, l'apparition du contrat peut venir miner les pratiques coopératives nécessaires à la conservation.

Les réponses apportées

Face aux insuffisances de ce cadre d'accès et partage des avantages, le secteur des RGAA a cherché à développer des stratégies alternatives consistant à amender les solutions existantes ou à en développer de nouvelles plus adaptées à leur nature spécifique et à leurs formes d'utilisation dans les processus de recherche et développement.

Les pistes explorées ont cherché à prendre une distance par rapport à l'approche bilatérale contractuelle pour réguler les échanges de ressources génétiques. Les attributs propres à ces ressources (diversité façonnée par l'homme, importance de la diversité intraspécifique pour l'amélioration, difficulté de déterminer l'origine, interdépendance forte entre pays, besoin constant de nouvelles variations, importance pour la sécurité alimentaire) ont plaidé pour l'établissement d'un mode de gestion plus collectif de l'accès à ces ressources et du partage des avantages. Le traité, avec son système multilatéral d'accès et partage des avantages, est l'exemple le plus abouti de cette logique de mutualisation des ressources, destinée en premier lieu à réduire les coûts de transaction pour l'accès à la diversité génétique présente dans les banques *ex situ* ; à réduire par ailleurs les coûts de redistribution en dissociant le partage des fournisseurs pris individuellement ; enfin à mettre l'accent sur les aspects non monétaires des avantages générés qui s'expriment bien souvent indépendamment du fait qu'un produit soit mis ou pas sur le marché.

L'outil permettant cette mise en commun reste un mécanisme contractuel, l'accord type de transfert de matériel, mais il est mis au service non d'une logique bilatérale mais au contraire d'une reconstruction d'un commun à l'échelle internationale qui oscille entre le bien public international et un *global commons* (voir Halewood *et al.*, 2012, pour une discussion précise sur cette distinction). Cette logique collective reste toutefois compatible avec la vision des ressources génétiques comme un bien privé. Les ressources génétiques détenues de manière privée restent libres d'être versées au système multilatéral, et l'appropriation privée de ressources génétiques provenant du système multilatéral (*via* un brevet) reste possible moyennant le paiement d'une taxe sur le chiffre d'affaires généré par cette appropriation. Cette taxe sanctionne le fait de rompre avec la logique d'accès facilité agréée collectivement. Elle approvisionne un fonds collectif géré également par l'ensemble des parties contractantes au traité en fonction de priorités qu'elles ont elles-mêmes définies, constituant ainsi le volet monétaire du partage des avantages.

Mais le traité ne se limite pas à son système multilatéral qui reste un outil essentiellement dédié à et pensé pour les ressources génétiques *ex situ*. À travers son article 9 sur le droit des agriculteurs, aussi restrictif soit-il, une légitimité est reconnue à l'existence d'une forme d'appropriation des ressources qui ne soit ni un bien privé ni un bien public (national ou international), mais un bien commun partagé localement par un groupe d'acteurs, les agriculteurs eux-mêmes.

La mise en œuvre effective de ce droit pose des problèmes réels de réalisation et, hormis quelques initiatives locales, elle reste souvent peu appuyée par les États (Andersen, 2008). Il n'en reste pas moins que le traité reste à ce jour le seul instrument à fournir ce cadre pluraliste qui reconnaît la légitimité (avec néanmoins de fortes disparités de mise en œuvre effective) des différentes conceptions qui s'affrontent sur le statut des ressources génétiques.

Toutefois, l'équilibre que le traité est parvenu à atteindre reste encore imparfait et fragile. Les différents éléments du traité sont mis en œuvre à un rythme différent, et les sensibilités restent vives parmi les parties prenantes au sujet de leur mise en œuvre équitable. Si l'accès facilité aux ressources génétiques, promu par le traité, est crucial dans le secteur agricole et alimentaire, l'une des principales inégalités perçues concerne le fait que tous les pays et parties prenantes ne peuvent tirer profit de la même manière de cet accès facilité aux RGAA. Faute de capacités de recherche (et plus particulièrement d'amélioration), les parties prenantes les moins dotées, et d'une manière générale les pays en développement, n'ont souvent pas les moyens et les capacités de tirer profit des ressources génétiques conservées. À tort ou à raison, pousser loin et exclusivement l'approche de conservation *ex situ* est par conséquent perçu comme servant principalement les intérêts des pays développés et des parties prenantes les mieux dotés.

Au-delà du Traité international, notons que des discussions sont en cours en ce moment sous l'égide de la Commission sur les RGAA de la FAO concernant les caractéristiques spécifiques de l'ensemble des ressources génétiques pour l'agriculture et l'alimentation dans les trois règnes (animal, végétal et microbien), appelant la mise en place de solutions distinctes de celles envisagées de manière classique au sein du protocole de Nagoya de la Convention sur la diversité biologique. Des efforts de systématisation de ces caractéristiques ainsi que d'identification des pratiques actuelles d'échanges de RGAA sont en cours (Schloen *et al.*, 2011 ; Chiarolla *et al.*, 2012).

Les insuffisances du cadre de la propriété intellectuelle sur les ressources génétiques et les améliorations envisagées

Les insuffisances

Le cadre des droits de propriété intellectuelle sur le vivant est également basé sur des incitants monétaires destinés à favoriser les innovations biologiques. En offrant une protection pour les inventions basées sur la diversité génétique, la propriété intellectuelle est censée favoriser son utilisation et, partant, sa conservation. Comme mentionné dans la partie sur les différentes conceptions du statut des ressources génétiques (voir *supra*), le secteur agricole est caractérisé par la coexistence d'au moins deux systèmes de propriété intellectuelle : le système des brevets et le système de certificat d'obtention végétale. Ces deux systèmes sont harmonisés à l'échelle internationale respectivement par les accords sur la propriété intellectuelle relatifs au commerce (ADPIC) de l'Organisation mondiale du commerce (OMC) et par l'Upov, affiliée à l'Organisation mondiale de la propriété intellectuelle (OMPI).

Le système Upov, en tant que système *sui generis*, est celui qui colle davantage à la nature autoreproductible et évolutive du matériel végétal. Le produit issu de l'innovation (la variété) étant lui-même une ressource génétique, un équilibre doit être recherché entre protection de l'innovation et accès aux ressources génétiques. Cet équilibre est réalisé au sein de l'Upov à travers l'exemption de recherche qui permet l'utilisation ultérieure d'une innovation protégée par un certificat d'obtention végétale (COV) pour des fins de recherche.

Le système Upov fournit également une meilleure sécurité juridique que le système des brevets : alors qu'un même produit peut être l'objet de plusieurs brevets, une variété est protégée par un seul certificat d'obtention végétale (Dutfield, 2011). Des situations de *patent thickets* (buisson de brevets, Shapiro, 2000 ; Heller et Eisenberg, 1998) liées à des brevets dépendants d'autres brevets ou des *hold-up situations* liées à des violations involontaires de brevets aboutissent à un nombre de litiges beaucoup plus élevé dans le système de brevets que dans celui des COV.

Dans les faits toutefois, hormis dans un nombre limité de pays (dont les États-Unis), le système de brevet n'est pas utilisé pour protéger des variétés, mais des inventions biotechnologiques telles que des procédés ou des séquences génétiques.

Mais, au-delà des mérites comparés des deux systèmes sur le plan technique, le système de propriété intellectuelle en tant que tel soulève des problèmes fondamentaux discutés dans la littérature. Une des limites principales identifiées en lien avec la problématique de conservation et d'utilisation de la diversité génétique est le fait que ce mécanisme n'intervient qu'au bout de la chaîne de valorisation. Par conséquent, il ne fonctionne de manière effective que pour du matériel amélioré ou du matériel dont on connaît déjà (même partiellement) la valeur (à travers des données de caractérisation ou d'évaluation disponibles). Il est donc loin de fournir les incitations suffisantes pour échanger la grande majorité de la diversité génétique que l'on trouve *ex situ,* et encore moins *in situ* et dont la valeur reste inconnue au moment de son accès (Swanson et Goëschl, 2000 ; Goëschl et Swanson, 2002).

De plus, ce système d'incitation ne fonctionne que très mal pour innover dans des domaines orphelins (pour lesquels une demande solvable n'existe pas). De même, il se révèle très imparfait pour des pays qui se trouvent loin de la frontière d'innovation et ne peuvent par conséquent pas bénéficier des avantages octroyés par une protection sur la propriété intellectuelle. Enfin, de la même manière que les effets d'exclusion *(crowding-out)* précédemment décrits pour les mécanismes d'accès et partage des avantages, l'introduction d'incitants économiques peut affecter les échanges de matériel ou d'informations auparavant considérés comme communs sur la base d'anticipations ou d'une capacité espérée à les valoriser soi-même. Ces situations dites d'*anti-commons* conduisent à une remontée de la propriété intellectuelle dans des domaines où elle n'a pas lieu d'être, en affectant les comportements coopératifs et altruistes qui préexistaient (Heller et Eisenberg, 1998 ; Cassier, 2002).

Tous ces problèmes sont d'autant plus accentués dans le secteur agricole et conduisent au constat que l'innovation dans ce secteur est davantage une question de coordination de la recherche entre nombreux acteurs aux statuts différents qu'une question unique d'incitations individuelles.

Si le secteur semencier privé parvient à bien fonctionner sur la base de ces incitations, il dépend aussi de l'exploration de la diversité génétique par la recherche publique. Dans ce secteur, si les incitations monétaires ne sont pas absentes, elles sont loin de représenter la totalité des motivations à l'œuvre expliquant les échanges et l'utilisation de la diversité génétique (voir section «Nécessité de la conservation *in situ* et complémentarité avec l'*ex situ*»). De la même manière, ceux qui défendent les droits communautaires et les droits sur les connaissances traditionnelles mettent en avant l'existence de droits collectifs régissant l'accès, les échanges et les usages de semences et de ressources génétiques qui ne sont pas réductibles aux droits individuels tels que définis par la propriété intellectuelle.

Les réponses apportées

Comme dans le cas des régulations pour l'accès et partage des avantages, diverses stratégies sont observées qui cherchent à dépasser les limites rencontrées par les cadres formels existant à l'échelle internationale.

Une première catégorie de solution vise à amender le cadre existant de la propriété intellectuelle en utilisant les flexibilités octroyées pour tenter de mettre en place des démarches collectives mieux appropriées à certaines formes d'utilisation et d'innovation sur le matériel végétal. C'est le cas de la mise en place de centres d'information (*clearing house*) visant à rendre plus transparente et disponible l'information issue des demandes de titres de propriété intellectuelle, principalement les brevets. Citons ici l'initiative de l'organisation australienne Cambia sur la cartographie des brevets (*patent landscape*) des gènes promoteurs du riz : à l'aide des données de séquences génétiques, les données contenues dans les demandes de brevets sont reliées aux données sur les accessions de ressources génétiques, aux données d'état de l'art et aux données sur les variétés. Tout en promouvant un système d'accès libre à ces informations nouvelles générées, ce travail accroît la capacité à naviguer dans le système de brevets et à mieux utiliser l'information disponible (mais dispersée) dans l'objectif de disséminer les technologies existantes et d'identifier plus précisément les domaines de recherche négligés[5].

Les pools de brevets sont un autre type de mécanisme entrant dans cette catégorie. Il s'agit de la gestion collective d'un portefeuille de brevet par un groupe d'acteurs (souvent de la recherche publique) avec l'objectif d'accroître leurs capacités de négociations face aux monopoles privés et d'identifier des complémentarités à l'intérieur de leurs portefeuilles respectifs. L'initiative Epipagri[6] soutenue par la Commission européenne repose sur ce principe et permet aux institutions membres de gérer de manière plus coopérative leur capital de propriété intellectuelle.

Toujours dans cette même logique coopérative, on peut citer certaines initiatives de recherche collective dans les phases précompétitives de recherche où des règles communes sont établies pour le partage des informations et du matériel de recherche, la mise en commun de bases de données nouvelles et le partage immédiat des résultats de recherche. On peut citer l'exemple du consortium Apomixie, établi comme un partenariat public/privé entre deux centres publics (le Cimmyt et l'IRD) et trois entreprises privées (Pioneer Hi Bred, Limagrain et Syngenta) pour identifier et caractériser les composants requis pour l'apomixie chez le maïs. Un système de licence non exclusive sur les produits issus de cette recherche permet une gestion segmentée et différenciée répondant à la fois aux besoins de retour sur investissement des entreprises privées sur les marchés solvables et aux besoins de diffusion en direction des petits agriculteurs dans les pays en développement.

D'autres systèmes en gestation se posent en alternative au système de propriété intellectuelle existant en développant une logique basée sur l'accès libre (mais codifié) au matériel et aux connaissances liées.

C'est le cas par exemple des systèmes de copyright Creative Commons[7] ou encore Science Commons[8] qui visent, par contrat type d'accès à du matériel publié, à imposer des restrictions d'usage non commercial (donc de non-brevetabilité).

---

5. Voir <http://www.cambia.org/daisy/cambia/2458.html> (consulté le 28 septembre 2012).

6. Le rapport de l'initiative Epipagri soutenu par le programme-cadre 6 de la Communauté européenne est disponible sur <http://cordis.europa.eu/search/index.cfm?fuseaction=result.document&RS_LANG=EN&RS_RCN=12437527&q=> (consulté le 28 septembre 2012).

7. Voir <http://creativecommons.org/> (consulté le 28 septembre 2012).

8. Voir <http://sciencecommons.org/about/> (consulté le 28 septembre 2012).

Dans le prolongement de cette idée, des tentatives de licences en libre accès pour les semences sont discutées (Aoki, 2009 ; Beck, 2010). L'idée est d'inverser la logique des droits de monopole accordés à l'inventeur dans le système des droits de propriété intellectuelle pour promouvoir au contraire un accès libre tout en maintenant les restrictions juridiques qui empêchent les autres d'obtenir des droits de monopole couvrant ce matériel libre. Contrairement à la notion de domaine public, le système de licence en libre accès prévient d'une appropriation privée (Beck, 2010). C'est donc un mécanisme dit défensif qui permet de se prémunir contre une appropriation abusive. Appliqué aux semences, ce système reviendrait à utiliser le contrat pour les échanges entre membres de ce système d'accès libre pour accroître le pool de matériel disponible à ces conditions. Le système de contrat le plus réaliste pour rester dans la logique d'accès facilité est le système dit «sous enveloppe» (*shrink wrap*), où l'acte d'ouverture d'un sachet de semences équivaut à l'acceptation des conditions de l'accord d'accès libre. La mise en œuvre d'un tel système en est encore à ses balbutiements et se heurte à des difficultés pratiques importantes.

Enfin, il convient de noter le développement de solutions complémentaires à la logique d'appropriation, appelées *stewardship approaches* (par opposition à *ownership approaches* discutées ci-dessus). Décrites dans la section suivante, elles visent à reconnaître le rôle de gestionnaire de la diversité génétique par les agriculteurs et à créer les mécanismes juridiques adéquats, à côté et en «compensation» des droits de propriété intellectuelle, pour qu'ils puissent continuer à jouer ce rôle. Entrent dans cette catégorie les mécanismes dit de capacitation (*empowerment*) tels que la sélection participative qui associent les agriculteurs en amont du processus de recherche et d'amélioration, l'appui aux programmes communautaires de conservation locale ou encore les mécanismes de protection et de valorisation des semences de ferme.

▸▸ Nécessité de la conservation *in situ* et complémentarité avec l'*ex situ*

Même si la question de l'importance du rôle des agriculteurs dans la conservation des ressources génétiques n'est pas un fait nouveau (Brush, 1989), sa prise en compte dans les programmes de conservation est encore souvent sous-évaluée et parfois même ignorée. L'appréciation de la diversité génétique, et en particulier de l'héritabilité des caractères, est un fait de longue date pour les agriculteurs. Depuis toujours ils expérimentent, croisent, sélectionnent et utilisent les différences observées pour la génération suivante selon la variabilité qu'ils en perçoivent au sein ou entre les parcelles cultivées de la génération précédente. La diversité des agricultures et des modes de gestion est donc un vaste champ d'expérimentation favorable à la création de variabilité pour l'expression et l'utilisation de nouvelles biodiversités cultivées.

Les agroécosystèmes recouvrent 30 % de la surface de la Terre (Altieri, 1992). Ils regroupent une très grande diversité de situations qui participent à la construction de la biodiversité au sens large, de l'agrobiodiversité en particulier et de la biodiversité cultivée proprement dite. La portion la plus visible de la biodiversité cultivée est surtout destinée à notre alimentation, qu'elle soit animale ou végétale, et masque tout un pan de l'agrobiodiversité constitué par les microorganismes des sols, les pollinisateurs, les ravageurs et maladies, autant d'éléments de la biodiversité essentiels pour leurs contributions aux services de régulation des écosystèmes et comme supports de l'agriculture.

Les travaux d'Altieri (1987) montrent comment la diversité des agricultures familiales contribue à la conservation non seulement des espèces cultivées, mais aussi de leurs apparentées sauvages. Le maintien des systèmes agraires traditionnels, insérés dans les écosystèmes adjacents, aide à valoriser les flux entre les systèmes pour permettre une évolution permanente des variétés cultivées (Collins et Qualset, 1999). Ces travaux montrent qu'une conservation *in situ* réussie est indissociable de la compréhension de la société dont les pratiques ont permis la création de cette diversité (Jarvis *et al.*, 2007). Il est important de pouvoir relier les savoirs locaux, les besoins de production agricole et la nécessité de conserver les ressources génétiques dans une approche holistique, car travailler sans prise en compte de la dimension de la diversité culturelle ne suffit pas à appréhender dans son intégralité la dynamique de cette diversité génétique.

Si l'on cherche à définir un cadre pour la gestion de l'agrobiodiversité même en se limitant à la diversité génétique *in situ*, il est nécessaire de considérer à la fois sa conservation et ses usages ; ces derniers favorisant en retour la conservation *in situ*. La caractérisation de l'agrobiodiversité *in situ* questionne de fait le type d'information associé à la gestion directe de la diversité génétique, mais aussi les actions dérivées de la biodiversité qui sont les facteurs de progrès de demain. C'est pourquoi on a coutume de classer les espèces en trois catégories selon les fonctions occupées dans l'agroécosystème (Wale *et al.*, 2011) :
– les espèces de plantes délibérément semées ou plantées pour récolter de la nourriture, des fibres, du bois ou simplement décorer, etc. ;
– les espèces sauvages apparentées [aux espèces cultivées] et avec lesquelles elles peuvent se croiser. Celles-ci constituent le pool génétique associé aux espèces cultivées *(crop wild relatives)* pouvant évoluer de façon autonome, échanger avec l'espace cultivé ses ravageurs et maladies, et parfois même être source d'aliments lors des périodes de famine ;
– les espèces sauvages de l'environnement agricole qui interagissent avec le système de production agricole en fournissant divers services de régulation.

Nous nous focaliserons, à partir d'ici, sur le premier de ces compartiments en nous intéressant surtout aux variétés végétales annuelles maintenues par les paysans.

L'énorme diversité génétique contenue dans les variétés traditionnelles (*landraces*) est la partie la plus accessible et directement valorisable économiquement de la biodiversité globale. L'utilisation de cette diversité des variétés traditionnelles dans les stratégies de subsistance est une clé d'adaptation des systèmes de cultures aux changements socio-économiques et/ou environnementaux pour de nombreux paysans de par le monde (Jackson *et al.*, 2007). Il est difficile de donner une estimation précise de son ampleur compte tenu justement du manque de statistiques sur les agricultures informelles ou de subsistance. Néanmoins, d'après Francis (1986), «ces agriculteurs utilisent environ 60 % des terres agricoles et fournissent 15 à 20 % de l'alimentation mondiale» (traduction de l'auteur).

Au-delà d'une utilisation directe de l'agrobiodiversité dans les systèmes de production des agricultures familiales, les variétés traditionnelles constituent le matériel de base utilisé par tous les sélectionneurs pour développer de nouvelles variétés améliorées. De fait, les collections des banques de semences *ex situ* ne représentent qu'une partie de ce qui existait *in situ* à un instant donné dans les champs des paysans et qui a pu être collecté, conservé et qui est toujours vivant. C'est donc principalement sur ce substrat de l'*ex situ* que semblent reposer aujourd'hui l'évolution de la production agricole et le futur de l'alimentation d'une majorité des habitants de la planète si aucun changement majeur n'intervient dans l'organisation mondiale de l'agriculture. Les semences améliorées sont fournies par un nombre de plus en plus réduit de firmes semencières multinationales (aujourd'hui moins de dix d'importance reconnue à l'échelle mondiale), qui travaillent à partir de leurs propres collections. Cette situation entraîne de fait une réduction de la diversité génétique des variétés cultivées, ce qui n'est pas sans impact sur leurs capacités adaptatives dans une période où des changements environnementaux majeurs sont attendus. Un enrichissement de cette base génétique ne pourra s'opérer qu'avec un retour dans les champs des paysans ou dans les lieux où se trouvent les espèces sauvages apparentées.

Au-delà des problèmes techniques liés à la conservation proprement dite des collections, se pose la question de la mise en place de celles-ci du point de vue de l'échantillonnage. En effet, même en disposant d'une bonne représentation de la diversité des espèces cultivées et des variétés associées dans les régions à prospecter, il est extrêmement difficile d'accéder aux variétés dites mineures (cultivées par peu de paysans et sur de petites surfaces) sans avoir établi un lien étroit avec les paysans de la zone et avec les sociétés humaines qu'ils constituent. Pour réussir cela, il faudrait avoir pu tisser ce lien de confiance dans tous les villages prospectés, ce qui est extrêmement difficile et peu réaliste et ne peut éthiquement se défendre que si cela constitue un réel avantage pour ces populations. L'objectif des prospections étant la conservation des variétés pour éviter une érosion génétique, il est donc important d'inclure dans le matériel collecté les variétés paysannes sur lesquelles repose le plus grand risque de disparition, c'est-à-dire les variétés mineures. Leur disparition entraînerait automatiquement la perte d'une partie non connue de la diversité génétique de l'espèce.

L'immensité de la diversité *in situ* que gèrent les paysans est donc quasi impossible à caractériser pour diverses raisons. D'une part, cette diversité variétale repose sur des variétés de populations, ce n'est donc pas la variété paysanne en tant que telle qu'il est intéressant de décrire mais le pool génétique porté par l'ensemble des variétés du village et sa structuration à différentes échelles de la parcelle au pays ou au biome (Sagnard *et al.*, 2008). De plus, suivant que nous nous trouvons face à des plantes allogames ou autogames, la structuration de la diversité génétique devra s'intéresser à des échelles très différentes. Par exemple dans le cas du sorgho, majoritairement autogame (> 70 %), la diversité intra-village entre les variétés sera très importante alors que la part de diversité génétique supplémentaire portée par l'échelle régionale sera limitée (encadré 5.1). Dans le cas du mil, espèce majoritairement allogame, la structuration génétique à différentes échelles sera exactement inverse, c'est-à-dire qu'on notera une très grande proximité entre les variétés du village et de fortes différences au niveau de la région.

Encadré 5.1. Dynamiques d'évolution des variétés cultivées en sorgho au Mali sur le moyen terme. Comment combattre quelques idées reçues sur l'érosion génétique des variétés paysannes.

Une des causes les plus couramment admises pour le changement variétal est la modification des conditions environnementales. C'est pourquoi il n'est pas rare d'entendre que la sécheresse en Afrique de l'Ouest aurait entraîné l'adoption par les paysans de variétés de sorgho plus précoces que les cultivars traditionnels.

Pour analyser ce postulat comme une hypothèse, les variétés issues de deux prospections de cultivars locaux réalisées au Mali à vingt ans d'intervalle ont été étudiées. Le premier lot de 472 variétés provient de 188 villages prospectés en 1978 par l'Institut de recherche pour le développement (IRD-France). Le second lot de 275 variétés provient d'une prospection réalisée entre 1999 et 2000 par l'Institut d'économie rurale (IER-Mali) dans 46 villages situés sur deux transects nord-sud. Les conditions d'échantillonnage des deux prospections ont été comparables, avec notamment le choix de la date de prospection pour pouvoir collecter en un seul passage les cultivars précoces et tardifs.

Afin de comparer l'évolution récente du cycle des sorghos du Mali, la phénologie des variétés des deux collections de variétés locales prospectées à vingt ans d'intervalle a été étudiée. La saison des pluies a été caractérisée à partir des dates de début et de fin de saison des pluies pour chaque village échantillonné. Puis la sensibilité des cultivars à la photopériode a été mesurée à l'aide d'un essai en station agronomique comportant deux dates de semis. Un modèle a permis ensuite d'étudier l'adaptation des variétés au climat en tenant compte de la latitude et du régime des pluies dans leurs zones d'origine.

Les résultats montrent que le déficit pluviométrique observé n'a pas entraîné un raccourcissement important des cycles végétatifs. En vingt ans, le cycle moyen des cultivars locaux n'a raccourci que de cinq jours. Pour des latitudes inférieures à 14° N, la grande majorité des cultivars sont photopériodiques, la floraison des variétés se produit dans les vingt jours qui précèdent la date moyenne de fin de la saison des pluies. Ce caractère permet d'optimiser l'alimentation en eau des cultures et d'éviter de nombreuses contraintes biotiques. Pour des latitudes supérieures ou égales à 14° N, la floraison moyenne coïncide avec la fin de saison. On note la présence simultanée de variétés tardives et précoces. Dans ces régions, la culture du sorgho dépend moins de la pluviométrie car les systèmes traditionnels valorisent des situations diversifiées et les reports d'eau sur les toposéquences. Cette diversité des cycles contribue à sécuriser la production agricole en zone aride.

L'hypothèse de la péjoration climatique devait montrer une érosion variétale plus forte des sorghos dans le nord du Mali (zone sahélienne) par rapport au sud (zone soudano-guinéenne). Les résultats montrent au contraire que la disparition des variétés est nettement plus faible au nord (− 25 %) qu'au sud (− 60 %). La diversité variétale du sorgho est un facteur de rusticité face à des conditions climatiques difficiles et aléatoires. Les données d'archives sur l'agriculture malienne fournissent des informations sur les systèmes de production agricole sur les vingt dernières années. Il est alors possible d'analyser comment l'évolution des variables du système de production est corrélée à l'érosion de la biodiversité du sorgho. Les résultats obtenus sur l'extension des surfaces cultivées au Mali montrent une dominance progressive du maïs dans l'assolement au sud, malgré

...

> ...
>
> une surface consacrée au sorgho qui demeure constante. En conclusion, les modifications des systèmes de production sont principalement liées à l'extension de la culture du coton suivie du maïs en zone Mali-sud avec le développement de la culture attelée et l'accès aux intrants. L'amélioration des compétences techniques du paysan a contribué à accroître ses performances et par conséquent à modifier ses objectifs de production. Actuellement, la demande d'intensification est forte pour les cultures de coton et de maïs, ce qui devrait contribuer davantage à la disparition d'autres variétés de sorgho que le fait climatique souvent incriminé.
>
> *Pour en savoir plus :* Kouressy *et al.,* 2003 ; 2008 ; Soumaré *et al.,* 2008.

La biodiversité cultivée dans le champ du paysan existe sur la base des différences observées par celui-ci entre ses parcelles ou entre les individus au sein d'une parcelle. Ces différences reposent sur la morphologie des plantes, la productivité, la qualité des grains, la phénologie du développement des plantes tout au long du cycle végétatif, la résistance à des maladies ou des ravageurs, ainsi que d'autres critères plus subtils qui ne sont pas apparents pour un néophyte. Les études de génétique des populations menées depuis quelques dizaines d'années et l'entrée dans l'ère de la biologie moléculaire et du génotypage à très haut débit bousculent cette façon de classifier le vivant au champ et proposent aujourd'hui de nouveaux outils pour comprendre la diversité génétique comme élément fondamental de l'évolution de la biodiversité. Pourtant, ces études génétiques ne nous offrent que des états de la diversité génétique à partir desquels il faut reconstruire l'histoire, c'est-à-dire expliquer la dynamique de la biodiversité. C'est pourquoi les aspects socioculturels qui se traduisent dans la diversité des pratiques paysannes seront toujours à considérer. En effet, les types d'agriculture rendent visible au champ la relation génotype $\times$ environnement, où les pratiques paysannes doivent être considérées comme faisant partie de l'environnement. Cette diversité de pratiques met alors au grand jour des expressions phénotypiques distinctes permises par la variabilité génétique des variétés-populations maintenues par les paysans.

Le principal point d'entrée pour connaître la diversité cultivée par les paysans repose sur la dénomination de ces dites variétés. Cela constitue en soi un atout pour appréhender les pratiques de gestion paysannes, mais aussi une limite pour aborder leur diversité génétique. Les variétés sont recensées et classées à partir de critères phénotypiques qui permettent au paysan d'identifier et de séparer les lots de semences selon l'expression de ces caractères au champ. Ces critères servent au paysan pour caractériser une variété traditionnelle et la distinguer des autres en la nommant ; ils sont pour l'essentiel agromorphologiques. Le paysan utilise les critères visibles au champ, d'une part, pour sélectionner ses lots de semences afin de reproduire sa variété d'une année sur l'autre en lui conservant ses caractères propres, et, d'autre part, pour sélectionner des individus au sein d'une population justement parce qu'ils présentent des caractères différents de l'idéotype de la variété de référence et potentiellement intéressants pour la faire évoluer.

Cette dénomination des variétés paysannes n'est pas statique, et il est courant de voir le nom d'une même variété évoluer au cours des échanges entre paysans, ce qui rend sa traçabilité et sa distinction difficiles lorsqu'on ne dispose que de lots de semences. C'est pourquoi si la description des variétés par les paysans doit reposer sur leurs critères de distinction pour dialoguer avec les chercheurs, il est important de pouvoir opposer physiquement deux à deux les variétés décrites de façon à éviter de nommer deux variétés par le même nom vernaculaire ou de donner le même nom à deux variétés distinctes (tableau 5.1).

Sachant que la variété a une vie (circulation entre paysans, incorporation de nouveaux éléments d'autres variétés, régression ou introgression) dans le village ou la petite région naturelle, sa caractérisation par les paysans eux-mêmes nous renseigne sur les étapes clés de sa diffusion et des échanges entre paysans en lien avec des aspects sociaux d'organisation et de structuration de la population du village, ou en lien avec des aspects culturels sur le moment et la coutume lors de l'échange qui vont bien au-delà de la caractérisation biologique de la variété paysanne (encadré 5.2). L'ensemble de cette diversité culturelle associée à la diversité cultivée est primordiale à prendre en compte si l'on veut comprendre comment se maintiennent les dynamiques évolutives.

Encadré 5.2. Organisation sociale des agriculteurs, diversité et adaptabilité des plantes cultivées.

Christian LECLERC

La connaissance des facteurs structurant la diversité des ressources génétiques *in situ* est nécessaire à la définition de stratégies d'échantillonnage ou de conservation mieux adaptées. Parmi ceux-ci, les facteurs anthropologiques sont encore aujourd'hui les plus largement méconnus. Les résultats issus du projet «Reproduire des plantes, reproduire une société», financé et mis en œuvre par le Cirad sur le versant est du mont Kenya, montrent que l'organisation sociale des agriculteurs Meru, avec ses règles de mariage, de résidence et d'héritage, contribue à l'organisation de la diversité génétique du sorgho et à son adaptabilité à des environnements contrastés.

Chez les Meru, comme dans de nombreuses sociétés, les agriculteurs appartiennent à des lignages au sein desquels le mariage est prohibé. Celui-ci ne peut être conclu qu'avec des membres d'autres lignages. Lors d'un mariage, les femmes rejoignent le village de leur mari. Pour débuter l'agriculture dans ce nouvel environnement, elles héritent des semences de leur belle-mère, qui avait elle-même déjà rejoint le lieu lors de son mariage. La diversité des variétés est ainsi transmise de génération en génération en ligne matrilinéaire (figure 5.2). Cette règle est particulièrement bien adaptée aux pentes abruptes du mont Kenya, où les conditions de culture sont contrastées par l'altitude. Le déplacement de semences le long de la pente aurait des conséquences néfastes. Les variétés adaptées à une altitude élevée seraient désavantagées en basse altitude, et réciproquement.

Au contraire, la règle de résidence patrilocale et l'héritage des semences en ligne matrilinéaire tend à conserver les ressources génétiques à la même altitude en favorisant leur spécialisation à un environnement donné. En même temps, en limitant les flux de semences, elle accroît dans la région la diversité génétique des variétés. Celle-ci résulte d'une triple interaction entre facteurs génétiques (G), environnementaux (E) et sociaux (S), selon un modèle G × E × S où la composante sociale est explicitée.

Pour en savoir plus : projet Arcad (centre de ressources pour la conservation et l'étude de l'agrobiodiversité des plantes, <http://www.arcad-project.org>); Leclerc, 2009; Leclerc et Coppens d'Eeckenbrugge, 2012.

...

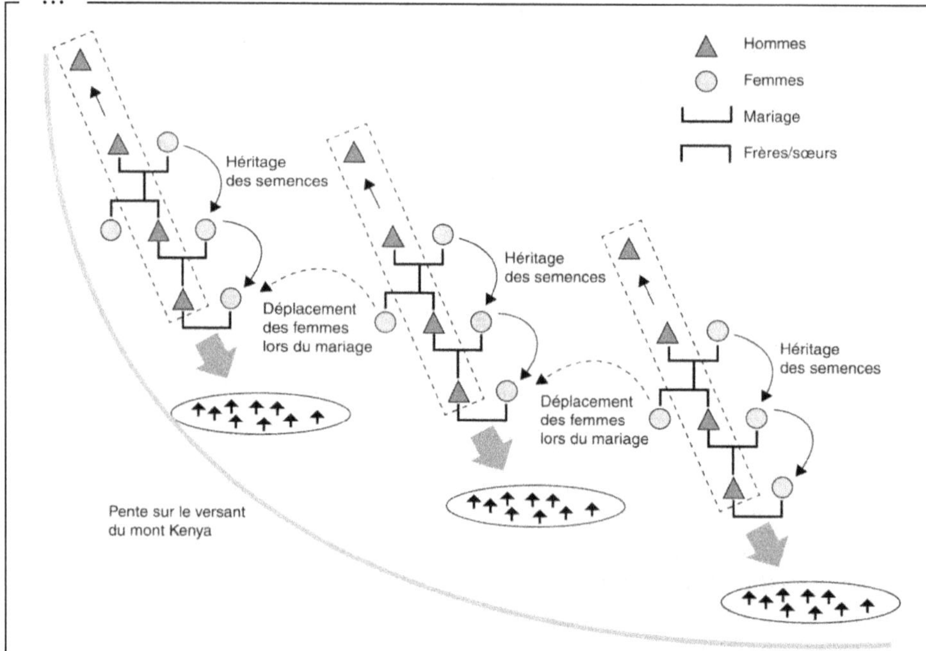

Figure 5.2. Groupes de résidences patrilocales sur le versant du mont Kenya.
Les femmes lors de leur mariage rejoignent le groupe de leur mari et y débutent l'agriculture. Elles héritent des semences de leur belle-mère. Les semences se transmettent ainsi de belles-mères en brus, au fil des générations, ce qui permet de conserver les variétés à la même altitude, en favorisant leur adaptation.

L'organisation de la société, en tant que telle, structure la diversité génétique des espèces cultivées du fait d'échanges organisés en fonction de rites ou de cultes particuliers. Cette dynamique de la diversité cultivée repose aussi en grande partie sur l'organisation du travail dans la communauté et au sein des groupes familiaux qui facilitent ou empêchent la circulation des variétés (figure 5.3).

Pour décrire la diversité variétale des paysans dans toute sa complexité, il faut absolument pouvoir mettre en relation plusieurs échelles. Au niveau de l'exploitation agricole, le paysan gère une palette de variétés d'une ou plusieurs espèces au sein de son système de culture pour valoriser au mieux la diversité des sols de son parcellaire (Bazile *et al.*, 2008) et répondre aux différents objectifs qu'il s'est fixés en matière de sécurité alimentaire, d'acquisition de revenus monétaires, etc. Néanmoins, dans la gestion de son exploitation, le paysan est soumis à la rentabilité économique, c'est pourquoi peu de paysans gèrent un nombre très élevé de variétés d'une même espèce car cela génère un coût supplémentaire en temps de travail (cela renvoie à la notion classique d'économie d'échelle pour la productivité du travail). Il cherchera toujours à optimiser ce rapport selon le nombre de variétés semées. Cette contrainte à l'échelle individuelle fait que le nombre moyen de variétés semées pour une espèce donnée par un paysan reste souvent faible ; seuls quelques paysans sont détenteurs d'un nombre élevé de variétés et de savoirs sur la totalité des variétés existantes dans le village ou la petite région naturelle. Par exemple, au Mali, malgré un nombre très élevé de variétés paysannes de sorgho recensées dans les prospections IER-Cirad, une étude approfondie sur 34 villages (1 474 exploitations agricoles) nous indique qu'individuellement 70 % des paysans ne sèment annuellement qu'une variété, alors que le nombre total de variétés de sorgho des villages oscille entre 6 et 12, après avoir retiré les synonymes[9] (tableau 5.1). Le fait que la majorité des paysans enquêtés ne cultivent sur une année qu'une ou deux variétés montre l'importance de la communauté, car c'est à cette échelle que la diversité génétique des espèces cultivées existe réellement du fait d'un accès partagé aux ressources génétiques soumis aux règles sociales traditionnelles.

Cela rejoint le point ci-dessus du fonctionnement des échanges paysans à l'intérieur de réseaux bien délimités socialement ou géographiquement. Ainsi, les paysans ne disposent pas en propre dans leurs champs de la diversité variétale du village, qui est partagée entre agriculteurs. De plus, ils n'en ont qu'une vision limitée, estimée à environ 30 % de l'existant. La gratuité et la solidarité des échanges font qu'ils peuvent avoir accès, en théorie, à tout le matériel végétal disponible et dont ils ont connaissance ou sont à même de le demander en formulant les caractéristiques recherchées.

Tableau 5.1. Distribution de la diversité variétale dans les exploitations agricoles du Mali. Cas du sorgho, 34 villages, 1 474 exploitations agricoles.

Nombre de variétés	Effectifs (exploitations)	Pourcentage
0	150	10,18
1	1 032	70,01
2	247	16,76
3	34	2,31
4	6	0,41
5	4	0,27
6	1	0,07

Dès les années 1930, les agronomes ont mis en évidence le problème de risque associé à l'extension de vastes surfaces de monocultures semées avec des cultivars uniformes (Marshall, 1977). Un peuplement végétal homogène se montre plus vulnérable aux épidémies, aux pullulations de ravageurs et aux maladies. La vulnérabilité liée à la composition génétique du peuplement végétal est alors estimée uniquement du point de vue écologique par une probabilité de dommages subis qui s'accroît. L'exemple des grandes famines du XIXe siècle en Irlande (Shumann, 1991) suite à la destruction de l'ensemble des cultures de pomme de terre par un agent pathogène (*Phytophtora infestans*) est un cas d'école et s'explique par l'uniformité génétique de l'espèce cultivée. La réponse donnée au contrôle des maladies et des ravageurs par les agronomes est de deux types :
– le premier est lié à l'apport des biotechnologies pour chercher des gènes de résistance, ou de tolérance, tout en restant dans un modèle de «pauvreté» génétique

---

9. De plus, une vérification au champ avec cartographie complète du parcellaire a été conduite sur 7 villages montrant la validité de la méthodologie d'enquête.

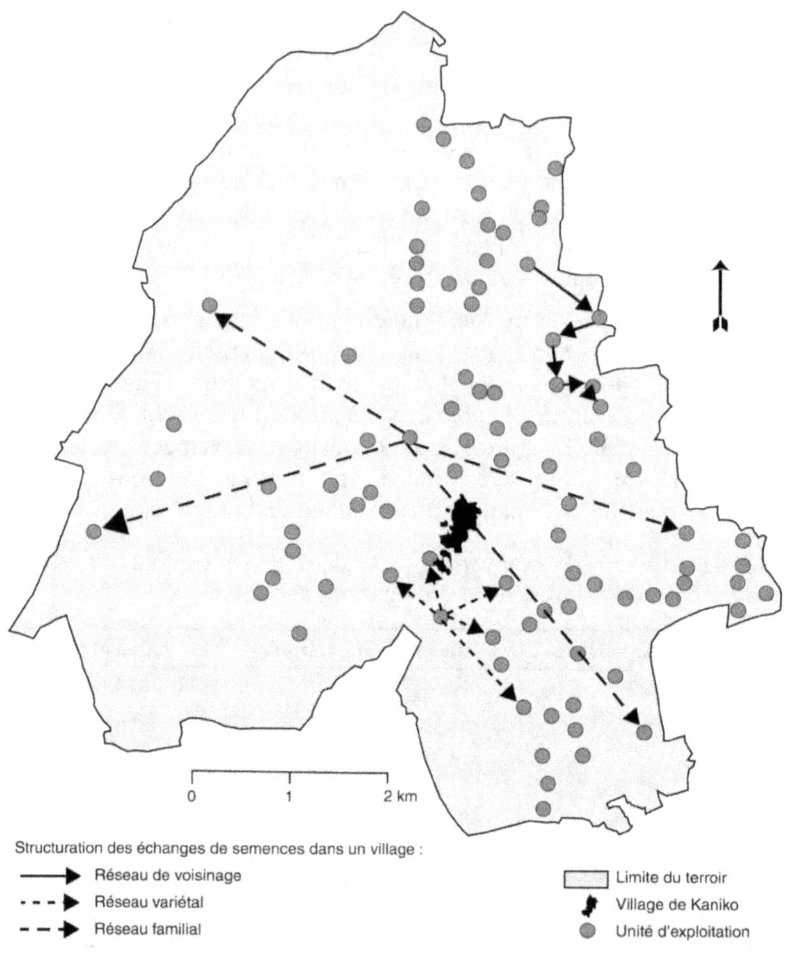

Figure 5.3. Réseaux sociaux d'échanges de semences en milieu paysan. Cas du sorgho au Mali (d'après Bazile, 2006).

L'utilisation d'enquêtes géoréférencées sur plusieurs années permet de définir des réseaux sociaux basés sur les échanges de semences. On peut alors distinguer :
– des réseaux de proximité (flèches noires pleines). Dans ce cas, le paysan sème ce qu'il peut rencontrer dans son entourage proche ; 90% des introductions de variétés proviennent des champs des voisins. La diffusion se fait selon une progression dite de « boule de neige » ;
– des réseaux variétaux (flèches en pointillés courts). La variété est définie par son adaptation à un contexte écologique particulier : adaptation à un type de sol, tolérance à la sécheresse, etc. Pour obtenir de la semence de cette variété, on ira voir le paysan qui produit la meilleure semence sur ce terroir au sens pédologique du terme ;
– des réseaux familiaux (flèches en pointillés longs). La répartition du travail entre les membres de la famille pour certains travaux agricoles et les phases de regroupements familiaux pour d'autres activités agricoles contribuent à la circulation des variétés entre terroirs au sein des membres d'une famille. Cela offre la possibilité aux membres du clan d'expérimenter la même variété sous différentes conditions écologiques ou pratiques agricoles.
Ces flux de variétés montrent l'importance de la notion de gratuité dans ces échanges et de la dépendance en matière de solidarité entre les familles dans une agriculture traditionnelle.

du peuplement végétal. Dans ce cas, si le problème se déplace sur un autre agent pathogène, le même schéma se répète ;
– le second prend en compte la biodiversité dans la gestion du risque épidémique. Les travaux de Zhu *et al.* (2000) font référence sur le sujet pour montrer comment l'association de différentes variétés de riz facilite le contrôle des maladies et offre plus de résistance aux agents pathogènes.

L'analyse de la participation de la biodiversité à l'amélioration de la production agricole ou à son maintien et sa stabilité, quelles que soient les conditions environnementales, est encore peu documentée sur le plan scientifique, même si les paysans, en milieu tropical, l'utilisent depuis toujours sur des bases empiriques. En effet, la question de la vulnérabilité, de la stabilité et de la gestion du risque, lorsqu'on parle d'agrobiodiversité, nécessite des changements d'échelles permanents allant de la parcelle aux paysages, comme l'illustre l'encadré 5.3 (Jackson *et al.,* 2007).

Encadré 5.3. Hétérogénéité des paysages et conservation *in situ* de la biodiversité.

Emmanuel Torquebiau

L'activité agricole ne se limite pas aux champs mais est le fait d'un réseau de relations avec l'environnement qui fonctionne en réalité à l'échelle du paysage (Dale et Polasky, 2007 ; Swinton *et al.,* 2007). La prise en compte de ce réseau de relations a conduit à accepter le principe selon lequel la satisfaction des besoins des gens par la production agricole d'une part et la conservation de la biodiversité d'autre part ne sont pas nécessairement des propositions antagonistes (Robson, 2007). Entretenir un paysage, c'est donc cultiver de la biodiversité grâce à l'hétérogénéité associée à la structure paysagère. Les haies, les bordures de champs, les ripisylves, les fossés de drainage, sont autant d'infrastructures écologiques où se logent des éléments de biodiversité naturelle et d'agrobiodiversité. La juxtaposition d'usages différents de la terre — champs, forêts, pâturages, aires protégées ou naturelles, etc. — permet de limiter certains effets délétères liés à l'uniformisation de l'utilisation du sol comme l'érosion ou la dissémination des pathogènes.

L'écologie du paysage a formalisé l'étude des paysages hétérogènes (Burel et Baudry, 1999). Un paysage hétérogène est une mosaïque d'unités spatiales au contact les unes des autres. Les éléments de base d'une structure paysagère sont la matrice, le corridor, le réseau, la tache, la lisière, la zone centrale. Un tel paysage s'analyse sous l'angle de la diversité et de l'organisation spatiale, de la complexité, de la contiguïté et de la connectivité entre les unités de la mosaïque. Il est possible de concevoir un paysage agricole en mosaïque où l'on assigne un rôle différent aux unités voisines, par exemple production dans un champ, effet brise-vent dans une haie, protection d'une espèce rare ou agrément dans une parcelle boisée. Un corridor naturel peut assurer la connectivité entre deux aires protégées séparées par une zone cultivée. Ce paysage hétérogène devient ainsi un paysage polyvalent (ou multifonctionnel), capable de satisfaire simultanément des objectifs de production et des objectifs de protection, notamment la conservation de la biodiversité. Le concept d'« écoagriculture » a été proposé pour décrire et gérer ces paysages (Scherr et McNeely, 2008), encore présents dans les pays du Sud, mais menacés par l'industrialisation de l'agriculture. Ces paysages peuvent aussi assurer certains services écosystémiques comme la fixation du carbone, la pollinisation ou la circulation de l'eau.

...

> ...
>
> Afin de s'intégrer à l'échelle du paysage, la recherche agronomique doit réinventer une partie de ses méthodes. Quelles sont les politiques publiques susceptibles de favoriser l'action collective des acteurs partageant un paysage ? Quels sont les idéotypes à sélectionner pour profiter au mieux de la structure paysagère ? Comment les pathogènes circulent-ils dans un paysage ? Peut-on modifier les pratiques d'irrigation ? Quelles sont les dimensions appropriées des parcelles et des exploitations ? Autant de questions auxquelles une « agronomie de l'hétérogénéité » doit répondre.

Après une analyse écologique des dégâts liés à une réduction de la biodiversité, l'analyse économique de la perte occasionnée sur la production correspond au pas suivant dans l'analyse de la vulnérabilité en matière de revenus pour les paysans. L'importance des dégâts occasionnés aux cultures en milieu tropical oblige à porter un regard pluriannuel sur le système de culture. Le risque est alors intégré dans les stratégies paysannes et les pratiques de gestion de la biodiversité qui en découlent. L'évaluation de la production n'est plus annuelle, car le paysan considère son résultat eu égard à la stabilité de la production dans sa rotation (succession de cultures sur plusieurs années). Il ne cherche alors plus à optimiser sa production pour une année donnée, mais il développe une stratégie antirisque qui lui permet de remplir un objectif récurrent de sécurité alimentaire pour sa famille nécessitant l'évitement des échecs et donc la stabilité pluriannuelle de sa production. La valorisation d'un portefeuille variétal pour chaque espèce cultivée et les associations d'espèces cultivées lui offrent la possibilité de réduire la pression des pathogènes sur ses parcelles en intégrant dans le système de culture un gradient de sensibilité pour différents risques. Certaines études montrent d'ailleurs que l'insertion au marché peut favoriser l'augmentation de la biodiversité dans les systèmes de production (encadré 5.4).

Pour le paysan, s'adapter au changement est essentiel, et cette stratégie de gestion d'une biodiversité cultivée rend cette adaptation dynamique (Jackson *et al.*, 2010). Contrairement à la réponse initiale des agronomes qui proposent des variétés disposant de gènes de résistance, la gestion de populations (ou peuplements végétaux hétérogènes) par les paysans permet d'exposer aux risques les différents individus d'une population (ou variété paysanne) cultivée annuellement. L'autoproduction des semences par la sélection des individus pour la prochaine génération (semis de l'année suivante) permet d'identifier les individus qui définissent le nouveau type de variété désiré en lien avec les évolutions socio-économico-politiques ou environnementales.

Cette orientation récente vers l'adaptation au changement portée par les pratiques traditionnelles montre pourtant ses limites, et la confrontation des savoirs scientifiques et paysans reste souvent difficile, raison pour laquelle ces savoirs sont encore réellement peu considérés comme fiables et utilisables par les agronomes. Les apports théoriques du concept de résilience offrent aujourd'hui une nouvelle grille d'analyse pour appréhender et analyser les processus d'adaptation et de transformation des agricultures. L'analyse récente d'Elfstrand *et al.* (2011) focalise justement sur la manière dont les « savoirs paysans sur la biodiversité cultivée peuvent contribuer de façon positive à la transformation des systèmes agricoles ». Les auteurs proposent

Encadré 5.4. Évolution de la biodiversité et accroissement des échanges marchands : le cas du sorgho et du mil en Afrique de l'Ouest.

Sandrine DURY, Maryon VALLAUD et Harouna COULIBALY

Selon plusieurs auteurs, on observe une perte de variétés au sein des céréales cultivées dans le monde et en Afrique en particulier. Cette érosion de la diversité variétale est en partie liée au développement des marchés. Pour d'autres auteurs, travaillant au Niger, la biodiversité du mil et du sorgho n'a pas connu d'érosion majeure au cours des trente dernières années. Ces derniers prônent une gestion passive, un « laisser-faire », en donnant toute notre confiance aux producteurs pour continuer à conserver la biodiversité cultivée comme ils ont su le faire jusqu'à maintenant. Le premier cas, au contraire, oblige à concevoir des dispositifs de conservation et de gestion de la biodiversité plus proactifs pour enrayer cette érosion.

À partir d'enquêtes menées auprès de 120 producteurs de deux villages maliens choisis de façon à représenter deux situations contrastées en termes d'accès au marché, une comparaison de la biodiversité du mil et du sorgho au niveau des villages et des exploitations a été réalisée.

Globalement à l'échelle du village, celui qui est le plus connecté au marché possède une plus grande richesse variétale. Dans ce village, les exploitations agricoles ont, en général, des activités plus variées et vendent une part plus importante de leur production. De plus, on constate un changement dans la nature des espèces et des variétés cultivées. D'une part, les sorghos à cycle court, plus souples en termes de calendrier de travail, sont plus appréciés et mieux représentés dans les assolements. D'autre part, le mil couvre de plus grandes superficies car il est préféré par les consommateurs urbains, ce qui permet de le vendre un peu plus cher. Enfin, une régression plurifactorielle permet de mettre en évidence que, toutes choses égales par ailleurs, vendre plus de céréales s'accompagne d'une plus faible biodiversité.

Ainsi, les changements observés dans d'autres régions du monde peuvent effectivement s'opérer aussi en Afrique, l'augmentation de la mise en marché des céréales peut très bien s'accompagner d'une réduction de la biodiversité des céréales cultivées, même si aujourd'hui on n'observe pas cela à l'échelle des villages où la diversité des exploitations permet de maintenir une diversité cultivée.

Pour en savoir plus : Vallaud, 2011 ; Vallaud *et al.*, 2011.

dans le cadre théorique de l'évaluation de la résilience des socio-écosystèmes une grille qui permet de mieux comprendre le rôle de la biodiversité agricole pour la sécurité alimentaire, la gestion des risques et l'amélioration des conditions de vie. Cet apport théorique de la résilience au concept d'agrobiodiversité doit permettre de mieux réfléchir aux contraintes et aux possibilités d'adaptation aux changements portées par les différentes formes de gestion de l'agrobiodiversité. Cette réflexion ouvre de fait une nouvelle voie de recherche sur la portée de cette reconnaissance dans la prise de décision et la définition de politiques. Chevassus-au-Louis et Bazile (2008) parlent du capital humain, social et culturel qu'il faut nécessairement intégrer dans les réseaux d'échanges de savoirs pour construire l'innovation de demain en amélioration des plantes. La sélection participative travaille directement avec les paysans ou les organisations paysannes (encadré 5.3) pour intégrer les critères maintenus dans les variétés locales dans les variétés «modernes» en cours d'amélioration par la recherche. Les variétés paysannes sont des variétés-populations (hétérogénéité des individus) qui permettent une évolution permanente dans le temps desdites variétés. Les individus résistants aux conditions changeantes du milieu sont sélectionnés par les paysans pour constituer la génération qui sera semée l'année suivante. Compte tenu des conditions de cultures, la coévolution peut aussi intégrer certains résultats de croisements avec des parents sauvages poussant à proximité de la parcelle cultivée. Cette dynamique de la diversité cultivée amène à reconsidérer l'amélioration des plantes pour des environnements à fortes contraintes sous climat aléatoire. Une réflexion sur ce qui fonde une variété-population, conservée pour ses qualités liées à l'hétérogénéité par le paysan, est aujourd'hui nécessaire pour répondre aux besoins en semences des paysans des pays du Sud qui cultivent dans des systèmes à faible niveau d'intrants. Les caractères des variétés permettant une meilleure adaptation et stabilité face à l'adversité du milieu doivent être mieux compris et intégrés dans les méthodes de sélection participative (encadré 5.5). Ces nouvelles démarches de sélection et d'amélioration des plantes participent à la conservation *in situ* de la diversité génétique ; elles sont alors complémentaires avec la conservation *ex situ*. L'intérêt de ces démarches est tel qu'elles peuvent être promues par des pouvoirs publics et générer des adaptations réglementaires (encadré 5.6).

Le paysage institutionnel actuel à l'échelle mondiale est marqué par la superposition de différentes logiques qui se sont succédé dans le temps et sédimentées. Nous avons montré que la pluralité des objectifs poursuivis (innovation, conservation, équité) et des motivations sociales à l'œuvre dans l'échange et l'utilisation des ressources génétiques peut difficilement être reflétée dans un cadre de régulation unique. Aussi bien le modèle ouvert de patrimoine commun de l'Engagement international que celui basé sur les incitations monétaires avec exercice de la souveraineté nationale (intervention publique) de la CDB montrent leurs limites pour répondre de manière simultanée à la diversité des attentes en jeu. Pour autant, si aucun des modèles en jeu ne s'est révélé efficace, aucun ne peut être complètement écarté dans le sens où ils répondent partiellement à certains des objectifs poursuivis. C'est donc vers la coexistence dans un cadre pluraliste de ces différentes conceptions que réside la solution.

Encadré 5.5. Implication des agriculteurs dans la création, l'amélioration et la préservation de la biodiversité locale des sorghos au Burkina Faso.

Kirsten VOM BROCKE

Les travaux présentés ici rendent compte d'une stratégie de préservation et de valorisation de la diversité génétique des sorghos locaux du Burkina Faso. Celle-ci est basée sur l'incorporation d'un grand nombre de caractères intéressants et importants dans des populations améliorées par sélection récurrente participative pour l'adaptation à différentes zones agroécologiques. Dans ce processus sont respectés les préférences et les besoins des producteurs durant toutes les phases de la création des populations, depuis le choix des parents pour les croisements jusqu'à la gestion des populations par les producteurs dans leurs champs. Quatre populations ont ainsi été créées pour trois zones agroclimatiques, chacune intégrant huit à quinze variétés locales et trois à quatre variétés élites. Chaque population a ensuite été améliorée

...

...

durant deux à trois générations successives dans sa région cible. Les éléments clés de cette phase d'adaptation ont été l'identification, par les producteurs, des plantes mâles stériles pendant la floraison, la récolte, l'évaluation et la classification des plantes mâles stériles par préférence et maturité.

Après un premier croisement en station sans sélection, la gestion des croisements suivants et des générations d'adaptation a été prise en charge par les agriculteurs dans leurs champs en incluant l'identification des plantes mâles stériles pendant la floraison, la récolte de ces plantes et une classification des panicules récoltées à maturité en fonction des catégories de préférences. À cet effet, les agriculteurs ont utilisé des étiquettes de couleurs différentes pour identifier les plantes à floraison précoce des plantes à floraison tardive.

À la maturité des plantes, les agriculteurs subdivisent chaque échantillon en classes, beaucoup, moyennement et peu appréciées. Ce regroupement des panicules a été fait soit immédiatement à la récolte par des groupes allant jusqu'à quinze agriculteurs dans chaque site, ou, si le temps était limité, les panicules mâles stériles ont été récoltées en vrac et classées plus tard lorsque les agriculteurs et les améliorateurs subissaient moins de contraintes de temps. Dans chaque cas, les améliorateurs ou les techniciens ont noté les critères de sélection dans des fiches d'évaluation. Ceci a permis aux améliorateurs d'avoir un retour sur les propriétés de la population en croisement.

Le choix final des panicules pour la constitution des nouvelles populations est le résultat d'un partage des rôles entre les producteurs, les organisations paysannes et les sélectionneurs.

Cet exercice a permis aux améliorateurs d'exercer une faible pression de sélection sur les plantes mâles stériles pour éliminer celles présentant les plus mauvaises caractéristiques et en tenant davantage compte des préférences des agriculteurs au cours des générations de croisement. L'objectif était de mener en *bulk* pas moins de cinq cents panicules par année dans les premières années de croisements. Comme l'ensemble des panicules retenues dépassait rarement trois cents, des panicules du groupe des plantes moyennement appréciées ont été incluses dans la population en *bulk*. Pour les cycles de croissance, la proportion de panicules issues de plantes précoces ou tardives incluses dans la sélection dépendait des besoins des agriculteurs au regard de leur système de production. Quand cela s'est avéré nécessaire, les améliorateurs ont analysé les panicules sélectionnées pour des caractères difficilement évaluables par les agriculteurs, par exemple pour réduire la fréquence des plantes à couche brune, un caractère récessif réduisant la qualité du grain et difficile à évaluer.

Pour en savoir plus : Rattunde *et al.,* 2009 ; Vom Brocke *et al.,* 2008.

Encadré 5.6. Les « semences de la passion » dans le semi-aride brésilien : une expérience de valorisation de l'agrobiodiversité locale par les politiques publiques.

Marc PIRAUX, Éric SABOURIN, Luciano SILVEIRA et Ghislaine DUQUE

Dans le semi-aride brésilien, dans les années 1980-1990, les semences hybrides sélectionnées conçues pour l'irrigation distribuées par l'État ne répondaient pas aux besoins des agriculteurs familiaux à la fois en matière de qualité alimentaire et d'adaptation aux sécheresses récurrentes. Plusieurs communautés paysannes de la

...

> ...
>
> région expérimentaient déjà avec succès les premières banques communautaires de semences avec l'appui de l'Église puis d'ONG. Il s'agissait à la fois de disposer de variétés locales adaptées au milieu, aux demandes du marché régional et conservant leur capital génétique d'une année sur l'autre. À partir des années 1995, les organisations d'agriculteurs familiaux du semi-aride organisèrent une mise en réseau de ces banques de semences communautaires (maïs et haricot) et revendiquèrent l'appui des pouvoirs publics. En 2002, l'État de la Paraíba votait une loi des semences locales reconnaissant leur intérêt pour la biodiversité et l'autonomie des agriculteurs et autorisant l'intégration de ces banques communautaires au programme public de distribution de semences, appelées par les agriculteurs «semences de la passion». Ceci montre la valeur symbolique que leur accordent les agriculteurs de la région. Ces démarches se sont insérées dans une réflexion plus large de «cohabitation avec la sécheresse», promues par un réseau d'associations locales et d'organisations de producteurs (pôle syndical, articulation du semi-aride). À partir de 2003, le ministère du Développement agraire brésilien et divers États ont soutenu cette dynamique, avec diverses mesures juridiques et de nouvelles normes publiques. Il s'agissait de «légaliser» les semences locales face à la concurrence de celles certifiées par les firmes semencières mais souvent inadaptées et bien plus coûteuses. L'enjeu de la recherche a été d'accompagner ces innovations sociales et institutionnelles. La participation des agriculteurs a été primordiale puisque ce sont eux, au travers des expériences locales, qui se sont organisés pour valoriser les semences locales et créer de nouveaux instruments spécifiques de politiques publiques. Des enseignements en ont été tirés sur l'accompagnement d'innovations locales endogènes et la coconstruction des connaissances. Cette démarche a montré l'importance pour l'agronomie, d'une part, d'intégrer une composante sociale forte et, d'autre part, de se doter de cadres institutionnels nécessaires à la durabilité des innovations locales.
>
> *Pour en savoir plus :* Almeida et Cordeiro, 2001 ; Sabourin *et al.*, 2004 ; 2005 ; Piraux *et al.*, 2012.

▸▸ Conclusion : hybridation ou coévolution des modèles de conservation

Opposer conservation *in situ* et conservation *ex situ*, s'attacher à comparer les deux concepts, vouloir les rapprocher ou les rendre complémentaires relèvent très probablement d'une vision idéale mais réductrice du problème global qu'est la conservation de l'agrobiodiversité. Si cette opposition/complémentarité avait ses raisons d'être au moment de la mise en place de dispositifs de conservation à la fin des années 1960, le contexte a changé parce qu'aujourd'hui des dispositifs existent. Il est *illusoire* de penser que l'on pourrait revenir à une conservation exclusivement *in situ* en raison des besoins et des contraintes de l'agriculture mondiale. Des masses d'informations ont été et sont acquises *ex situ*, et des démarches de constitution de core-collection (Deu *et al.*, 2006) facilitent par exemple l'accès à du matériel ciblé dans la masse de ce qui est conservé. Il est *dogmatique* de penser que la conservation *ex situ* et son utilisation répondront à elles seules aux besoins d'adaptation des agricultures à un environnement dans lequel les changements s'accélèrent.

Si l'on regarde un peu plus en détail ce débat, on constate qu'il est considéré pour acquis que chacune des deux approches constitue un bloc homogène, ce qui n'est pas le cas. De part et d'autre, les situations sont multiples et complexes :
– sur le seul plan biologique, la nature même des objets conservés influence la capacité de conservation; graines, tubercules, individus au champ… n'apportent pas les mêmes contraintes. On sait aussi que les différents modèles de biologie de la reproduction génèrent plus ou moins de dérive gamétique à chaque génération *in situ* ou à chaque cycle de régénération *ex situ*, que les pressions de sélection sont variables et influencent avec plus ou moins d'effet le degré d'érosion génétique, que les pas de temps reproductifs efficaces sont variables et accélèrent ou retardent l'impact de la variabilité génétique sur l'adaptation au changement. En plus d'être le support de toute réponse aux changements de pressions environnementales, cette complexité biologique a un autre avantage, elle est un frein aux volontés hégémoniques ou centralisatrices développées par telle ou telle institution publique ou privée et rend caduque toute volonté de considérer le monde végétal comme un objet commercial facilement identifiable;
– du point de vue des savoirs et des pratiques qui sont aujourd'hui associés sans conteste à la conservation de la biodiversité, ce sont les compétences humaines qui sont inégales. Tous les paysans ou agriculteurs ne sont pas capables de la même efficacité pour conserver leurs ressources biologiques et pour influencer favorablement la conservation des ressources adjacentes à celles qu'ils utilisent. Les scientifiques, améliorateurs, conservateurs, amateurs éclairés, jardiniers, tous impliqués à des degrés divers dans la conservation de la diversité génétique agricole et de la biodiversité au sens large, n'ont pas non plus les mêmes compétences ni les mêmes capacités de résistance ou de réactivité aux contraintes qui conditionnent leur activité. Il en résulte un défaut d'échantillonnage chronique pour les collections *ex situ*, ce qui a pour avantage de forcer l'interaction et les allers-retours permanents entre *ex situ* et *in situ*;
– si les contraintes biologiques et humaines sont historiques ou antérieures à l'histoire elle-même, la réflexion économique a changé. Depuis la prise de conscience de l'intérêt de la biodiversité et jusqu'aux années 1990, le seul débat important, en dehors des sphères militantes, tournait autour du déséquilibre majeur entre les moyens financiers mis en œuvre pour conserver *ex situ* et ceux quasi inexistants dédiés à l'*in situ*. Ce déséquilibre perdure, mais là encore, la situation est plus complexe qu'il n'y paraît. Les rapports de la FAO sur l'état des ressources génétiques montrent qu'il existe un déséquilibre interne à l'*ex situ* entre les plantes dites de grande culture (maïs, blé, orge, riz, etc.) et les « autres », simplement sous-dotées ou réellement orphelines dont la diversité n'est finalement maintenue qu'*in situ* par les agriculteurs et de rares améliorateurs au travers de leurs champs ou collections de travail. L'intrusion des réflexions sur les droits de propriété intellectuelle et l'accès et partage des avantages depuis les accords de Rio a complexifié le paysage. L'essentiel du débat tourne de plus en plus autour des avantages que chacun peut retirer de l'utilisation de l'agrobiodiversité.

L'évolution de ce contexte général entraîne une relégation au second plan des démarches de conservation elles-mêmes. Des réflexes nationaux, pour ne pas dire nationalistes, ont amené de nombreux États à fermer leurs frontières à la circulation de ressources biologiques (y compris parfois pour du matériel qui y avait été introduit à des fins de conservation *ex situ* au bénéfice de tous) avec un objectif souvent très hypothétique de monnayer ces ressources. Cette posture a souvent conduit les conservateurs ou ces pays dans leur globalité à perdre le bénéfice des améliorations ou des nouvelles connaissances obtenu ailleurs. Qui plus est, cette fermeture peut être officielle, ce qui est un moindre mal, ou de l'ordre du non-dit en introduisant des barrières administratives qui se lèvent seulement pour les plus offrants. Cette dernière situation ouvre ainsi la porte à tous les excès et à des risques accrus d'appropriation abusive de matériel d'intérêt. En parallèle, des réflexes de compétition économique ont entraîné les grandes structures privées à pousser plus avant les dispositifs liés à la brevetabilité du vivant afin de s'approprier du matériel, mais surtout pour empêcher leurs concurrents d'y avoir accès[10]. La concurrence s'est aussi développée entre les grandes structures publiques et/ou internationales. Elle s'exprime par d'incessantes initiatives qui ont toutes pour but de regrouper, centraliser, rationaliser les dispositifs *ex situ* (très rarement *in situ*) afin de s'en réserver la gouvernance, alors même que ces volontés de regroupement vont à l'encontre des contraintes biologiques ou de celles des savoirs locaux. Les fondations privées, apparues en dernier dans le paysage des bailleurs de fonds de grande envergure, et souvent présentées comme humanistes, jouent souvent un jeu ambigu à cause de leur sensibilité excessive aux *lobbying*s, ce qui ne tend pas à éclaircir la situation.

Nous avons fait ici un état des lieux des dispositifs de conservation de l'agrobiodiversité en focalisant sur la diversité génétique agricole. Cet état des lieux montre implicitement qu'il est temps de changer de paradigme, il est temps d'arrêter de penser *in situ* ou *ex situ* et de vouloir opposer ou associer ces deux approches (Santonieri *et al.*, 2011). Il faut revenir à la définition d'objectifs de conservation/protection de l'agrobiodiversité en fonction d'échelles géographiques (locales, régionales, Nord/Sud, mondiales), d'échelles sociales de management (individus, sociétés humaines, humanité) et d'échelles socio-économiques (revenus individuels, marché local, commerce mondialisé). Il faut que ces objectifs servent une réelle transformation des agricultures. Le choix de la combinaison appropriée d'outils de conservation doit être fait en concertation entre les acteurs impliqués dans le maintien d'objets biologiques comparables, les démarches d'homogénéisation *a priori* des dispositifs doivent être repoussées et la valorisation économique doit être ramenée à sa juste place. Un vœu pieu ?

▸▸ Références bibliographiques

ALMEIDA P., CORDEIRO A., 2001. *Sistema de seguridade da semente da paixão. Estratégias comunitárias de conservação de variedades locais no semi-árido*, Rio de Janeiro, AS-PTA, 120 p.

ALTIERI M.A., 1987. Peasant agriculture and the conservation of crop and wild plant resources. *Conservation Biology*, 1 (1), 49-58.

---

10. Certains semenciers défenseurs de la logique Upov ne se reconnaîtront pas dans cette logique, puisque l'exemption de recherche s'applique sur un COV et donc leurs concurrents peuvent toujours avoir accès à du matériel protégé, ce qui montre une fois encore la complexité de la situation qui présente une hétérogénéité jusque chez les industriels de la semence.

ALTIERI M.A., 1992. Agroecological foundations of alternative agriculture in California. *Agriculture, Ecosystems and Environment*, 39, 23-53.

ANDERSEN R., 2008. *Governing Agrobiodiversity: Plant Genetics and Developing Countries*, Aldershot, Ashgate, 420 p.

AOKI K., 2009. "Free seeds, not free beer": participatory plant breeding, open source seeds, and acknowledging user innovation and agriculture. *Fordham Law Review*, 77 (5), 2275-2300.

BAZILE D., 2006. State-Farmer partnerships for seed diversity in Mali. *Gatekeeper Series*, 127, IIED, London, UK, 22 p.

BAZILE D., WELTZIEN E. (eds), 2008. Agrobiodiversités. *Cahiers Agriculture*, 17 (2), numéro spécial, Paris : John Libbey Eurotext, 73-256.

BAZILE D., DEMBÉLÉ S., SOUMARÉ M., DEMBÉLÉ D., 2008. Utilisation de la diversité variétale du sorgho pour valoriser la diversité des sols au Mali. *Cahiers Agricultures*, 17 (2), 86-94.

BECK R., 2010. Farmers' rights and open source licensing. *Arizona Journal of Environmental Law and Policy*, 1 (2), Marquette Law School Legal Studies Paper n° 10-28, SSRN: <http://ssrn.com/abstract=1601574> (consulté le 12 décembre 2012).

BONNEUIL C., THOMAS F., 2009. *Gènes, pouvoirs et profits. Recherche publique et régimes de production des savoirs de Mendel aux OGM*, Versailles, Éditions Quæ, 624 p.

BRAHY N., LOUAFI S., 2004. La convention sur la diversité biologique à la croisée de quatre discours. *Les rapports de l'Iddri*, 4.

BROCKWAY L., 1988. Plant science and colonial expansion: the botanical chess game. *In: Seeds and Sovereignty: The Use and Control of Plant Genetic Resources* (J.R. Kloppenburg, ed.), Duke University Press, Durham, NC.

BRUSH S.B., 1989. Rethinking crop genetic resource conservation. *Conservation Biology*, 3 (1), 19-29.

BUREL F., BAUDRY J., 1999. *Écologie du paysage. Concepts, méthodes et applications*, Paris, Tech et Doc, 359 p.

CASSIER M., 2002. Bien privé, bien collectif et bien public à l'age de la génomique. *Revue internationale des sciences sociales*, 1 (171), 95-110.

CHAÏR H., CORNET D., DEU M., BACO M.N., AGBANGLA A., DUVAL M.F., NOYER J.-L., 2010. Impact of farmer selection on yam genetic diversity. *Conservation Genetics*, 11 (6), 2255-2265.

CHEVASSUS-AU-LOUIS B., BAZILE D., 2008. Cultiver la diversité. *Cahiers Agricultures*, 17 (2), 77-78.

CHIAROLLA C., LOUAFI S., SCHLOEN M., 2012. An analysis of the relationship between the Nagoya Protocol and instruments related to genetic resources for food and agriculture and farmers' rights. *In: The 2010 Nagoya Protocol on Access and Benefit-sharing: Implications for International Law and Implementation Challenges* (M. Buck, E. Morgera, E. Tsoumani, eds), Brill Academic Publisher, Leiden, The Netherlands, Boston, Massachusetts, USA.

COASE R., 1974. The lighthouse in economics. *Journal of Law and Economics*, octobre, 357-376.

COLLINS W.W., QUALSET C.O. (eds), 1999. *Biodiversity in Agroecosystems*, CRC Press LLC.

DALE V.H., POLASKY S., 2007. Measures of the effects of agricultural practices on ecosystem services. *Ecological Economics*, 64, 286-296.

DEDEURWAERDERE T., 2004. Bioprospection, gouvernance de la biodiversité et mondialisation. De l'économie des contrats à la gouvernance réflexive. *Carnet du CPDR*, 104.

DEDEURWAERDERE T., BROGGIATO A., LOUAFI S., WELCH E., BATUR F., 2012. Governing global scientific research commons under the Nagoya Protocol. *In: The 2010 Nagoya Protocol on Access and Benefit-sharing: Implications for International Law and Implementation Challenges* (M. Buck, E. Morgera, E. Tsoumani, eds), Brill Academic Publisher, Leiden, The Netherlands, Boston, Massachusetts, USA.

DEU M., RATTUNDE H.F.W., CHANTEREAU J., 2006. A global view of genetic diversity in cultivated sorghums using a core collection. *Genome*, 49 (2), 168-180.

DOUNIAS E., 1996. Sauvage ou cultivé ? La paraculture des ignames sauvages par les pygmées Baka du Cameroun. *In : L'alimentation en forêt tropicale : interactions bioculturelles et perspectives de déve-

loppement. 2. Bases culturelles des choix alimentaires et stratégies de développement (C.M. Hladik, A. Hladik, H. Pagezy, O.F. Linares, G.J.A. Koppert, A. Froment, eds), Paris, Unesco (L'homme et la biosphère), 939-960.

DUTFIELD G., 2011. Food, biological diversity and intellectual property: the role of the International Union for the Protection of New Varieties of Plants (UPOV). Quaker United Nations Office, Global Economic Issue Publications, Intellectual Property Issue Paper n° 9, février, 24 p.

ELFSTRAND S., MALMER P., SKAGERFÄLT B., 2011. Strengthening agricultural biodiversity for smallholder livelihoods. What knowledge is needed to overcome constraints and release potentials? Report to Hivos and Oxfam Novib, Background document for the development of a Knowledge Programme, The Resilience and Development Programme (SwedBio), Stockholm Resilience Centre.

FRANCIS C.A. (ed.), 1986. *Multiple Cropping Systems*, New York, Macmillan.

FREY B., JEGEN R., 2001. Motivation crowding theory. *Journal of Economic Surveys*, 15 (5), 589-611.

GARRISON WILKES H., 1988. Plant genetic resources over ten thousand years: from handful of seed to the crop-specific mega-gene banks. *In: Seeds and Sovereignty: The Use and Control of Plant Genetic Resources* (J.R. Kloppenburg, ed.), Duke University Press, Durham, NC.

GOËSCHL T., SWANSON T., 2002. The social value of biodiversity for R&D. *Environmental and Resource Economics*, 22 (4), 477-504.

GUILLAUMET J.-L., 1996. Les plantes alimentaires des forêts humides intertropicales et leur domestication : exemples africains et américains. *In : L'alimentation en forêt tropicale : interactions bioculturelles et perspectives de développement. 1. Les ressources alimentaires : production et consommation* (C.M. Hladik, A. Hladik, H. Pagezy, O.F. Linares, G.J.A. Koppert, A. Froment, eds), Paris, Unesco (L'Homme et la biosphère), 121-130.

HALEWOOD M., LOPEZ NORIEGA I., LOUAFI S. (eds), 2012. *Crop Genetic Resources as a Global Commons*, Earthscan, London, 311-328.

HAMON P., ZOUNDJIHEKPON J., DUMONT R., TIO-TOURÉ B., 1992. La domestication de l'igname (*Dioscorea* sp.) : conséquence pour la conservation des ressources génétiques. *In : Complexe d'espèces, flux de gènes et ressources génétiques des plantes*, Colloque international en hommage à Jean Pernès, 8-10 janvier, BRG, Paris-XI, France, 175-184.

HARLAN J.R., 1971. Agricultural origins : centers and non-centers. *Science*, 174, 468-474.

HAWKES J.G., 1985. Plant genetic resources: the impact of the International Agricultural Research Centres. CGIAR study paper n° 3, Washington, World Bank.

HELLER M.A., EISENBERG R., 1998. Can patents deter innovation? The anticommons in biomedical research. *Science*, 280 (5364), 698-701.

HLADIK A., BAHUCHET S., DUCATILLION C., HLADIK C.M, 1984. Les plantes à tubercules de la forêt d'Afrique centrale. *Revue d'écologie la Terre et la vie*, 39, 249-290.

JACKSON L.E., PASCUAL U., HODGKIN T., 2007. Biodiversity in agricultural landscapes: investing without losing interest. *Agriculture, Ecosystems and Environment*, 121 (3), 196-210.

JACKSON L., VON NOORDWIJK M., BENGTSSON J., FOSTER W., LIPPER L., PULLEMAN M., SAID M., SNADDON J., VODOUHE R., 2010. Biodiversity and agricultural sustainagility: from assessment to adaptive management. *Current Opinion in Environmental Sustainability*, 2, 80-87.

JARVIS D.I., PADOCH C., COOPER H.D., 2007. *Managing Biodiversity in Agricultural Ecosystems*, Columbia University Press Book.

KLOPPENBURG J., 1988. *First the Seed: The Political Economy of Plant Biotechnology*, Cambridge, Cambridge University Press.

KOURESSY M., BAZILE D., VAKSMANN M., SOUMARÉ M., DOUCOURÉ C.O.T., SIDIBÉ A., 2003. La dynamique des agroécosystèmes : un facteur explicatif de l'érosion variétale du sorgho : le cas de la zone Mali-sud. *In : Organisation spatiale et gestion des ressources et des territoires ruraux : Actes du colloque international* (P. Dugué, P. Jouve, eds), Montpellier, France, 25-27 février 2003, Cnearc-Sagert, 42-50.

Kouressy M., Traoré S.B., Vaksmann M., Grum M., Maikano I., Soumaré M., Traoré P.S., Bazile D., Dingkuhn M., Sidibé A., 2008. Adaptation des sorghos du Mali à la variabilité climatique. *Cahiers Agricultures*, 17, 95-100.

Leclerc C. (éd.), 2009. Reproduire des plantes, reproduire une société. Structuration sociale de la diversité. Rapport scientifique Atp 06/01, Montpellier, Cirad.

Leclerc C., Coppens d'Eeckenbrugge G., 2012. Social organization of crop genetic diversity. The G × E × S interaction model. *Diversity*, 4, 1-32.

Louafi S., 2012. Collective action challenges in the implementation of the multilateral system of the International Treaty: what roles for the CG Centres? *In: Crop Genetic Resources as a Global Commons* (M. Halewood, I. Lopez Noriega, S. Louafi, eds), Earthscan, London.

Marshall D.R., 1977. The advantages and hazards of genetic homogeneity. *Annual Review of Plant Pathology*, 27, 77-94.

Parry B., 2004. *Trading the Genome*, New York, Columbia University Press.

Piraux M., Silveira L., Diniz P., Duque G., 2012. Transição agroecológica e inovação socioterritorial. *Estudos Sociedade e Agricultura*, 20 (1), 5-29, UFRRJ Rio de Janeiro.

Pistorius R., 1997. *Scientists, Plants and Politics: A History of Plant Genetic Movement*, International Plant Genetic Research Institute, Rome.

Rattunde F., Vom Brocke K., Weltzien E., Haussmann B.I.G., 2009. Selection methods. 4. Developing open-pollinated varieties using recurrent selection methods. *In: Plant Breeding and Farmer Participation* (S. Ceccarelli, E.P. Guimaraes, E. Weltzien, eds), FAO, Rome, 259-273.

Robson J.P., 2007. Local approaches to biodiversity conservation: lessons from Oaxaca, southern Mexico. *International Journal of Sustainable Development*, 10, 267-286.

Sabourin E., Silveira L., Sidersky P., 2004. Production d'innovation en partenariat et agriculteurs expérimentateurs au Nordeste du Brésil. *Cahiers Agricultures*, 13, 203-10.

Sabourin E., Duque G., Diniz P.C.O., Oliveira M.S.L., Florentino G.L., 2005. Reconnaissance publique des acteurs collectifs de l'agriculture familiale au Nordeste. *Cahiers Agricultures*, 14 (1), 111-116.

Sagnard F., Barnaud A., Deu M., Barro C., Luce C., Billot C., Rami J-F., Bouchet S., Dembélé D., Pomiès V., Calatayud C., Rivallan R., Joly H., Vom Brocke K., Touré A., Chantereau J., Bezançon G., Vaksmann M., 2008. Analyse multiéchelle de la diversité génétique des sorghos : compréhension des processus évolutifs pour la conservation *in situ*. *Cahiers Agricultures*, 17 (2), 114-121.

Santonieri L., Madrid D., Salazar E., Martinez E.A., Almeida M., Bazile D., Emperaire L., 2011. Analyser les réseaux de circulation des ressources phytogénétiques : une voie pour renforcer les liens entre la conservation *ex situ* et locale. *In : Les ressources génétiques face aux nouveaux enjeux environnementaux, économiques et sociétaux. Actes du colloque FRB*, 20-22 septembre 2011, Montpellier, France, Paris, FRB, 76-78, <http://www.fondationbiodiversite.fr/images/stories/telechargement/actes_colloque_rg_web.pdf> (consulté le 12 décembre 2012).

Scherr S.J., McNeely J.A., 2008. Biodiversity conservation and agricultural sustainability: towards a new paradigm of "ecoagriculture" landscapes. *Philosophical Trans. R. Soc. B*, 363, 477-494.

Schloen M., Louafi S., Dedeurwaerdere T., 2011. Access and benefit-sharing for genetic resources for food and agriculture. Current use and exchange practices, commonalities, differences and user community needs. Report from a multi-stakeholder expert dialogue, Background Study Paper n° 59, Food and Agriculture Organization, Rome, 42 p.

Shapiro C., 2000. Navigating the patent thicket: cross licenses, patent pools, and standard-setting. *In: Innovation Policy and the Economy* (A. Jaffe, J. Lerner, S. Stern, eds), MIT Press, Cambridge, 119-150.

Shumann G.L., 1991. Plant diseases are shifting enemies. *American Scientist*, 35, 321-350.

Soumaré M., Kouressy M., Vaksmann M., Maikano I., Bazile D., Traoré P.S., Traoré S.B., Dingkuhn M., Touré A., Vom Brocke K., Some L., Barro-Kondombo C.P., 2008. Prévision de l'aire de diffusion des sorghos photopériodiques en Afrique de l'Ouest. *Cahiers Agricultures*, 17 (2), 160-164.

SWANSON T., GOËSCHL T., 2000. Property rights issues involving plant genetic resources: implications of ownership for economic efficiency. *Ecological Economics*, 32 (2000), 75-92.

SWINTON S.M., LUPI F., ROBERTSON G.P., HAMILTON S.K., 2007. Ecosystem services and agriculture: cultivating agricultural ecosystems for diverse benefits. *Ecological Economics*, 64, 245-252.

TOSTAIN S., CHAÏR H., SCARCELLI N., NOYER J.L., AGBANGLA C., MARCHAND J.L., PHAM J.-L., 2005. Diversité, origine et dynamique évolutive des ignames cultivées *Dioscorea rotundata* Poir. au Bénin. *In : Les Actes du Colloque national du BRG : Un dialogue pour la diversité génétique, 5*, Paris, 465-482.

VALLAUD M., 2011. Impact du développement des marchés de consommation du mil et du sorgho sur la diversité intraspécifique de ces deux céréales : le cas de trois villages situés dans la région de Sikasso au Mali. Rapport de stage de seconde année, Agrocampus Ouest et Cirad Moisa, IER, Amedd., 77 p.

VALLAUD M., DURY S., COULIBALY H., 2011. Market access of small-scale farms and biodiversity management of food crops. The case of sorghum and pearl millet in Mali. *In : 5es Journées de recherches en sciences sociales*, 8-9 décembre, SFER Inra Cirad, Dijon.

VOM BROCKE K., TROUCHE G., ZONGO S., ABDRAMANE B., BARRO-KONDOMBO C.P., WELTZIEN E., CHANTEREAU J., 2008. Création et amélioration de populations de sorgho à base large avec les agriculteurs au Burkina Faso. *Cahiers Agricultures*, 17 (2), 146-153.

WALE E., DRUCKER A.G., ZANDER K.K. (eds), 2011. *The Economics of Managing Crop Diversity On-farm. Case studies from the Genetic Resources Policy Initiative*, Earthscan.

ZHU Y., CHEN H., FAN J., WANG Y., LI Y., CHEN J., FAN J., YANG S., HU L., LEUNG H., MEW T.W., TENG P.S., WANG Z., MUNDT C.C., 2000. Genetic diversity and disease control in rice. *Nature*, 406 (6797), 718-722.

Chapitre 6

Quelles transformations techniques, sociales et institutionnelles pour des systèmes agricoles biodivers ?

Estelle Biénabe

La biodiversité cultivée fournit des ressources pour répondre simultanément à plusieurs défis globaux tels que la résilience des agroécosystèmes, l'amélioration de la productivité et de la qualité nutritionnelle des aliments ou la réduction de la pauvreté. Ces atouts peuvent concourir à des systèmes agricoles plus durables. Le maintien de la biodiversité dans les champs est ainsi considéré comme une politique d'assurance-vie globale (*global life insurance policy*) par la Convention sur la diversité biologique (CDB, 2001). Les transformations vers une agriculture mobilisant mieux la biodiversité participent ainsi de l'évolution de la contribution de l'agriculture à un grand nombre d'enjeux globaux : sécurité alimentaire, adaptation aux changements globaux (climatiques en particulier), gestion des ressources naturelles et de l'espace, production de services écosystémiques, etc. Ces évolutions renouvellent la manière dont l'agriculture s'insère dans la société, dont elle est perçue, dont elle est gérée et dont elle contribue aux dynamiques sociales. Elles mettent en jeu une grande diversité de dynamiques sociales, économiques et institutionnelles qui sont l'objet de ce chapitre.

L'objectif est de contribuer à qualifier les transformations sociales au sens large, c'est-à-dire sociales, économiques et institutionnelles, qui accompagnent, orientent ou sont influencées par les transformations techniques en jeu afin de mieux les prendre en considération pour agir. La prise en compte accrue ou renouvelée, dans les agroécosystèmes, de la biodiversité dans ses différentes dimensions (génétiques et écosystémiques en particulier) permet de concevoir et de mettre en œuvre des systèmes productifs à même de mieux concilier différentes attentes sociétales. Comment s'opère alors l'institutionnalisation d'agricultures plus biodiverses? Repenser la biodiversité dans les systèmes agricoles s'inscrit dans une variété de processus d'innovations, en fonction à la fois des trajectoires techniques et des dynamiques sociales. Au cœur de ces processus se joue un renouvellement des manières d'envisager les systèmes d'innovation développés pour accompagner et orienter ces processus d'innovation, et en particulier de redéfinir les processus de production et de circulation des connaissances. Cela pose des questions du point de vue des contextes et des trajectoires technico-économiques des différents acteurs, des formes d'organisation, des valeurs et des représentations, et des cadres institutionnels.

Orienter et accompagner ces transformations renvoient à des mécanismes de régulation divers : intervention publique dans différents domaines (politiques agricoles, de recherche et innovation, environnementales), mécanismes marchands et instruments de gouvernance territoriale. Nous analyserons plus particulièrement l'évolution des pratiques et des instruments liés aux marchés et à leur gouvernance. Mieux saisir les possibilités et les limites associées à ces mécanismes apparaît comme un élément important pour orienter les transformations agricoles. Avec la prolifération des dynamiques de qualité et la restructuration des systèmes alimentaires en réponse aux préoccupations environnementales et sociales, le champ d'action des dynamiques marchandes est en effet de plus en plus large dans le domaine agroalimentaire.

Seront plus spécifiquement traitées, dans une première partie, les dynamiques structurées principalement depuis l'amont des dynamiques agricoles et qui sous-tendent la conception et la promotion de nouveaux modèles agricoles, en lien en particulier avec l'évolution des systèmes d'innovation agricoles, et, dans une seconde partie, les dynamiques qui se développent principalement depuis l'aval, au niveau de la gouvernance des filières et des marchés. Le développement de ces phénomènes, pour la plupart très récents, est abordé dans des conditions sociales et institutionnelles très différentes au Nord et au Sud.

▸▸ Coévolution entre dynamiques techniques et dynamiques sociales : une analyse depuis l'amont de l'agriculture

La biodiversité au cœur d'une diversité de modèles « alternatifs » d'agriculture

Les préoccupations et enjeux de sociétés de plus en plus divers et l'imbrication croissante des questions agricoles dans des dynamiques plus globales contribuent largement à l'émergence de dynamiques sociales qui portent et alimentent différents modèles, remettant les processus écologiques et la biodiversité au cœur des systèmes de production agricoles. Différents courants et mouvements sociaux au sens large contribuent à reconsidérer la biodiversité et l'écologie comme moteurs pour penser les transformations de l'agriculture.

Les dynamiques sociales qui accompagnent ce renouvellement des modèles agricoles ont pour beaucoup émergé d'une remise en cause de l'agriculture conventionnelle et se sont développées comme des « alternatives » au modèle industriel, productiviste et intensif. Elles traduisent également et favorisent dans les pays du Sud une revalorisation et une préservation de systèmes agricoles considérés comme traditionnels, en lien avec la reconnaissance du rôle des ressources locales et en particulier des savoirs indigènes. Ces dynamiques révèlent une grande variété de formes d'agriculture, agriculture biologique, agriculture intégrée et raisonnée, agriculture de conservation, systèmes agroforestiers divers, combinaisons agriculture-élevage. Devant les limites du modèle conventionnel, ces alternatives proposent de répondre à un certain nombre d'enjeux, en particulier environnementaux, tels que la rareté et la dégradation des ressources en eau et en terre et la capacité future de l'agroécosystème à produire. Certaines remises en cause portent en outre sur les effets négatifs du point de vue social (Horlings et Marsden, 2011). Conway (1997) notamment pointe le remplacement du travail manuel par la mécanisation et l'accroissement de la pauvreté dans certaines zones rurales. De Schutter (2011) met également en avant les questions d'emploi, de pauvreté et d'accès à l'alimentation comme des enjeux au cœur du renouvellement des modèles agricoles : « Prendre des mesures qui facilitent la transition vers un type d'agriculture à faible émission de carbone, économe en ressources, qui bénéficie aux agriculteurs les plus pauvres. » Il lie clairement agriculture et alimentation à travers la question du droit à l'alimentation.

Les transformations de l'agriculture participent ainsi de recompositions sociales plus globales et ressortent d'enjeux politiques et économiques majeurs. Pour Bellon et Ollivier (2012), qui font une analyse approfondie de l'agroécologie à la fois comme mouvement social, comme pratique et comme discipline scientifique, celle-ci relève de trois dynamiques liées : « mouvements sociaux, projets agricoles et politiques de recherche ». Ces auteurs, comme beaucoup d'autres, mettent en avant la dimension politique des modèles alternatifs construits en réponse aux limites dénoncées du modèle de développement agricole conventionnel et dominant, visant à concevoir et promouvoir un nouveau « projet de société ». Les positionnements des acteurs dans ce contexte donnent lieu à des affrontements entre modèles et visions du monde et à des controverses sur les réponses à apporter aux différents enjeux, les enjeux environnementaux et de sécurité alimentaire étant souvent centraux : comment des systèmes et pratiques agricoles durables peuvent-ils contribuer à une agriculture efficiente, productive et profitable, qui réponde à la demande d'une population mondiale croissante et qui soit adaptée aux changements climatiques ?

De nouvelles manières de concevoir les systèmes d'innovation en agriculture

L'opposition exprimée dans beaucoup de contextes, au Nord comme Sud, entre des modèles agricoles conventionnels et des modèles alternatifs auxquels sont rattachées différentes dynamiques sociales est fortement connectée à l'opposition entre une approche linéaire des processus d'innovations et une vision plus systémique, ou en réseau (encadré 6.1). Ces nouvelles manières d'envisager l'agriculture qui remettent au cœur des modèles les processus biologiques se construisent pour partie

---

Encadré 6.1. Systèmes d'innovation et dynamiques agricoles.

Ludovic TEMPLE, Jean-Marc TOUZARD, Bernard TRIOMPHE et Guy FAURE

Le concept de système d'innovation s'est fortement développé dans les recherches en sciences sociales sur l'innovation depuis la fin des années 1980. Il sert de plus en plus de référence dans les politiques publiques de l'innovation et dans les instances internationales de développement (Organisation de coopération et de développement économiques, Union européenne, Banque mondiale, etc.). Employé à l'origine pour étudier les innovations technologiques dans l'industrie, puis le développement des « économies de la connaissance » (Foray, 2009), le concept s'est étendu à l'analyse des activités agricoles et agroalimentaires (Hall *et al.*, 2006).

D'une manière générale, il vise à saisir comment un ensemble d'institutions, de réseaux et d'organisations peuvent interagir pour favoriser l'innovation dans un espace donné national, régional ou sectoriel, ou dans un espace construit par des entreprises, ou pour le développement d'une technologie (Carlsson *et al.*, 2002). Il constitue un cadre systémique permettant d'appréhender des régularités dans le réseau complexe d'acteurs et d'institutions à l'œuvre dans les processus d'innovation, et de mieux relier ces processus aux impacts des innovations, contribuant ainsi à mieux savoir comment les orienter. Ce concept semble avoir trouvé dans le secteur agricole un terrain propice, du fait de l'existence d'institutions spécialisées de recherche et développement (en particulier instituts nationaux, internationaux et régionaux de recherche agronomique) et d'un renouvellement des enjeux de l'innovation agricole dans la perspective du développement durable (IAASTD, 2009). Dans certains pays les moins avancés (Nigeria, Ghana), des auteurs africains mobilisent depuis récemment le système d'innovation pour comprendre les dynamiques de l'innovation endogènes aux sociétés locales.

---

en opposition à l'« agronomie de l'artificialisation » telle que définie par Bonneuil *et al.* (2006). Cette dernière est construite principalement sur l'utilisation d'intrants externes d'origine industrielle visant la productivité, la prévisibilité, la stabilité des récoltes, et adaptée et conçue en appui au modèle agro-industriel. Elle va de pair avec le modèle d'innovation linéaire qui s'inscrit dans une logique de spécialisation marquée entre des chercheurs qui produisent les connaissances et conçoivent les innovations, et des services d'appui qui les diffusent et assurent le transfert auprès d'agriculteurs censés adopter ces innovations. Cette logique a largement prévalu durant la mise en place de la première révolution verte dans les années 1960 (Hall *et al.*, 2003). Ses succès et ses limites ont contribué à de nombreux appels pour un investissement renouvelé et de nouvelles collaborations[1].

La plupart des mouvements d'agriculture alternative se sont ainsi construits sur une critique radicale du modèle de développement agricole associé à cette première révolution verte et à la phase de modernisation qui l'a accompagnée, cette phase étant portée par un développement fort des sciences et des techniques conçu dans cette logique de spécialisation. Comme décrit plus précisément dans la section suivante,

---

1. Griffon et Weber (1996) ont ainsi développé le concept de révolution doublement verte, tout comme Conway (1997). Voir aussi Swaminathan (2000) qui parle de révolution toujours verte (*evergreen revolution*). Récemment, d'autres travaux et rapports ont également exprimé leur optimisme sur la capacité à accroître la production agricole (World Bank, 2007 ; IAASTD, 2009).

le renouvellement des modes de production des connaissances dans l'agriculture qui accompagne la définition de projets agricoles alternatifs cherche à se démarquer de cette conception et de cet encadrement technoscientifique du secteur agricole qui a marqué la phase de modernisation. Tout cela participe ainsi de l'évolution et du renouvellement des configurations des systèmes d'innovation qui accompagnent les transformations de l'agriculture.

Plus généralement, cette approche linéaire diffusionniste, qui sous-tend les systèmes d'innovation classiques et a pu contribuer à des formes d'isolement de la recherche, est largement battue en brèche par un grand nombre d'acteurs qui participent concrètement au renouvellement de ces systèmes et interviennent dans différents processus d'innovation dans le domaine agricole. Ces acteurs mettent en œuvre une large gamme d'approches construites autour de la diversité de sources d'innovation et du caractère localisé des processus. Les sources incluent des acteurs de la recherche aux pratiques renouvelées, en interface avec d'autres partenaires (Faure *et al.*, 2010), des acteurs du développement et des ONG en particulier dans les pays du Sud, des associations et des collectifs de producteurs, mais également de grandes compagnies de l'amont et de l'aval des filières, etc. Ces évolutions se manifestent également notoirement dans les multiples conceptions des systèmes d'innovation agricoles (Hall, 2005) : « La nécessité de prendre en compte la manière dont les ressources scientifiques s'intègrent avec le reste de l'économie et répondent à la société dans son ensemble est une préoccupation majeure dans le débat sur la science, la technologie et l'innovation. » (*"The need to take account of how scientific resources integrate with the rest of the economy and respond to society as a whole is now a major concern in the science, technology and innovation debate."*) Les transformations qui sont en train de s'opérer dans l'agriculture vers une plus grande écologisation des pratiques participent donc des remises en cause de cette logique linéaire, séquentielle et descendante des liens entre recherche, agriculture et alimentation et des transformations des processus et systèmes d'innovation, et les influencent.

Une dimension importante de l'opposition entre modèles d'agricultures conventionnelles et alternatives est celle de la manière dont les connaissances sont produites et dont elles interviennent dans la conception et le développement des systèmes de production plus biodivers. Beaucoup de travaux convergent pour dire que les transformations des systèmes techniques qui reposent davantage sur les régulations biologiques dans la gestion des agroécosystèmes modifient profondément les dynamiques de production de connaissances et d'apprentissage. Ces travaux concourent à mettre en avant le rôle clé et structurant joué par la connaissance dans ces processus. L'intensité en connaissances des modèles alternatifs d'agriculture construits sur une écologisation des pratiques est souvent mise en avant. Et elle est raisonnée de pair avec le rôle joué par les agriculteurs avec d'autres acteurs dans la production de connaissances, comme le pointent Demeulenaere et Goulet (2012) en faisant référence à des travaux pionniers sur ces questions de Kloppenburg (1991) : « Certains travaux sur l'émergence de modèles alternatifs ont défendu que l'innovation écologique ne pouvait advenir sans une mutation épistémique qui remettrait les agriculteurs au centre de la production de connaissances. » Se situant dans cette même perspective, Parrott et Marsden (2002) lient le caractère intensif en connaissance de ces approches écologiques de l'agriculture et le rééquilibrage des pouvoirs en faveur des agriculteurs par rapport aux compagnies semencières.

Production de connaissances et agriculteurs

Les transformations vers des systèmes agricoles biodivers présentent des difficultés techniques particulières, comme cela a été présenté par ailleurs dans cet ouvrage et discuté également ci-dessous dans le cas de l'agriculture de conservation, et requièrent la production de connaissances comme base de nouveaux référentiels techniques pour ces pratiques et de construction de nouveaux savoir-faire, « que ce soit pour mieux utiliser les mécanismes de régulation biologique, mieux comprendre leurs effets, ou encore pour faciliter leur adaptation à différents types de milieux et conditions socio-économiques » (Triomphe *et al.*, 2007). Ces transformations exigent une adaptation locale des pratiques, et donc une production située de connaissances opérantes dans les conditions locales, facteur qui contribue largement à remettre en cause la capacité des systèmes d'innovation classiques pour accompagner ces transformations. Cela modifie non seulement la nature des connaissances produites, mais également la manière dont elles sont produites, distribuées et échangées. L'écologisation des pratiques agricoles et la biodiversité cultivée remises au cœur des pratiques contribuent au renouvellement des lieux et des formes de production des connaissances.

Morgan et Murdoch (2000), comparant agriculture biologique et agriculture conventionnelle, soulignent l'importance de ces dynamiques liées aux connaissances. Selon eux, le passage de l'agriculture conventionnelle à l'agriculture biologique implique un changement radical des modes de distribution des connaissances et d'apprentissage, depuis des connaissances produites en amont de l'agriculture par des acteurs spécialisés vers des connaissances localisées, permettant aux agriculteurs de se réapproprier la production de savoirs adaptée à leurs conditions de production : « Dans la filière d'agriculture biologique, nous mettons en avant que les agriculteurs peuvent de nouveau redevenir des "agents connaissants." » (*In the organic chain, we argue, farmers can once again become 'knowing agents'.*)

Allant dans le même sens, Triomphe *et al.* (2007) documentent le rôle joué par des réseaux précurseurs au sein desquels les agriculteurs jouent un rôle primordial dans le développement des techniques de l'agriculture de conservation aux États-Unis, au Brésil (voir également Coughenour, 2003 ; Ekboir, 2003), en Argentine (voir également Goulet et Hernandez, 2011) et en France. En réponse au manque d'accompagnement de la recherche et des services de vulgarisation, ces réseaux ont ainsi investi dans des échanges entre pairs, parfois sur de très longues distances (par exemple, voyages d'échanges entre Brésil et États-Unis, ou entre France et États-Unis ou Brésil). Ils ont aussi contribué à établir de nouvelles formes collectives de collaboration portant sur des objets techniques (fonctionnement biophysicochimique du sol, couverture végétale, plantes de services) et à renouveler les réseaux sociotechniques en agriculture. Ces réseaux ont pu se tisser grâce à une utilisation avancée des nouvelles technologies de l'information (forums de discussion Internet, partage de photographies et de vidéos). Celles-ci ont significativement accru les possibilités offertes par les échanges d'information à distance et ainsi joué fortement pour transcender le besoin de proximité géographique dans les coopérations et pour créer du lien social à distance entre agriculteurs parfois assez isolés au niveau local, pour avoir transgressé les normes techniques de leur milieu professionnel.

Les collaborations ainsi développées sont structurantes dans la constitution des nouvelles dynamiques agricoles et dans la manière dont elles sont portées socialement. Elles ont permis aux agriculteurs et aux autres acteurs engagés dans ces transformations de l'agriculture de tisser de nouveaux liens avec d'autres agriculteurs dans la même situation. Les rapprochements opérés sur la base de ces distinctions vis-à-vis du milieu professionnel conventionnel sont fondateurs d'une nouvelle identité et appartenance professionnelle (Goulet, 2010). Ces collectifs sont constitués autour des interactions et du partage de connaissances entre pairs — proposant ainsi des espaces d'apprentissage —, et de la revalorisation des compétences de l'agriculteur. Les connaissances situées sont au cœur de la manière de concevoir les nouvelles pratiques agricoles, accordant une place de choix à l'agriculteur et aux praticiens, à leur savoir-faire, leur expérience et leur capacité d'observation. Elles contribuent à revaloriser le travail agricole dans ses différentes compétences, et à véhiculer et promouvoir une vision de réinvention par l'agriculteur et les praticiens des références techniques. Ces dynamiques redonnent du sens au métier d'agriculteur. Dans cette conception, l'agriculteur occupe de nouveau une place centrale dans la production de connaissances et dans le processus d'innovation.

Demeulenaere et Goulet (2012) analysent et interrogent de manière plus approfondie ces processus de production de connaissances, et les dynamiques sociales dans lesquelles ils s'inscrivent, qui opèrent : «Quand l'artificialisation des milieux et la standardisation des pratiques sont-elles remises en question ? Qu'en est-il quand le complexe, la diversité et l'imprévisibilité de la nature sont érigés en nouveaux piliers de l'efficacité ? » Leurs travaux, qui s'appuient sur l'observation de réseaux d'agricultures alternatives en France organisés autour des semences paysannes et de l'agriculture de conservation, contribuent à mieux comprendre les différents processus à l'œuvre socialement. Ils montrent que les agriculteurs engagés dans ces réseaux mettent en avant leur relation particulière à la biodiversité dans leurs pratiques, que ce soit en revalorisant la diversité des semences ou en redonnant plus d'importance à la biologie et à la spécificité des sols dans leur système de culture par le non-travail du sol. L'adaptation à la diversité et à la spécificité des ressources (semences) et de l'environnement (sol) est un élément clé de leur manière d'envisager leur travail, et, partant, est mobilisée pour justifier leur singularité. Cette relation à la biodiversité est ainsi mobilisée dans la construction de leur identité individuelle mais aussi collective. Les deux aspects, singularité et diversité des facteurs naturels, interviennent. La conception de la biodiversité comme atout pour faire évoluer les systèmes de production fait écho à la valorisation de la diversité sociale des agriculteurs — et des connaissances que ceux-ci peuvent mobiliser au sein des réseaux sociotechniques qu'ils constituent —, conçue comme enrichissante du point de vue du collectif. D'une certaine façon, la diversité biologique sert de faire-valoir pour revendiquer une forme de pluralisme dans la construction de leur identité professionnelle et de leur rôle dans les systèmes agricoles[2]. Ces auteurs proposent ainsi, en y intégrant la conception particulière que véhiculent ces agriculteurs dans leur relation singulière à la nature, une analyse plus complète du repositionnement social des agriculteurs qui participent à ces dynamiques et à ces mouvements : «Redécouverte du sens de

______

2. «[...] référence permanente à la biodiversité entendue comme la métaphore d'un pluralisme assumé valant aussi bien pour les semences que pour les agriculteurs» (Demeulenaere et Goulet, 2012).

leur métier, effet conjugué d'un sentiment d'émancipation vis-à-vis des prescripteurs, de l'augmentation des capacités d'appréhension du monde qui les entoure, et de la rencontre effective avec la nature dont ils favorisent l'accomplissement. » (Demeulenaere et Goulet, 2012) La construction d'une identité collective et individuelle pour ces agriculteurs se fait dans un rapport renouvelé à la nature.

Cette analyse est intéressante pour comprendre les dynamiques à l'œuvre, au moins pour les pays dans lesquels ces mouvements sont déjà constitués socialement et institutionnellement, avec l'existence par exemple en France d'associations de promotion de ces agricultures, et se manifestent en particulier au travers des réseaux que ces auteurs ont pris pour objet d'analyse[3].

Les collectifs d'agriculteurs, à l'origine de nouvelles configurations sociales en réseau[4], sont portés par des valeurs de réciprocité, de solidarité, et par un refus de la spécialisation des tâches, et donc un refus d'opérer selon les modalités du modèle industriel conventionnel fordiste et hiérarchisé. Ces dynamiques collectives jouent ainsi un rôle d'émancipation vis-à-vis des autres acteurs des systèmes agricoles, et en particulier des structures « hiérarchiques » de circulation du savoir. Elles remettent en cause les découpages des tâches entre recherche, accompagnement technique, production agricole, fourniture d'intrants et mise en marché du modèle conventionnel fondé sur la spécialisation. Les dynamiques sociales qui accompagnent et orientent ces transformations techniques conduisent ainsi à revisiter et à requalifier les liens entre la recherche et les autres acteurs du système, en particulier les agriculteurs qui prennent « de nouveau » une part active dans la production et la diffusion des connaissances et des innovations techniques. Le caractère situé des pratiques liées à une moins grande artificialisation des systèmes de production est mobilisé pour remettre en cause des modes de production des connaissances centralisés s'appuyant sur des expérimentations en conditions contrôlées. Triomphe *et al.* (2007) parlent d'un « segment émergent de cette profession, fondant sa distinction sur des pratiques techniques dites "écologiques", des organisations marquant leur distance vis-à-vis des organes classiques de la recherche et du développement, et des pratiques cognitives contestant la division fordiste de la production des savoirs entre savants et profanes, entre concepteurs et utilisateurs ».

Les collectifs constitués servent d'espace pour organiser de nouveaux dispositifs de production de connaissances, fondés sur des modes de validation et de circulation des savoirs avec au cœur les visites de parcelles (observation située). En France, peuvent participer à ces réseaux sociotechniques non seulement les agriculteurs, mais également des scientifiques, des agences publiques (agence de l'eau, Ademe), des institutions de développement (coopératives, chambres d'agriculture) et des compagnies privées vendeuses d'intrants (agrochimie, outils, semences, etc.). Cela se traduit par l'émergence de dispositifs différents, combinant des données contextualisées, c'est-à-dire des observations dans un réseau de parcelles par les agricul-

---

3. Ces réseaux sont encore qualifiés de « réagrégation des professionnels agricoles autour d'arènes spécialisées, d'options techniques ou d'objets, dans lesquels les questions du rapport à la nature et aux connaissances sont des éléments structurants » (Demeulenaere et Goulet, 2012).

4. Le réseau est conçu par les agriculteurs qui sont engagés dans ces approches comme configuration collective qui « n'impose selon eux pas de règles ou de systèmes de normes encadrant les comportements individuels, comme le ferait un groupe professionnel local » (Demeulenaere et Goulet, 2012).

teurs eux-mêmes, selon des protocoles sur lesquels ils interviennent plus ou moins, et des expérimentations en station par les organismes de recherche (Demeulenaere et Goulet, 2012 ; Brives et Tourdonnet, 2010). Ces protocoles d'expérimentation sont distribués à travers la France avec une certaine normalisation des méthodes d'observation autour de paramètres classiques partagés, mais incluant également des éléments d'observations jugés pertinents par l'observateur pour rendre compte de son contexte spécifique.

Dans le cas de l'agriculture de conservation, la participation à ces réseaux d'acteurs tels les constructeurs de semoirs (outil clé pour le non-labour) et les firmes agrochimiques est un élément important des dynamiques en cours. En effet ces acteurs, du fait de la position particulière qu'ils occupent en construisant des relations d'accompagnement spécifiques avec les producteurs qui travaillent en non-labour, peuvent centraliser les observations et expériences des producteurs qu'ils suivent pour gagner en généricité dans les enseignements qu'ils retirent de leurs observations. Ces acteurs s'associent dans certains cas aux dispositifs établis entre les associations de promotion de ces formes d'agriculture et les institutions de recherche.

Ces nouvelles formes de construction des pratiques mettent en œuvre une ingénierie des dispositifs de production des connaissances qui fait appel à des mises à l'épreuve un peu particulières. Ces dispositifs couplent en effet des formes de codification des connaissances, permettant la comparabilité et la montée en généricité, et des diagnostics locaux non réductibles à ces codifications tenant compte des spécificités liées à la fois aux gestes techniques des agriculteurs et aux conditions du milieu. Derrière le renouvellement de ces dispositifs de construction des connaissances s'exprime la tension entre robustesse et portée des connaissances produites et leur pertinence vis-à-vis des spécificités locales, cette dernière étant motrice dans ces renouvellements. Cette tension existe non seulement entre scientifiques et agriculteurs, mais également au sein de la communauté des scientifiques vis-à-vis de ces dispositifs qui donnent une place plus importante en leur sein aux agriculteurs. Se référant à l'agroécologie, Bellon et Ollivier (2012) évoquent le « double ancrage dans la science et dans l'agriculture ». Ces évolutions contribuent ainsi au renouvellement des systèmes d'innovation, de leur conception et du rôle de la recherche et des agriculteurs dans ces systèmes.

Articulations entre dimensions techniques, économiques et sociales

Afin de comprendre de manière plus globale les trajectoires et les coévolutions entre différentes dynamiques techniques et sociales dans le cadre de modèles d'agriculture plus biodiverses, il faut analyser plus finement ce qui distingue les configurations techniques et leurs implications possibles du point de vue économique et social. Pour ce faire, les travaux de Triomphe *et al.* (2007) sur le non-labour et l'agriculture de conservation sont particulièrement éclairants. L'agriculture de conservation est ici définie en reprenant la définition qu'en propose la FAO, c'est-à-dire une agriculture fondée sur trois principes : perturbation minimale du sol, couverture permanente du sol et rotations des cultures. En particulier à travers l'enrichissement des rotations et des associations de culture, c'est-à-dire en introduisant des plantes de couverture qui peuvent remplir différentes fonctions (Scopel *et al.,* 2012), ce type d'agriculture mobilise la biodiversité cultivée comme un levier important dans le système technique. L'intérêt de cette acception large est qu'elle permet de dépasser les dimensions uniquement techniques. Actuellement, ces nouvelles manières de concevoir l'agriculture constituent «à la fois une innovation avérée et un enjeu majeur dans de nombreuses agricultures du monde, du Sud comme du Nord dans des contextes et conditions variées» (Triomphe *et al.,* 2007).

Les moteurs du développement de l'agriculture de conservation sont principalement de trois ordres : les contraintes liées à la dégradation des ressources naturelles (érosion en particulier), la recherche de la réduction des coûts de production et celle d'une réduction de la pénibilité du travail (Triomphe *et al.,* 2007). Telle que définie par la FAO, l'agriculture de conservation constitue le plus souvent une innovation radicale pour les agriculteurs qui s'y lancent. La suppression du labour constitue en effet un changement technique de taille en ce que le labour remplit des fonctions essentielles dans la gestion des agrosystèmes : «Le fait de miser sur les régulations biologiques déplace du même coup les enjeux techniques auxquels fait face l'agriculteur» (Triomphe *et al.,* 2007). L'abandon du labour implique de revoir en profondeur le système technique dans son ensemble et de repenser le système de culture. Le tableau 6.1 met en évidence la diversité des trajectoires techniques susceptibles d'être suivies par les agriculteurs qui décident d'abandonner le labour, selon qu'ils misent sur des modes de gestion majoritairement fondés sur des moyens mécaniques, biologiques ou chimiques.

Tableau 6.1. Gammes de systèmes de culture et moyens de gestion mobilisés par l'agriculteur.

Moyens de gestion	Systèmes de culture				
	À base de labour	Techniques culturales simplifiées, sarclages et grattages divers	Semis direct	Semis direct sous couvert végétal permanent	Semis direct sous couvert végétal organique
Mécaniques	+ + +	+ +	0 à −	0 à +	+ +
Chimiques	+ +	+ + à + + +	+ à + + +	+	0
Biologiques			+	+ +	+ + +

Source : adapté de Triomphe *et al.* (2007).

Cela permet de qualifier les combinaisons de facteurs de production et les choix techniques qui sous-tendent différents systèmes de production. Comme Triomphe *et al.* (2007) le rappellent, les déterminants de ces choix peuvent être multiples et s'expriment dans la diversité des systèmes techniques observés. Les décisions sont fonction tout d'abord des disponibilités d'accès aux facteurs de production, travail, terre, capital et intrants, mais également des interactions avec d'autres activités, en particulier avec les systèmes d'élevage ou des systèmes forestiers, ainsi que des conditions agroenvironnementales. Ils dépendent également, et la section précédente a apporté un éclairage là-dessus, des conditions d'accès aux connaissances et de facteurs socio-économiques tels que le niveau d'éducation, la perception et l'aversion au risque, la dimension patrimoniale dans le rapport à la terre et à la nature, et l'appartenance à des réseaux sociotechniques dans lesquels ces alternatives sont élaborées et discutées.

La question du risque est essentielle dans les transformations envisagées dans cet ouvrage : artificialisation et gestion plus agroécologique conduisent à des risques qui peuvent être de nature très différente. La gestion des risques, notamment lors des transitions d'un système productif à un autre, est une dimension majeure des dynamiques vers des agricultures plus biodiverses. Les variabilités relatives aux différents facteurs de production peuvent suivre des schémas très distincts. Elles relèvent à des degrés divers des conditions de l'environnement marchand et physique (volatilité des prix, vulnérabilité climatique, périssabilité des produits, marchés déficients pour certains facteurs de production). Les choix d'évolution de systèmes techniques sont très clairement liés aux stratégies et aux capacités de gestion des risques par les agriculteurs, et aux environnements naturels et institutionnels dans lesquels ces agriculteurs opèrent.

En donnant des clés pour mieux appréhender la diversité des systèmes techniques, la grille de lecture proposée ci-dessus peut aider à mieux comprendre les évolutions de différents modèles d'agriculture, depuis des agricultures conventionnelles dites industrielles, fortement technicisées et fondées majoritairement sur des moyens chimiques et mécaniques, vers des agricultures, souvent encore actuellement conçues comme alternatives, qui peuvent être très sophistiquées mais font appel prioritairement à des modes de gestion biologiques. Cela permet de mieux analyser les transitions impliquées par le passage d'un système technique à un autre et, partant, de mieux comprendre et considérer les implications sociales, économiques et institutionnelles des transformations techniques, dans un contexte où la plupart des pratiques concernées sont jusqu'à présent faiblement stabilisées.

Il est important de noter toutefois que, si la diversité des modèles techniques existe, l'agriculture de conservation largement dominante actuellement s'est essentiellement développée durant ces dernières décennies au Brésil, aux États-Unis, en Argentine et en Australie, puis plus récemment en Europe, dans le cadre d'une agriculture agro-industrielle fortement mécanisée et basée sur une utilisation intensive d'intrants synthétiques. Elle est pratiquée par des exploitations de grande taille — de plusieurs centaines à plusieurs milliers d'hectares — fortement intégrées à la fois aux marchés amont et aval et aux services d'appui à l'agriculture. Ces systèmes agricoles, s'ils peuvent être rattachés à l'agriculture de conservation telle que définie par la FAO, sont principalement pratiqués en monoculture au Brésil et en Argentine et ne constituent en rien des systèmes complexes avec rotations et couverts vivants. Il s'agit de systèmes céréaliers simplifiés à base de maïs et de soja, avec un accent fort sur la réduction du temps de travail à l'hectare, l'investissement dans le matériel agricole et, dans les pays où ils sont autorisés, l'utilisation d'organismes génétiquement modifiés (OGM). Ces systèmes, fortement intégrés aux marchés amont et aval, ont fait l'objet d'investissements et d'innovations lourds.

Cependant, l'agriculture de conservation est également pratiquée, selon des modalités très diverses, par de petits agriculteurs souvent faiblement connectés aux marchés et aux structures de vulgarisation, dans des conditions pédoclimatiques particulières (forte pluviométrie et terrains accidentés dans le cas du *slash and mulch*[5]) et avec un fort coût d'opportunité de la main-d'œuvre. Les systèmes agricoles pratiqués par ces petits agriculteurs familiaux reposent sur l'introduction de diverses plantes de couverture dans les rotations, sur de fortes interactions (et tensions) agriculture-élevage *via* la production de biomasse fourragère et sur la fourniture de services de semis pour pallier le faible équipement et la faible capacité d'investissement. Cette agriculture qui mobilise fortement la biodiversité cultivée (et élevée), si elle est beaucoup moins visible, présente des enjeux forts du point de vue du développement.

Dynamiques sociales et politiques : des transformations agricoles en concurrence

Dans les sections précédentes, la diversité des facteurs socio-économiques qui interviennent dans les choix des trajectoires techniques a été pointée, et le rôle joué par les dynamiques liées aux connaissances dans les coévolutions entre dynamiques techniques et dynamiques sociales a été développé. Les dynamiques de changement n'agissent pas de manière désincarnée, mais au contraire ces questions sont également fortement liées à des enjeux politiques et économiques. Au-delà des dimensions cognitives et d'action collective et des contraintes techniques et économiques, les moteurs et freins aux changements sont également d'ordre social et politique.

Le travail de Villemaine *et al.* (encadré 6.2) apporte d'abord des éléments empiriques, dans un contexte Sud, quant à la possibilité d'adapter des modèles d'agriculture de conservation dans différents contextes. En outre, fondée sur un travail de terrain sur un front pionnier amazonien, leur étude analyse non seulement les dynamiques sociales et techniques impulsées, mais illustre l'importance des dimensions sociopolitiques et symboliques dans l'explication des processus d'innovation et des freins à certaines trajectoires d'innovation. Cette étude montre l'insuffisance des interprétations fondées de manière restreinte sur l'efficience technico-économique et l'accès aux connaissances.

Encadré 6.2. Les limites de l'adoption du semis direct sous couverture végétale par les agriculteurs familiaux en Amazonie brésilienne.

Robin VILLEMAINE, Éric SABOURIN et Frédéric GOULET

Entre 2006 et 2010, un projet de développement franco-brésilien, coordonné par le Cirad et l'Embrapa (Empresa Brasileira de Pesquisa e Agropecuária), a cherché à introduire et développer des techniques de semis direct sous couverture végétale (SCV) adaptées aux conditions des agriculteurs familiaux peu capitalisés de la commune d'Uruará. Le diagnostic établi par l'équipe du projet indiquait que ce front pionnier amazonien était *a priori* propice à cette innovation.

Les agriculteurs étaient demandeurs d'alternatives pour faire face à la pénalisation croissante des pratiques d'agriculture itinérante sur abattis-brûlis. Le modèle SCV proposé, manuel et relativement peu coûteux, leur offrait *a priori* la possi-

...

---

5. Cette pratique consiste à défricher sans brûlis le couvert arbustif ou herbacé spontané ou cultivé, pour l'utiliser comme couverture du sol (Thurston, 1996).

...

bilité de poursuivre leur stratégie d'autoconsommation, de développer des activités commerciales avec les surplus et de valoriser des pâturages dégradés, tout en évitant les problèmes de dégradation des sols associés au labour. En outre, il existait dans cette zone un marché structuré d'agrofournitures, des possibilités d'accès aux crédits pour les agriculteurs familiaux ainsi qu'un dispositif d'encadrement technique public fourni par l'Emater (Empresa Brasileira de Asistência Técnica e Extensão Rural), ce qui était favorable à la pérennisation du processus.

Des expérimentations en milieu paysan ont permis de constater la faisabilité technique de ces systèmes et de calculer des indicateurs économiques très favorables, avec un retour sur investissement possible de 250 % sur six mois. Les témoignages des agriculteurs sont venus renforcer l'argumentaire en faveur de ces techniques (amélioration du confort du travail, réduction des risques de prédation des cultures par la faune sylvestre). Les activités de promotion ont donc suscité un fort intérêt parmi les agriculteurs, lesquels ont cherché, de concert avec les acteurs du projet, à inciter les institutions techniques (Emater), financières (banques) et politiques (mairie), à accompagner le développement de cette technique. Une dizaine d'agriculteurs ont alors adopté et adapté le système à leurs visées. Toutefois, si certains éléments du modèle ont été adoptés (semis direct, fertilisants, herbicides et semences améliorées), les dimensions relevant davantage d'une plus grande biodiversité dans la parcelle — les cultures intermédiaires de légumineuses — n'ont pas été retenues, et la monoculture de maïs est restée très largement dominante.

Par ailleurs, les institutions locales se sont montrées réticentes à appuyer l'introduction du modèle proposé. L'analyse a montré que l'option du semis direct, telle que proposée par le projet, entrait en conflit avec certains de leurs intérêts et heurtait leur conception du progrès agricole. Poussées à investir le thème de l'intensification des cultures, elles se sont alors positionnées en faveur d'un modèle concurrent basé sur un labour motorisé, selon elles moins dépendant aux herbicides et plus en phase avec les aspirations de modernité des agriculteurs... bien qu'inaccessible à la plupart.

Dans ces conditions, les difficultés d'adoption exprimées par les agriculteurs s'avèrent assez classiques : coût de mise en œuvre et accès au financement, accès aux connaissances et à un accompagnement technique, concurrence avec d'autres activités. Toutefois, cette situation ne peut être associée au caractère déficient d'un contexte figé ou de la technique considérée*. Elle procède de la confrontation des logiques d'action des chercheurs, des agriculteurs et des élites locales, chacun se saisissant et exprimant — depuis sa position dans le champ social, en fonction de son identité, de ses intérêts et de ses capacités d'action — une option d'intensification dont les modalités et la légitimité sont l'objet de négociations. Elle est ainsi le résultat de jeux d'acteurs œuvrant pour faire valoir ou conserver des intérêts et des fonctionnements propres au nom d'une idée du bien commun (environnement, sécurité alimentaire, progrès, etc.). Cette étude montre alors l'intrication des sphères technique et sociopolitique et, en négatif, l'insuffisance des analyses surévaluant les critères d'efficience économique et d'accès aux connaissances, qui ne peuvent seuls expliquer les dynamiques sociotechniques.

* « Le "contexte" est constitué au cours de la négociation, et reflète les repositionnements sociaux suscités par la technique, dans la limite des possibilités qu'offre l'environnement biophysique, économique et sociopolitique. » (Villemaine *et al.,* 2012)

Pour en savoir plus : Villemaine *et al.,* 2012.

Si les contraintes techniques, économiques et cognitives sont des facteurs clés dans les contextes au Sud en particulier, la capacité à y faire face dépend d'abord des agriculteurs eux-mêmes qui, dans leurs choix, favorisent ainsi certaines options techniques plutôt que d'autres (et peuvent « détourner » les itinéraires techniques proposés, ce qui est largement reconnu dans la littérature en sciences sociales sur les innovations et observé dans le cas étudié, et se traduit par des pratiques distantes des modèles proposés). Elle dépend également non seulement de l'existence de structures d'accompagnement, leur faiblesse ou absence étant souvent pointée au Sud, mais aussi — comme l'illustre clairement l'étude menée par Villemaine *et al.* — des orientations et choix que font ces structures. En effet, dans le cas présenté, ces structures, actives localement, ont favorisé un modèle d'agriculture qui remettait moins en cause leurs modes de fonctionnement et correspondait mieux à leur positionnement (enjeux économiques, politiques et identitaires). La question de l'accompagnement dans le cas étudié est majeure : les changements techniques et socio-économiques impliqués par le semis direct sous couverture végétale pour ces agriculteurs familiaux peuvent être vus comme radicaux. Ils posent clairement des questions d'accès aux connaissances et de modifications du fonctionnement socio-économique de l'exploitation (coût initial de transition, contraintes de main-d'œuvre en interaction avec d'autres cultures). Cependant, ce n'est pas en soi l'inadaptation de ces structures aux besoins des agriculteurs qui a constitué le frein majeur dans ce cas, mais bien des facteurs sociopolitiques et symboliques, avec, au cœur, la question de la concurrence entre différents modèles d'agriculture. Cette concurrence est portée socialement par des acteurs aux visions contradictoires.

Cela pose plus généralement la question de la manière dont différents modèles techniques sont promus socialement et peuvent être privilégiés au détriment d'autres, en fonction de la lecture qui est faite des enjeux auxquels ces modèles permettent de répondre et, d'une certaine façon, d'une instrumentalisation de ces enjeux par des acteurs et groupes d'acteurs en fonction de leurs intérêts et de leurs positionnements. Les alliances qui peuvent se nouer autour de nouveaux modèles agronomiques peuvent être diverses, comme l'illustre l'étude menée par Andersson et Giller (2012) en Afrique australe. Dans ce cas, les centres du Groupe consultatif pour la recherche agricole internationale (GCRAI) et la FAO se sont associés avec des ONG chrétiennes pour promouvoir l'agriculture de conservation, cette alliance se démarquant de celles auxquelles sont habituellement associés les modèles considérés comme alternatifs. Ces dynamiques sociotechniques ont également été analysées vis-à-vis du rôle joué par les firmes agro-industrielles dans les mouvements d'agriculture de conservation. En France et sur le continent américain, la figure du paysan innovateur est fortement mise en avant par les compagnies semencières et agrochimiques pour promouvoir certains modèles d'agriculture de conservation qui font appel lourdement à des herbicides (à base de glyphosate) et à des semences génétiquement modifiées résistantes à ces herbicides, comme le montre en particulier Goulet (2011). Ces compagnies qui souffrent, au moins dans les pays du Nord, d'une image de plus en plus négative pour des raisons environnementales, sanitaires et éthiques cherchent à se construire une légitimité écologique par ce biais (Goulet et Vinck, 2012). Ces mêmes auteurs ont également montré que, si certains agriculteurs ont effectivement joué un rôle clé dans l'émergence de ces nouvelles dynamiques agricoles techniques et sociales, comme discuté dans la section précédente, ces compagnies ont également largement été présentes et actives dans la construction de ces dispositifs. Elles ont ainsi contribué à adapter localement ces nouveaux modèles de production basés non seulement sur une plus grande mobilisation des régulations biologiques, mais également sur des intrants synthétiques et des outils spécialisés, et ont largement orienté les agriculteurs vers ces systèmes techniques.

Les allégations retenues par ces compagnies en matière d'environnement — permettre un retour à une agriculture contribuant à la protection des sols, mieux valoriser les processus naturels et la place de l'agriculteur — s'appuient sur, et instrumentalisent d'une certaine façon, le positionnement d'une partie des communautés scientifiques en agronomie en faveur du développement d'une agriculture écologiquement intensive faisant un usage raisonné des herbicides et favorisant le non-travail du sol plutôt qu'une agriculture biologique pour des raisons de performance (Goulet, 2012). Les arguments présentés par ces scientifiques qui interviennent dans le débat public s'inscrivent dans une conception des enjeux socialement dominante et fortement médiatisée du besoin d'accroître la production tout en réduisant les effets sur l'environnement. Goulet (2012) montre en effet que ce positionnement est de plus en plus relayé en France par les acteurs du monde agricole considérés comme conventionnels (syndicats agricoles majoritaires, etc.), et les réflexions et débats suscités sont de plus en plus investis par ces acteurs. Cette conception rencontre leurs aspirations de défense de leur profession tout en leur permettant d'intégrer les préoccupations environnementales.

S'il existe des ruptures dans la vision des acteurs de la modernité, qui sont au cœur des clivages et des positionnements divergents, les conceptions techniques sur lesquelles se construisent ces visions peuvent clairement évoluer. Le paradigme productiviste classique est largement battu en brèche, dans les pays du Nord au moins ; et le secteur agricole conventionnel, incluant les systèmes d'innovation qui l'accompagnent, participe de plus en plus de la prise en compte des questions environnementales. Face à la montée de ces préoccupations, ce secteur s'en empare pour accroître ou retrouver sa légitimité sociale et contrer les attaques dont il fait l'objet. Ces phénomènes sont assez récents et beaucoup plus développés socialement et politiquement dans les pays industrialisés et dans les pays émergents que dans les autres pays en développement. Ils ont principalement été étudiés et renseignés du point de vue des sciences sociales[6]. Ces évolutions contribuent au renouvellement du modèle agro-industriel. Une certaine vision de la nature et d'une modernisation écologique est au cœur de ce renouvellement. Horlings et Marsden (2011) parlent à cet égard d'une vision réductrice de la modernisation écologique : «[...] une interprétation restreinte de la modernisation écologique a été alignée et adoptée par le paradigme alimentaire dominant actuellement» (*"[...] a narrow interpretation of ecological modernisation has become aligned to and adopted by the current dominant food paradigm"*).

Les questionnements sur le progrès et la remise en cause d'une conception unique de la modernisation vont de pair avec les nouvelles réflexions sur le rôle de l'agriculture dans la société et dans le développement. Comme le notent Horlings et

---

6. «Cela va même jusqu'à se traduire par des acteurs impliqués dans ces mouvements en France au moins qui mobilisent les travaux en sciences sociales sur ces mouvements dans la construction et l'évolution de leurs positions, faisant montre d'une grande activité réflexive.» (Demeulenaere et Goulet, 2012)

Marsden (2011), la logique des modèles conventionnels reste fondamentalement celle d'un productivisme fondé sur les économies d'échelle et la spécialisation, et sur des avancées technologiques génériques pour réduire les coûts par hectare et accroître la compétitivité prix de ces agricultures. Cela pose de nombreuses questions sur les conséquences sociales de l'évolution du modèle agro-industriel — en particulier pertes d'emplois agricoles et questionnement sur l'autonomie des agriculteurs — et sur sa durabilité au sens global. Ces questions participent également de la critique de ces modèles et du développement de nouvelles formes d'agriculture (voir notamment section «La biodiversité au cœur d'une diversité de modèles "alternatifs" d'agriculture»). Face au renouveau du modèle agro-industriel, une autre forme de modernisation écologique, réinscrite dans le local et dans le temps et conduisant à plus d'autonomie des producteurs et des transformateurs, est portée par différents mouvements sociaux comme un contre-pouvoir face aux forces globales de la «corporatisation» dans l'agroalimentaire (Horlings et Marsden, 2011). Cela marque, selon ces auteurs, une opposition entre une vision faible et une vision forte de la modernisation écologique, c'est-à-dire entre, d'une part, un modèle «bioéconomique» qui place au centre du développement agricole l'amélioration des techniques de production agricoles, l'utilisation des nouvelles technologies de l'information, les modifications génétiques, etc., et d'autre part, une économie construite sur une variété de pratiques locales, sur des projets d'ONG et des initiatives d'agriculteurs plus ancrées localement, plus adaptée aux ressources naturelles et permettant donc l'expression d'une grande diversité d'approches agroécologiques. Les transformations vers davantage de biodiversité dans les agroécosystèmes sont au cœur de ces différentes visions du progrès et de la modernisation écologique ainsi que des affrontements entre modèles conçus et promus en réponse aux grands enjeux.

▸▸ Transformations récentes de l'agriculture et des systèmes alimentaires : dynamiques de marché et nouvelles orientations

Comme développé dans la section précédente, les transformations observées dans le monde agricole procèdent ainsi d'une coévolution entre dynamiques techniques et sociales. Elles résultent d'une insertion multidimensionnelle du changement technique dans la société (Klerkx *et al.*, 2012). Les innovations dans les systèmes agricoles sont déterminées non seulement par l'évolution des faits techniques, mais également par les besoins, visions, capacités et ambitions des acteurs. Elles se concrétisent dans les pratiques et les positionnements de ces acteurs. Il s'agit donc d'un processus de coévolution entre des changements technologiques, sociaux, économiques et institutionnels (Klerkx *et al.*, 2012). Les évolutions dans la production et les échanges de connaissances jouent un rôle important, mais ne constituent pas des conditions suffisantes des transformations.

Les nouvelles formes d'intervention dans le milieu agricole sont liées à des réorganisations sociales plus larges qui s'appuient sur une multiplicité de parties prenantes (organisations, individus). Les capacités d'action de ces entités sont fonction de l'environnement dans lequel elles opèrent, c'est-à-dire des conditions politiques, légales, d'infrastructure, de financement et d'organisation des marchés — finaux, du travail, du foncier (Leeuwis, 2004 ; Röling, 2009 ; Klerkx *et al.*, 2010). Comprendre ces dynamiques agricoles et les orienter implique de saisir les évolutions de cet environnement institutionnel et politique ainsi que les interactions multiples entre les différents segments des systèmes alimentaires et l'environnement dans lequel ces systèmes s'insèrent.

Les choix par les agriculteurs de modèles reposant sur le maintien et l'utilisation de la biodiversité cultivée s'inscrivent dans un cadre économique et institutionnel. Leurs décisions en matière de biodiversité cultivée sont influencées par les politiques, les marchés et diverses institutions (Pascual et Perrings, 2007). Pour ces auteurs, comme pour beaucoup d'autres qui s'intéressent aux liens entre dynamiques agricoles et biodiversité, la solution au déclin de la biodiversité cultivée ne réside pas dans des réponses techniques mais dans la définition d'institutions permettant de prendre en compte le rôle de cette biodiversité cultivée sur la production et l'occupation des sols (Pascual et Perrings, 2007).

Les instruments résultant d'interventions publiques ou privées peuvent contribuer à orienter et accompagner les acteurs pour des transformations agricoles plus biodiverses. La reconnaissance de la biodiversité cultivée peut résulter de mécanismes divers orientant les actions des acteurs : nouvelles législations et normes, formation/ conseil, subventions agricoles et environnementales (par exemple paiements pour services écosystémiques), taxation, certifications, ressources discursives susceptibles d'influencer les représentations et les positionnements des acteurs, développement de marchés spécifiques, etc. Dans la première partie, ont été développées les dynamiques intervenant principalement depuis l'amont de l'agriculture, et donc centrées sur la production et l'accompagnement des innovations. Ces dynamiques d'innovations sont guidées notamment, comme largement exploré dans la littérature sur les systèmes d'innovation, par différentes politiques de recherche et d'innovation, politiques de plus en plus liées non seulement aux puissances publiques mais également à des acteurs privés. Dans cette seconde partie, sont considérées principalement les évolutions depuis l'aval de l'agriculture et, avec elles, les mécanismes de régulation marchande qui peuvent orienter ces processus. En effet, les dynamiques liées aux marchés et aux opérateurs privés des filières se sont considérablement développées durant les deux dernières décennies. Liées à la montée des préoccupations environnementales et sociales et des demandes de durabilité, ces dynamiques recouvrent des mécanismes de plus en plus variés qui ont accompagné la prolifération de démarches de qualité et la restructuration des systèmes alimentaires. Le champ d'action des mécanismes marchands dans le domaine agroalimentaire s'est ainsi considérablement élargi. Mieux saisir les potentialités et les limites associées à ces processus apparaît comme un élément essentiel pour susciter et accompagner les transformations agricoles vers plus de biodiversité.

Les principaux traits des nouvelles dynamiques de marché : une économie de la qualité

Les nouvelles dynamiques de marché sont la traduction de nouvelles articulations entre, d'une part, le positionnement et la structuration des filières et de l'offre agricole, en lien avec la qualification des produits — signes de qualité et dispositifs qui les organisent (labellisation, certification, etc.) —, et, d'autre part, la diversification de la demande en lien notamment avec des changements dans la conception du rôle de la consommation («consommateurs citoyens»).

Différentes conceptions de la qualité fondent la qualification des produits et leur signalisation, principalement à destination des consommateurs mais également entre opérateurs intermédiaires des filières. Elles sont véhiculées par des normes et labels qui reflètent la variété des acteurs impliqués et leurs stratégies. Une tendance lourde largement repérée dans la littérature montre que ces labels et normes portent de plus en plus non pas sur les attributs des produits mais sur leurs modes de production. Ces dispositifs associent différents types d'acteurs, non seulement les acteurs traditionnels des filières mais également de manière croissante des organisations non gouvernementales (ONG), en particulier des ONG environnementales. En effet, les opérateurs des filières les utilisent de plus en plus pour se différencier sur les marchés, sortir d'une concurrence par les prix et accroître leur contrôle sur les marchés. Les acteurs extérieurs aux filières, tels que les grandes ONG, voient quant à eux dans ces dynamiques de qualité des instruments pour s'emparer des attentes sociales et orienter les dynamiques agricoles vers une plus grande durabilité. La prolifération de normes et labels en lien avec l'agriculture durable (agriculture biologique, label UTZ Certified, Bird Friendly, etc.) met ainsi en avant différents attributs liés aux modes de production, de transformation et d'échange. Se développent également, en relation étroite avec de nouveaux comportements de consommation et d'achats, d'autres manières, souvent qualifiées d'alternatives, d'aborder les liens entre production et alimentation, et donc de concevoir les modes d'organisation de ces liens. Ces initiatives construisent de nouvelles chaînes et réseaux de production et de consommation. Elles participent ainsi au développement de nouvelles activités économiques qui peuvent contribuer à valoriser des ressources écologiques variées et différenciées de manière plus durable et écologiquement efficiente. Ces différentes dynamiques, labellisation et réseaux, contribuent ainsi à redéfinir les liens entre systèmes de production, organisation des échanges et modes de consommation, et orientent les changements dans les systèmes agricoles.

Prolifération des normes et transformations de l'agriculture

Toutes ces formes de signalisation (agriculture biologique, indications géographiques, commerce équitable, labels environnementaux de type Rainforest Alliance) renvoient à différents systèmes de production et d'échanges conçus et organisés pour assurer les qualités signalées. Elles reposent sur des normes qui jouent un rôle croissant dans la gouvernance des filières et dans l'articulation avec des transformations agricoles vers des pratiques de production plus biodiverses. La prolifération de ces normes et la variété des dispositifs sur lesquels elles reposent produisent une grande diversité de dynamiques marchandes qui se développent partout dans le monde. Selon Bonneuil *et al.* (2006), pour ce qui est des évolutions en France, les dynamiques de transformation de l'agriculture liées à des signes de qualité ne constituent plus seulement des niches : «Le modèle productiviste alliait production de masse et consommation de masse, standardisation des milieux, économies d'échelle et convention standard de qualité minimale. Mais des initiatives autrefois vues comme des niches — AOC, IGP, agriculture biologique, label rouge — sont désormais partie prenante des évolutions de l'agriculture et concernent un agriculteur sur cinq. » Ces normes et labels sont particulièrement présents dans les pays du Nord et dans le commerce international, mais de plus en plus également envisagés ou mis en œuvre au Sud, dans les pays émergents en particulier (Brésil, Inde, Afrique du Sud).

Quels potentiels de valorisation pour quels labels ? L'importance des cahiers des charges

Ces instruments sont considérés par de plus en plus d'acteurs comme des outils de reconnaissance et de création de valeur pour des productions aux pratiques différenciées mobilisant des ressources spécifiques locales (variétés, paysages, savoir-faire, etc.), et peuvent ainsi promouvoir des pratiques de production biodiverses. Il s'agit donc de s'interroger sur le potentiel de ces dispositifs de valorisation et sur leur articulation avec les pratiques locales de production et de gestion de la biodiversité cultivée. Il importe de comprendre les conditions dans lesquelles ces démarches de qualification permettent effectivement d'accompagner des transformations agricoles plus biodiverses.

L'étude menée par Marie-Vivien *et al.* (encadré 6.3) contribue à éclairer le potentiel de différentes dynamiques de qualité et stratégies de labellisation pour valoriser des systèmes de production biodivers. Une grande diversité de systèmes agroforestiers est présente en Inde, notamment les systèmes agroforestiers sous couverts arborés. Cette diversité est le fruit d'une longue histoire de pratiques agroforestières ancrées culturellement (Guillerme, 2012). Les systèmes caféiers de la région du Coorg font partie de ces systèmes très biodivers, ce qui différencie cette région de beaucoup d'autres régions productrices de café. D'un autre côté, comme l'ont observé Marie-Vivien *et al.*, de nombreuses transformations agronomiques et écologiques sont en train de s'opérer dans ces systèmes en lien avec les dynamiques récentes d'intensification et de simplification. Plusieurs stratégies de qualité ont donc été explorées dans le cadre de projets coordonnés par le Cirad pour appuyer le maintien de ces systèmes agroforestiers biodivers aussi bien sur les plans techniques qu'en travaillant sur les conditions économiques et l'articulation avec l'environnement économique des producteurs. Il s'agissait en particulier de comparer, de manière exploratoire, le potentiel de labellisations environnementales de type agriculture biologique et Rainforest Alliance à celui de différentes modalités de protection et de valorisation du nom de la région Coorg, par des marques simples ou par des indications géographiques (IG) proprement dites[7], l'Inde ayant adopté une loi spécifique sur les IG.

Cette étude met en avant l'importance d'inclure des pratiques liées à la biodiversité dans les spécifications techniques, c'est-à-dire dans les cahiers des charges faisant l'objet d'une certification ou d'autres formes de contrôle. Si ces dimensions font partie intégrante des stratégies de labellisation environnementale et de certification associées, l'étude montre que dans le cas du café du Coorg, l'établissement d'IG conduirait très vraisemblablement à reconnaître et à intégrer des pratiques

---

7. Les indications géographiques sont définies à l'OMC comme des noms géographiques réservés pour désigner des produits dont l'origine et la qualité, la réputation ou d'autres caractéristiques des pratiques sont liées à la région géographique correspondant à ce nom.

Encadré 6.3. Maintenir les systèmes agroforestiers biodivers du Coorg, région productrice de café du sud-ouest de l'Inde : une exploration du potentiel de différentes stratégies de labellisation.

Delphine MARIE-VIVIEN, Claude GARCIA, Béatrice MOPPERT, Cheppudira KUSHALAPPA et Philippe VAAST

La production de café est le principal moteur économique de la région du Coorg et représente un tiers de la production nationale indienne. Les plantations de cette région sont parmi les plus biodiverses dans le monde ; elles sont le plus souvent conduites en association avec du poivre, une variété endémique de mandarine, de la cardamome et d'autres agrumes (Garcia *et al.*, 2010). Ces systèmes en agroforêts caractérisent cette région et l'identité culturelle des planteurs de café, les Kodavas, et contribuent fortement à son image. Cependant, l'intensification récente de la production de café — accès à des intrants chimiques, à de nouvelles variétés et introduction de systèmes d'irrigation par *sprinkler** — entraîne de plus en plus une simplification de ces systèmes. Les espèces d'arbres natives sont remplacées par une espèce de chêne d'origine australienne à croissance rapide. Pour contrer ces tendances, les projets Biodivalloc et Cafnet ont exploré le potentiel associé à différentes stratégies de labellisation : d'une part, des certifications environnementales pour le café (agriculture biologique, UTZ Certified, Rainforest Alliance, etc.) et, d'autre part, l'enregistrement soit de marques simples utilisant le nom géographique du Coorg pour désigner du café, soit d'une IG dite *sui generis* sur différentes productions issues de ces agroécosystèmes dont la réputation existe au moins localement. Contrairement aux marques simples, les IG *sui generis*, protégées grâce à une loi adoptée en Inde en 1999, sont associées à un cahier des charges codifiant les pratiques agricoles et délimitant une zone géographique.

Toute stratégie de qualité n'est pas nécessairement garante de la promotion d'agroforêts plus biodiverses et de leur durabilité. Seules des stratégies de labellisation explicitement environnementales ont des cahiers des charges imposant des mesures de gestion de la biodiversité. Cependant, deux éléments priment pour donner du sens à une stratégie d'IG *sui generis* fondée sur la protection du nom Coorg. D'un côté, la réputation des cafés du Coorg est ancrée dans ces systèmes de production biodivers et le cadre juridique oblige à démontrer substantiellement le lien entre origine et qualité et/ou réputation du produit pour enregistrer l'IG et la protéger contre les usurpations. Ainsi la construction d'un cahier des charges IG intégrerait *a priori* des pratiques favorables à la biodiversité cultivée. Ceci est d'autant plus probable qu'une dimension qui modifie profondément les systèmes de production de cette région actuellement est l'évolution vers des canopées monospécifiques constituées d'espèces exotiques, ce qu'un cahier des charges formalisant la réputation du café de Coorg devrait donc logiquement restreindre, voire interdire. D'un autre côté, la capacité à mettre en œuvre des stratégies de labellisation est fortement contrainte par le pouvoir de négociation très limité des producteurs. Très peu appartiennent à des collectifs pour la transformation ou la commercialisation. Et, comme très souvent, l'exportation, principal débouché pour l'instant, est contrôlée par un petit nombre de négociants qui n'ont pas d'intérêt à développer des dynamiques de qualité, en particulier liées à la durabilité et à la biodiversité, même si ces dimensions pourraient représenter des atouts incontestables pour cette région. Un facteur important en ce sens est le fait que la variété cultivée majoritairement dans la région est le robusta, dont la qualité est globalement beaucoup moins reconnue sur les marchés d'exportation que celle de l'arabica.

* Ce système d'irrigation produit en effet « artificiellement » un climat humide qui assure le maintien des bourgeons pendant la saison sèche et se substitue ainsi dans cette fonction à la canopée dans les systèmes traditionnels.

biodiverses dans le cahier des charges. En effet, l'image de la région est fortement liée aux systèmes agroforestiers biodivers et les pratiques qui fondent ces systèmes sont au cœur du lien à l'origine de ce café sur la base duquel les IG doivent se définir selon la loi indienne.

Par ailleurs, ces auteurs montrent que ces stratégies ne peuvent pas être déconnectées des dynamiques de commercialisation plus globales dans lesquelles elles s'insèrent. Ils pointent dans ce cas en particulier les difficultés de développer des stratégies de différenciation pour un café dont la qualité gustative n'est *a priori* pas réputée (robusta *versus* arabica). Le potentiel associé aux dynamiques de qualité est dépendant des opportunités et de la structuration des filières en aval de la production. La valeur qui peut être qualifiée d'écologique (liée à la fourniture de services écosystémiques) de ces systèmes ne constitue pas, pour les opérateurs de marché indiens, une condition suffisante dans ce cas pour justifier d'une organisation et d'une valorisation marchandes. Sont en cause dans les difficultés rencontrées non pas seulement les attentes des consommateurs, mais également et surtout les choix des opérateurs. Cependant, ces questions sont très dynamiques. Dans le cas du secteur du café en Inde, les dynamiques de qualité émergent rapidement et, si elles ne concernent pour l'instant que très peu d'acteurs qui opèrent dans des segments très différenciés — essentiellement à l'export —, elles sont en train de se développer et touchent également désormais le secteur domestique. Les difficultés rencontrées pourraient donc ainsi être réduites.

Cadre de construction des normes et participation des acteurs : des configurations différentes

Il est important également de noter que si les spécifications techniques des labellisations environnementales prennent en considération des critères qui peuvent valoriser des systèmes plus biodivers, toutes ces spécifications ne sont pas équivalentes. Beaucoup de ces labellisations sont pilotées globalement et les normes qui les accompagnent sont généralement construites de manière exogène aux contextes de production. Elles ne sont ainsi pas toujours adaptées aux conditions locales, que ce soit sur le plan environnemental ou social, et peuvent en fait, au lieu de contribuer à valoriser des systèmes de production locaux, constituer des barrières à l'entrée de certains marchés. L'impact de ces normes de durabilité et la capacité de différents types d'acteurs de bénéficier effectivement des diverses opportunités de différenciation que ces normes offrent sont un enjeu majeur largement étudié.

De plus en plus de travaux en économie agricole portent sur l'évaluation des opportunités et des contraintes que représentent différentes normes pour différents types de producteurs. Il s'agit d'évaluer le potentiel, au moins à court terme, d'une part d'accroissement des prix (primes à la différenciation et rémunération) et des revenus en le comparant à l'évolution des coûts entraînés par les changements de pratiques, et d'autre part de sécurisation de marché ou au contraire d'exclusion des marchés. Le point le plus notable dans ces travaux concerne la difficulté pour les petits producteurs, généralement moins technicisés et moins capitalisés, à adopter, respecter et bénéficier de ces normes. Bien que volontaires, celles-ci peuvent s'avérer de plus en plus contraignantes du fait de la prédominance sur les marchés d'opérateurs qui en exigent la mise en pratique à leurs fournisseurs. Leur développement est en effet de plus en plus gouverné par l'aval des filières ou dans des arènes dans lesquelles les acteurs de l'aval sont influents (voir section «Dynamiques de production et dynamiques marchandes : quels devenirs ? »).

Même des normes conçues pour favoriser la participation de petits producteurs dans les marchés — les normes du commerce équitable en particulier — peuvent, lorsqu'elles sont conçues de manière exogène aux conditions locales, constituer des barrières à l'entrée pour ces producteurs. Ainsi, l'obligation faite aux producteurs de café d'être des agriculteurs familiaux et de faire partie d'organisations de producteurs pour participer au commerce équitable, si elle a beaucoup de sens en Amérique latine en particulier, représente une contrainte forte pour les petits producteurs indiens. En effet, ceux-ci sont considérés du point de vue du commerce équitable comme des plantations, l'immense majorité faisant appel à des travailleurs occasionnels et/ou permanents tout en travaillant sur de très petites surfaces. Et en dehors d'une zone de production particulière, le Kerala, ces producteurs ne sont que très rarement organisés collectivement.

En ce sens, les IG dont les spécifications sont construites localement peuvent constituer un outil plus adapté que certaines labellisations environnementales selon les contextes. L'accompagnement dans une démarche de recherche action du développement d'une IG pour le rooibos, tisane produite dans la région du Cap en Afrique du Sud, permet de mieux saisir les dynamiques à l'œuvre dans la construction d'IG et leurs implications (encadré 6.4). Comme cela vient d'être mentionné, les IG reposent sur un processus de codification des pratiques opéré par les acteurs porteurs de la démarche de reconnaissance de leur produit comme IG sur la base du cadre institutionnel en place dans le pays dans lequel la protection est recherchée.

Encadré 6.4. Le potentiel des IG comme construction locale des règles et valorisation de la biodiversité dans des systèmes de production spécifiques : le cas du rooibos.

Estelle BIÉNABE, Maya LECLERCQ, Martine ANTONA, Patrick CARON et Pascale MOITY-MAÏZI

Actuellement il n'existe pas en Afrique du Sud de cadre institutionnel spécifique de protection des IG ni de produits locaux enregistrés comme IG. Cependant, des initiatives de recherche-action portées conjointement par la recherche (Cirad et université de Pretoria) et par le Département provincial de l'agriculture du Western Cape ont permis, à partir de 2006, d'accompagner les acteurs de différentes filières dans des démarches pour développer des IG, contribuant ainsi à explorer leur potentiel comme outil de développement durable. Il s'agissait notamment de mieux comprendre les conditions dans lesquelles les IG peuvent constituer des instruments pour valoriser des pratiques favorables au maintien de la biodiversité*. Parmi les produits retenus, le rooibos est une tisane produite dans le fynbos, biome très biodivers présent uniquement en Afrique du Sud. Issue d'une plante endémique de cette région et produite uniquement dans une zone très localisée, autour du Cedarberg** au nord du Cap, la culture du rooibos marque largement les paysages de cette région et l'économie locale.

Historiquement issu de cueillette, le rooibos est cultivé depuis les années 1930 environ et est devenu un produit largement consommé en Afrique du Sud durant la seconde

...

...

moitié du xxᵉ siècle puis internationalement ces vingt dernières années. Le mélange de pratiques Khoi Khoi et Afrikaners*** ainsi que la menace qu'a fait peser sur la filière l'appropriation du nom rooibos par une compagnie américaine**** — qui a fortement marqué les esprits — ont largement contribué à ancrer le rooibos dans le patrimoine sud-africain et ont été des moteurs dans la démarche de développement d'une IG, comme initiative des acteurs localement mais également comme démarche pilote sur le plan national. Les développements récents de l'export ont entraîné une expansion forte de l'aire de production et une artificialisation des pratiques, alors que traditionnellement cette culture est très peu intensive en intrants externes (engrais et pesticides). L'irrigation traditionnellement non utilisée, le rooibos étant adapté aux conditions semi-arides de la zone, s'est également développée dans les zones de mise en culture récentes.

Ces dynamiques menacent d'une part la biodiversité du fynbos et d'autre part la qualité et la réputation du rooibos. Producteurs de rooibos et connaisseurs considèrent que les qualités gustatives diffèrent sensiblement selon la région de production et les pratiques. Selon certains, le rooibos est «sorti de son terroir». Engagés dans la démarche de construction de l'IG, les acteurs de la filière impliqués se sont sentis de plus en plus concernés individuellement et collectivement par de telles menaces et en mesure d'y faire face. Cela a renforcé le processus et a conduit à l'élargir en lien avec une autre initiative portée par des organisations de conservation avec la filière sur la conservation de la biodiversité (Biénabe *et al.*, 2009a). L'ouverture des discussions sur l'établissement du cahier des charges aux questions de biodiversité a permis de reconnaître la diversification des formes de mise en culture qui mobilisent et ont un impact différent sur la biodiversité, et de dépasser ainsi le consensus mou sur des règles minimales, fruit d'une volonté d'inclusion de tous les acteurs et de maintien des capacités d'innovation des acteurs dans une filière en développement. Cela a conduit à mieux qualifier et codifier les systèmes de production (établissement de corridors à l'intérieur des exploitations pour les agriculteurs cultivant plus de 50 % de leurs terres, bandes de végétations intercalaires dans les champs cultivés) et à expliciter le rôle joué par la biodiversité dans la spécificité du rooibos.

Comme mis en avant par Biénabe *et al.* (2009b), l'établissement de l'IG fournit des opportunités pour ouvrir des espaces locaux de médiation au sujet de la gestion des ressources collectives, directement ou indirectement liées au produit, et favoriser ainsi la production de normes partagées portant sur cette gestion. La démarche de négociation locale a ainsi permis, dans le cas du rooibos, aux acteurs de la filière et du territoire d'expliciter et d'intégrer dans le dispositif de l'IG les liens entre qualité et biodiversité dans les systèmes de production. L'analyse de ce cas montre également que les capacités de mise en débats et d'arbitrage sont essentielles pour faire des IG des outils partagés de gestion et de valorisation de systèmes de production localisés spécifiques et biodivers. Elles sont liées aux conditions locales dans lesquelles s'opèrent les négociations, et en particulier aux acteurs représentés (différents types d'acteurs de la filière mais également acteurs hors filières porteurs d'enjeux liés : biodiversité, développement local, etc.).

* Cette étude a été menée dans le cadre du projet Biodivalloc «Des productions localisées aux indications géographiques : quels instruments pour valoriser la biodiversité dans les pays du Sud ?», coordonné par l'IRD et financé par l'ANR.
** Massif montagneux situé à environ 200 kilomètres au nord du Cap.
*** Bien que les traces historiques soient limitées, le rooibos associe *a priori* des traditions d'usages des populations locales Khoi Khoi avec des pratiques agricoles, d'échanges et de consommation liées fortement aux populations Afrikaners.
**** Une marque simple portant sur le nom rooibos a été enregistrée aux États-Unis par une compagnie sud-africaine qui l'a ensuite cédée à une compagnie américaine. Cette compagnie a alors voulu faire valoir ses droits en exigeant des royalties pour l'utilisation du nom à titre commercial par d'autres opérateurs de marchés. Si la filière a réussi à faire annuler cette marque, ce processus a été très long et coûteux.

Comme le montrent les cas analysés ci-dessus (encadrés 6.3 et 6.4), si les IG peuvent parfois représenter un instrument intéressant pour valoriser des systèmes de production biodivers, certaines conditions doivent pour cela être réunies. Tout d'abord, la qualité et/ou la réputation du produit valorisé par l'IG doivent être reconnues comme étant liées à des pratiques de production biodiverses, ce qui est le cas des deux produits présentés dans les encadrés 6.3 et 6.4. C'est en effet à cette condition que peut se justifier la liaison entre IG et biodiversité. Cela dit, la nature de cette liaison peut être très différente, et c'est là tout l'intérêt de la construction locale du référentiel associé à l'IG pour un produit particulier. D'autre part, la nature du cadre légal qui s'applique au niveau national est importante. En effet, comme cela a été développé, le potentiel associé à l'IG dépend de l'existence d'un cahier des charges dans lequel les pratiques de production biodiverses sont codifiées. Or, conformément aux Accords internationaux sur la protection des droits intellectuels (ADPIC) conclus dans le cadre de l'Organisation mondiale du commerce (OMC), tous les pays n'ont pas adopté le même cadre légal pour reconnaître et protéger les IG. Un cahier des charges attaché à l'IG n'est ainsi pas toujours obligatoire (cas de la protection des IG par des marques simples) ; et lorsqu'il l'est, l'inclusion de spécifications faisant le lien entre la qualité et/ou la réputation et les conditions locales de production n'est pas toujours requise pour enregistrer l'IG (cas en particulier des systèmes de protection des IG par des marques de certification, dans lesquels aucun examen substantiel du cahier des charges n'est exigé). Enfin, si la définition locale des spécifications liées à l'IG peut être un facteur favorable, cela dépend des acteurs qui vont effectivement participer à la construction de l'IG et des rapports de force entre ces acteurs. Cette question prend une importance particulière dans les pays du Sud dans lesquels la construction des règles des IG dépend non seulement du choix du cadre légal mais également de la capacité des États à les faire respecter (Sautier *et al.*, 2011).

D'une manière générale, l'hétérogénéité prévaut actuellement dans les cadres de régulation des IG, que ce soit au niveau des législations nationales ou des conditions de construction de l'IG pour un produit spécifique. Cette disparité constitue à la fois la force et la faiblesse de cet instrument pour valoriser des pratiques et des systèmes de production biodivers. D'un côté, elle permet la flexibilité de l'instrument et donne ainsi l'opportunité d'adapter la codification des pratiques et les attributs de qualité ainsi signalés aux conditions locales, environnementales et humaines, éléments importants pour la reconnaissance de systèmes agricoles biodivers, comme développé dans la première partie du chapitre. D'un autre côté, elle constitue aussi une contrainte du fait des difficultés rencontrées pour établir effectivement ces instruments juridiquement et dans les différents marchés.

Si les effets de labellisations considérées séparément sont intéressants et peuvent être significatifs en soi, de plus en plus de dispositifs de qualité interviennent dans les mêmes filières pour différencier les produits, avec globalement des implications qui peuvent varier en fonction en particulier des acteurs qui les mettent en œuvre et les gouvernent. Ces labels peuvent entrer en concurrence sur des marchés lorsqu'ils sont portés par différents opérateurs des filières, les modalités de cette concurrence variant notamment en fonction des alliances contractées avec des acteurs externes aux filières qui cherchent à promouvoir grâce à ces labels des modèles et des pratiques spécifiques (par exemple l'ONG WWF qui s'est associée à Unilever pour développer le label Rainforest Alliance). S'intéressant aux interactions entre les processus de développement d'une labellisation commerce équitable d'une part et d'une IG d'autre part, Biénabe et Sautier (2008) montrent que ceux-ci peuvent également s'avérer complémentaires dans le temps, en particulier du point de vue des agriculteurs et de leur aptitude à valoriser ainsi leurs systèmes de production sur les marchés. En effet, le développement de ces dispositifs met en jeu des opportunités (renforcement des capacités, rapidité de retour sur investissement, potentiel de différenciation) et des risques différents (types d'exclusion en particulier) dans la construction des marchés. Ainsi, dans le cas du rooibos, l'organisation et les mécanismes liés au commerce équitable en lien avec le soutien d'ONG locales ont permis aux petits producteurs de renforcer leurs capacités d'organisation collective et de mise en marché (développement de réseaux avec des acheteurs dédiés et différenciation sur les marchés finaux) et ont été essentiels dans la construction d'une filière différenciée de qualité rémunératrice. Après l'établissement des circuits du commerce équitable, les petits producteurs ont ainsi pu participer à la définition de l'IG et faire valoir leurs spécificités dans les négociations sur la construction des règles de l'IG. Les règles de participation au commerce équitable excluant initialement les grands planteurs ayant été modifiées, cette évolution présentait une menace pour les petits producteurs, et se différencier par l'IG leur est alors apparu d'autant plus vital. Cet exemple illustre les interactions entre différentes dynamiques de qualité. L'analyse du cas du rooibos, dans lequel se manifeste une variété de dynamiques récentes de labellisation, permet de mieux comprendre le rôle de différents dispositifs pour promouvoir des systèmes agricoles particuliers.

La labellisation des paysages : une nouvelle voie à explorer

L'encadré 6.4 qui analyse des négociations visant à établir une IG illustre la difficulté d'intégrer et de codifier des pratiques considérées comme importantes essentiellement du point de vue de la conservation de la biodiversité dans le cahier des charges d'un dispositif de reconnaissance portant sur le lien entre la qualité du produit et son origine. Cela est particulièrement le cas de pratiques visant à réduire les menaces que peut faire peser le développement de la monoculture du rooibos sur les zones et les ressources environnantes en raisonnant à l'échelle du paysage, mais dont les liens au territoire et les incidences sur la qualité ne sont pas toujours évidents.

Ce genre de constat a participé de la réflexion en cours sur le potentiel que pourrait représenter une labellisation non pas construite pour la valorisation d'un produit particulier, mais directement pour la valorisation d'un paysage. Les principaux éléments de ce que pourrait être cette démarche et de sa justification sont présentés dans l'encadré 6.5.

La démarche de labellisation présentée dans l'encadré 6.5 s'inscrit dans la perspective de faire reconnaître directement, grâce à des mécanismes fondés sur des échanges marchands, la valeur écologique d'une biodiversité à l'échelle du paysage, qualifiée d'« ordinaire ». Il s'agit pour les promoteurs de ces approches de trouver des alternatives à des instruments tels que les paiements pour services écosystémiques, dont l'institutionnalisation peut poser des problèmes d'acceptabilité. Cependant, ces

---

Encadré 6.5. Labellisation du paysage.

Emmanuel TORQUEBIAU

Les paysages ruraux polyvalents qui associent des activités de production agricole à des caractéristiques environnementales sont des paysages composites susceptibles de relever deux défis actuels : la sécurité alimentaire et la conservation de la biodiversité. Leur attribuer un label pourrait contribuer à en reconnaître la valeur et créer ainsi de la valeur ajoutée sur les produits ou services issus de tels paysages. Ces paysages composites peuvent être exclus des stratégies de labellisation classiques, qui valorisent souvent — de manière indirecte — des paysages ayant une valeur paysagère patrimoniale reconnue, car ce sont parfois des paysages « ordinaires ».

La démarche de labellisation d'un paysage ne porte pas sur un produit particulier mais sur les processus qui conduisent à l'existence du paysage en question : par exemple des forêts gérées pour la protection d'une espèce menacée, ou pour la collecte de produits naturels, dans une mosaïque paysagère où l'on trouve aussi des champs et de l'habitat humain. L'idée originale a été émise par Ghazoul *et al.* (2009). Alors que la labellisation d'un produit ou d'un processus de production ne contient pas nécessairement d'objectif explicite de conservation de la biodiversité, la labellisation du paysage doit faire appel à un cahier des charges où cet objectif est clairement décrit. La valeur ajoutée du paysage ainsi labellisé peut être payée par un consommateur de produits ou un utilisateur de services provenant du paysage en question, par exemple des produits de la ferme ou des activités d'écotourisme. Par rapport à un paiement « conventionnel » pour gestion environnementale (par exemple les paiements pour services écosystémiques), la labellisation du paysage a l'avantage de ne pas faire appel à un paiement institutionnel, souvent perçu comme une subvention déguisée. Par rapport à une certification classique du type indication géographique, le label paysage inclut nécessairement une dimension d'hétérogénéité spatiale ayant des attributs environnementaux.

Pour labelliser un paysage, il faut avant tout concevoir un cahier des charges décrivant les critères qui vont caractériser la nature polyvalente du paysage : par exemple une mosaïque paysagère associant des proportions particulières d'agriculture ou de forêt et de zones interstitielles, ou un réseau de haies séparant des parcelles. Un cadre de référence pour définir les critères du cahier des charges est fourni par le concept d'écoagriculture (Scherr et McNeely, 2008). Un index peut être utilisé pour caractériser la polyvalence d'un paysage (Torquebiau *et al.*, 2012). Un barème et une procédure d'attribution du label doivent ensuite être mis en place par des institutions dédiées.

---

approches requièrent d'autres formes d'institutionnalisation. Il ne s'agit pas simplement de changer le véhicule de paiement en l'ancrant dans différents marchés. Si ces approches font appel à des manières de penser les rémunérations qui peuvent être plus acceptables, la question de leur mise en œuvre reste posée. Elles doivent trouver des ancrages effectifs dans des pratiques de marché pour remplir leur fonction et assurer une rémunération à ceux qui contribuent à l'entretien de ces paysages. Pour ce faire, ces valorisations doivent être reconnues par les consommateurs. Cela implique d'être capable de les différencier sur les marchés, et donc de faire reconnaître par différents consommateurs l'utilité de cette biodiversité ordinaire dans des contextes où les qualités et les demandes se construisent généralement sur la base de caractéristiques emblématiques, ou au moins particulières de ressources associées à la qualité au sens large du produit, même pour des marchés de proximité comme ceux principalement envisagés par Torquebiau. D'autre part, la construction de ces démarches pose en particulier la question de l'expertise requise, laquelle apparaît comme déterminante dans la conception d'un cahier des charges reflétant les attributs de ces paysages polyvalents et fait appel à beaucoup de connaissances externes, ce qui pose la question de qui peut les mettre en œuvre et comment. D'une manière générale, elle interroge sur la forme de médiation que constituent dans ce cas les échanges marchands.

Le développement des systèmes agroalimentaires conventionnels : perspective historique et enjeux actuels

Afin de saisir plus globalement la nature des transformations actuelles des systèmes alimentaires, et donc des relations production-échanges-alimentation, il est intéressant de replacer l'évolution de ces relations dans un contexte historique long. Pour ce faire, dans un premier temps, la trajectoire longue de développement de l'industrie agroalimentaire et ses liens avec la production est analysée. Dans un deuxième temps, ce sont les liens entre développement des échanges internationaux, construction des normes et production qui sont traités. Les processus analysés dans les deux prochaines sections caractérisent les traits majeurs du développement du système agro-industriel et montrent clairement leurs effets sur la production agricole, la finalité de celle-ci dans ce système devenant la production de matières premières normalisées et d'ingrédients largement substituables. Ces deux sections traitent également des implications des évolutions récentes en lien avec les exigences de durabilité.

Homogénéisation des matières premières et diversification retardée dans l'agroalimentaire : une remise en cause au nom de la durabilité ?

Soler *et al.* (encadré 6.6) retracent les choix et innovations technologiques qui caractérisent la trajectoire de l'industrie agroalimentaire et qui ont fortement induit l'homogénéisation de l'offre agricole et des systèmes de production. Comme exposé dans l'encadré, le développement des procédés par l'industrie agroalimentaire, qui s'est opéré sur une logique d'assemblage et de maîtrise de la qualité et de la diversité de l'offre au niveau de la transformation, a largement contribué à la substituabilité des matières premières, et donc à homogénéiser ainsi les matières premières agricoles.

Cependant, l'importance des défis alimentaires, environnementaux et énergétiques conduit le système agro-industriel à repenser, au Nord comme au Sud, les relations entre agriculture et agroalimentaire pour promouvoir des aliments qui répondent mieux aux nouvelles attentes et besoins des consommateurs tout en assurant une plus grande durabilité, comprise principalement du point de vue environnemental, des systèmes de production et de transformation dont ils sont issus.

Encadré 6.6. Les développements de l'industrie agroalimentaire : vers une remise en cause du couplage structurant entre homogénéisation des matières premières et diversification de l'offre finale ?

Louis-Georges Soler, Vincent Réquillart et Gilles Trystram*

Pour assurer une qualité constante et maîtrisée des produits, l'industrie agroalimentaire, initialement construite sur les techniques de conservation et de stabilisation, s'est historiquement tournée vers une logique d'assemblage fondée sur le couple déconstruction/reformulation qui reste au cœur des procédés industriels actuels. Cette logique s'appuie, d'une part, sur la production de produits intermédiaires (ingrédients, additifs et auxiliaires technologiques) grâce au fractionnement qui vise à déstructurer la matière première agricole et à maîtriser les propriétés souhaitées malgré la variabilité de la matière première et, d'autre part, sur la diversification et l'élargissement de l'offre de produits finaux par la formulation et la reconstitution.

Le fractionnement de la matière première a ainsi rendu plus substituables les matières premières agricoles, contribuant à connecter les marchés de ces matières premières entre eux. Ces évolutions sont allées de pair avec la mondialisation de l'origine des matières premières, ayant pour effets pour l'industrie de sécuriser les approvisionnements et d'en réduire les coûts. Les développements de l'agroalimentaire ont convergé avec la normalisation de la matière première agricole dans les échanges internationaux et, plus récemment, avec les efforts de la génétique et des pratiques agricoles pour induire une évolution vers des matières premières réduites en nombre, en diversité et moins variables au cours du temps. La diversification retardée, c'est-à-dire ayant lieu au niveau de la transformation et non de la production, caractéristique majeure du système agroalimentaire industriel, a fortement contribué à l'homogénéisation et à la réduction considérable de la variété de l'offre agricole. Elle a dans le même temps permis d'augmenter fortement la diversification des produits finis.

Le concept de durabilité et la crise de l'énergie introduisent un regard nouveau sur l'efficience énergétique. Historiquement, l'évolution des procédés s'est faite par l'addition de contraintes et donc, de fonctionnalités nouvelles (maîtrise de la sécurité sanitaire biologique, puis des attributs organoleptiques, recherche d'attributs nutritionnels, voire d'effets santé, et maintenant durabilité). Les compromis ainsi opérés ont significativement réduit les marges de manœuvre de l'industrie au point de considérer, en l'état actuel des connaissances, que l'addition de nouvelles exigences ne pourra se faire sans revenir sur les contraintes précédentes. D'autre part, les nouveaux comportements des consommateurs, et plus généralement les attentes sociétales en matière d'environnement, de santé et d'alimentation, confrontent le système alimentaire industriel à la nécessité de rétablir le lien entre l'aliment et le consommateur, entre le produit agricole en amont et le produit alimentaire final. La robustesse des arbitrages économiques derrière le choix des grandes options d'homogénéisation en amont et de différenciation retardée doit être réévaluée. Sur le plan technologique, le concept de *minimal processing,* initialement conçu pour minimiser les effets indésirables sur des propriétés sensorielles ou sur la valeur nutritionnelle des aliments lors des traitements thermiques, est

...

> ...
>
> maintenant élargi pour réduire la quantité d'énergie utilisée pour élaborer un aliment et en limiter le coût de transformation. Une voie consiste à remettre en cause l'usage du fractionnement et utiliser la matière première telle quelle. Soler *et al.* (2011) posent la question de savoir si l'amont de la transformation peut réacquérir un rôle dans la production de la variété de produits : « Quelles caractéristiques "différenciantes" peuvent se jouer au niveau de l'offre agricole et quelles contributions de l'aval à travers des fonctionnalités additionnelles construites par les procédés ? » L'enjeu est une nouvelle manière de penser la relation entre agriculture et industrie.
>
> * Adapté de Soler *et al.*, 2011.

Comme l'indiquent Soler *et al.*, relever ces défis — énergétiques en particulier — conduit à repenser certains fondements du fonctionnement de l'industrie agroalimentaire, au moins dans le contexte français, et en particulier les procédés permettant la diversification retardée. Sont ainsi explorées des pistes qui pourraient inverser la tendance d'uniformisation pour réintroduire de la diversité en amont de la transformation agro-industrielle.

Repenser les relations agriculture-transformation et requalifier l'offre agricole, et donc les propriétés des matières premières, signifie repenser les systèmes de production et les modes de transformation dans une vision intégrée, fondée sur la compréhension des interactions « génotype × environnement × conduite culturale × procédé de transformation × qualité ». Cela implique de réexaminer les pratiques de production et en amont l'offre et la diversité variétale, dans l'optique de les faire évoluer avec les nouvelles stratégies de transformation. Il s'agit de maîtriser les systèmes depuis des processus de sélection conçus en liaison avec les itinéraires techniques jusqu'au développement de procédés de conservation et de transformation adaptés. Bonneuil *et al.* (2006), qui s'intéressent aux transformations dans le domaine des semences et des variétés, montrent comment celles-ci sont de plus en plus reliées aux transformations qui s'opèrent depuis l'aval des systèmes alimentaires dans le cadre d'une économie que ces auteurs qualifient d'« économie de la demande », par opposition à l'« économie de l'offre » historiquement dominante retracée ci-dessus. Ils confirment que cette intégration des étapes, qui inclut la « démarche de recherche en sélection variétale, celle de la définition de la qualité souhaitée du produit, et celle de la construction de son marché [qui] ne sont plus trois étapes successives », est un processus en cours dans les systèmes alimentaires, et évoquent une « coconstruction de l'innovation et du marché dans un seul processus interactif » (Bonneuil *et al.*, 2006).

Au vu des défis pour assurer une plus grande durabilité des systèmes alimentaires dans les pays du Sud, la valorisation des spécificités des productions locales, en particulier pour les marchés locaux, oriente également les innovations dans les procédés de transformation. La biodiversité dans les systèmes de production est à ce titre identifiée comme un atout potentiel pour une alimentation diversifiée adaptée aux ressources et aux usages locaux. Ces manières d'envisager les relations production primaire-transformations convergent avec le poids renouvelé accordé à la diversité des aliments dans un contexte d'élargissement des façons de concevoir la sécurité alimentaire.

Le développement des échanges internationaux et le rôle des normes : une rationalisation toujours plus forte et un contrôle renforcé par les acteurs de l'aval

Le retour sur une longue période permet de mieux saisir les choix opérés actuellement dans la construction des normes, comme le développent Daviron et Vagneron (encadré 6.7). Les processus majeurs à l'œuvre à long terme dans l'agro-industrie dans les pays du Nord et dans le développement du commerce international, du fait des interdépendances entre ces deux segments, ont convergé pour uniformiser, normaliser et homogénéiser les matières premières agricoles et organiser la diversification au niveau de l'aval. Cela a permis aux acteurs de l'aval d'acquérir un poids majeur dans la définition des conditions de rencontre entre une offre de plus en plus diversifiée et une demande dont les attentes ont évolué, et ainsi de contrôler les chaînes de valeur. Les tendances lourdes à la concentration dans le secteur de la grande distribution, qui se sont opérées durant les cinquante dernières années dans de nombreux pays industrialisés et qui s'observent de plus en plus dans les pays du Sud, ont permis aux grandes chaînes de distribution de s'imposer comme les acteurs dominants dans la plupart de ces chaînes de valeur. Le contrôle sur la manière dont s'organise la rencontre entre offre et demande s'opère ainsi de plus en plus en aval des filières.

Un trait majeur à long terme de ces trajectoires qui éclairent les principaux enjeux actuels est la manière dont le processus de normalisation s'est constitué et développé, contribuant à configurer les relations amont-aval. Comme le montrent Daviron et Vagneron, la normalisation est historiquement au cœur du développement de la marchandisation et de la construction de l'homogénéité qui lui est attachée, et elle joue un rôle clé dans la manière dont est organisée la déconnexion entre production et consommation par les acteurs de l'aval pour gouverner les filières.

Les normes développées récemment dans le contexte du commerce international, et plus généralement des chaînes de valeur gouvernées par la grande distribution, permettent de différencier les produits auprès des consommateurs sur la base d'attributs de production de plus en plus spécifiques et précis techniquement. Elles ont conduit, en particulier, à ne plus uniquement considérer et signaler des attributs liés au produit, mais également des attributs liés aux processus de production et même d'échanges (commerce équitable). Ces normes organisent dans le même temps de nouvelles opacités entre producteurs et consommateurs.

Encadré 6.7. Un éclairage sur les normalisations signalant des agricultures durables : retour sur un processus historique de marchandisation et de démarchandisation des productions agricoles.

Benoît Daviron et Isabelle Vagneron

Resituer, dans le processus historique de développement du commerce international des matières premières agricoles, la phase actuelle de normalisation au nom de la durabilité change la perspective sur le rôle joué par ces normes qui «prolifèrent». Cela conduit en effet à rapprocher la normalisation et la marchandisation des produits agricoles qui a accompagné l'essor du commerce interna-

...

...

tional. Les normes produites historiquement, conçues pour les marchés à terme des céréales aux États-Unis et ensuite d'autres produits, coton, café, cacao dès le milieu du XIXe siècle, permettaient de rationaliser ces échanges à longue distance et de les rendre plus efficaces pour les transformateurs et négociants qui organisaient ces échanges lointains. Ces normes sont construites en sélectionnant les attributs considérés comme pertinents lors des échanges. Elles déterminent ainsi les informations transmises le long des filières. Et elles permettent d'organiser l'homogénéité des produits selon des grades, et ainsi la substituabilité entre lots. Dans la phase de production de masse, les normes concernent des informations basiques sur le produit (couleur, etc.)*. L'origine des fournisseurs et les conditions de production n'étant pas retenues comme des attributs des transactions, ces normes organisent également la substituabilité entre fournisseurs et entre modes de production. Ces normes contribuent ainsi indirectement à rendre ces échanges lointains accessibles à une plus grande diversité de producteurs, au moins dans cette phase de création. D'un autre côté, elles produisent une opacité dans les relations marchandes entre producteurs et consommateurs. Initialement créées par des opérateurs de marché, ces normes ont ensuite été rendues publiques et obligatoires dans différents pays au début du XXe siècle dans des lois définissant les produits sur le territoire national**.

Les secteurs de l'agriculture biologique et du commerce équitable se sont initialement développés sur des marques de petits distributeurs spécialisés et des constructions de la qualité et des modes de commercialisation spécifiques. Ce fonctionnement visait à rétablir les liens entre producteurs et consommateurs et à produire de la transparence sur les processus de production, et contribuait ainsi à limiter la substituabilité. Puis, avec la forte croissance de la demande au début du XXIe siècle et l'investissement des circuits de commercialisation conventionnels, la commercialisation a évolué vers des normes et des labels harmonisés. Cela s'est traduit par une redéfinition, d'une part, de l'agriculture biologique recentrée sur l'absence d'intrants synthétiques et, d'autre part, des procédures de contrôle associées. Ces dernières ont fait une large place à la certification par tierce partie, dont le rôle de plus en plus majeur s'étend à la définition même du contenu des spécifications et de l'évaluation des performances des producteurs (Power, 1997). Cette évolution vers de nouveaux systèmes experts — spécifications techniques harmonisées et certification par tierce partie — a fortement contribué à distendre de nouveau les liens entre producteurs et consommateurs.

En conciliant l'homogénéité des produits et une exigence de transparence concernant le processus de production, ces systèmes de labellisation ont attiré de très nombreux opérateurs de l'agroalimentaire, participant ainsi largement de la prolifération actuelle des normes et des codes de bonne conduite orientés vers la durabilité pour de nombreuses matières premières agricoles. Dans cette perspective historique, ces normes de durabilité, qui reposent sur un dispositif permettant la substituabilité entre producteurs répondant aux spécifications techniques requises, constituent une nouvelle étape dans le processus de rationalisation du commerce des produits agricoles, voire une radicalisation.

* Les critères de variétés et ceux d'aptitude à la transformation ne sont pas retenus à ce stade.
** Cette intervention publique est au départ grandement justifiée par l'administration aux États-Unis, mais aussi par l'administration coloniale au Ghana, au nom des intérêts des producteurs. Elle remplit également un rôle, largement reconnu, vis-à-vis des consommateurs : gestion de la qualité et des risques, en particulier avec le développement des normes sanitaires.

On observe une sorte de contradiction entre, d'une part, une exigence de transparence accrue et de plus en plus promue vis-à-vis du consommateur, des relations souvent plus directes également avec les producteurs (en lien avec la restructuration des filières et le poids croissant de la grande distribution) et, d'autre part, une opacité au niveau du producteur, la construction et l'organisation du marché s'opérant de plus en plus largement hors de son champ d'action dans ces filières. L'organisation de cette transparence va de pair avec la mise en place de procédures de traçabilité qui peuvent contribuer à accroître les barrières à l'entrée dans les marchés pour certains producteurs (ex. : code-barres). La domination de ces filières par la grande distribution ou par de grandes entreprises agroalimentaires passe de plus en plus par leur contrôle de la gouvernance de ces normes, soit directement en les pilotant, soit en intervenant dans les processus de normalisation organisés dans d'autres arènes (ex. : Sustainable Palm Oil Round Table). La gouvernance de ces normes est un enjeu majeur des transformations de l'agriculture.

Comme cela a été abordé dans la section « Prolifération des normes et transformations de l'agriculture », ces stratégies de qualité et les mécanismes de certification qui leur sont liés présentent à la fois des opportunités et des contraintes pour une meilleure prise en compte de l'écologisation des pratiques et de la biodiversité en fonction des caractéristiques de ces normes et de leur élaboration. La prolifération des normes pilotées par les acteurs de l'aval des filières et par des acteurs hors filières, exogènes aux zones de production, tend à augmenter les contraintes pesant sur les conditions d'accès aux marchés pour les producteurs, en particulier dans les pays en développement. En effet, le respect de ces normes devient de plus en plus une condition requise pour accéder aux marchés export, et de manière croissante, également domestiques, en particulier lorsqu'ils sont gouvernés par la grande distribution.

Dynamiques de production et dynamiques marchandes : quels devenirs ?

À travers l'analyse qu'ils proposent de la trajectoire de l'agriculture biologique, Daviron et Vagneron (encadré 6.7) montrent que ce secteur, constitué sur la base d'une organisation particulière des échanges qui permettait de recréer des liens entre producteurs et consommateurs, a progressivement été réintégré au mode dominant d'organisation des échanges en lien avec l'évolution dans la construction des normes. La conventionnalisation de l'agriculture biologique participe ainsi du renouvellement du modèle agro-industriel. Elle se traduit par des procédés alignés sur le système conventionnel aussi bien au niveau de la commercialisation, *via* la grande distribution principalement, qu'au niveau de l'approvisionnement en intrants (bio) et des modes de production dans des exploitations très spécialisées dont la logique est largement dominée par les économies d'échelle.

D'un autre côté, comme évoqué dans l'introduction de cette partie et de plus en plus analysé dans la littérature sur les systèmes alimentaires, on observe une diversification dans l'organisation des liens entre production et consommation à laquelle participe le mouvement de l'agriculture biologique, qui continue d'exister en dehors des circuits conventionnels de commercialisation. Cette diversification va de pair avec celle des pratiques de production, et en particulier leur écologisation, et avec celle des modes de consommation et d'achat; elle est fortement portée par des dynamiques sociales qui se construisent en opposition au modèle agro-industriel conventionnel, lequel distend fortement ces liens. La contestation du consumérisme de masse, industriel, productiviste et globalisé, et le projet d'être porteur d'un autre modèle de développement, lié à une certaine forme d'activisme politique, sont des moteurs importants de ces mouvements de consommateurs «citoyens». Cela participe de la même logique de remise en cause que les mouvements, portés par certains agriculteurs, de reconfiguration sociale pour sortir des logiques agro-industrielles de spécialisation et de segmentation et recréer des liens et des alliances, ici entre producteurs et consommateurs. Cela se traduit par des réseaux constitués spécifiquement, de production et de consommation, qui permettent aux acteurs qui y participent de redonner du sens à leurs pratiques de production, d'échanges et de consommation — par exemple ventes directes à la ferme, associations pour le maintien d'une agriculture paysanne (Amap), Food Councils, réseau Ecovida, marchés fermiers. Les produits qui circulent dans ces réseaux ne sont plus seulement «commodifiés, mais porteurs de valeurs qui dépassent leurs qualités intrinsèques, c'est-à-dire qui donnent du sens à leur consommation» (Verhaegen, 2012). À l'intérieur de ces réseaux, de nouveaux codes, identités, règles et systèmes de connaissance sont produits. Ces nouvelles formes de mise en marché vont de pair avec des signalisations et des constructions spécifiques des dispositifs de qualité (par exemple certification participative). «La certification participative peut [dans le contexte brésilien] s'interpréter comme l'aboutissement de la critique des conséquences socio-environnementales de la modernisation agricole brésilienne.» (Isaguirre et Stassart, 2012) À travers ces initiatives peuvent ainsi se développer des activités économiques qui contribuent à valoriser des ressources écologiques variées et différenciées de manière plus durable et écologiquement efficiente en proposant des formes de coévolution de nouveaux modes de production et de nouveaux styles de consommation.

L'évolution de ces mouvements et de ces initiatives, et le potentiel qui leur est associé pour transformer l'agriculture vers des systèmes plus durables et des pratiques plus écologiques, fait l'objet de beaucoup de débats et de visions différentes. Si leur développement, en tant que nouveaux modèles et mouvements sociaux, s'est pour l'instant principalement opéré dans les pays du Nord, ces dynamiques qui renouvellent les manières de produire, d'échanger et de consommer, s'observent également au Sud. L'antériorité de l'agriculture biologique dans les formes d'écologisation de l'agriculture est intéressante pour analyser et penser en dynamique le potentiel de différents mouvements pouvant assurer des transitions vers des modèles d'agriculture plus biodivers. Elle constitue en effet un modèle plus développé et mieux constitué socialement, économiquement, politiquement et institutionnellement. Divers auteurs relatent les tensions observées actuellement entre plusieurs tendances au sein du mouvement de l'agriculture biologique: «Les relations entre les volets protestataire et économique de l'agriculture biologique sont toujours instables, en recomposition et en mouvement suivant les périodes et les contextes.» (Streith *et al.*, 2012)

Ces tensions sont très liées aux questions que pose l'institutionnalisation de l'agriculture biologique. Une étape importante de cette institutionnalisation est celle analysée par Daviron et Vagneron (voir encadré 6.7). La reconnaissance par la puissance publique de la normalisation de l'agriculture biologique est intervenue après une phase de normalisation portée par des acteurs privés, et elle ne s'est pas encore opérée dans tous les pays (voir Biénabe *et al.*, 2011, pour le cas de l'Afrique du Sud), même si les processus d'harmonisation dans ce secteur sont significatifs. Elle repose sur les tensions entre, d'une part, les volontés de maintenir des pratiques alternatives locales et d'exister dans un espace différent du système conventionnel, reflet de l'agriculture biologique comme mouvement de contestation des rapports de force existant dans les systèmes agroalimentaires conventionnels et comme alternative au modèle conventionnel incluant des pratiques sociales plus équitables, et, d'autre part, une volonté d'institutionnalisation : « Témoins d'une certaine demande sociale, tantôt ces associations [d'agriculteurs, de consommateurs et d'environnementalistes] contribuent à l'institutionnalisation en voulant influencer les politiques publiques, tantôt ils s'en démarquent en revendiquant un espace de liberté et en recadrant le bio dans la sphère du mouvement social. L'actuelle dynamique en matière de circuits courts de commercialisation est exemplaire à ce niveau. » (Van Dam et Nizet, 2012)

Derrière ces tensions se pose la question du rôle transformatif de ces réseaux et pratiques, sur les plans écologique et social, et celle de leur capacité à proposer une voie vers un système alimentaire plus durable au sens plein, c'est-à-dire écologiquement plus durable et socialement plus juste au-delà d'initiatives fragmentées qui ne peuvent pas dépasser ce qui est considéré comme une économie de niche, « conduisant à une diversification des modes de production et d'échange, avec à la fois une dualisation des systèmes et des zones de production et une restratification sociale de la consommation alimentaire, sans grande perspective de remise en cause fondamentale du système dominant » (Verhaegen, 2012). La diversité hétérogène de pratiques durables et souvent à petite échelle agroécologique peut-elle fournir une alternative viable contre la domination marchande et scientifique du paradigme agro-industriel ? (Horlings et Marsden, 2011).

▸▸ Conclusion

Ce chapitre analyse les coévolutions entre les innovations techniques vers des systèmes plus biodivers et les dynamiques sociales, que celles-ci touchent plus l'amont ou l'aval de l'agriculture. Les évolutions techniques vers des systèmes agricoles plus biodivers constituent *a priori* des tendances qui s'opposent à l'artificialisation et à l'uniformisation de l'agriculture, que ce soit depuis l'amont en lien avec les systèmes d'innovation ou depuis l'aval en lien avec les dynamiques de marchés. Comme cela apparaît clairement dans ce chapitre, ces processus d'artificialisation et d'uniformisation caractéristiques du modèle agro-industriel sont fortement liés à la spécialisation de l'agriculture dans la production de matières premières agricoles valorisées en aval dans des filières de plus en plus sophistiquées. Ces processus ont été promus par le système d'innovation agricole conventionnel en lien avec un modèle agricole très intégré avec le secteur amont de l'agriculture et dépendant de celui-ci. Beaucoup de mouvements sociaux qui ont contribué à développer des pratiques plus écologiques se sont construits en opposition à ce modèle.

Cependant, les évolutions, aussi bien depuis l'amont que depuis l'aval de l'agriculture, montrent que des déplacements s'opèrent, en lien avec l'écologisation des pratiques, dans les clivages entre, d'une part, ce modèle productiviste, intensif, agro-industriel, largement critiqué pour ses impacts environnementaux et sociaux et, d'autre part, des modèles regroupés souvent sous le qualificatif «alternatif» — en écho à leur opposition au modèle productiviste conventionnel. Ces modèles alternatifs mettent en œuvre une grande diversité de pratiques inscrites dans le local. Si ces clivages sont encore très structurants en termes de dynamiques sociales en jeu, les transformations opérées, que ce soit dans les systèmes productifs — et dans les systèmes d'innovation qui les accompagnent — ou dans les marchés et les systèmes alimentaires, ont conduit, d'une part, à un renouveau du modèle industriel et, d'autre part, à une diversification des systèmes et pratiques alternatifs. De plus en plus d'acteurs du secteur agro-industriel mobilisent et valorisent certains systèmes de production et pratiques agrobiodiverses, comme l'agriculture de conservation pratiquée en monoculture de céréales au Brésil ou l'agriculture biologique «conventionnalisée», et répondent ainsi au moins en partie aux critiques environnementales dont ils faisaient l'objet.

Les enjeux les plus fortement mis en avant au niveau global sont environnementaux et alimentaires. En revanche, les questions sociales, également cruciales et présentes dans les débats et les questionnements sur les conséquences du modèle agro-industriel, sont beaucoup moins bien considérées et loin d'être résolues pour l'instant. De plus, la manière d'aborder les enjeux alimentaires en particulier peut être très différente (souveraineté alimentaire *versus* accroissement de la disponibilité globale en aliments, etc.). Cela a conduit Horlings et Marsden (2011) à différencier une vision faible et une vision forte de la modernisation écologique. La première, comme présenté en fin de première partie, s'inscrit dans un modèle qualifié de «bioéconomique» et place au centre du développement agricole l'amélioration des techniques de production agricoles, l'utilisation des nouvelles technologies de l'information, les modifications génétiques, etc.; la seconde correspond à une économie basée sur des pratiques locales variées, des projets d'ONG et des initiatives d'agriculteurs plus ancrées localement, adaptée aux ressources naturelles et fondée sur la diversité des approches agroécologiques. Les dynamiques sociales qui portent ces modèles restent largement marquées par des visions différentes du progrès et de la modernisation écologique, mais les lignes de confrontation entre modèles évoluent. Derrière le jugement et l'évaluation de tous ces modèles agricoles et alimentaires et des transformations dont ils sont porteurs, c'est la question de leur performance au sens large qui est posée.

Écologisation des pratiques et recompositions sociales, économiques et politiques vont de pair et s'influencent mutuellement. Cela confirme l'importance de bien comprendre ces coévolutions, d'en identifier les moteurs et la manière dont elles s'inscrivent dans différents enjeux environnementaux et sociaux (c'est-à-dire changements climatiques, biodiversité, sécurité alimentaire, mais également accroissement des inégalités). Étant donné la richesse des processus en cours sur les plans sociaux et institutionnels en lien avec l'écologisation des pratiques, toutes les dynamiques n'ont pas pu être traitées ici.

Dans ce chapitre, l'accent a été mis, en matière de gouvernance et d'orientation des transformations qui touchent l'agriculture, sur les dynamiques de marché dont les champs d'action se sont considérablement étendus avec le développement d'une économie de la qualité et le passage d'une économie de l'offre à une économie de la demande. Ces dynamiques peuvent opérer à des échelles globales, dans le cas de certifications durables de type Sustainable Palm Oil Round Table ou Rainforest Alliance, ou locales, comme pour les circuits courts. Visant à répondre à de nouvelles attentes sociales et modes de consommations — mouvements de consommation citoyenne en particulier —, elles traduisent de nouvelles manières d'organiser et d'instrumenter la rencontre entre production et consommation. Ces dynamiques récentes de marché intègrent ainsi de plus en plus, dans la conception de la qualité, les questions techniques des systèmes de production agricoles, ce qui a conduit Bonneuil *et al.* (2006) à parler de « coconstruction de l'innovation et du marché dans un seul processus interactif ».

Les innovations techniques qui visent à renouer avec plus de biodiversité cultivée dans les systèmes agricoles modifient — ou offrent de nouvelles opportunités pour modifier — les équilibres entre, d'une part, la production d'une offre agricole destinée à l'alimentation au sens classique, c'est-à-dire traditionnellement échangée sur des marchés, et d'autre part, la fourniture de biens et services (aujourd'hui souvent regroupés sous le vocable de services écosystémiques) qui répond à des attentes et des demandes sociales de plus en plus clairement exprimées et diverses.

Traditionnellement, l'offre agricole conventionnelle satisfait des besoins couverts par l'entremise des filières et l'organisation de cette rencontre offre-demande par des opérateurs particuliers a conduit historiquement à la structuration de ces filières. Cette offre de « marchandises » agricoles est actuellement largement considérée, politiquement et socialement, comme relevant *a priori* d'une régulation par les marchés, et plus généralement du secteur privé, même si des interventions publiques ont parfois été mises en place ou sont envisagées pour répondre à des défaillances ; alors que la fourniture de biens et services écosystémiques, et les enjeux qui y sont associés, sont généralement considérés, en particulier depuis la dernière décennie, comme relevant *a priori* de la sphère publique. Ces services sont très souvent conçus comme des externalités, c'est-à-dire comme échappant aux dynamiques marchandes. La volonté de maintenir ces services, souvent envisagés comme des biens publics pouvant être globaux, a justifié à ce titre de développer des instruments de politiques publiques particuliers tels les paiements pour services écosystémiques (PSE) pour instituer les médiations jugées manquantes entre la fourniture de ces services et les demandes dont elle fait l'objet.

Cependant, il est intéressant de noter que les évolutions récentes dans les dynamiques marchandes conduisent à intégrer dans les échanges de plus en plus d'attributs, en particulier environnementaux, liés aux systèmes de production. Ces évolutions conduisent ainsi à s'interroger sur la distinction entre une production agricole régulée par les marchés d'une part et une production de biens et services qui serait du ressort d'instruments spécifiques de politiques publiques d'autre part. Sans remettre en cause l'importance du politique, la nature des instruments qui peuvent être mobilisés pour modifier les équilibres et orienter les transformations dans l'agriculture vers des systèmes plus biodivers dépasse largement la vision conventionnelle technocratique, souvent mise en avant dans le champ de l'environnement, d'instruments incitatifs de type taxation ou subvention (emblématiquement les PSE). Plus largement, la nature et la configuration de l'action publique, et des processus de prise en compte de ces enjeux, peuvent être de plus en plus divers. Cela ne signifie pas pour autant que s'appuyer sur des mécanismes marchands suffit pour garantir des transformations durables des systèmes de production, comme discuté notamment dans le cas de la labellisation du paysage. Dans les circuits conventionnels, cela pose la question de la domination croissante des acteurs de l'aval des filières qui peuvent s'allier avec des ONG et du rôle que ces acteurs jouent de ce fait dans la production et le contrôle de normes censées contribuer à la durabilité des systèmes de production. Mais cela réinterroge sur la place et le rôle du politique dans ces dynamiques. Outre l'entrée filière principalement retenue dans ce chapitre, la dimension territoriale et l'imbrication des échelles du très local au global constituent un enjeu important, en particulier pour ce qui est des arbitrages au niveau de l'utilisation de l'espace et de l'écologie des paysages entre différents systèmes de production, dimensions qui sont pour l'instant très mal intégrées dans les processus marchands.

▸▸ Références bibliographiques

ANDERSSON J., GILLER K.E., 2012. On heretics and God's blanketsalesmen: contested claims for conservation agriculture and the politics of its promotion in African smallholder farming. *In: Contested Agronomy: Agricultural Research in a Changing World* (J. Sumberg, J. Thompson, eds), London, Routledge.

BELLON S., OLLIVIER G., 2012. L'agroécologie en France : l'institutionnalisation d'utopies. *In : L'agroécologie en Argentine et en France. Regards croisés* (F. Goulet, D. Magda, N. Girard, V. Hernandez, eds), Paris, L'Harmattan, 55-90.

BIÉNABE E., SAUTIER D., 2008. Commerce équitable et indications géographiques : relations, tensions, complémentarités. Réflexions à partir du cas du rooibos en Afrique du Sud. *3e Colloque international sur le commerce équitable,* Montpellier, 14-16 mai 2008.

BIÉNABE E., BRAMLEY C., KIRSTEN J.F., 2009a. An economic analysis of the evolution in intellectual property strategies in the South African agricultural sector: the rooibos industry. *In : The Economics of Intellectual Property in South Africa,* Genève, WIPO, 56-83.

BIÉNABE E., LECLERCQ M., MOITY-MAIZI P., 2009b. Le rooibos d'Afrique du Sud : comment la biodiversité s'invite dans la construction d'une indication géographique. *Autrepart,* 50, 117-134.

BIÉNABE E., VERMEULEN H., BRAMLEY C., 2011. The food "quality turn" in South Africa: an initial exploration of its implications for small-scale farmers' market access. *Agrekon,* 50 (1), 36-52.

BIGGS S., 2007. Building on the positive: an actor innovation systems approach to finding and promoting pro poor natural resources institutional and technical innovations. *IJARGE,* 6 (2), 144-164.

BONNEUIL C., DEMEULENAERE E., THOMAS F., JOLY P.-B., ALLAIRE G., GOLDRINGER I., 2006. Innover autrement ? La recherche face à l'avènement d'un nouveau régime de production et de régulation des savoirs en génétique végétale. *In : Quelles variétés et semences pour des agricultures paysannes durables ?* (P. Gasselin, O. Clément, eds), *Les Dossiers de l'environnement de l'Inra,* 30, 186 p.

BRIVES H., TOURDONNET S. (DE), 2010. Comment exporter des connaissances locales ? Une expérience de recherche intervention auprès d'un club engagé dans les techniques sans labour. Communication présentée lors du symposium international *Innovation and Sustainable Development in Agriculture and Food* (ISDA), 28 juin-1er juillet, Montpellier, <http://www.projet-pepites.org/index.php/projets/media/media_pepites/produits_fichiers/brives_de_tourdonnet_2010_isda> (consulté le 15 juin 2012).

CARLSSON B., JACOBSSON S., HOLMÉN M., RICKNE A., 2002. Innovation systems: analytical and methodological issues. *Research Policy,* 31, 233-245.

CDB (Convention sur la diversité biologique), 2001. Global biodiversity outlook, <www.biodiv.org/gbo/chap-06.asp> (consulté le 1er mai 2004).

CONWAY G., 1997. *The Doubly Green Revolution: Food for All in the Twenty-First Century*, Ithaca, New York, Comstock Publishing Associates.

COUGHENOUR C.M., 2003. Innovating conservation agriculture: the case of no-till cropping. *Rural Sociology*, 68 (2), 278-304.

DEMEULENAERE E., GOULET F., 2012. Du singulier au collectif. Agriculteurs et objets de la nature dans les réseaux d'agricultures alternatives. *Terrains et travaux*, 20, 121-138.

DE SCHUTTER O., 2011. Agroécologie et droit à l'alimentation. Rapport présenté à la 16e session du Conseil des droits de l'homme de l'ONU [A/HRC/16/49], 8 mars 2011, <http://www.srfood.org/images/stories/pdf/officialreports/20110308_a-hrc-16-49_agroecology_fr.pdf>, (consulté le 10 décembre 2012).

EKBOIR J.M., 2003. Research and technology policies in innovation systems: zero tillage in Brazil. *Research Policy*, 32 (4), 573-586.

FAURE G., GASSELIN P., TRIOMPHE B., TEMPLE L., HOCDÉ H., 2010. *Innover avec les acteurs du monde rural : la recherche-action en partenariat*, coll. Agricultures tropicales en poche, Éditions Quæ, 224 p.

FORAY D., 2009. *L'économie de la connaissance*, Paris, La Découverte.

GARCIA C.A., BHAGWAT S.A., GHAZOUL J., NATH C.D., NANAYA K.M., KUSHALAPPA C.G., RAGHURAMULU Y., NASI R., VAAST P., 2010. Biodiversity conservation in agricultural landscapes: challenges and opportunities of coffee agroforests in the Western Ghats, India. *Conservation Biology*, 24 (2), 479-488.

GHAZOUL J., GARCIA C., KUSHALAPPA C.G., 2009. Landscape labelling: a concept for next generation payment for ecosystem service schemes. *Forest Ecology and Management,* 258, 1889-1895.

GOULET F., 2010. Nature et ré-enchantement du monde. *In : Les mondes agricoles en politique* (B. Hervieu, N. Mayer, P. Muller, F. Purseigle, J. Rémy, eds), Paris, Presses de Sciences Po, 51-71.

GOULET F., 2011. Firmes de l'agrofourniture et innovations en grandes cultures : pluralité des registres d'action. *POUR*, 212, 101-106.

GOULET F., 2012. La notion d'intensification écologique et son succès auprès d'un certain monde agricole français. Une radiographie critique. *Le Courrier de l'environnement de l'Inra*, 62, 19-30.

GOULET F., HERNANDEZ V., 2011. Vers un modèle de développement et d'identités professionnelles agricoles globalisés ? Dynamiques autour du semis direct en Argentine et en France. *Revue Tiers-Monde*, 207, 115-132.

GOULET F., VINCK D., 2012. Innovation through withdrawal. Contribution to a sociology of detachment. *Revue française de sociologie*, 532, 195-224.

GRIFFON M., WEBER J., 1996. La révolution doublement verte : économie et institutions. *Cahiers Agricultures*, 5 (4), 239-242.

GUILLERME S., 2012. L'agroforesterie en Inde : le défi de la diversité. *In : Agroécologie : entre pratiques et sciences sociales* (D. Van Dam, M. Streigh, J. Nizet, P.M. Stassart, eds), Dijon, Educagri Éditions, 179-200.

HALL A., 2005. Capacity development for agricultural biotechnology in developing countries: an innovation systems view of what it is and how to develop it. *J. Int. Dev.*, 17, 611-630, DOI: 10.1002/jid.1227.

HALL A., JANSSEN W., PEHU E., RAJALAHTI R., 2006. *Enhancing Agricultural Innovation: How to go Beyond the Strengthening of Research Systems*, Washington, DC, World Bank.

HALL A., RASHEED SULAIMAN V., CLARK N., YOGANAND B., 2003. From measuring impact to learning institutional lessons: an innovation systems perspective on improving the management of international agricultural research. *Agricultural Systems*, 78, 213-241.

HORLINGS L.G., MARSDEN T.K., 2011. Towards the real green revolution? Exploring the conceptual dimensions of a new ecological modernization of agriculture that could 'feed the world'. *Global Environmental Change,* 21, 441-452.

IAASTD, 2009. *Agriculture at a Crossroads, Global Report* (B.D. MacIntyre, H.R. Herren, J. Wakhungu, R.T. Watson, eds), International Assessment of Agricultural Knowledge, Science and Technology for Development, Island Press, Washington DC, 606 p.

ISAGUIRRE K.R., STASSART P.M., 2012. Certification participative pour une ruralité plus durable : le réseau Ecovida au Brésil. *In : Agroécologie : entre pratiques et sciences sociales* (D. Van Dam, M. Streigh, J. Nizet, P.M. Stassart, eds), Dijon, Educagri Éditions, 75-95.

KLERKX L., AARTS N., LEEUWIS C., 2010. Adaptive management in agricultural innovation systems: the interaction between innovation networks and their environment. *Agricultural Systems*, 103, 390-400.

KLERKX L., VAN MIERLO B., LEEUWIS C., 2012. Evolution of systems approaches to agricultural innovation: concepts, analysis and interventions. *In: Farming Systems Research into the 21st Century: The New Dynamic* (I. Darnhofer, D. Gibbon, B. Dedieu, eds), Springer, Dordrecht.

KLOPPENBURG J., 1991. Social theory and the de/reconstruction of agricultural science: local knowledge for an alternative agriculture. *Rural Sociology*, 56 (4), 519-548.

LEEUWIS C., 2004. *Communication for Rural Innovation: Rethinking Agricultural Extension*, Oxford, Blackwell Science.

MISCHLER P., HOCDÉ H., TRIOMPHE B., OMON B., 2008. Conception de systèmes de culture et de production avec des agriculteurs : partager les connaissances et les compétences pour innover. *In : Systèmes de culture innovants et durables : quelles méthodes pour les mettre au point et les évaluer ?* (R. Reau, R. Doré, eds), Dijon, Educagri Éditions, 71-89.

MORGAN K., MURDOCH J., 2000. Organic *vs* conventional agriculture: knowledge, power and innovation in the food chain. *Geoforum*, 31 (2), 159-173.

PARROTT N., MARSDEN T., 2002. *The Real Green Revolution: Organic and Agroecological Farming in the South*, London, Greenpeace.

PASCUAL U., PERRINGS C., 2007. Developing incentives and economic mechanisms for *in situ* biodiversity conservation in agricultural landscapes. *Agriculture, Ecosystems and Environment*, 121 (3), 256-268.

RÖLING N., 2009. Pathways for impact : scientists' different perspectives on agricultural innovation. *International Journal of Agricultural Sustainability*, 7, 83-94.

POWER M., 1997. *The Audit Society: Rituals of Verification*, Oxford University Press, Oxford.

SAUTIER D., BIÉNABE E., CERDAN C., 2011. Geographical indications in developing countries. *In: Labels of Origin for Food : Local Development, Global Recognition* (E. Barham, S. Bertil, eds), Wallingford, CABI, 139-153.

SCHERR S.J., MCNEELY J.A., 2008. Biodiversity conservation and agricultural sustainability: towards a new paradigm of "ecoagriculture" landscapes. *Philos. Trans. R. Soc. B,* 363, 477-494.

SCOPEL E., TRIOMPHE B., AFFHOLDER F., MACENA DA SILVA F.A., CORBEELS M., VALADARES XAVIER J.H., LAHMAR R., RECOUS S., BERNOUX M., BLANCHART, E., DE CARVALHO MENDES I., DE TOURDONNET S., 2012. Conservation agriculture cropping systems in temperate and tropical conditions, performances and impacts. A review. *Agron. Sust. Dev.,* DOI: 10.1007/s13593-012-0106-9.

SOLER L.-G., RÉQUILLART V., TRYSTRAM G., 2011. Organisation industrielle et durabilité. *In : Pour une alimentation durable – Réflexion stratégique duALIne* (C. Esnouf, M. Russel, N. Bricas, eds), Versailles, Éditions Quæ, 109-122.

STREIGH M., VAN DAM D., NIZET J., 2012. L'agriculture biologique : un champ en tension. *In : Agroécologie : entre pratiques et sciences sociales* (D. Van Dam, M. Streigh, J. Nizet, P.M. Stassart, eds), Dijon, Educagri Éditions, 155-163.

SWAMINATHAN M.S., 2000. An evergreen revolution. *Biologist,* 47 (2), 85-89.

THURSTON D., 1996. *Slash-Mulch Systems: Sustainable Methods for Tropical Agriculture*, Westview Press, Boulder, Co.

TORQUEBIAU E., GARCIA C., CHOLET N., 2012. Labelliser les paysages ruraux. Note de perspective. *Politiques de l'environnement*, 16, Montpellier, Cirad, 4 p.

TRIOMPHE B., GOULET F., DREYFUS F., TOURDONNET S. (DE), 2007. Du labour au non-labour : pratiques, innovations et enjeux au Sud et au Nord. *In : Nous labourons. Actes du colloque Techniques de travail de la terre, hier et aujourd'hui, ici et là-bas* (R. Bourrigaud, F. Sigaut, eds), Nantes, Nozay, Châteaubriant, 25-28 octobre 2006, Éditions du Centre d'histoire du travail, 371-384.

VAN DAM D., NIZET J., 2012. Les agriculteurs bio deviennent-ils moins verts ? *In : Agroécologie : entre pratiques et sciences sociales* (D. Van Dam, M. Streigh, J. Nizet, P.M. Stassart, eds), Dijon, Educagri Éditions, 249-264.

VERHAEGEN E., 2012. Les réseaux agroalimentaires alternatifs : transformations globales ou nouvelle segmentation du marché ? *In : Agroécologie : entre pratiques et sciences sociales* (D. Van Dam, M. Streigh, J. Nizet, P.M. Stassart, eds), Dijon, Educagri Éditions, 265-279.

VILLEMAINE R., SABOURIN E., GOULET F., 2012. Limites à l'adoption du semis direct sous couverture végétale par les agriculteurs familiaux en Amazonie brésilienne. *Cahiers Agricultures*, juillet-août 2012, 21 (4), 242-247.

WARD N., 1993. The agricultural treadmill and the rural environment in the post-productivist era. *Sociologia Ruralis,* 33 (3-4), décembre, 348-364.

WORLD BANK, 2007. *World Development Report 2008: Agriculture for Development*, New York, Oxford University Press.

Liste des auteurs

AHMADI Nourollah
Généticien-sélectionneur, chercheur à l'UMR
Agap (Amélioration génétique et adaptation
des plantes méditerranéennes et tropicales) –
Cirad – Département Bios
Montpellier – France
nourollah.ahmadi@cirad.fr

BAZILE Didier
Agronome et géographe, chercheur à l'UPR
Green (Gestion des ressources renouvelables
et environnement) Cirad – Département ES
Montpellier – France
didier.bazile@cirad.fr

BERTRAND Benoît
Généticien, directeur adjoint de l'UMR RPB
(Résistance des plantes aux bioagresseurs)
Cirad – Département Bios
Montpellier – France
benoit.bertrand@cirad.fr

BIÉNABE Estelle
Économiste, chargée de mission animation
scientifique et chantiers stratégiques – Cirad
Direction générale déléguée à la recherche
et à la stratégie
Montpellier – France
estelle.bienabe@cirad.fr

BLANCHART Éric
Biologiste du sol, chercheur à l'UMR
Eco&Sols (Écologie fonctionnelle et biochimie
des sols et des agroécosystèmes) – IRD
Montpellier – France
eric.blanchart@ird.fr

BOEUF Gilles
Écologue, professeur à l'université Pierre et
Marie Curie, président du Muséum national
d'histoire naturelle
Paris – France
boeuf@mnhn.fr

GARY Christian
Agronome, directeur de l'UMR System
(Fonctionnement et conduite des systèmes de
culture tropicaux et méditerranéens) – Inra
Département Environnement et Agronomie
Montpellier – France
christian.gary@supagro.inra.fr

GLASZMANN Jean-Christophe
Généticien, directeur de l'UMR Agap
(Amélioration génétique et adaptation des
plantes méditerranéennes et tropicales)
Cirad – Département Bios
Montpellier – France
jean-christophe.glaszmann@cirad.fr

HAINZELIN Étienne
Agronome, conseiller du président-directeur
général du Cirad
Cirad – Montpellier – France
etienne.hainzelin@cirad.fr

LECOMTE Philippe
Agronome zootechnicien, directeur de l'UMR
Selmet (Dynamique des systèmes d'élevage en
milieux méditerranéens et tropicaux)
Cirad – Département Es
Montpellier – France
philippe.lecomte@cirad.fr

Louafi Sélim
Agroéconomiste et politiste, chercheur à
l'UMR Agap (Amélioration génétique et
adaptation des plantes méditerranéennes et
tropicales) – Cirad – Département Bios
Montpellier –France
selim.louafi@cirad.fr

Malézieux Éric
Agronome, directeur de l'UPR Hortsys
(Fonctionnement agroécologique et
performances des systèmes de culture
horticoles) – Cirad – Département Persyst
Montpellier – France
eric.malezieux@cirad.fr

Maraux Florent
Agronome, directeur de l'UPR SCA
(Systèmes de culture annuels)
Cirad – Département Persyst
Montpellier – France
florent.maraux@cirad.fr

Nouaille Christine
Généticienne, responsable d'édition
scientifique Cirad – Délégation à la
communication/Direction générale déléguée
à la recherche et à la stratégie
Montpellier – France
christine.nouaille@cirad.fr

Noyer Jean-Louis
Généticien, adjoint au directeur du
département Bios – Cirad
Montpellier – France
jean-louis.noyer@cirad.fr

Ratnadass Alain
Entomologiste, chercheur à l'UPR Hortsys
(Fonctionnement agroécologique et
performances des systèmes de culture
horticoles) – Cirad – Département Persyst
Montpellier – France
alain.ratnadass@cirad.fr

Maquette, infographie : Éditions Quæ
Édition : Juliette Blanchet
Mise en pages : Hélène Bonnet
Imprimé pour vous par Books on Demand (Allemagne)